软件测试

主　编　张　静　寇　峰　陈井泉
副主编　章荣丽　韩　波　王继鹏

内 容 提 要

本书较为全面、系统地介绍了当前测试领域的理论和实践知识，反映了当前最新的软件测试理论、标准、技术和工具。内容包括软件测试概述、软件测试计划、软件测试技术、软件测试过程、测试用例设计、软件缺陷测试与测试评估、软件测试管理、面向对象软件测试、国际化和本地化测试、Web应用系统测试、软件自动化与可靠性测试、实用软件测试工具。

本书可作为高等院校相关专业软件测试的教材或教学参考书，也可作为从事计算机应用开发的各类技术人员的参考书。

图书在版编目(CIP)数据

软件测试/张静，寇峰，陈井泉主编. --北京：中国水利水电出版社，2015.7（2022.10重印）

ISBN 978-7-5170-3432-2

Ⅰ.①软… Ⅱ.①张…②寇…③陈… Ⅲ.①软件－测试 Ⅳ.①TP311.5

中国版本图书馆 CIP 数据核字(2015)第 169603 号

策划编辑：杨庆川 责任编辑：陈 洁 封面设计：崔 蕾

书 名	软件测试
作 者	主 编 张 静 寇 峰 陈井泉 副主编 章荣丽 韩 波 王继鹏
出版发行	中国水利水电出版社 （北京市海淀区玉渊潭南路 1 号 D 座 100038） 网址：www. waterpub. com. cn E-mail：mchannel@263. net（万水） sales@mwr.gov.cn 电话：(010)68545888（营销中心）、82562819（万水）
经 售	北京科水图书销售有限公司 电话：(010)63202643、68545874 全国各地新华书店和相关出版物销售网点
排 版	北京厚诚则铭印刷科技有限公司
印 刷	三河市人民印务有限公司
规 格	184mm×260mm 16 开本 25.75 印张 659 千字
版 次	2016年1月第1版 2022年10月第2次印刷
印 数	2001-3001册
定 价	82.00 元

前　言

软件测试是软件工程的一个重要分支，是软件质量保证的重要基础。现代软件测试与传统的软件测试不一样，它贯穿软件工程整个软件生命周期，涉及各种软件开发技术、应用技术以及测试技术，覆盖软件各种应用领域，面临不同的专业领域知识，所要求的投入与软件开发相比规模同等甚至更高。然而我国软件行业尚未充分认识到软件测试的重要性，重开发，轻测试，忽略了如何通过流程改进和软件测试来保证产品或系统的质量，没有建立起规范有效的软件测试管理体系，应用自动化工具进行测试的企业不多。

软件测试研究表明：软件中存在的问题发现越早，其软件开发费用越低；在编码后修改软件缺陷的成本是编码前的 10 倍；软件质量越高，软件发布后的维护费用就越低。在软件产业发达国家，软件企业的软件测试费用占整体开发费用的 50%，对于要求高可靠性、高安全性的软件，测试费用则相当于整个软件项目开发所有费用的 3 至 5 倍。

软件测试的上述特点和重要性表明软件测试工作专业性极强，知识面极广，需要灵感和智慧，需要有软件工程的理念，软件测试人员必须要具有缜密的逻辑思维能力、全面的技术能力、敢想敢干的创新能力，要有较强的责任心和团队合作精神以及出色的沟通能力等较高的专业素质。加上软件测试新技术、新需求、新观念的发展和变化，因此，在学习软件测试技术的过程中，不仅要掌握其理论原则和方法，更重要的是技术的应用，通过大量的时间和思考，理解软件测试的思想和理念，并运用测试技术和技巧去解决问题。

作者根据对软件测试以及测试技术的研究，对软件测试课程教学内容的知识点进行归纳总结，针对国内软件研发和测试外包的本地化要求，以及各种软件测试工具的选择进行知识的整理介绍，以现代软件测试需求为背景，以现代软件测试技术和方法为基础，全面地介绍了软件测试的基本概念、软件测试的技术、管理和工具应用。

全书共分 3 个部分，共 12 章，涉及软件测试各方面的知识内容。第 1 部分（第 1 章～第 3 章）软件测试的知识，主要是对软件测试知识进行系统的概述与归纳，包括软件测试的主要知识概述、软件测试的计划、软件测试的技术，对学习软件测试的主要知识点定下目标。第 2 部分（第 4 章～第 11 章）软件测试的具体过程与方法，主要是对软件测试的过程、软件测试过程中的缺陷管理、软件测试管理、面向对象的软件测试、软件外包的国际化与本地化测试、Web 应用系统的测试、软件自动化与可靠性测试等知识进行详细介绍，使读者对理论知识的理解进一步加深印象。第 3 部分（第 12 章）软件测试的工具，介绍软件测试过程中各个方面所应用的工具，加深对软件测试利用工具化的优势的理解。

全书由张静、寇峰、陈井泉担任主编，章荣丽、韩波、王继鹏担任副主编，并由张静、寇峰、陈井泉负责统稿，具体分工如下：

第 1 章、第 6 章、第 10 章：张静（西南石油大学）；

第 2 章、第 5 章、第 11 章：寇峰（宁夏师范学院）；

第 3 章、第 4 章第 1 节～第 4 节：陈井泉（琼州学院）；

第 4 章第 5 节、第 9 章、第 12 章：章荣丽（商洛学院）；

第 4 章第 6 节、第 8 章：韩波（商洛学院）；

第 4 章第 7 节、第 7 章：王继鹏（安阳师范学院）。

本书参考了很多国内软件测试方面的书籍和资料，在此对这些书籍和资料的作者表示衷心的感谢。由于软件测试的新技术发展很快，涉及领域太多，加之编者水平经验有限，书中疏漏之处在所难免，恳请广大读者批评指正。

编者
2015 年 4 月

目　　录

第 1 章　软件测试概述

软件测试是软件工程中的重要部分，是确保软件质量的重要手段。最近几年，由于软件的复杂度不断增强、软件产业的不断发展，软件测试得到越来越广泛的重视。本章概括地介绍了软件测试的基本概念，包括软件测试的原则、分类和工作流程等基本知识。

本章主要知识点

1. 软件、软件危机和软件工程的基本概念。
2. 软件缺陷和软件故障。
3. 软件质量与质量模型。
4. 软件测试的基本概念 。
5. 项目测试团队。

1.1　软件、软件危机和软件工程

1.1.1　软件的概念、特点和分类

1. 软件的概念

今天，软件遍布整个世界，在生物工程、现代通信、宇宙探索、商务处理、工业控制等方面发挥出巨大的威力，推动了商业、科学和工程领域的跨越式发展，对整个社会的经济和文化产生了深远的影响。

在计算机诞生的初期，软件仅仅是计算机硬件的附属品，其作用和成本微乎其微。如今，软件以各种形式嵌入在越来越多的产品中，如何以经济有效的方法开发高质量的软件是人们长期以来一直努力研究的主要问题。“软件＝程序”不能涵盖软件的完整内容，除了程序之外，软件还包括与之相关的文档和配置数据，以保证这些程序的正确运行。软件是指计算机运行所需要的各种程序和数据的总称，包括操作系统、汇编程序、编译程序、数据库、文字编辑及维护使用手册等。

IEEE (Institute of Electrical and Electronics Engineers，美国电气及电子工程师学会)给出了有关软件的定义：软件是计算机程序、规模以及运行计算机系统可能需要的相关文档和数据。软件是计算机系统中与硬件相互依存的另一部分，它是包括程序，数据及其相关文档的完整集合。

其中，计算机程序是按事先设计的功能和性能要求执行的指令序列，一般是由文字和符号代码按照一定的规律所组成的；数据是使程序能正常操纵信息的数据结构；文档是与程序开发，维护和使用有关的图文材料，用来描述程序的内容、组成、设计、功能规格、开发情况、测试结果及使用方法。

2. 软件的特点

软件是客观世界中问题空间与解空间的具体描述,是客观事物的一种反映,是知识的提炼和“固化”。计算机系统的中的软件与硬件是相互依存的,缺一不可。而软件与其他产品的特点不同。它是一种特殊的产品,具有以下特点。

①软件是一种逻辑实体,而不是具体的物理实体,它是脑力劳动的结晶,因而它具有抽象性。软件产品是看不见摸不着的,因而具有无形性。它以程序和文档的形式出现,保存在存储介质上,通过计算机的运行才能体现它的功能和作用。

②软件的生产与硬件不同,它没有明显的制造过程。对软件的质量控制,必须着重在软件开发方面下功夫。

③在软件的运行和使用期间,没有硬件那样的机械磨损,老化问题。任何机械、电子设备在运行和使用中,其失效率大都遵循如图 1-1(a)所示的 U 形曲线(即浴盆曲线)。而软件的情况与此不同,因为它不存在磨损和老化问题。然而它存在退化问题,必须要多次修改(维护)软件,而是要随着硬件设备的更新和接口的不同而变化。人们总是认为软件是很容易修改的,通常忽视了修改带来的副作用,即引入新的错误,造成故障率的升高,如图 1-1(b)所示。图中显示了软件修改对其质量带来的冲击,不断的修改最终导致软件的退化,从而结束其生命周期。

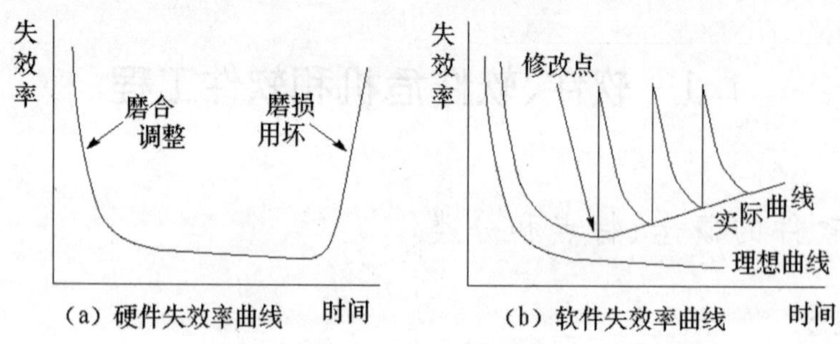

图 1-1 失效率曲线

④软件的开发和运行常常受到计算机系统的限制,对计算机系统有着不同程度的依赖性。为了解除这种依赖性,在软件开发中提出了软件移植的问题。

⑤软件本身是复杂的。软件的复杂性可能来自它所反映的实际问题的复杂性,也可能来自程序逻辑结构的复杂性。

⑥软件费用不断增加,软件成本相当昂贵。软件的研制工作需要投入大量的、复杂的、高强度的脑力劳动,它的成本是非常高的。

3. 软件的分类

自 20 世纪计算机产生以来,人们围绕着它开发了大量的软件,广泛应用于科学研究、教育、企业生产、事务处理、国防和家庭等众多领域,积累了丰富的软件资源。然而,在软件的品种、质量和价格方面仍然满足不了人们日益增长的需要。计算机软件产业是一项年轻的、充满活力的飞速发展的产业。因此,由于其分类方法不同,所分类型差别也很大。

(1)按软件的功能进行划分

按软件的功能进行划分,分为系统软件、支撑软件、应用软件。

①系统软件，能与计算机硬件紧密配合在一起，使计算机系统各个部件、相关的软件和数据协调、高效地工作的软件。例如，操作系统、数据库管理系统、设备驱动程序以及通信处理程序等。

②支撑软件，是协助用户开发软件的工具性软件，其中包括帮助程序人员开发软件产品的工具，也包括帮助管理人员控制开发的进程的工具。

③应用软件，是在特定领域内开发，为特定目的服务的一类软件。商业数据处理软件、工程与科学计算软件、计算机辅助设计软件、系统仿真软件、智能产品嵌入软件、医疗、制药软件、事务管理、办公自动化软件计算机辅助教学软件。

(2)按软件规模进行划分

按开发软件所需的人力、时间以及完成的源程序行数，可确定六种不同规模的软件，如表 1-1所示。

表 1-1　软件规模的分类

类　别	参加人员数	研制期限	产品规模(源程序行数)
微　型	1	1～4 周	0.5k
小　型	1	1～6 月	1k～2k
中　型	2～5	1～2 年	5k～50k
大　型	5～20	2～3 年	50k～100k
甚大型	100～1000	4～5 年	1M(＝1000k)
极大型	2000～5000	5～10 年	1M～10M

规模大、时间长、很多人参加的软件项目，其开发工作必须要有软件工程的知识做指导。而规模小、时间短、参加人员少的软件项目也得有软件工程概念，遵循一定的开发规范。其基本原则是一样的，只是对软件工程技术依赖的程度不同而已。

(3)按软件服务对象的范围划分

按软件的服务对象划分为产品软件、项目软件、通用软件。

①产品软件，是由软件开发机构开发出来，面向市场用户公开销售的独立运行系统，或是为千百个用户服务的软件。例如，操作系统、数据库系统、文字处理软件、文本处理软件、财务处理软件、人事管理软件等。

②项目软件(定制软件)，是受某个特定客户(或少数客户)的委托，由一个或多个软件开发机构在合同的约束下开发出来的软件。例如企业 ERP 系统、军用防空指挥系统、卫星控制系统、空中交通指挥系统。

③通用软件，由开发组织根据市场调研自主提出产品需求，并以此进行设计和开发。其最大的优势在于，它可以通过几乎零成本的复制来分摊最初投入的一次性开发成本，最终使原本昂贵的软件产品的价格降至众多用户可接受的程序，从而有效地提高市场份额和利润。通用软件必须面对足够大的市场空间，其功能设计也只能面向大规模用户普遍存在的共性需求。

1.1.2　软件危机

在软件技术发展的第二阶段，20 世纪 60 年代中期，随着计算机硬件技术的进步，要求软件能与之相适应。然而软件技术的进步一直未能满足形势发展提出的要求。致使问题积累起来，形成了日益尖锐的矛盾，这就导致了软件危机。软件危机，就是指计算机软件的开发和维护过程中遇到的一系列严重问题。这些问题不仅仅是不能正常运行的软件才具有，实际上，几乎所有的软件都不同程度地存在这些问题。

1. 软件危机的表现

软件危机表现在以下几方面。

①软件开发的成本和进度难以准备确估计，延迟交付甚至取消项目的现象屡见不鲜。开发一个系统的时候，需要对开发的系统做一个准备估算，与用户之间进行交流，以开发出让用户满意的软件产品。在软件开发的过程中，是很难对其做一个准确的估算。由于对工作量和开发难度估计不足，进度计划无法按时完成，开发时间一再拖延。

②开发的软件产品不能完全满足用户要求，用户对已完成的软件系统不满意的现象经常发生。软件开发人员和用户之间的信息交流往往很不充分，为了赶进度和节约成本采取的一些措施又损害了软件产品的质量，导致最终的产品不符合用户的实际需要，引起用户的不满。

③软件常常是不可维护的。由于开发过程没有统一的、公认的规范，发现问题后开发人员按各自的风格工作，各行其是。开发的软件需要对其进行封装，外界人士很难知道里面是什么，出现问题的时候软件不能正常运行，造成软件瘫痪，维护很麻烦。软件维护极其困难，而且很难适应不断变化的用户需求和使用环境。出现的问题往往是编辑人员或维护人员不能够解决的，因为程序规模很大，不稳定因素很多。

④软件通常没有适当的文档资料。开发过程无完整、规范的文档，发现问题后进行杂乱无章的修改。程序结构不好，运行时发现错误也很难修改，导致可维护性差。

⑤软件成本在计算机系统的整个成本中所占比重越来越大。软件开发相对于硬件产品的开发来说。软件开发过程，整个过程所用的人力、物力很大，开发费用越来越高。

如果这些障碍不能突破，进而摆脱困境，软件的发展是没有出路的。

2. 产生软件危机的原因

在软件的开发和维护过程中存在着这么多的问题，一方面与软件本身的特点有关，另一方面也与软件的开发和维护的方法有关。造成上述软件危机的原因概括起来有以下几方面。

①软件本身的特点，规模庞大。1968 年美国航空公司订票系统达至 30 万条指令；IBM360 OS 第 16 版达到 100 万条指令；1973 年美国阿波罗计划达到 1000 万条指令。这些庞大软件的功能非常复杂，体现在处理功能的多样性和运行环境的多样性。随着计算机应用的日益广泛，需要开发的软件规模日益庞大，软件结构也日益复杂。

②软件开发人员的主观原因，开发与维护的方法不正确。具体讲来有用户对软件需求的描述不精确，可能有遗漏、有二义性错误；软件开发人员对用户需求的理解与用户本来愿望有差异；大型软件项目需要组织一定的人力共同完成，管理不善；缺乏有力的方法学和工具方面的支持。

③软件开发的管理困难。软件不同于硬件，它是计算机系统中的逻辑部件。在写出代码并在计算机上试运行前，由于软件规模大、结构复杂、具有无形性，软件开发过程的进展情况较难度量，质量也难以评价。因此导致管理困难，进度控制困难，质量控制困难，可靠性无法保证。

④软件开发技术落后。在 20 世纪 60 年代，人们注重一些计算机理论问题的研究，如编译原理、操作系统原理、数据库原理、人工智能原理、形式放言理论等，不注重软件开发技术的研究，用

户要求的软件复杂性与软件技术解决复杂性的能力不相适应，它们之间的差距越来越大。

⑤开发工具落后，生产率提高缓慢。软件开发工具过于原始，没有出现高效率的开发工具，因此软件生产率低下。在 1960—1980 年期间，计算机硬件的生产由于采用计算机辅助设计、自动生产线等先进工具，使硬件生产率提高了 100 万倍，而软件生产率只提高了 2 倍，相差悬殊。

3. 消除软件危机的途径

①采用成功的开发方法与技术。推广使用开发软件的成功技术与方法，并且不断探索更好的技术与方法，消除一些在计算机系统早期发展阶段形成的错误概念和做法。

②开发与使用更好的软件工具(开发工具、测试工具)，支持软件开发全过程，即建立软件工程支持环境。

③采用较好的管理措施。应该加强软件开发过程的管理，做到组织有序、各类人员协同配合，共同保证项目完成，避免软件开发过程中个人单干的现象。

总之，为了解决软件危机，既要有技术措施(好的方法和工具)，又要有必要的组织管理措施。软件工程正是从管理和技术两方面研究如何更好地开发和维护计算机软件的一门新兴学科。

1.1.3 软件工程

许多计算机和软件科学家尝试，把其他工程领域中行之有效的工程学知识运用到软件开发工作中来。经过不断实践和总结，最后得出一个结论：按工程化的原则和方法组织软件开发工作是有效的，是摆脱软件危机的一个主要出路。

软件工程是指导计算机软件开发和维护的工程科学。为了克服软件危机，人们从其他产业的工程化生产得到启示，采用工程的概念、原理、技术和方法来开发的维护软件，把经过时间考验而证明正确的管理技术与方法技术结合起来，这就是软件工程。

1. 软件工程的定义

软件工程是用工程、科学和数学的原则和方法研制、维护计算机软件的有关技术及管理方法。它将系统的、规范的可度量的工程是将理论和知识应用于实践的科学。就软件工程而言，它借鉴了传统工程的原则和方法，以求高效地开发高质量软件。其中应用了计算机科学、数学和管理科学。计算机科学和数学用于构造模型与算法，工程科学用于制定规范、设计范型、评估成本及确定权衡，管理科学用于计划、资源、质量和成本的管理。

1968 年在第一届 NATO(北大西洋公约组织) Fritz Bauer 曾经为软件工程下了定义："软件工程是为了经济地获得可靠的且能够在实际机器上有效地运行的软件，而建立和完善的工程原理。"

1983 年 IEEE 给出的定义为：软件工程是把系统性的、规范化的、可定量的方法应用于软件的开发、运行和维护，即将工程化应用到软件上；及对以上所述方法的研究。

后来尽管又有一些人提出了许多更为完善的定义，但主要思想都是强调在软件开发过程中需要应用工程化原则的重要性。

从上述定义中可以看出，软件工程包括以下两方面的内容。

①软件工程是工程概念在软件领域里的一个特定的应用。与其他工程一样，软件工程是在环境不确定和资源受约束的条件下，采用系统性的、规范化的、可定量的方法进行有关原则的实施和应用，这些原则一般是以往经验的积累和提炼，经过时间检验并证明是正确的。因此，软件工程师

需要选择和应用适当的理论、方法和工具,同时还要不断探索新的理论和方法解决新的问题。

②软件工程涉及软件产品的所有环节。人们往往偏重于软件开发技术、忽视软件项目管理的重要性。统计数据表明,导致软件项目失败的主要原因几乎与技术和工具没有任何关系,更多的是由于不适当的管理造成的。

2. 软件工程的基本目标

软件工程是一门工程性学科,目的是成功地建造一个大型软件系统。软件工程活动是"生产一个最终满足用户需求且达到工程目标的软件产品所需要的步骤",主要包括需求、设计、实现、确认以及支持等活动。

软件工程的目标是在给定成本、进度的前提下,开发出具有可修改性、有效性、可靠性、可理解性、可维护性、可重用性、可适应性、可移植性、可追踪性和可操作性并满足用户需求的软件产品。追求这些目标有助于提高软件产品的质量和开发效率,减少维护的困难。

(1)可修改性

允许对系统进行修改而不增加原系统的复杂性。它支持软件的调试与维护,是一个难以度量和难以达到的目标。

(2)有效性

软件系统能最有效地利用计算机的时间资源和空间资源。各种计算机软件无不将系统的时/空开销作为衡量软件质量的一项重要技术指标。有经验的软件设计人员会巧妙地利用折中概念,在具体的物理环境中实现用户的需求和自己的设计。

(3)可靠性

能够防止因概念、设计和结构等方面的不完善造成的软件系统失效,具有挽回因操作不当造成软件系统失效的能力。对一实时嵌入式计算机系统,可靠性是一个非常重要的目标。因为软件要实时地控制一个物理过程,如宇宙飞船的导航、核电站的运行等。如果可靠性得不到保证,一旦出现问题可能是灾难性的,后果将不堪设想。因此,在软件开发、编码和测试过程中,必须将可靠性放在重要地位。

(4)理解性

系统具有清晰的结构,能直接反映问题的需求。可理解性有助于控制软件系统的复杂性,并支持软件的维护、移植和重用。

(5)可维护性

软件产品交付用户使用后,能够对它进行修改,以便改正潜伏的错误,改进性能和其他属性,使软件产品适应环境的变化等。由于软件是逻辑产品,只要用户需要,它可以无限期地使用下去,因此软件维护是不可避免的。软件维护费用在软件开发费用中占有很大的比重。可维护性是软件工程中一项十分重的目标。软件的可理解性和可维护性有利于软件的可维护性。

(6)可重用性

概念或功能相对独立的一个或一组相关模块定义为一个软部件。软部件可以在多种场合的程度称为软部件的可重用性。可重用的软部件有的可以一加修改直接使用,有的需要修改以后再用。各种可重用软部件还可以按照某种规则存放在软部件库中,供软件工程师们选用。可重用性有助于提高软件产品的质量和开发效率,有助于降低软件开发和维护费用。从广泛的意义上理解,软件工程的可重用性还应该包括:应用项目的重用,规格说明的重用,设计的重用,概念和方法的重用等。一般来说，重用的层次越高，带来的效益越大。

(7)可适应性

软件在不同的系统约束条件下，使用户需求得到满足的难易程度。适应性强的软件应采用广为流行的程序设计语言编码，在广为流行的操作系统环境中运行，采用标准的术语和格式书写文档。适应性强的软件较容易推广使用。

(8)可移植性

软件从一个计算机系统或环境搬到另一个计算机系统或环境的难易程度。可移植性支持软件的可重用性和可适应性。

在具体项目的实际开发中，让所有目标都达到理想的程度往往是非常困难的。图 1-2 表明了软件工程目标之间存在的相互关系。其中有些目标之间是互补关系，例如，易于维护和高可靠性之间，低开发成本与按时交付之间。还有一些目标是彼此互斥的，例如，低开发成本与软件可靠性之间，提高软件性能与软件可移植性之间，就存在冲突。

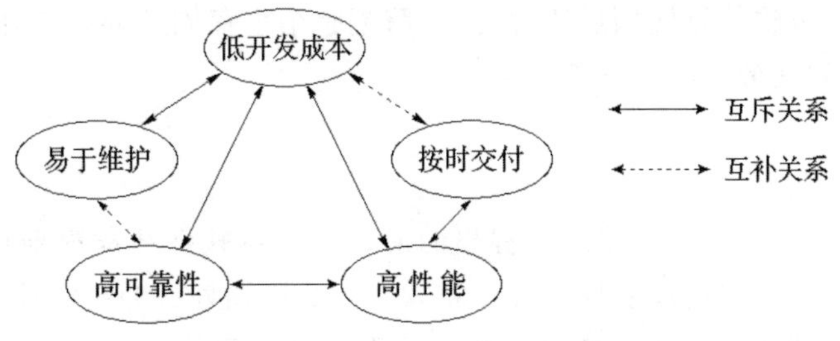

图 1-2　软件工程目标之间的关系

3. 软件工程的原则

为达到软件工程的目标，在软件开发过程中，必须遵循软件工程的基本原则。这些原则适用于所有的软件项目，基本原则如下。

①抽象。抽取事物最基本的特性和行为，忽略非本质细节。采用分层次抽象，自顶向下，逐层细化的办法控制软件开发过程的复杂性。

②信息隐蔽。采用封装技术，将程序模块的实现细节隐藏起来，使模块接口尽量简单。

③模块化。模块是程序中相对独立的成分，一个独立的编程单位，应有良好的接口定义。模块的大小要适中，模块过大会使模块内部的复杂性增加，不利于对模块的理解和修改，也不利于模块的调试和重用。模块太小会导致整个系统表示过于复杂，不利于控制系统的复杂性。

④局部化。要求在一个物理模块内集中逻辑上相互关联的计算资源，保证模块间具有松散的耦合关系，模块内部有较强的内聚性，这有助于控制程序的复杂性。

⑤确定性。软件开发过程中所有概念的表达应是确定的、无歧义且规范的。这有助于人与人的交互不会产生误解和遗漏，以保证整个开发工作的协调一致。

⑥一致性。包括程序、数据和文档的整个软件系统的各模块应使用已知的概念、符号和术语；程序内外部接口应保持一致，系统规格说明与系统行为应保持一致。

⑦完备性。软件系统不丢失任何重要成分，完全实现系统所需的功能。

⑧可验证性。开发大型软件系统需要对系统自顶向下，逐层分解。系统分解应遵循容易检查、测评、评审的原则，以确保系统的正确性。

软件生命周期模型是指开发软件项目的总体过程思路。在过去的实践中，将成功的开发过程思路归纳为不同的模型。在介绍各种模型前，先了解一下生命周期模型有关概念。

1.1.4 软件过程模型

为了理解事物，人们对事物做出一个抽象，它忽略了不必要的细节，用于表示事物的一种抽象形式、一个规划、一个程式就是模型。

软件工程过程(Software Engineering Process)是为获得高质量软件产品，在软件工具支持下由软件工程师完成的一系列软件工程活动，它规定了完成各项任务的工作步骤。使用软件过程模型简洁地描述软件过程。软件过程模型是描述软件开发过程中各种活动如何执行的模型。

软件过程模型是软件开发全部过程、活动和任务的结构框架，它能直观表达软件开发全过程，明确规定要完成的主要活动、任务和开发策略，也称为软件开发模型、软件生命周期模型。生命周期模型规定了把生命周期划分成哪些阶段及各个阶段的执行顺序，软件生命周期模型是从软件项目需求定义直至软件经使用后废弃为止，跨越整个生存周期的系统开发、运作和维护所实施的全部过程、活动和任务的结构框架。

1. 瀑布模型

瀑布模型是 1970 年 Winston Royce 提出的最早出现在软件开发模型。它采用结构化的分析与设计方法将逻辑实现与物理实现分开。将软件生命周期划分为制定计划、需求分析、软件设计、程序编写、软件测试和运行维护等六个基本活动。并且规定了它们自上而下、相互衔接的固定次序，如同瀑布流水，逐级下落。

瀑布模型如图 1-3 所示。应该模型说明整个软件开发过程是按图中 6 个阶段进行的。每个阶段的任务完成之后，产生右边相应的文档，这些文档经过确认，表明该阶段工作完成，并进行下一阶段的工作。每个阶段均以上一阶段的文档作为开发的基础，如果某一文档出现问题，则要返回到上一阶段去重新进行工作。

每项开发活动均应具有以下特征：从上一项活动接受该项活动的工作对象，作为输入；利用这一输入项活动应完成的内容；给出该项活动的工作成果，作为输出传给下一项活动；对该项活动实施的工作进行评审。若其工作得到确认，则继续进行下一项活动。否则返回前项，甚至更前项的活动进行返工。

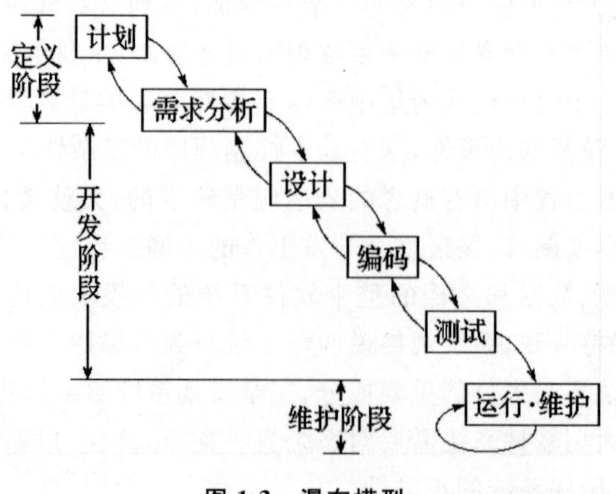

图 1-3 瀑布模型

瀑布模型是最早出现的软件开发模型，在软件工程中占有重要的地位，它提供了软件开发的基本框架。其过程是从上一项活动接收该项活动的工作对象作为输入，利用这一输入实施该项活动应完成的内容给出该项活动的工作成果，并作为输出传给下一项活动。同时评审该项活动的实施，若确认，则继续下一项活动；否则返回前面，甚至更前面的活动。对于经常变化的项目而言，瀑布模型毫无价值。

瀑布模型是按照生命周期各个阶段来进行开发。它强调了每一阶段的严格性。这样，就能解决在开发阶段后期修正不完善的需求说明将花费巨大的费用问题。

瀑布模型是以文档形式驱动的，为合同双方最终确认产品规定的蓝本，为管理者进行项目开发管理提供了基础，为开发过程施加了“政策”或纪律限制，约束开发过程中的活动。

瀑布模型以里程碑开发原则为基础，提供各阶段的检查点，确保用户需求，满足预算和时间限制。

瀑布模型适合用于功能和性能明确、完整、无重大变化的软件开发。大部分的系统软件就具有这些特征，例如编译系统、数据库管理系统和操作系统等。

然而软件开发的实践表明，上述各项活动之间并非完全是自上而下，呈线性图式。实际情况是，每项开发活动均处于一个质量环（输入—处理—输出—评审）中。只有当其工作得到确认，才能继续进行下一项活动，在图 1-3 中用向下的箭头表示；否则返工，在图中由向上的箭头表示。

瀑布模型为软件开发人员提供了众多优势，首先，这个阶段性的软件开发模型规定了以下规则：每个阶段都有指定的起点和终点，过程最终可以被客户和开发者识别（通过使用里程碑），在编写第一行代码之前充分强调了需求和设计，这避免了时间的浪费以及跳票的风险，同时还可以尽可能地保证实现客户的预期需求。提取需求和设计提高了产品质量，因为在设计阶段捕获并修正可能存在的漏洞要比测试阶段容易很多，毕竟在组件集成之后来追踪特定的错误要复杂很多。最后，因为前两个阶段生成了规范的说明书，当团队成员分散在不同地点的时候，瀑布模型可以帮助实现有效的知识传递。

虽然瀑布模型得到了广泛的应用，在消除非结构化软件、降低软件的复杂性、促进软件开发工程化方面起了很大作用。但是，瀑布模型在大量的软件开发实践中也逐渐暴露出它的严重缺点。最突出的一点是围绕需求分析的，通常客户一开始并不知道他们需要的是什么，而是在整个项目进程中通过双向交互不断明确的，在软件开发的初始阶段指明软件系统的全部需求是困难的，有时甚至是不现实的。除此以外，即使给定了客户需求，根据这些需求在一定的精确性范围内（瀑布模型所建议的）估算时间和成本是非常困难的。因此，建议在客户需求可以在最初阶段明确的情况下并且相对稳定的项目中使用瀑布模型。另外瀑布模型还假定设计可以被转换为真实的产品，这往往导致开发者在工作时陷入困境，通常，看上去合理可行的设计方案在现实中往往代价昂贵或者异常艰难，从而需要重新设计，这样就破坏了传统瀑布模型中清晰的阶段界限。需求确定后，用户和软件项目负责人要等相当长的时间才能得到一份软件的最初版本。如果用户对这个软件提出比较大的修改意见，那么整个软件项目将会蒙受巨大的人力、财力、时间方面的损失。

选择瀑布模型的条件是在开发时间内需求没有或很少变化；分析设计人员对应用领域很熟悉；低风险项目（对目标、环境很熟悉）；用户使用环境很稳定；用户除提出需求之外，很少参与开发工作。

某项目需要在一种新型机器上，为一种已知语言开发一个普通的编译器。由于该项目的语言是已知的，需求是明确的和稳定的，整个系统属于中小规模，因此适合采用瀑布模型进行软件开发。

2. 快速原型模型

由于在项目开发的初始阶段人们对软件的需求认识常常不够清晰，因而使得开发项目难于做到一次开发成功，出现返工再开发在所难免。因此，可以先做试验开发，其目标只是在于探索可行性，弄清软件需求；然后在此基础上获得较为满意的软件产品。通常把第一次得到的试验性产品称为“原型”。

原型是指模拟某种产品的原始模型，在其他产业中经常使用。软件开发中的原型是软件的一个早期可运行的版本，它反映了最终系统的重要特性。

快速原型模型又称原型模型，它是在开发真实系统之前，软件开发人员根据客户提出的软件定义，快速地开发一个原型，它向客户展示了待开发软件系统的全部或部分功能和性能，在征求客户对原型意见的过程中，进一步修改、完善、确认软件系统的需求并达到一致的理解。快速原型模型的第一步是建造一个快速原型，实现客户或未来的用户与系统的交互，用户或客户对原型进行评价，进一步细化待开发软件的需求。通过逐步调整原型使其满足客户的要求，开发人员可以确定客户的真正需求是什么；第二步则在第一步的基础上开发客户满意的软件产品。

原型模型最大的特点是利用原型法技术能够快速实现系统初步模型，供开发人员和用户进行交流，以便较准确地获得用户的需求。快速原型模型如图 1-4 所示。

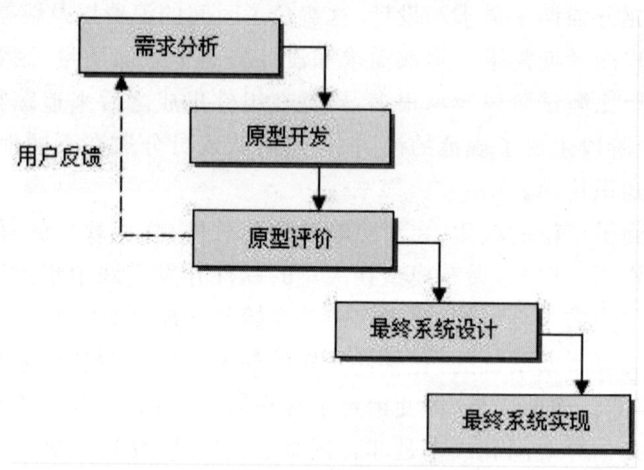

图 1-4　快速原型模型

快速原型模型的作用：

①为软件系统提供明确的需求说明，当用户要求含糊不清、不完全、不稳定时，通过原型执行、评价，使用户要求明确。

②原型可作为新颖设计思想的思想工具，也可作为高风险开发的安全因素，从而证实设计的可行性。

③原型模型支持软件产品的演化，对开发过程中的问题和错误具有应付变化的机制。

④原型模型鼓励用户参与开发过程，参与原型的运用和评价，能充分地与开发者协调一致。

先借用已有系统作为原型模型，通过“样品”不断改进，使得最后的产品就是用户所需要的。

原型模型通过向用户提供原型获取用户的反馈，使开发出的软件能够真正反映用户的需求。同时，原型模型采用逐步求精的方法完善原型，使得原型能够"快速"开发，避免了像瀑布模型一样在冗长的开发过程中难以对用户的反馈作出快速的响应。相对瀑布模型而言，原型模型更符合人们开发软件的习惯，使目前较流行的一种实用软件生存期模型。

原型模型也具有自己的缺点。

①当告诉用户，还必须重新生产该产品时，用户是很难接受的，这往往给工程继续开展带来不利因素。

②开发者为了使一个原型快速运行起来，往往在实现过程中采用这种手段，不宜利用原型系统作为最终产品。

③采用原型模型开发系统，用户和开发者必须达成一致：原型被建造仅仅是用户用来定义需求，之后便将原型的部分或全部抛弃，最终的软件是要充分考虑了质量和可维护性等方面之后才被开发。

选择快速模型的条件是已有产品或产品的原型，只需客户化的工程项目；开发的软件是简单而熟悉的行业或领域；有快速原型开发工具；进行产品移植升级；项目组中有数据库分析和设计的专家，有面向对象编程的专家，文档制作有成熟的模板，而且系统或项目又不是非常大。

一名高级工程师带领一个熟练的程序员，来到营口港务局通信中心，开发该中心的电话业务信息管理系统。当时，虽然他们手中并无什么"原型"，但是他俩一个是数据库设计高手，一个是编程高手，所以俩人分工负责，一个设计数据库，一人编写程序，双方配合，只用一个多月时间，就圆满地完成了开发任务，收回了全部开发费用，获得了客户的好评。这是一个典型"快速原型法"例子。

某公司需要给火车站开发一个交互式火车车次查询系统，这是火车站首次使用该系统。本项目的主要问题在于用户需要方面，该系统与最终用户的交互是十分关键的，但是在项目初期用户的需求基本上是不知道的，因此适合采用快速原型方法来确定用户需求，在需求确定的基础上再开发最终系统。

3. 增量模型

由于传统的瀑布模型本身存在不足，在开发过程中不论怎样严格，终究难以接近理想目标，一切活动都掺杂着若干未能预料的疏漏。是否可以考虑改变传统思想中的一些基本观念。能否将整个软件一部分一部分地开发。能否在需求难以完全明确的情况下，快速分析并构造一个小的原型系统，满足用户的某些要求后，使用户在使用过程中受其启发，逐步确定各种需求。这就是所谓的增量模型。

增量模型将线性特征和迭代特征很好地进行了融合。

增量模型把软件产品拆分为一系列的增量构件，每个增量构件都完成软件的一部分特定功能，这些增量构件组装在一起即可完整地实现软件的全部功能。

增量构造模型如图 1-5 所示。由图可以看出，最初是按照瀑布模型的方式进行需求分阶段和设计阶段的开发；之后的每一个增量也都是按瀑布模型的整体方式开发，都经过了分析、设计、编码、测试、交付这些阶段；最后形成最终的软件系统。

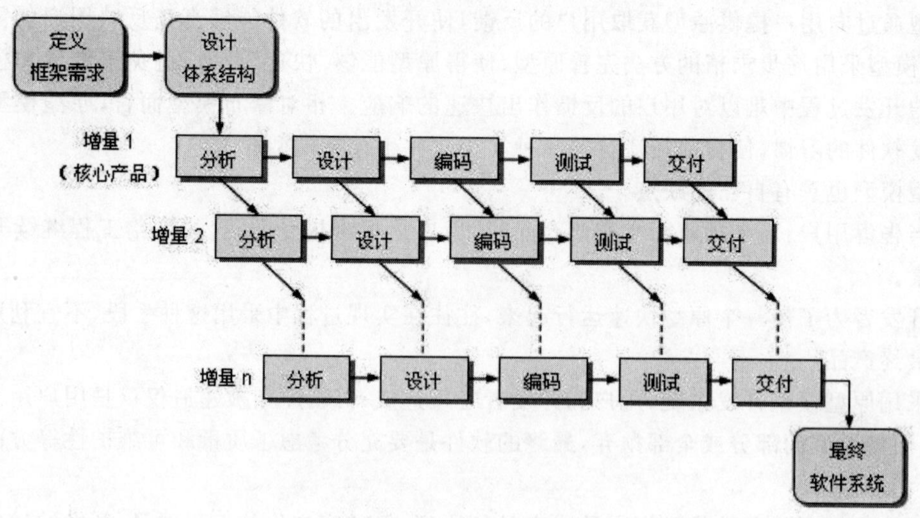

图 1-5　增量模型

增量模型融合了瀑布模型的基本成分(重复应用)和原型实现的迭代特征,该模型采用随着日程时间的进展而交错的线性序列,每一个线性序列产生软件的一个可发布的“增量”。当使用增量模型时,第一个增量往往是核心的产品,即第一个增量实现了基本的需求,但很多补充的特征还没有发布。客户对每一个增量的使用和评估都作为下一个增量发布的新特征和功能,这个过程在每一个增量发布后不断重复,直到产生了最终的完善产品。增量模型的特点是引进了增量包的概念,无须等到所有需求都出来,只要某个需求的增量包出来即可进行开发。虽然某个增量包可能还需要进一步适应客户的需求并且更改,但只要这个增量包足够小,其影响对整个项目来说是可以承受的。

增量模型有如下优点。

①由于能够在较短的时间内向用户提交一些有用的工作产品,因此能够解决用户的一些急用功能。

②由于每次只提交用户部分功能,用户有较充分的时间学习和适应新的产品。

③对系统的可维护性是一个极大的提高,因为整个系统是由一个个构件集成在一起的,当需求变更时只变更部分部件,而不必影响整个系统。

增量模型存在以下缺陷。

①由于各个构件是逐渐并入已有的软件体系结构中的,所以加入构件必须不破坏已构造好的系统部分,这需要软件具备开放式的体系结构。

②在开发过程中,需求的变化是不可避免的。增量模型的灵活性可以使其适应这种变化的能力大大优于瀑布模型和快速原型模型,但也很容易退化为边做边改模型,从而使软件过程的控制失去整体性。

③如果增量包之间存在相交的情况且未很好处理,则必须做全盘系统分析,这种模型将功能细化后分别开发的方法较适应于需求经常改变的软件开发过程。

例如,要开发一个字处理软件,则增量构件①主要提供基本的文件管理、编辑和文档生成功能;②提供更完善的编辑和文档生成功能;③实现拼写和语法检查功能;④完成高级的页面排版功能。

例如,要开发一个网上购物系统。增量构件主要用来①发布商品展示、查找、购物、商品维护等功能；②增加商品排序功能（价格、上加时间）、商品推荐功能；③发布订单统计分析功能；④发布客户留言、邮件列表等功能。

4. 螺旋模型

1988 年，Barry Boehm 正式发表了软件系统开发的“螺旋模型”。它将瀑布模型和快速原型模型结合起来，不仅体现了两个模型的优点，还增加了两种模型都忽略了的风险分析，弥补了这两种模型的不足。

螺旋模型的基本思想是：使用原型及其他方法来尽量降低风险。把它看作在每个阶段之前都增加了风险分析过程的快速原型模型。

螺旋模型主要适用于内部开发的大规模软件项目。如果进行风险分析的费用接近整个项目的经费预算，则风险分析是不可行的。事实上项目越大，风险也越大，因此进行风险分析的必要性也越大。此外只有内部开发的项目，才能在风险过大时方便中止项目。

对于复杂的大型软件，开发一个原型往往达不到要求。螺旋模型将瀑布模型与演化模型结合起来，并且加入两种模型均忽略了的风险分析。螺旋模型沿着螺线旋转，如图 1-6 所示。

它采用一种周期性的方法来进行系统开发，导致开发出众多的中间版本。使用它，项目经理在早期就能够为客户实证某些概念。该模型是快速原型法，以进化的开发方式为中心，在每个项目阶段使用瀑布模型法。

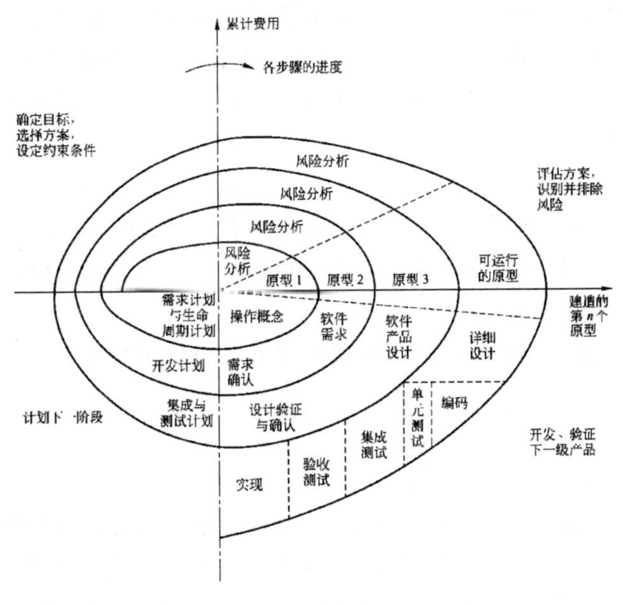

图 1-6　螺旋模型

沿螺旋线自内向外，每旋转一圈便开发出更为完善的一个新的软件版本。软件开发过程每迭代一次，软件开发又前进一个层次。螺旋模型沿着螺线进行若干次迭代，图中的四个象限代表了以下活动。

①制定计划。确定软件目标，选定实施方案，弄清项目开发的限制条件。

②风险分析。分析评估所选方案，考虑如何识别和消除风险。

③实施工程。实施软件开发和验证。

④客户评估。评价开发工作,提出修正建议,制定下一步计划。

螺旋模型是风险驱动,强调可选方案和约束条件从而支持软件的重用,有助于将软件质量作为特殊目标融入产品开发之中。

螺旋模型基本做法是在“瀑布模型”的每一个开发阶段前引入一个非常严格的风险识别、风险分析和风险控制,它把软件项目分解成一个个小项目。每个小项目都标识一个或多个主要风险,直到所有的主要风险因素都被确定。

螺旋模型强调风险分析,使得开发人员和用户对每个演化层出现的风险有所了解,继而做出应有的反应,因此特别适用于庞大、复杂并具有高风险的系统。对于这些系统,风险是软件开发不可忽视且潜在的不利因素,它可能在不同程度上损害软件开发过程,影响软件产品的质量。减小软件风险的目标是在造成危害之前,及时对风险进行识别及分析,决定采取何种对策,进而消除或减少风险的损害。所谓“软件风险”,是普遍存在于任何软件开发项目中的实际问题。对于不同的项目,其差别只是风险有大有小而已。

螺旋模型的优点如下:

①设计上的灵活性,可以在项目的各个阶段进行变更。

②以小的分段来构建大型系统,使成本计算变得简单容易。

③客户始终参与每个阶段的开发,保证了项目不偏离正确方向以及项目的可控性。

④随着项目推进,客户始终掌握项目的最新信息 ,从而他或她能够和管理层有效地交互。

⑤客户认可这种公司内部的开发方式带来的良好的沟通和高质量的产品。

⑥风险驱动的,它强调可选方案和约束条件从而支持软件的重用。关注于早期错误的消除,将软件质量作为特殊目标融入产品开发之中。减少了过多测试或测试不中所带来的风险。

螺旋模型的缺点如下:

①很难让用户确信这种演化方法的结果是可以控制的。建设周期长,而软件技术发展比较快,所以经常出现软件开发完毕后,和当前的技术水平有了较大的差距,无法满足当前用户需求。

②要求软件开发人员具有丰富的风险评估经验和专门知识,擅长寻找可能的风险,准确地分析风险,否则将带来更大的风险。

③要求许多客户接受和相信风险分析并做出相关反应是不容易的,往往适应于内部的大规模软件开发。

5. 喷泉模型

软件生命周期模型可以按瀑布模型,先进行分析,后进行设计;也可以按螺旋模型或增量模型,交替地进行分析和设计。不过更能体现两者之间关系特点的是近几年来提出的喷泉模型。

喷泉模型以面向对象的软件开发为基础,以用户需求为动力,以对象作为驱动的模型。主要用于面向对象技术的软件开发项目。

由图 1-7 可以看到,分析与设计这两个水泡表明分析和设计没有严格的边界,它们是连续的、无缝的,允许有一定的相交(一些工作可以看作是分析的,也可以看作是设计的),也允许从设计回到分析。模型中的每一个阶段之间都会有这种交叠。在模型的最上端,维护时期的水泡较小,表明采用了这种方法后,维护时期的工作量适当地变小了。螺旋模型认为软件开发过程自下而上周期的各阶段是相互迭代和无间隙的特性。软件的某个部分常常被重复工作多次,相关对象在每次迭代中随之加入渐进的软件成分喷泉模型不像瀑布模型那样,需要分析活动结束后才开始设计活动，设计活动结束后才开始编码活动。该模型的各个阶段没有明显的界限，开发人员可以同步进行开发。

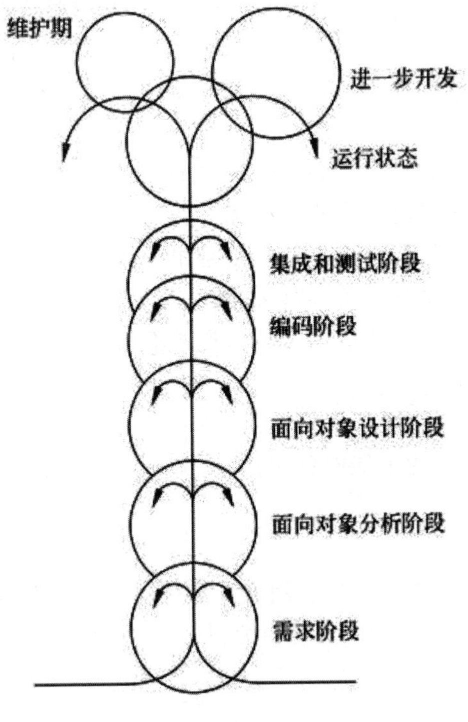

图 1-7　喷泉模型

喷泉模型对软件复用和生存周期中多项开发活动的集成提供了支持，以面向对象的软件开发方法为基础，它适合面向对象的开发方法。它克服了瀑布模型不支持软件重用和多项开发活动集成的局限性。喷泉模型使开发过程具有迭代性和无间隙性。系统某个部分常常重复工作多次，相关功能在每次迭代中随之加入演化的系统。无间隙是指在分析、设计和实现等开发活动之间不存在明显的边界。

喷泉模型不像瀑布模型那样，需要分析活动结束后才开始设计活动，设计活动结束后才开始编码活动。该模型的各个阶段没有明显的界限，开发人员可以同步进行开发。其优点是可以提高软件项目开发效率，节省开发时间，适应于面向对象的软件开发过程。

由于喷泉模型在各个开发阶段是重叠的，因此在开发过程中需要大量的开发人员，因此不利于项目的管理。此外这种模型要求严格管理文档，使得审核的难度加大，尤其是面对可能随时加入各种信息、需求与资料的情况。

1.2　软件缺陷与软件故障

1.2.1　软件缺陷和软件故障的概念

软件是由人来完成的，所有由人做的工作都不会是完美无缺的。软件开发是很复杂的工作，开发人员很容易出现错误，虽然软件从业人员、专家和学者付出了很多努力，但软件错误仍然存在。因此大家也得到了一项共识：软件中存在错误是软件的一种属性，是无法改变的。所以通常说软件测试的目的就是为了发现尽可能多的软件缺陷，并期望通过改错来把缺陷消灭，最终提高软件的质量。

软件错误是指在软件生存期内的不希望出现或不可接受的人为错误，软件错误导致软件缺陷的产生。

软件缺陷是存在于软件(文档、数据、程序)之中的不希望出现或不可接受的偏差，软件缺陷导致软件在运行于某一特定条件时出现软件故障，这时软件缺陷被激活。

软件故障是指软件在运行过程中产生的不希望出现或不可接受的内部状态，对软件故障若无适当措施(容错)加以及时处理，就会使软件失效。

软件失效是指软件在运行时产生的不希望出现或不可接受的外部行为结果。

1.2.2 软件产生错误的原因

软件产生错误的原因很多，为了能够预防错误，需要了解错误产生的原因，具体地说，主要有如下几方面。

(1)复杂性

软件是复杂的，因为它是思想的产物。随着计算机技术的进步，软件的功能、结构日益复杂，算法的难度不断增加，但是软件却要求高精确性，任何一个环节出了差错都会导致软件出现错误。正因为这个原因，软件缺陷总是会层出不穷。

(2)交流不够、交流上有误解或者根本不进行交流

软件是复杂的，当软件的规模达到一定程度的时候，个人已经无法实现，此时出现了团队，但是如何保证队员之间思想的一致性成了问题，人与人思想之间的差异是客观存在的，交流不够、交流上有误解或者根本不进行交流，这些都会导致软件在开发和维护过程中遇到一系列严重的问题。

(3)程序设计错误

像所有的人一样，程序员也会出错。有些错误可能是随机的，程序员通常是因为一时的疏忽而造成程序设计错误。

(4)需求变化

需求变化的影响是多方面的，客户可能不了解需求变化带来的影响，也可能知道但又不得不那么做。需求变化可能造成系统的重新设计，设计人员的日程需要重新安排，已经完成的工作可能要重做或者完全抛弃，而且需求变化可能会对其他项目产生影响，硬件需求也可能要发生变化。如果有许多小的改变或者一次大的变化，项目各部分之间已知或未知的依赖性可能会增强，进而导致更多问题的出现，需求改变带来的复杂性可能导致错误。

(5)时间压力

软件项目的日程表很难做到准确，很多时候需要预计和猜测。当最终期限迫近和关键时刻到来之际，错误也就跟着来了。

(6)代码文档贫乏

代码文档贫乏或者不规范的文档使得代码的维护和修改变得异常艰辛，其后果是带来许多错误。

(7)软件开发工具

可视化工具、类库、编译器、脚本工具等软件开发工具,都会将自身的错误带到应用软件中。

实上,无论采用什么技术和什么方法,软件中仍然会有错。采用新的语言、先进的开发方式、完善的开发过程,可以减少错误的引入,但是不可能完全杜绝软件中的错误,这些错误需要测试来发现,软件中的错误密度也需要测试来进行估计。

1.3　软件质量与质量模型

1.3.1　软件质量的概念

1. 质量的概念

“质量(Quality)”这个词,如果单从汉语文字来看,是由“质”和“量”两个词构成的,字面上理解就是在质和量上的程度。先来看看一些权威机构对质量做出的解释。

在《辞海》中,对质量的解释是产品或工作的优劣程度。

1986 年 ISO 8492 给出的质量的定义是:质量是产品或服务满足明示或暗示需求能力的特性和特征的集合。

IEEE 在“Standard Glossary of Software Engineering Terminology”中给出的质量定义是被普遍接受的概念,即质量是系统、部件或过程满足明确需求。

世界著名的质量管理专家朱兰对“质量”给出的含义:满足使用要求的基础是质量特征,产品的任何特性(性质、属性等)、材料或满足使用要求的过程都是质量特征。

从众多的定义中,我们可以看到,质量是一个复杂的多层面概念,如果站在不同的观点上从不同的层面或角度对质量就有着不同的理解。

先验证观点:质量是产品的一种可以认识但不可定义的性质。

用户观点:质量是产品满足使用目的的程度。

制造者观点:质量是产品性能符合规格要求的程度。

产品观点:质量是联结产品固有性质的纽带。

基于价值观点:质量依赖于顾客愿意付给产品报酬的数量。

因此,有一个很重要的概念和质量息息相关,这个概念就是“客户”,不同的客户对待质量的看法是不同的,质量和客户两者相对而存在。

客户的定义至少存在两个范畴——内部的和外部的:

外部客户是产品的实际使用者或服务的对象,是传统意义上大家所认可的客户。

内部客户是更为广泛意义上的客户,客户可以被理解为下一道工序的接受者。在软件生产的环节中有关的人员都可被定义为这一类型的客户,软件的设计者是需求分析人员的客户,编程人员是设计者的客户,软件测试是编程人员的客户。

从质量的定义和不同的理解中均可以看到,质量是满足客户需求的特征这个核心含义,这样对质量的解释和说明就存在困难,传统的理性观点把世界分为主观和客观两部分,但是质量似乎被排除在这种区分之外,既不是客观的,也不是主观的。质量似乎不是客观的,因为没有什么科学仪器可以直接测出质量来;质量似乎也不是主观的,因为它不仅存在于人们的脑海中。其实,质量应该是客观存在的,但是测度它的方法却是主观的。

2. 软件质量的内涵

关于软件质量有许多好的定义。通过审视每个定义,可以正确理解什么是软件质量。以下从一个较为抽象的定义逐步转向更具体的定义,这有助于对该问题的理解。

Fisher 和 Light 在《Definitions in Software Quality Management》中的质量定义:(表征)计算机系统卓越程度的所有属性的集合。"所有属性的集合"包括可靠性、可维护性、可用性等。"卓越"则属于软件质量的定义范畴。

在 Donald J. Reifer 的《State of the Art in Software Quality Management》一书,有如下定义:软件产品满足明示需求程度的一组属性的集合。这个定义中继续沿用"属性集合"的说法,但增加了满足明示需求的成分。

在《Software Quality Assurance and Measurement:a Worldwide Perspective》中除了关注"明示需求"之外,还扩展到了"暗示"需求:软件产品满足明示或暗示需求能力的特性和特征的集合。

Stephen Kan 在《Metrics and Models in Software Quality Engineering》中对"需求"这个层面更加明确:在质量定义中客户的角色必须明确指出,即满足客户的需求。

Watts Humphrey 在《Discipline for Software Engineering》中从个体实践者的角度看质量:必须认识到软件质量是分层次的。首先,软件产品必须提供用户所需的功能。

如果做不到这一点,什么产品都没有意义。其次,这个产品必须能够正常工作。如果产品中有很多缺陷,不能正常工作,那么无论这种产品其他性能如何,用户也不会使用它。

Peter J. Denning 在他的文章《What is Software Quality》中提出了与 Humphrey 类似的观点:越是关注客户的满意度,软件就越有可能达到质量要求。程序的正确性固然重要,但不足以体现软件的价值。

本书对软件质量的定义是:软件质量是软件产品满足使用要求的程度。在这个定义"程度"是由软件的特征和特征集组成的。

1.3.2 软件质量模型

从软件质量的定义得知软件质量是通过一定的属性集来表示其满足使用要求的程度,那么这些属性集包含的内容就显得很重要了。计算机界对软件质量的属性进行了较多的研究,得到了一些有效的质量模型,包括 McCall 质量模型、Boehm 质量模型、ISO/IEC9126 质量模型。

1. McCall 质量模型

早期的 McCall 软件质量模型是 1977 年 McCall 和他的同事建立的,他们在这个模型中提出了影响质量因素的分类。图 1-8 所示为 McCall 模型的示意图,质量因素集中在软件产品的 3 个重要方面:操作特性(产品运行)、承受可改变能力(产品修订)、新环境适应能力(产品变迁)。

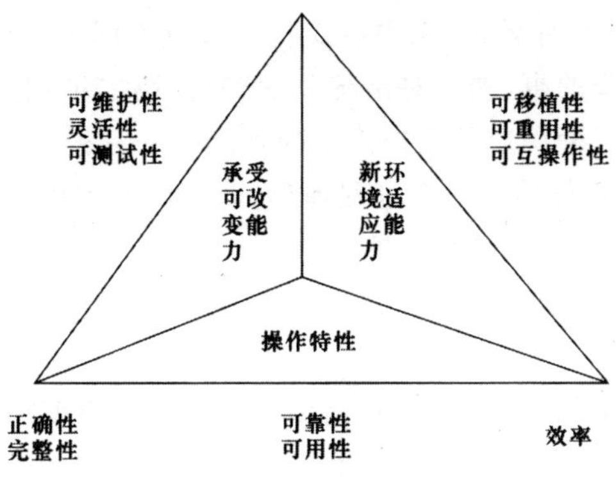

图 1-8　McCall 模型的示意图

2. Boehm 质量模型

1978 年 Boehm 和他的同事提出了分层结构的软件质量模型，除包含了用户期望和需要的概念，这一点与 McCall 相同之外，还包括了 McCall 模型中没有的硬件特性。Boehm 质量模型如图 1-9 所示。

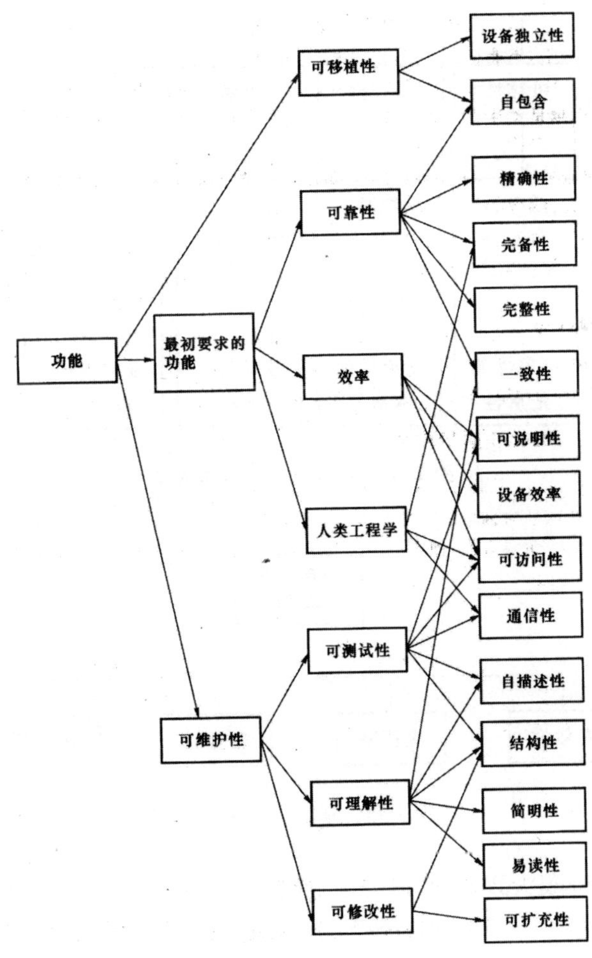

图 1-9　Boehm 质量模型

Boehm 模型始于软件的整体效用，从系统交付后涉及不同类型的用户考虑。第一种用户是初始顾客，系统做了顾客期望的事，顾客对系统非常满意；第二种用户是要将软件移植到其他软硬件系统下使用的客户；第三种用户是维护系统的程序员。三种用户都希望系统是可靠有效的。因此，Boehm 模型反映了对软件质量的全过程理解，即软件做了用户要它做的；有效地使用系统资源；易于用户学习和使用；易于测试和维护。

3. ISO/IEC 9126 质量模型

20 世纪 90 年代早期，软件工程界试图将诸多的软件质量模型统一到一个模型中，并把这个模型作为度量软件质量的一个国际标准。国际标准化组织和国际电工委员会共同成立的联合技术委员会(JTC1)，1991 年颁布了 ISO/IEC 9126～1991 标准《软件产品评价——质量模型》的质量模型分为 3 个：内部质量模型、外部质量模型、使用中质量模型。外部和内部质量模型如图 1-10所示，使用中质量模型如图 1-11 所示。

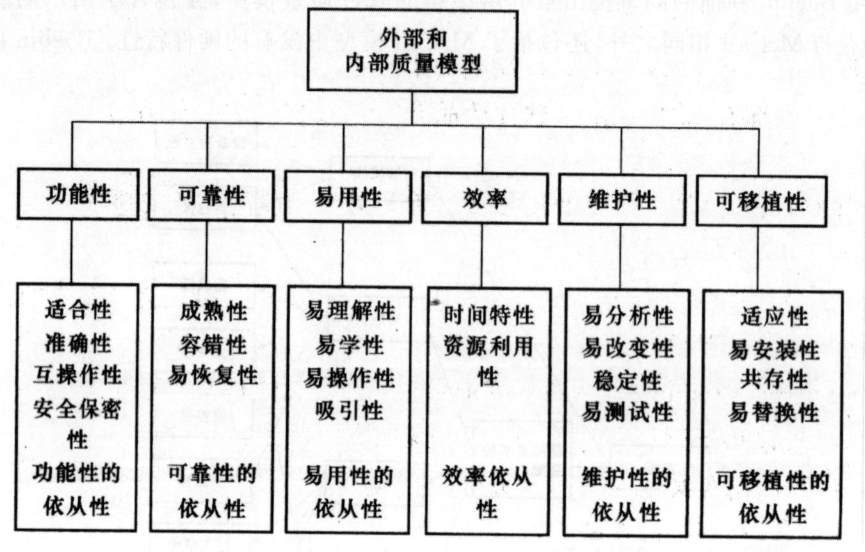

图 1-10　外部和内部质量模型

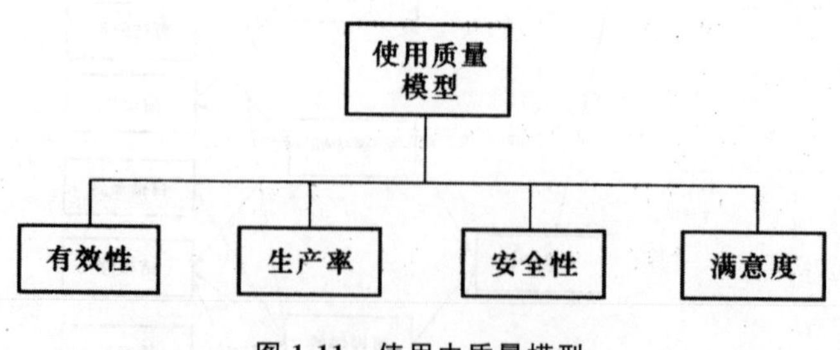

图 1-11　使用中质量模型

各个模型包括的属性集大致相同，但也有不同的地方，这说明，软件质量的属性是依赖于人们的意志，基于不同的时期，不同的软件类型，不同的应用领域，软件质量的属性是不同的，这也就是软件质量主观性的表现。

1.4　软件的质量需求

软件测试是软件质量保证的一种诉求，是质量保证过程中所依赖的主要活动之一。质量保证的结果，在很大程度上依赖于软件测试的开展以及执行的结果。所以要做好测试工作，必须清楚地了解软件的质量需求。或者说，只有正确地理解了软件质量的含义、质量需求之后，测试人员才能有效地分析测试需求，准确地定义测试的目标、把握测试的要点，才有可能将软件测试工作做得尽善尽美。

软件的质量需求，从根本上说是为了引导和满足客户的需求，而软件质量具体表现在软件产品（或服务）固有的特性之上，如适用性、功能性、有效性、可靠性和性能等。在软件质量管理中，常常将软件质量特性分为功能特性和非功能特性。软件质量不仅要满足外部客户需求，如功能、易用性、稳定性等，还要考虑企业自身的利益，如是否容易维护、是否易于扩充或迁移等，满足软件组织内部的质量需求。

1. 质量的功能需求

软件质量的功能需求比较容易理解，就是通过人机交互界面来完成用户所需要的各项操作，包括数据的输入和结果输出。一般会在如下一些有关的产品文档中定义软件的功能特性。

- 市场需求文档（Marketing Requirement Document，MRD）。
- 产品需求文档（Production Requirement Document，PRO）。
- 用户界面模拟（模型）文档（User Interface Mock-up，UI Mock-up）。
- 产品规格说明书（Functional Specification，Spec）。

功能需求，也可被称为可说明性（accountability），用户可以基于产品或服务的描述和定义进行使用，即产品可以满足上述文档对功能的说明。

易用性（usability）可以视为非功能性需求，但更倾向于功能性需求。对于一个软件来说，易用性被视为用户学习、操作和理解软件所做出努力的程度，它和功能联系比较多。易用性好，常表现为“安装简单方便、容易使用、界面友好、逻辑清晰”等，并能适用于不同特点的用户，包括能给残疾人、有缺陷的人提供产品使用的有效途径或手段。

2. 质量的非功能需求

软件的非功能需求内涵更为丰富，虽然建议在MRD和PRD中将其描述清楚，但在多数情况下，做到这点会比较困难。它往往需要根据软件设计阶段的工作和测试验证的结果才能最终确定。

软件的非功能需求主要体现在性能、安全性、可靠性等方面。

（1）性能（performance）

性能是指在指定条件下，用软件实现某种功能所需计算机资源（包括内存大小、CPU占用时间等）的有效程度，以及系统响应、表现的状态。如果系统用完了所有可用的资源，那么系统性能就会下降。性能的操作特征包括与作业负载相关的特征，如响应时间、负载容量等。

（2）安全性（security）

根据ISO 8402的定义，安全性是“使伤害或损害的风险限制在可接受的水平内”，也就意味着安全性是相对的。因为从理论上讲，只要有足够的时间和资源，没有不可进入的系统。因此系统安全设计的准则是：使非法侵入的代价超过被保护信息的价值，此时非法侵入者已无利可图。安全性分为如下两方面。

①系统级别的安全性，包括网络、硬件环境和软件构成的系统整体的安全性。

②应用程序级别的安全性，从应用软件本身来讨论其安全性，本书讨论的安全性就局限在这个范围，包括用户口令、用户功能权限设置、数据输入验证、敏感数据加密、数据存储安全性以及防范非法入侵的能力、数据备份和恢复能力等等。

(3)可靠性(reliability)

可靠性是指在规定的时间和条件下，软件维持其正常的功能操作、性能水平的程度，如软件坚固性和可靠性(防故障能力，即防止崩溃、内存泄漏等能力)、资源利用率、代码完整性及技术兼容性等。衡量软件可靠性的方法，包括正确执行操作所占的比例，在发现新缺陷之前系统运行的时间长度和缺陷出现的密度。通常用"系统平均无故障时间(Mean Time To Failure，MTTF)除以总的运行时间(MTTF与故障修复时间之和)"来计算可靠性，一般以多少个9来表示，如可靠性是5个9，即99.999%。可靠性对一些软件系统要求特别高，要求有很强的容错能力，并能保证长时间稳定运行，比如航空、铁路交通管制系统、全国联合售票系统等。

1.5 软件测试的目标和基本需求

在分析测试需求之前，先要确定测试目标，而测试目标的确定，取决于质量要求。虽然在理论上，对软件质量的要求是比较明确的，但对不同的软件开发项目，其质量要求是不一样的。根据特定的质量要求，确定测试目标。然后再根据测试目标，来分析测试需求。

1.5.1 质量要求

对质量的具体要求，可以参考国际标准ISO/IEC 25030的相关描述，质量不仅局限于最终用户的需求(通常指外部质量要求、软件使用质量)，还要考虑产品或项目的干系人(Stakeholders)的质量要求，包括组织的管理层、系统运维等，对软件内部质量也有具体要求，包括软件的可维护性、可扩充性等。从质量来看，用户的需求会显得更重要，我们会在使用质量(Quality in Use)上有更多的关注，使用质量的具体要求如图1-12所示。

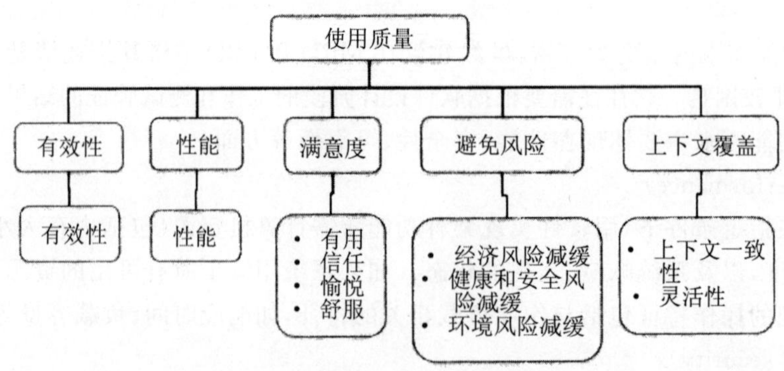

图1-12 使用质量的模型

手机也是大家熟悉的产品，不同的用户群对一部智能手机的要求也是不同的，如低档手机和高档手机有着不同的质量要求、老年人和年轻人对手机也有不同的期望，商务人士对手机也有一些特定的需求（如 Blackberry 的实实在在的全键盘）。低档手机的质量要求如下：

- 通话正常、稳定。
- 通话质量要有一定保障。
- 待机时间长。
- 安全，电池不能发生爆炸。
- 外观大气美观，不要太重。
- 通信录、短信、闹钟等功能使用方便。
- 支持手写输入功能。

但对智能手机，对手感、用户体验、性能、外观质感等有更高的要求。虽然不同的产品类型、不同的应用领域，功能的质量要求是有差异的，但一般来说，通用的功能质量要求如下：

- 程序安装、启动正常，有相应的提示框、错误提示等。
- 每项功能符合实际要求。
- 每一项功能能正常运行、输出结果正确。
- 能处理各种不正常的操作，对异常数据的输入可以进行提示、容错处理等。
- 系统的界面清晰、美观。
- 菜单、按钮操作正常、灵活，能处理一些异常操作。
- 能接受正确的数据输入，如测试最大输入的文字数、单双字节、特殊符号等。
- 数据的输出结果准确，格式清晰，可以保存和读取。
- 功能逻辑清楚，符合使用者习惯。
- 系统的各种状态按照业务流程而变化，并保持稳定。
- 支持各种应用的环境。
- 能配合多种硬件周边设备。
- 软件升级后，能继续支持旧版本的数据。
- 与外部应用系统的接口有效。

用户界面（User Interface，UI）是和用户进行交互的窗口。仅从这一点，就可以清楚地知道用户界面友好程度的重要性。用户界面是否友好直接影响用户对软件产品或软件服务的满意度，即我们经常提到的用户体验，用户界面设计就是给用户一个良好的体验，不仅使用软件简单、方便和明了，而且心情舒畅、愉悦。对于 Web 应用，更强调网页内容和文字表述，但这些往往是开发人员容易忽视的地方。对于开发人员来说，注意力常常集中在功能的实现上。文字不仅误导用户的操作或影响用户的体验，而且有时可能会引起法律方面的问题。测试人员应确保内容表达符合习惯，更专业、流畅，有时需要招聘 1～2 个语言学（文学、中文、英文、日文等）专业的人员参加测试队伍。在 UI 上，主要的质量要求如下。

- 通用框架、浮动窗口和文字等整体上布局合理、位置恰当。
- 文字没有乱码、换行正常，而且内容格式、顺序正确。
- 文字标记和超链接可以打开和跳转成功。
- 色彩搭配要协调，要形成对比强烈的色彩效果，也要恰到好处。

以前面 Google Talk 作为例子，其产品的质量要求一定会包括功能正确、性能好、易用，但这样的质量要求还不够明确，对设定测试目标帮助不大，还需要进一步分析其质量要求。对于功能，可以逐条列出其主要功能，然后分析功能在质量上有没有一些特定的要求。例如：

①支持语音、视频通话，就要确定语音、视频通话的质量要求，是否支持电信级业务服务水平即严格的 QoS 标准(服务质量)？支持高清视频(女 1720p、1080p 等)通话吗？视频通话质量能够根据网络状况可调整吗？语音在延迟、回声、噪音、颤音等上面有具体的质量要求吗？视频通话对带宽最低限制是多少？

②是否支持基于行业标准的会话发起协议(SIP)？

③单击姓名打开聊天窗口，可同时打开任意多个聊天窗口。可能就会问，最多能打开多少个窗口？有没有性能问题？

④邮件、通信录等涉及个人隐私，在安全性上有什么要求？

⑤口令设置有哪些参数约束？这些约束能否保证其较高的安全性？

⑥好友列表有没有限制(容量问题)？

⑦不同颜色的小球图标及不同的符号表示好友的在线状态，多少时间(如几十、几百毫秒，几秒)刷新一次？

⑧正常连接情况下，添加好友的时间是多少？

对应 Google 日历，可能就简单些，其质量要求和一般 Web 应用软件的质量要求基本一致，主要体现在功能、性能、安全性、易用性等主要方面的同时，可能还会有下列的质量要求。

①功能：计算正确、显示正常、逻辑合理等。

②性能：正常时每个页面刷新显示时间不超过 3 秒，高峰时不超过 10 秒。

③安全性：登录安全，被邀请人只能看到当前事件，不能查看他人的其他事件等。

④易用性：日历能在不同显示方式之间方便、快捷切换，显示内容也能根据不同方式改变、能支持“直接拖拽”操作日历等。

为了进一步理解产品质量要求，可以看看大家熟悉的拼音输入法有什么具体的质量要求。

1.5.2 测试目标

软件测试的目标就是根据质量要求，逐项确定、验证软件的实际表现，提供软件产品完整的质量信息；同时，为了帮助团队向客户提供一个高质量的软件产品，软件测试的目标就是更早地、尽可能地将软件产品或软件系统中所存在的各种问题找出来，并促进各类开发人员尽快地解决问题。衡量测试目标的实现，就是通过测试覆盖率来衡量，通过对测试结果的分析，来明确产品质量要求、功能点或代码行(分支、条件等)的测试覆盖率。

例如：

· 需求项和功能点覆盖率 100%。

· 代码行覆盖率 95%。

但针对具体项目或具体产品的测试目标，不仅根据产品质量要求进一步明确测试目标，还要根据项目背景环境(如进度、预算等)、测试团队能力和现有的技术来确定测试目标。例如，预算和进度限制测试的充分性，包括是否有足够的时间和资源去做兼容性测试、性能测试、安全性测试和可靠性测试等。即使对某项特定的测试，能够测试到什么深度和广度，都需要因地制宜地考量。因为从理论上讲，希望该有的测试都做了，每项测试都能做到 100%，但实际项目中，进度、资源、能力等都有限制，不可能达到理想的目标，也没必要。例如单元测试，理想的目标是百分之百覆盖代码行、分支和条件，但在实际项目中，可能将单元测试的目标定为代码行的覆盖率50%、60%或80%。

1.5.3　基本的测试需求

先谈软件产品的功能测试需求。在功能测试中，不仅要完成业务逻辑的验证，还要进行用户界面和输入空间的验证。例如，在讨论软件测试方法时，经常谈到黑盒方法的等价类划分、边界值分析、决策表、因果分析等方法，实际上这些只是功能测试的冰山一角，不仅要对输入空间进行验证，而且还要对用户界面、业务逻辑等进行验证。总之，为了更全面地验证或评估软件功能的质量，需要在各个层次（单元、接口和系统）和各个方面（代码、文档和系统）进行测试。也就是说，在功能测试中，不光要进行不同层次的测试，还要针对不同空间或领域进行相应的测试。概括起来，功能测试的需求包括下列这些内容。

①单元之间调用、函数之间调用的各种参数的数据测试。

②系统的不同输入、结果输出的数据测试。

③数据库默认值、数据备份和恢复的测试。

④系统各个界面的验证。

⑤用户操作的易用性、用户体验的测试。

⑥单元逻辑、算法的测试，如通过代码评审发现算法问题。

⑦系统的业务逻辑验证，如端到端的测试。

⑧文档的验证，包括用户手册、安装文档逐行逐字的验证。

⑨各类关键代码的评审。

⑩功能的错误操作、异常操作的测试。

⑪功能一致性、多功能互操作的测试。

如果系统只是满足了功能要求，没有满足一些非功能特性（性能、安全性等）要求，还是不能满足客户的需求，不能获得用户的信任。如某个网站功能（注册、信息查询等）齐全，也可以被访问，但是，每打开一个页面都需要两分钟。结果，用户不能忍受，再也不会访问这个网站。这种非功能性的需求满足和功能性的需求满足同样重要。

为了验证系统是否符合非功能特性的质量需求而进行的测试是系统非功能性测试。非功能性测试需求覆盖软件系统的所有质量属性，包括性能、安全性、可靠性、兼容性、易维护性和可移植性等，它们存在对应的关系，如图1-13所示。

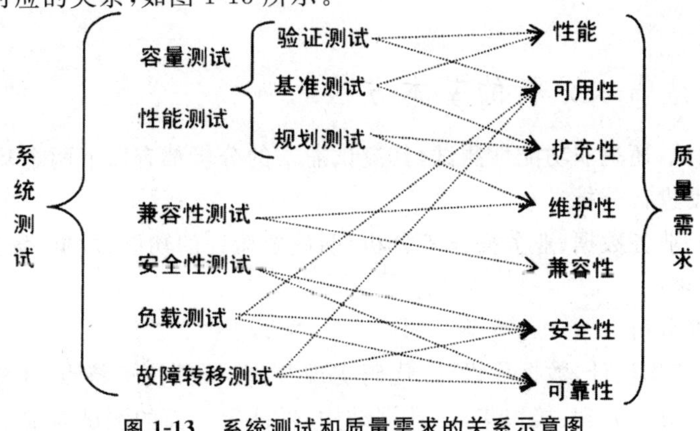

图1-13　系统测试和质量需求的关系示意图

但每一类测试可能需要单独考虑，性能测试和兼容性测试、安全性测试都不一样，考虑的着眼点不一样。例如，性能测试的目的之一就是为了验证当前系统实际所具有的性能。如果实际性能达不到系统使用的需求，就需要改进设计，优化算法或程序代码，直至达到要求。除了以上的目的之外，性能测试还可以进一步分为基准测试和规划测试，具体分析如下。

· 对于新建立的系统，测试人员并不了解某些具体的性能指标，所以性能测试的首要任务就是获取这些指标的标准值，然后基于由这些标准值所设定的基准，进一步制定产品性能改进计划，也就是性能指标的变更需求计划。

· 产品最终要被部署到运行环境中，在部署之前要进行规划，例如，根据用户的数量或数据负载来决定服务器的选型和数量，如果 10 万个用户需要 4 台双核 CPU、内存 4GB 的服务器，如果是 100 万个用户是否需要 16 台双核 CPU、内存 8GB 的服务器等。这些规划的数据依赖于性能的规划测试。

· 容量测试可以看做是性能测试的一种，或者认为系统的容量是系统的性能指标之一。如某个 Web 站点可以支持多少个并发用户、网络在线会议系统中与会者的人数。如果实际容量已满足要求，就能帮助用户建立对产品的信心。如果不能满足要求，就应该寻求新的解决方案，以提高系统的容量。若一时没有新的解决方案，就有必要在产品发布说明上明确容量上的限制，避免引起软件产品使用的纠纷。

1.6 项目的测试需求

在掌控了软件项目的背景，了解了产品的质量要求和软件测试的基本需求之后，同时，测试人员也会阅读相关软件需求文档，参与需求评审。在这些基础之上，可以进行测试的需求分析，即包括下面这些工作：

· 明确测试范围，了解哪些功能点要测试、哪些功能点不需要测试。

· 知道哪些测试目标优先级高、哪些目标优先级低。

· 要完成哪些相应的测试任务才能确保目标的实现。

然后才能估算测试的工作量，安排测试的资源和进度。测试需求分析是测试设计和开发测试用例的基础，测试需求分析得越细，对测试用例的设计质量的帮助越大，详细的测试需求还是衡量测试覆盖率的主要依据。只有在做好测试需求的基础上，才能规划项目所需的资源、时间以及所存在的风险等。

1.6.1 测试需求分析的基本方法

无论是功能测试，还是非功能性测试，其测试需求的分析都有以下两个基本的出发点。

(1)从客户角度进行分析

通过业务流程、业务数据、业务操作等分析，明确要验证的功能、数据、场景等内容，从而确定业务方面的测试需求。

(2)从技术角度分析

通过研究系统架构设计、数据库设计、代码实现等，分析其技术特点，了解设计和实现要求，包括系统稳定可靠、分层处理、接口集成、数据结构、性能等方面的测试需求。

如果有完善的需求文档(如产品功能规格说明书),那么功能测试需求可以根据需求文档,再结合前面分析和自己的业务知识等,比较容易确定功能测试的需求。如果缺乏完善的需求文档,就需要借助启发式分析方法,从系统业务目标、结构、功能、数据、运行平台、操作等多方面进行综合分析,了解测试需求,并通过和用户、业务人员、产品经理或产品设计人员、开发人员等沟通,逐步让测试需求清晰起来。

· 业务目标:所有要做的功能特性都不能违背该系统要达到的业务目标,多问问如何更好地达到这些业务目标,如何验证是否实现这些业务目标?

· 系统结构:产品是如何构成的?系统有哪些组件、模块?模块之间有什么样的关系?有哪些接口?各个组件又包含了哪些信息?

· 系统功能:产品能做哪些事、处理哪些业务?处理某些业务时由哪些功能来支撑、形成怎样的处理过程?处理哪些错误类型?有哪些 UI 来呈现这些功能?

· 系统数据:产品处理哪些数据?最终输出哪些用户想要的结果?哪些数据是正常的?又有哪些异常的数据?输入数据如何被转化、传递的?这中间有哪些过渡性数据?输出数据格式有什么要求?输出数据存储在哪里?

· 系统运行的平台:系统运行在什么硬件上?什么操作系统?有什么特殊的环境配置?是否依赖第三方组件?

· 系统操作:有哪些操作角色?在什么场景下使用?不同角色、场景有什么不同?有哪些是交集的?

上面这些分析,更多是从测试对象本身来进行分析,还包括用户角色分析、用户行为分析、用户场景分析等。我们还可以通过如下一些其他方面的资料,帮助我们更好地完成测试的需求分析。

· 对竞争产品进行对比分析,明确测试的重点。

· 质量存在哪些风险,包括安全性漏洞等。

· 对过去类似产品或本产品上个版本所发现的缺陷进行分析,总结缺陷出现的规律,看看有没有漏掉的测试需求。

· 在易用性、用户体验上有什么特别的需求需要验证?

· 管理者或市场部门有没有事先特定的声明?

· 有没有相应的行业规范、特许质量标准?

测试需求分析过程,可以从质量要求出发,来展开测试需求分析,如从功能、性能、安全性、兼容性等各个质量要求出发,不断细化其内容,挖掘其对应的测试需求,覆盖质量要求。也可以从开发需求(如产品功能特性点、敏捷开发的用户故事)出发,针对每一条开发需求形成已分解的测试项,结合质量要求,这些测试项再扩展为测试任务,这些测试任务包括了具体的功能性测试任务和非功能性测试任务。在整理测试需求时,需要分类、细化、合并并按照优先级进行排序,形成测试需求列表。

1.6.2　测试需求的分析技术

在软件测试需求分析过程中,可以采用有效的问题分析技术来帮助我们提高测试需求的有效性和工作效率。从测试需求分析来看,我们力求通过与各相关干系人的沟通,收集足够的、有价值的信息或数据,借助下列途径来达到良好的分析效果。

①通过提炼,抓住主要线索,或作为整体来进行分析,使测试需求分析简单化。

②通过业务需求或功能层次的整理,使测试需求分析结构化、层次化。

③通过绘制业务流程图、数据流程图等,使测试需求分析可视化。

④通过类比、隐喻,加强用户需求的理解,更好地转化为测试需求。

在测试需求的分析中,能采用静态分析技术与动态分析技术、定性分析技术和定量分析技术,其中以静态分析技术、定性分析技术为主,但产品性能、用户行为分析和用户体验分析等也常采用定量分析技术。有时,会采用综合分析技术、模型分析技术等。

在测试需求分析时,产品本身往往处于需求分析和设计过程中,静态分析技术是常用的分析技术。静态分析技术包括如下。

· 通过系统建模语言(SysML)的需求图,可以更好地分析各项需求之间的关系,比较容易确定测试需求的边界。

· 通过状态图、活动图更容易列出的测试场景,了解状态转换的路径和条件,哪些是重要测试场景等。

· 实体关系图可以明确测试的具体对象(实体)及其之间的关系,进行相关分析。

· 鱼骨图法、思维导图等,有一个清晰的分析思维过程,迅速展开测试需求,随时补充测试需求等。

· 代码复杂度静态分析工具,代码越复杂,测试的投入也需要越多。

· 还可以用一些普通工具,如检查表。

· 脑力激荡法,让大家发散思维,相互启发,让任何测试需求不会被错过。

而动态分析技术应用相对少一些,但在一些应用场景的分析中还是有帮助的,如前面提到的竞争对手产品分析,这是一种动态分析技术,通过操作竞争对手产品,全面了解相同业务的需求,在功能、逻辑、界面等各个方面深入挖掘测试需求。同样道理,需求原型分析技术——基于开发已构建的原型来进行测试需求分析,更能直观地理解产品,进而有助于测试需求的分析,达到类似效果。可以采用仿真技术、模拟技术、角色扮演等手段,也能帮助测试需求的分析。

1.6.3 功能测试范围分析

在分析测试范围时,一般先进行功能测试的范围分析,然后再进行非功能性测试的范围分析。对于功能测试,可以借助业务流程图、功能框图等来帮助我们进行测试的需求分析。在面向对象的软件开发中,也可借助 UML 用例图、活动图、协作图和状态图来进行功能测试范围分析。这里通过前述两个实例简单地说明如何做功能测试的需求分析。

1. Google Talk 客户端软件

基本功能测试需要根据具体功能的逻辑、黑盒测试方法等进行测试用例的设计,并考虑用户的习惯思维,把功能划分成如下若干个模块。

· 登录与注销。

· 主面板功能设置。

· 文字聊天。

· 语音聊天。

· 用户设置。

· 消息/呼叫的提示。

· 文件与语音邮件发送。

然后按模块分别进行分析，但同时也要明确系统的边界，以及各个模块之间是否存在关联关系、互操作性等。让我们首先快速分析一下各个模块的测试需求。

· 安装与卸载。安装的界面检查、正常安装、中途退出、操作逻辑检查等。卸载后检查用户数据是否被删、有无遗留文件、对其他应用程序运行是否产生影响。

· 注册、登录与注销。用户注册 Google 账号，在客户端登录，其他好友能看到其登录后上线和注销后下线等相关状态信息。

· 好友管理。可以方便地添加、删除好友，Google Talk 会自动将最常联系的好友排在列表的最上面，也可以用查找框快速地查找好友。

· 文字聊天。聊天窗口分菜单、消息显示、消息输入几个部分，Talk 的功能相对简单，重点要求是方便地在用户之间传递消息，以及不同输入语言的正确显示。

· 语音通话。分为呼叫、通话、结束三个阶段。要求控制反应灵敏，语音清晰连续。

· 邮件管理。Talk 和 Gmail 做到了很好的整合，聊天记录也可以保存在 Gmail 邮件服务器上，在客户端我们重点只看邮件提醒的功能。

2. Google 日历的测试范围

Google 日历的功能可以分为 4 部分——日历页面显示、事件（包括各种活动、会议和待办事项等）添加功能、搜索功能和选项设置，如图 1-14 所示。测试关键点在于确保 Google 日历的组件能够准确、安全、无错误地实现事件定制及浏览、预约提醒、日历共享、个性化设定等功能。而对某个具体功能的测试，其测试范围一般包括输入、编辑、查询、显示等。如在数据输入方面，要测试最大输入的文字数、双字节文字、特殊符号等各种情况，还要测试输入区域支持复制、粘贴等操作。

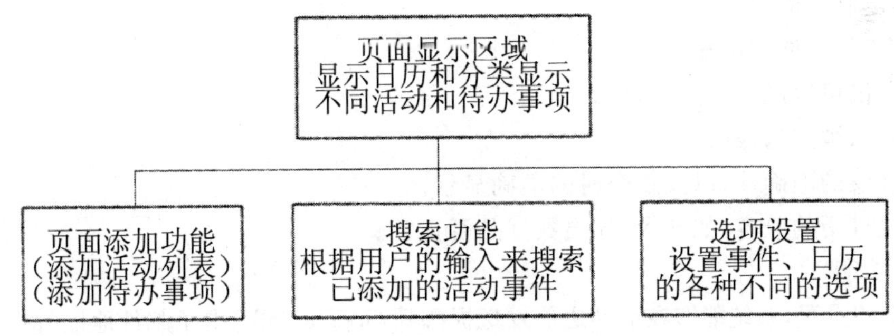

图 1-14　Google 日历的功能框图

对于 Web 的功能分析，也可以从页面帧结构、布局来进行分析。例如 Google 日历的显示区域设定为以下 4 个子区域。

· 顶部是搜索框和协作分享。

· 左边区域，快速创建事件、日历、我的日历和其他日历等。

· 右边上面区域，按日、周、月等方式浏览活动，打印以及设置。

· 右边大区域就是日历显示和操作的主区域。

如图 1-15 所示。在显示上，要测试日历和各个分类框架显示格式是否正确，排序是否正确，文字标记和超链接是否可以打开和跳转成功。重点要测试右边的主显示和操作区域，要求在输入很多且很长的待办事项的情况下，显示内容可以自动换行，字符没有乱码和截断，相互之间的日、周、月、年表单之间相互跳转没有问题。

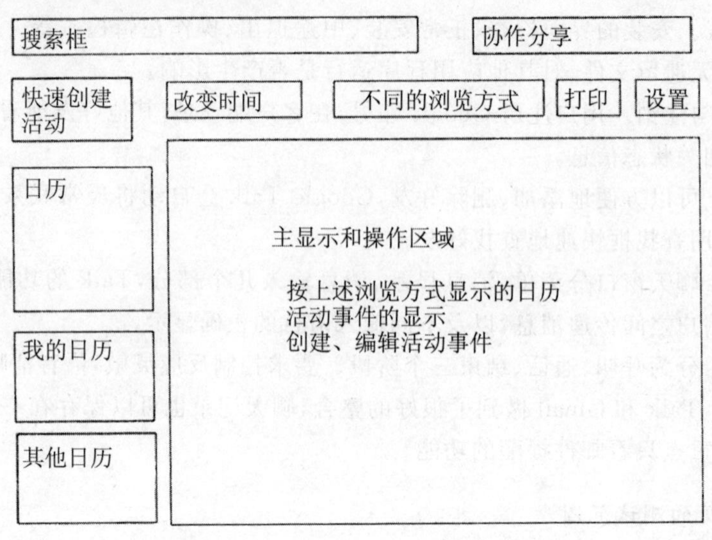

图 1-15　Google 日历的显示区域分析

在进一步进行功能分析后，可以了解更具体的功能测试范围。

(1)登录

登录是最基本的功能需求，对用户身份进行合法性验证，对各种登录模式的安全性验证，包括 Cookie 和 Session 的有效期验证。

(2)活动定制功能

- 定制会议后，能正确显示。
- 循环会议可以成功指定与显示。
- 会议可以被成功修改。
- 跨日会议的准确性，以及夏令时的准确显示。
- 与其他日历的兼容，如导入/导出数据是否正常。

(3)提醒功能

根据活动的设置，系统能够在活动之前发送提醒到 Google Talk、电子邮件地址、移动设备等。

(4)共享功能

可以根据用户的权限设置来决定是否让他人看到自己的日历。

(5)时间表

时间表能将用户所注意或关心事件的时间和用户的个人行事整合起来，直接了解效率手册中的重要活动，并可查看朋友的效率手册、俱乐部的效率手册、运动队的比赛日程以及其他更多内容。按照合并视图或栏视图方式显示。

3. 一般性的 Web 测试项目

(1)用户登录

登录的用户名、口令能否保存？口令忘了，能否找回来？允许登录失败的次数是否有限制？口令字符有没有严格要求(如长度、大小写、特殊字符)？是否硬性规定经过一段时间后必须改变口令？

(2)站点地图和导航条

每个网站都需要站点地图，让用户一看就能了解网络内容，而且当新用户在网站中迷失方向时，站点地图可以引导用户进行浏览，找到所想访问的内容。需要验证站点地图每一个链接是否存在而且正确，有没有涵盖站点上所有内容的链接。是否每个页面都有导航条？导航条是否一致、直观？

(3)链接

去正确地方，即链接地址正确，并能显示正常、自然，不要给人突然的感觉。

(4)表单

各项输入是必需的、合理的，各项操作正常，对于错误的输入有准确、适当的提示，并完成最后的提交。提交后，返回提交内容的显示，使用户放心。如用户通过表单进行注册，能输入用户名、口令、地址、电话、爱好等各种信息，当格式、内容不对或不符时，及时给予提示，在用户提交信息后，进一步检查各项内容的正确性，然后写入数据库、返回注册成功的消息。

(5)数据校验

根据业务规则和流程对用户输入数据进行校验，是许多系统不可缺少的。通过列表选择、规则提示或在线帮助，能很好解决这问题。

(6)Cookie

在 Web 应用中到处可见，用来保存用户注册、访问和其他本地客户端信息，所保存的信息要加密，并能及时更新。Cookie 被删除了，能被重建。

(7)Session

是否安全、稳定，而且占用较少的资源。

(8)SSL、防火墙等的测试

使用了 SSL，浏览器地址栏中 URL 的“http:”就变为“https:”了，服务器的连接端口号则由 80 变为 433，应用程序接口 API 也要和页面保持一致。防火墙支持更多的设置，包括代理、验证方式、超时等。

(9)接口测试

与数据库服务器、第三方产品接口(如电子商务网站信用卡验证)的测试，包括接口错误代号和列表。

4. UI 测试的需求

- 过分地使用粗体字、大字体和下画线可能会让用户感到不舒服。
- 背景颜色使用不当，虽然美观，但不易阅读，内容阅读才是最重要的。通常来说，文字和背景对比较大比较适宜，背景浅淡则文字采用深颜色；背景深黑则文字采用亮色。对比要采用适当，和谐往往更容易被人接受。
- 每一张图片都是必要的，位置和大小合适，采用了 JPG 和 GIF 格式，而且和文字吻合。
- 不要因为使用图片而使窗口和段落排列古怪或者出现孤行。

• 表格显示是否清晰，必要的数据能否在一个页面显示？翻页、水平移动是否流畅等？表格里的文字是否能折行且保持内容完整，或者使用表格栏宽度设置协调？

1.6.4 非功能性的系统测试需求

对于非功能性的系统测试，主要目的是验证软件系统的整体性能等是否满足其产品设计规格所指定的要求，涉及非功能性的质量需求有系统性能、安全性、兼容性、扩充性等的测试，可能还会涉及第三方产品的集成测试。对于每一个应用软件系统，非功能特性的质量需求都是存在的，这类测试需求会因不同的项目类型差异比较大，这些需求的程度、重要性不同，因此要求为非功能性测试需求设置优先级，下面就做一个简单的分析。

• 纯客户端软件，如字处理软件、下载软件、媒体（音频/视频）播放软件等在系统测试要求上是最低的，对性能、容错性、稳定性等有一定的要求，如占用较少的系统资源（CPU 和内存），而且能运行在不同的操作系统上，一般分为 Windows、Linux 和 Mac 等。在 Windows 上要支持 Windows NT、Windows 2000、Windows XP 和 Windows Vista 等。

• 纯 Web(B/S)应用系统，如门户网站、个人博客网站、网络信息服务等在系统测试上要求较高，特别强调性能和可用性，对安全性有一定的要求，主要是保证数据的备份和登录权限。性能要求好，可以允许大量并发用户的访问，而且用户在任何时刻都可以访问，即每周 7 天，每天 24 小时(7×24)运行。

• 客户端/服务器(C/S)应用系统，如邮件系统、群件或工作流系统、即时消息系统等在系统测试需求上与 Web 应用系统接近，也可能出现大量并发访问的用户，但安全性相对好写，客户端是特定的开发软件，相对于浏览器来说，对端口、协议等的限制比较容易做到。

• 大型复杂企业级系统涉及面广、集成性强，包括 B/S、C/S、数据库、目录服务、服务器集群、XML 接口等各个子系统。在系统测试需求上，这类系统要求最高，不论是在性能、可用性方面，还是在安全性、可靠性等方面，都有很高的要求。

系统非功能性测试的需求在不同应用领域也体现较大差异。如网上银行、信用卡服务等系统，其安全性、可用性和可靠性等多方面的测试至关重要，因为这方面的缺陷很可能会给用户造成较大的损失。这些系统需要得到充分的安全性测试、容错性测试和负载测试。多数情况下，还需要独立第三方的安全认证。

而对于局域网内的企业级应用来说，有关权限控制、口令设置等安全性测试依然重要，但兼容性测试就相对简单，因为可以指定某些特定的硬件和软件，如打印机只用 HP LaserJet，操作系统和浏览器只用 Windows XP 和 IE，无须对各种各样的硬件和软件进行兼容性测试。对于客户端软件，一般情况下，性能不是问题，而容错性、稳定性的测试则显得重要些。

对于企业级应用系统来说，存在着不同的应用模式，其系统的架构也不一样，可以分为“以功能为中心、以数据库为中心和以业务逻辑（工作流）为中心”等，在进行系统测试时，所设定的目标也有一定的区别。

• 以功能为中心的系统，强调模块化的低耦合性和高内聚性，这类系统的可扩充性、维护性要求很高。

• 以数据库为中心的系统，强调数据处理的性能、正确性和有效性，使数据具有良好的一致性和兼容性，同时，确保数据的安全性，包括数据的存储、访问控制、加密、备份和恢复等。

• 以应用逻辑（工作流）为中心的系统，强调灵活、流畅和时间性，系统的可配置性强，接口规范,如采用 XML 统一各工作流构件的输入和输出。

除此之外,还有其他一些因素的影响,如项目的周期性和依赖性等。如果项目是一次性的,对可扩充性、可移植性等要求低,而长期性的项目(产品开发)对可扩充性、可移植性要求就很高。

Google 日历实际上是一种软件服务,即属于软件即服务(Software as a Service,SaaS)的应用模式,对软件运行的服务质量(QoS)也有很高的要求,需要支持 7×24 不间断的服务。对于这样的 Web 服务软件,非功能性测试的需求涉及性能、安全性、容错性、兼容性、可用性、可伸缩性等各个方面。

服务级别协议(SLA)指定了最低性能要求,以及未能满足此要求时必须提供的客户支持级别和程度。与 QoS 要求一样,服务级别要求源自业务要求,对要求的测试条件及不符合要求的构成条件均有明确规定,并代表着对部署系统必须达到的整体系统特性的担保。服务级别协议被视为合同,所以必须明确规定服务级别要求。如表 1-2 所示。下面侧重性能、可用性、安全性和兼容性的测试需求讨论,而对其他非功能性属性就不进行过多的讨论,这并不意味着这些属性就没有测试需求,例如可维护性(即系统维护的容易程度)的测试需求也是很多的,包括系统监视、日志文件、故障恢复、数据更新和备份等测试。

表 1-2　影响 QoS 要求的系统特性

系统质量	说　　明
性能	指按用户负载条件对响应时间和吞吐量所作的度量
可用性	指对系统资源和服务可供最终用户使用程度的度量,通常以系统的正常运行时间来表示
可伸缩性	指随时间推移为部署系统增加容量(和用户)的能力。可伸缩性通常涉及向系统添加资源,但不应要求对部署体系结构进行更改
安全性	指对系统及其用户的完整性进行说明的复杂因素组合。安全性包括用户的验证和授权、数据的安全以及对已部署系统的安全访问
潜在容量	指在不增加资源的情况下,系统处理异常峰值负载的能力。潜在容量是可用性、性能和可伸缩性特性中的一个因素
可维护性	指对已部署系统进行维护的难易度,其中包括监视系统、修复出现的故障以及升级硬件和软件组件等任务

1. 性能测试

性能测试分为服务器端性能测试和客户端性能测试,需要考虑"哪些负载(如并发用户数 200、400、1000 等)、哪些基本配置(最低配置、标准配置等)需要进行性能测试"等测试需求。服务器端的性能测试还可进一步分为基准性能测试、性能验证测试、压力测试、容量测试、可伸缩性测试等。

客户端性能测试,需要对页面显示、刷新的时间进行测试获得相关性能指标数据,如在 Google 日历中添加大批量的待办事项,然后查看页面浏览的响应时间。客户端软件性能测试,还要考察其运行时所占有资源(如 CPU、内存)情况,占有资源越少越好。

- 如 Google Talk 在好友数量以及对话窗口非常多的情况下,CPU、内存的使用仍然处在一个合理的范围内,如 CPU 使用率不超过 20%(正常运行时间,不是软件启动的短暂时刻)。
- 网络资源占用,如 Google Talk 的语音占带宽大约 24～32K(24000～32000bit/s)。
- 在较差的网络条件下,语音与文字聊天能保持流畅。

· 移动应用 app 测试时，不仅要测试其网络流量，还要测其耗电量，耗电量和 CPU 的开销也有关系。

· 在长时间运行(7×24 小时)下，没有内存泄漏等问题。

这些既是性能要求，也是性能测试需求，性能测试要覆盖各项要求。

在服务器端，通过改变网络带宽或延迟、负载模式和大小，对一些关键业务(如 Google 日历中登录、提交新事项时、按月显示、查询等)进行测试，以获取或验证系统整体的性能指标。如系统要求在正常使用情况下其响应时间为 3～5 秒，即使在使用高峰期(如上下班时间)系统的响应时间也不应该超过 15 秒，这就意味至少要进行两种场景——平均负载和高峰负载的性能测试。在对实际系统进行性能测试时，往往会结合其关键业务考虑其关键性能测试需求。

· 多人同时登录(并发用户活动)、设置活动时，页面的响应速度要求在 3 秒之内。

· 通过页面进行搜索时，查询时间应控制在 5 秒以内。

· 设置共享时、用户更新活动信息时，是否能快速同步，即在另一共享好友处即刻显示更新过的信息。

· 当活动/事件达到一定数量(200～1000)时，页面响应速度要在 5 秒之内。

· 当循环会议较多时，页面的处理速度正常(5 秒之内)。

在哪些负载、测试周期(8 个小时、24 小时、7 天等)的组合情况下进行压力测试。

压力测试往往和容量测试结合起来，以测试系统的限制和故障恢复能力，如测试应用系统在长期高负载下会不会崩溃、在什么情况下会崩溃，并确定系统能承受的最大负载(如最大连接数、并发用户数等)。

可伸缩性通常要求在对部署体系结构的设计不做修改的情况下增加资源以满足系统增加的容量，从而使系统容易支持来自现有用户或扩大的用户群体的额外负载。可伸缩性测试也可以归为性能测试，如在部署两台服务器时测试系统性能(容量，即最大负载)，再部署四台、八台服务器时分别进行系统容量的测试，看其容量是否为上次(两台、四台)实验值的两倍或接近两倍。如果是，系统就具有良好的可伸缩性。

2. 可用性测试

可用性是指系统正常运行的能力或程度，在一定程度上也是系统可靠性的表现，可用性测试就基本上等同于可靠性测试。可用性一般用正常向用户提供软件服务的时间占总时间的百分比来表示，即：

可用性＝正常运行时间/(正常运行时间＋非正常运行时间)×100%

系统非正常运行时间可能是由于硬件、软件、网络故障或任何其他因素(如断电)造成的，这些因素能让系统停止工作，或连接中断不能被访问，或性能急剧降低不能使用软件现有的服务等。

可用性指标一般要求达到 4 个或 5 个“9”，即 99.99%或 99.999%。

· 如果可用性达到 99.99%，对于一个全年不间断(7×24 的方式)运行的系统，意味着全年(525600 分钟)不能正常工作的时间只有 52 分钟，不到一个小时。

· 如果可用性达到 99.999%，意味着全年不能正常工作的时间只有 5 分钟。

所以一个系统的可用性达到 99.999%，基本能满足用户的需求。当然，不同的应用系统，可用性要求是不一样的，非实时性的信息系统或一般网站要求都很低，可能在 99%和 99.5%之间，而对一些军事系统，则要求很高，如美国防空雷达系统全年失效时间不超过两秒，可用性高达 7 个“9”之上，达 99.999994%。

可用性测试就比较困难，不可能有足够的时间来进行测试，就只能采用空间换时间的办法，例如在高负载情况下进行为期一周或一个月的测试，以判断其可靠性。其次，就是对提高可靠性的措施进行测试，如故障转移的测试。

容错处理系统能够处理异常、错误操作而不至于系统崩溃，从而能够提供系统的可用性。例如，业务处理过程中中断事务时，系统能保存当前状态，程序能自动或提示重连，或在某个时刻可以恢复操作。

3. 安全性测试

安全性是一个复杂的主题，涉及部署系统的各个级别。安全性要求分析，包括确定可能的或潜在的各类安全威胁和找到处理这些威胁的策略，即：

- 确定关键（有形的和无形的）资产，并找到对这些资产的威胁。
- 确定使组织暴露于可能带来风险威胁的薄弱环节。
- 开发减轻组织风险的安全规划。

分析安全要求应由软件组织的各方面风险承担者参与，包括管理员、业务分析师和信息技术人员等。通常，组织会指定一个安全结构设计师来领导安全措施的设计和实现。

安全性测试就是全面检验软件在需求规格说明中规定的防止危险状态措施的有效性和在每一个危险状态下的反应，对软件设计中用于提高安全性的结构、算法、容错、冗余、中断处理等方案进行针对性测试，并对安全性关键的软件单元和软件部件，单独进行加强的测试，以确认其满足安全性需求。所以，安全性测试的需求点还是比较多的，任务还是比较重的，特别是对复杂的系统。这里举一些常见的需求点：

- 各种登录模式的安全性验证、对口令各种要求的测试。
- 用户权限的验证。
- 所有入口的验证，即对数据输入的验证。
- Cookie 和 Session 的有效期验证等特殊机制的验证。
- 数据访问权限设置验证，如服务器上的目录设置。
- 敏感数据加密、数据存储安全性的验证。
- 验证系统的日志文件是否得到保护。
- 在异常条件下操作、错误操作，测试软件以表明不会因可能的单个或多个输入错误而导致不安全状态。
- 其他各种安全漏洞（如跨站点攻击、SQL 注入等）的检查。

4. 兼容性测试

兼容性测试需求是指明确要测试的兼容环境，考虑软、硬件的兼容，就软件兼容来说，不仅要测试系统自身的版本兼容、用户已有数据的兼容，还要测试与操作系统、应用平台或浏览器、和其他第三方系统以及第三方数据的兼容性。操作系统包括 Windows、Mac、Solaris、Linux 等，浏览器包括 IE、FireFox、Chrome 和 Safari 等，如表 1-3 所示，形成环境组合矩阵，更能明确兼容性测试需求。兼容性测试的组合不仅仅局限在操作系统、浏览器这两个因素，还有其他因素，如：

- 32 位、64 位 CPU。
- 手机平台 Android、iOS、Windows Phone。
- 支持不同的 Internet 连接速度。
- 是否支持 SSL。

表 1-3　兼容性测试的环境组合

OS Browser	Windows 7	Windows 8	Windows 2013 Server	Ubuntu /Linux	Mac OS X
IE 8.0	√				
IE 9.0		√	√		
Firefox	√			√	√
Chrome		√		√	√
Safari			√		√

兼容性测试需要根据被测试应用的具体情况决定。像 Google 日历应用，支持移动平台是必须的，而且日历有较多的个人信息，需要支持 SSL，但 32 位、64 位 CPU 对其没有什么影响，不需要考虑。而对于像 Google Talk 这样客户端应用程序，就不需要考虑浏览器支持，而且不同的操作系统（Windows、Mac OS、iOS、Android 等）有不同的应用程序，需要单独处理，只是每类操作系统还有多个版本，如 iOS 有 iOS 5、iOS 6 和 iOS 7 等。

兼容性测试，不仅是软件系统之间兼容、和第三方系统之间的兼容，而且还需考虑系统版本之间的兼容，特别是用户数据的兼容，数据兼容测试也是重要的需求。例如：

- 不同客户端软件（如 Google Talk）版本和服务器系统的兼容，服务器上一般部署的都是最新版本，但客户端就不一定。
- 新版本的软件能够兼容以前各种版本产生的历史数据，确保数据向上兼容，如 Word 2013 能够正常打开之前多个 Word 版本（如 Word 2003，Word 2007 等）产生的用户 .doc 文件。

1.7　软件测试

在软件的开发过程中，在开发的每一个阶段都可能引入错误。虽然可以在每个阶段结束之前通过正式的技术评审和管理复审的方法发现并纠正软件中的差错，但审查并不能发现所有的错误。软件测试是对软件规格说明、软件设计和编码的最全面也是最后的审查。通过软件测试，可以发现软件中绝大部分潜伏的错误，从而大大提高软件产品的正确性、可靠性，进而可显著提高产品质量。统计表明，软件测试工作量往往占软件开发总工作量的 40%以上。而对于那些可靠性要求极高的系统，如实时嵌入式计算机系统的软件测试成本可能是软件开发其他阶段总成本的 3～5 倍以上。可见，软件测试是软件生存周期中十分重要的阶段。

1.7.1　软件测试的定义

软件测试的研究是 20 世纪 60 年代开始的。至今已有 40 多年的历史，但对于什么是软件测试(Software Testing),还一直未能达成共识。根据侧重点的不同,主要有以下 3 种观点。

IEEE 在 1983 年将软件测试定义为:"使用人工或自动手段运行或测定某个系统的过程,其目的在于检验它是否满足规定的需求或是弄清预期结果与实际结果之间的差别",该定义明确地提出了软件测试以检验是否满足需求为目标。

Myers 则认为软件测试"是为了发现错误而执行程序的过程",明确提出了"寻找错误"是测试目的。

从软件质量保证的角度看,软件测试是一种重要的软件质量保证活动,其动机是通过一些经济、高效的方法,捕捉软件中的错误,从而达到保证软件内在质量的目的。

上述 3 种观点实际是从不同的角度理解测试,是将测试置于不同的环境下得出的结论。由这些观点可知,软件测试是为了发现错误而执行程序的过程;或者说,软件测试是根据软件开发各阶段的规格说明和程序的内部结构而精心设计一批测试用例(即输入数据及其预期的输出结果),并利用这些测试用例去运行程序,以发现程序错误的过程。

软件测试是软件投入运行前,对软件需求分析、设计、实现的强有力的最终审查。软件通过一系列的测试后就可能产生一个较正确、可靠性较高并满足用户需求的软件产品。

1.7.2　软件测试的目标

测试人员在做测试工作之前必须首先明确测试目的,才能够更好地完成测试工作。很多人认为软件测试的目的是验证程序,那么这种说法对吗?显然是错误的。

研究表明,发现并纠正程序中错误的费用占整个开发费用的 40%～80%。因此,软件公司投入大量的资金不仅仅是为了"验证程序正确运行",而是因为程序无法正确运行,要找出软件中存在的大量缺陷。但是无论采用哪一种开发方法,软件开发完成时都会遗留还没有发现的缺陷。Belier 在其评论中估计:在交付测试的程序中,每 100 条可执行语句的平均错误数量是 1～3 个。不同编程人员之间的差别很大,但无人能避免错误。

在程序交付测试前,大多数的编程人员都能找出和纠正超过 99%的错误。由于找出了这么多错误,就不要奇怪他们认为已经发现足够多的错误了。但是,事实上他们还没有发现足够多的错误。软件测试的工作就是找出那剩下的 1%。

按照上述的说法,可以认为如果测试人员不能验证程序能够正确地工作,那么测试就是失败的。显然,我们把验证程序能否正确运行作为测试目的是不正确的。

总之,测试真正的作用是使我们通过对软件错误的原因和分布进行归纳,来发现并排除当前软件产品的缺陷,对在需求和设计过程中存在的问题查缺补漏,从而确保软件产品的质量。虽然在测试时,对程序采取的是破坏性的态度,但从长远的角度来看,这种工作是具有建设性意义的。发现缺陷、修改缺陷的过程会使软件变得更为强壮。现在也有人认为对软件进行测试的不只是发现错误,也是我们评定软件质量的过程。如果某个软件经过了多次测试都没有发现错误,那么我们必须慎重考虑这项测试计划。

Grenford J. Mycrs 给出了关于软件测试的一些规则,我们也可以把就软件测试目的提出以下观点:

- 测试是程序的执行过程,目的在于发现错误。
- 测试是为了证明程序有错,而不是证明无错。
- 一个好的测试用例在于能发现至今未发现的错误。

· 一个成功的测试是发现了至今未发现的错误的测试。

设计测试的目标是想以最少的时间和人力系统地找出软件中潜在的各种错误和缺陷。如果我们成功地实施了测试，就能够发现软件中的错误。测试的附带收获是，它能够证明软件的功能和性能与需求说明相符合。此外，实施测试收集到的测试结果数据为可靠性分析提供了依据。

这里要强调的是，软件测试不只是软件测试人员的工作，也是软件开发人员和软件使用者的工作。在一个完整软件的测试过程中，需要我们的软件测试者和软件开发人员以及用户之间能够不断地交流，因为软件中存在的错误，大多数是因为开发人员对系统需求不了解或者错误理解了设计意图而产生的。当然也有一部分错误是开发人员在编写代码的时候产生的。要解决这些问题，一方面需要我们加强交流；另一方面，也需要我们使用标准化的建模语言等手段来明确表达系统的设计意图。

1.7.3 软件测试的原则

为了软件质量和可靠性而进行有效的测试，测试用例的设计、测试过程应遵循以下原则。

1. 尽早地和不断地进行软件测试

应尽早地和不断地进行软件测试，把它作为软件开发者的座右铭，即将这种测试贯穿于软件开发的各个阶段，坚持各个阶段的技术评审，以便尽早发现和预防错误。

最严重的错误是那些导致软件无法满足需求的错误。程序中的问题根源可能在开发前期的各阶段解决，纠正错误也必须追溯到前期工作。不应把软件测试仅仅看作是软件开发的一个独立阶段，而应当把它贯穿到软件开发的各个阶段中。坚持在软件开发的各个阶段的技术评审，这样才能在开发过程中尽早发现和预防错误，把出现的错误克服在早期，杜绝某些发生错误的隐患。

各种统计数据显示，软件开发过程中发现缺陷的时间越晚，修复它所花费的成本就越大。因此在需求分析阶段就应该有测试的介入。这就是像造桥梁一样，在图纸上面设计好桥梁的结构之后，我们只有对图纸进行仔细地审查后，才能进行施工。IBM 的研究结果还表明，缺陷存在放大趋势。问题发现越早，解决问题的代价就越小，这是软件开发过程中的黄金法则。

2. 测试用例应由测试输入数据和与之对应的预期输出结果这两部分组成

测试以前应当根据测试的要求选择测试用例(Test case)，用来检验程序员编制的程序，因此不但需要测试的输入数据，而且需要针对这些输入数据的预期输出结果。这样做和目的是为了测试时有一个判断标准。

3. 程序员应避免检查自己的程序

除了测试人员之外，程序员在编写完每段编码之后，或者在每个子模块完成后，都要进行认真的测试，这样就可以在最早的时间发现一些潜在的问题并加以解决。例如，微软在开发 Windows XP 系统中，就采取了让两个程序员相互交替检查各自的程序的做法，以完成基本的测试工作，也就是不提倡开发人员对自己的代码进行完整的测试。

之所以这样做，是由于测试过程中我们要避免一些人为的和主观因素的干扰。我们知道，开发和测试是互为相反的行为过程，两者有着本质的不同。在程序员完成大量的设计和编码之后，让他否定自己所做的工作,是非常不易的,可以说很少有人能有这样的心态。另外一个原因就是系统需求的错误不易被发现,如果程序员检查自己代码,那么他对系统需求的理解缺乏客观性,往往存在着对问题叙述或说明的误解,不难想象带有错误认识的程序员是很难发现自己程序存在的问题的。

为了达到最佳的测试效果,应该由独立的第三方从事测试工作。所谓“最佳效果”是指有最大可能性发现错误的测试。程序员应尽可能避免测试自己编写的程序,程序开发小组也应尽可能避免测试本小组开发的程序。如果条件允许,最好建立独立的软件测试小组或测试机构。这点不能与程序的调试相混淆,调试由程序员自己来做可能更有效。

4. 设计周密的测试用例

软件测试本质就是针对要测试的内容确定一组测试用例。测试用例是测试工作的核心,应该尽量设计得周密细致,这样才能更好地保证测试工作的质量。测试用例至少应该包括如下几个基本信息。

①在执行测试用例之前,应满足的前提条件。

②合理的和不合理的输入。

③预期输出,包括后果和实际输出。

合理的输入条件是指能验证程序正确的输入条件,不合理的输入条件是指异常的,临界的,可能引起问题异变的输入条件。软件系统处理非法命令的能力必须在测试时受到检验。用不合理的输入条件测试程序时,往往比用合理的输入条件进行测试能发现更多的错误。

进行测试活动时,首先要建立必要的前提条件,提供测试用例输入,观察输出,然后将这些输入与预期输出相比较,以确定测试用例是否通过。在进行测试用例输入的设计时之所以要包括不合理输入,是因为用户在使用软件时不小心输入了不合理数据或没有输入数据的情况是完全有可能发生的,这就需要系统对这些情况进行相应的处理,如使用弹出错误提示窗口等方法。另外,还可以针对用户的很多不好的习惯进行测试用例的设计,如:有的用户在进行数据增删后经常忘记存盘。此时,就要求系统应该弹出提示用户存盘的窗口。其实,周密的测试用例除了应该包括上述信息之外,还应该包括其他信息,如:执行历史、测试目的等,以便更好地支持测试管理。

5. 充分注意测试中的群集现象

有经验的测试人员会发现,在做软件测试过程中,常发生软件缺陷“扎堆”的现象,因此当我们在某一部分发现了很多错误时,应该进一步仔细测试是否还包含了更多的软件缺陷。

在被测程序段中,若发现错误数目多,则残存错误数目也比较多。经验表明,测试后程序中残存的错误数目与该程序中已发现的错误数目成正比。这种错误群集性现象,已为许多程序的测试实践所证实。根据这个规律,应当对错误群集的程序段进行重点测试,以提高测试投资的效益。

6. 严格执行测试计划,排除测试的随意性

良好的开始是成功的一半。合理的测试计划有助于测试工作顺利有序地进行,因此要求在对软件进行测试之前所做的测试计划中,应该结合多种针对性强的测试方法,列出所有可使用资源,建立一个正确的测试目标,本着严谨、准确的原则,周到细致地做好测试前期的准备工作,避

免测试的随意性。

测试之前应仔细考虑测试的项目，对每一项测试做出周密的计划，包括被测程序的功能、输入和输出、测试内容、进度安排、资源要求、测试用例的选择、测试的控制方式和过程等，还要包括系统的组装方式、跟踪规程、调试规程，回归测试的规定，以及评价标准等。对于测试计划，要明确规定，不要随意解释。

7. 穷举测试是不可能的

所谓穷举测试就是把程序所有可能的执行路径都检查一遍的测试。人们普遍存在着一种观念，认为可以对程序进行完全的测试。对一个程序进行完全测试就是意味着在测试结束之后，再也不会发现其他的软件错误了。其实，这是不可能的。即使是一个中等规模的程序，其执行路径的排列数也十分庞大，由于受时间、人力和资源的限制，在测试过程中不可能执行每个可能的路径。因此，测试只能证明程序中有错误，不能证明程序中没有错误。但是，精心地设计测试方案，有可能充分覆盖程序逻辑并使程序达到所要求的可靠性。

8. 增量测试，由小到大

由小到大，这是软件测试的粒度。因为只有这样，当错误发生时我们才能够更方便地隔离和定位错误。通常把单元测试作为软件测试的最小粒度。也就是说，只有当每个模块都通过了单元测试之后，才可以把它们集成到一起进行集成测试；其次，再结合软件需求对已集成的软件进行确认测试；最后，结合系统的其他元素对已确认的软件进行系统测试。

9. 测试结果的统计和分析

测试人员常常会发现，在得出的测试结果中存在着大量正确的以及错误的输出信息。但是如果不仔细地全面地检查测试结果，就会使这些错误被遗漏掉。因此，只有对这些输出信息进行深入的统计、分析和比较，才能够正确地鉴别测试后输出的数据，给出清晰的错误原因分析报告。当输出的信息很庞大时，可以借助专业的测试工具。

10. 妥善保存测试文件

妥善保存测试计划，测试用例，出错统计和最终分析报告，为维护提供方便。

因为测试可能反复进行，在发现错误并改正之后，可能引发新的错误，需要重新测试。而且在以后的维护工作中仍然需要测试。

1.7.4 软件测试的步骤

除非是测试一个小程序，否则一开始就把整个系统作为一个单独的实体来测试是不现实的。一个大型软件系统通常由若干个子系统组成，每个子系统又由许多模块组成，因此，大型软件系统的测试过程也根据系统的组装过程分成若干个步骤。

1. 单元测试

在单元测试时，由于被测试的模块或组件处于整个软件结构的某一层位置上，一般是被其他模块或组件调用或调用其他模块或组件，其本身不能单独运行，因此需要为被测模块或组件设计驱动程序和存根程序。所谓驱动程序也就是一个"主程序",它接收测试数据,把这些数据传送给被测试的模块或组件,并且印出有关的结果。存根程序也称桩(stub)程序,它代替被测试的模块所调用的模块或组件。因此存根程序也可以称为"虚拟子程序"。

单元测试通常采用白盒测试对模块或组件进行彻底测试,然后辅之以黑盒测试使之对任何合理和不合理的输入都能鉴别和响应。所测模块、驱动程序和存根程序共同构成了一个模块"测试环境"。测试主要针对每个模块或组件的 5 个基本特征进行测试:模块或组件接口、局部数据结构、重要的执行通路、出错处理通路和影响上述各方面特性的边界条件等。

2. 集成测试

在每个模块完成单元测试以后,需要按照设计时的结构图,把它们连接起来,进行子系统测试。通常将模块连接成系统主要有两种方式:非渐增方式、渐增方式。

3. 确认测试

确认测试又称有效性测试。集成测试通过后,应在用户的参与下进行有效性测试。它的任务是验证软件的有效性,这个时候往往使用实际数据进行测试,从而验证系统是否能满足用户的实际需要。即验证软件的功能和性能及其他特性是否与用户的要求一致。在软件需求规格说明书描述了全部用户可见的软件属性,其中有一节叫做有效性准则,它包含的信息就是软件确认测试的基础。

4. 系统测试

所谓系统测试,是将通过确认测试的软件,作为整个基于计算机系统的一个元素,与计算机硬件、外设、某些支持软件、数据和人员等其他系统元素结合在一起,在实际运行环境下,对计算机系统进行一系列的组装测试和确认测试。

系统测试的目的在于通过与系统的需求定义作比较,发现软件与系统定义不符合或与之矛盾的地方。系统测试的测试用例应根据需求分析规格说明来设计,并在实际使用环境下来运行。

1.7.5　软件开发与软件测试

1. 软件开发的过程

图 1-16 显示出软件测试经历的 4 个步骤,即单元测试、组装测试、确认测试和系统测试。单元测试集中对用源代码实现的每一个程序单元进行测试,检查各个程序模块是否正确地实现了规定的功能。然后,进行集成测试,根据设计规定的软件体系结构,把已测试过的模块组装起来,在组装过程中,检查程序结构组装的正确性。确认测试则是要检查已实现的软件是否满足了需求规格说明中确定了的各种需求,以及软件配置是否完全、正确。最后是系统测试,把已经经过确认的软件纳入实际运行环境中,与其他系统成份组合在一起进行测试。严格地说,系统测试已超出了软件工程的范围。

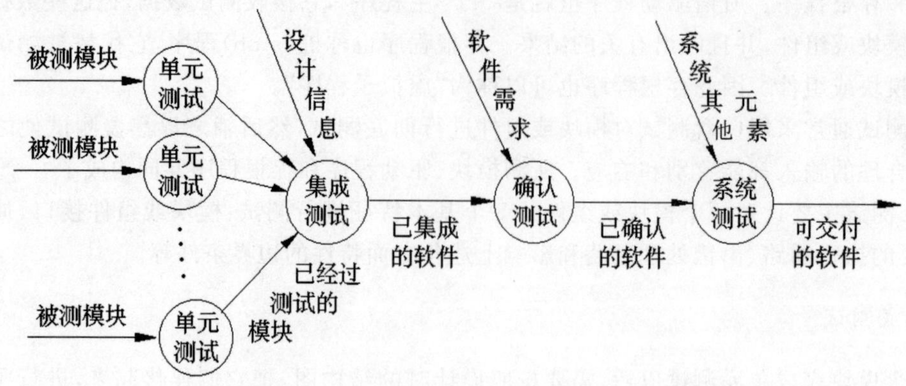

图 1-16　软件测试与软件开发过程的关系

2. 软件开发与测试 V 模型

软件开发过程是一个自顶向下，逐步细化的过程，而测试过程则是依相反的顺序安排的自底向上，逐步集成的过程。低一级测试为上一级测试准备条件。

如图 1-17 所示的 V 模型描述了一些不同的测试级别，并说明了这些级别所对应的生命周期中不同的阶段。其中，左边下降的部分是开发过程各阶段，与此相对应的右边上升的部分是测试过程的各个阶段。在模型图中的开发阶段一侧，先从定义业务需求开始，然后把这些需求不断地转换到概要设计和详细设计中去，最后开发程序代码。在测试执行阶段一侧，执行从单元测试开始，然后是集成测试、确认测试和系统测试。

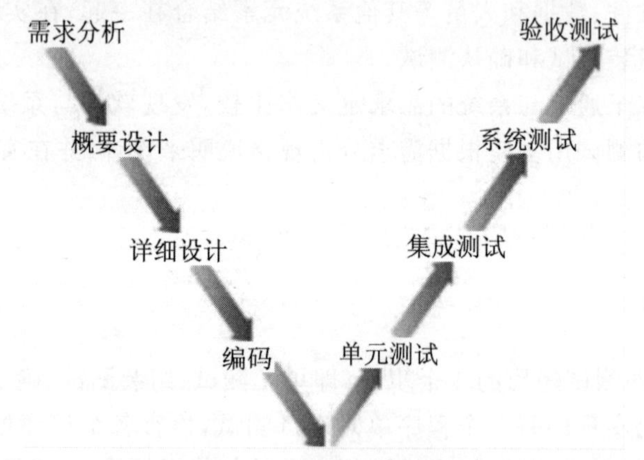

图 1-17　V 模型示意图

V 模型的价值主要在于它非常明确地标明了测试过程中存在不同级别，并清楚地描述了这些测试阶段和开发过程期间的对应关系。

单元测试的主要目的是根据详细设计说明书来验证和确认每个单元模块是否符合预期的要求，发现编码过程中可能存在的各种错误。

集成测试的主要目的是根据概要设计来验证和确认各个模块是否已正确集成到一起，主要是检查各单元与其他模块之间的接口上可能存在的错误。

确认测试的主要目的是根据需求分析来验证和确认软件是否符合用户的预期要求。

系统测试的主要目的是根据需求定义、验证和确认系统作为一个整体是否能够正常有效地运行，例如：判断系统是否达到了用户预期的性能。

1.7.6　软件测试的信息流

测试信息流如图 1-18 所示。测试的输入流有软件配置和测试配置。其中，软件配置包括软件需求规格说明、软件设计规格说明、源代码等；测试配置包括测试计划、测试用例、测试驱动程序等。

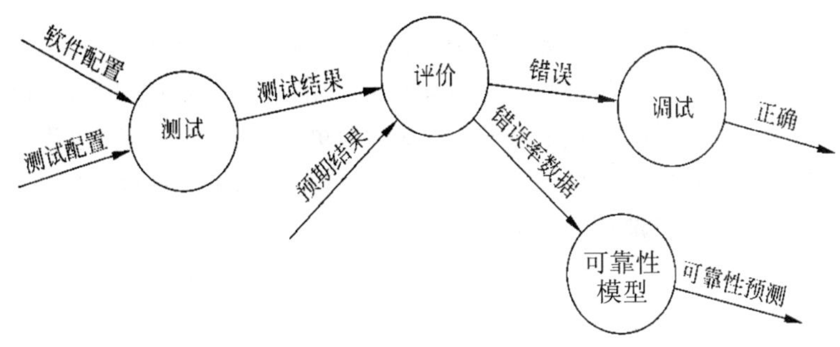

图 1-18　测试信息流

所谓测试方案不仅仅是测试时使用的输入数据，还应该包括每组输入数据预定要检验的功能，以及每组输入数据预期应该得到的正确输出。

测试小组根据上述的输入信息测试程序，通过将得到的测试结果与预期的结果进行比较来评价测试结果。如果两者有差异，程序往往存在错误，应采用排错技术定位错误并改正错误。通过对测试结果的统计和评价，可以定性地评估软件的可靠性及质量等指标，进而构建软件可靠性模型，从而可以对系统未来的软件故障率进行预测。

如果测试发现不了错误，可以肯定，测试配置考虑得不够细致充分，错误仍然潜伏在软件中。这些错误最终不得不由用户在使用中发现，并在维护时由开发者去改正。但那时改正错误的费用将比在开发阶段改正错误的费用要高出 40 倍到 60 倍。测试之后，用实测结果与预期结果进行比较。如果发现出错的数据，就要进行调试。对已经发现的错误进行错误定位和确定出错性质，并改正这些错误，同时修改相关的文档。修正后的文档一般都要经过再次测试，直到通过测试为止。通过收集和分析测试结果数据，对软件建立可靠性模型。

1.8　项目测试团队

在敏捷测试开发中没有测试团队，但还是有测试人员去完成相关的测试任务，特别是验收测试。所以，这节的标题就没有写成“测试团队的组建”，而是定为“项目测试团队”，既适合传统软件开发模式，也适合敏捷开发模式。在敏捷开发团队中，强调协作和沟通，所有人员同时进入一个项目，从一个迭代走向另一个迭代，没有测试过程，只有一个整体的开发过程，没必要单独讨论“测试人员问题”。但在传统开发模式中，虽然开发团队和测试团队同时介入一个项目，但在前期，对测试人员的需求会少些，测试团队负责人（暂且称测试组长，可能是测试经理）可以先于测试组其他人员进入项目，了解项目背景、审查项目有关文档并制订测试计划。这时并不需要很多的测试人员，此时项目组的测试人员还在其他项目的收尾工作上，虽然大部分开发人员已从那个项目抽出来了。开发人员和测试人员在项目上的投入存在一定的时间差。动态地平衡项目人力资源，能更充分地利用资源，提高生产力，创造更好的效益。

1.8.1 测试过程和开发过程的关系

测试过程和开发过程都贯穿于软件过程的整个生命周期，它们是相辅相成、相互依赖的关系，概括起来有 3 个关键点。

①测试过程和开发过程是同时开始的，同时结束的，两者保持同步的关系。

②测试过程是对开发过程中阶段性成果和最终的产品进行验证的过程，所以两者相互依赖。前期，测试过程更多地依赖于开发过程；后期，开发过程更多地依赖于测试过程。

③测试工作的重点和开发工作的重点可能是不一样的，两者有各自的特点。不论是在资源管理，还是在风险管理上，两者都存在着差异。

1. 同步的关系

改进的 V 模型和 W 模型（也可视为 V 模型的延伸），是对测试过程和开发过程同步关系的最好描述。

由图 1-19 出，软件分析、设计和实现的过程，同时伴随着软件测试——验证和确认的过程，而且包括软件测试目标设定、测试计划和用例设计、测试环境建立等一系列测试活动的过程。也就是说，项目一启动，软件测试的工作也就启动了，避免了瀑布模型所带来的误区——软件测试是在代码完成之后进行的。对软件开发过程和测试过程两者之间的同步关系，做进一步阐述如下。

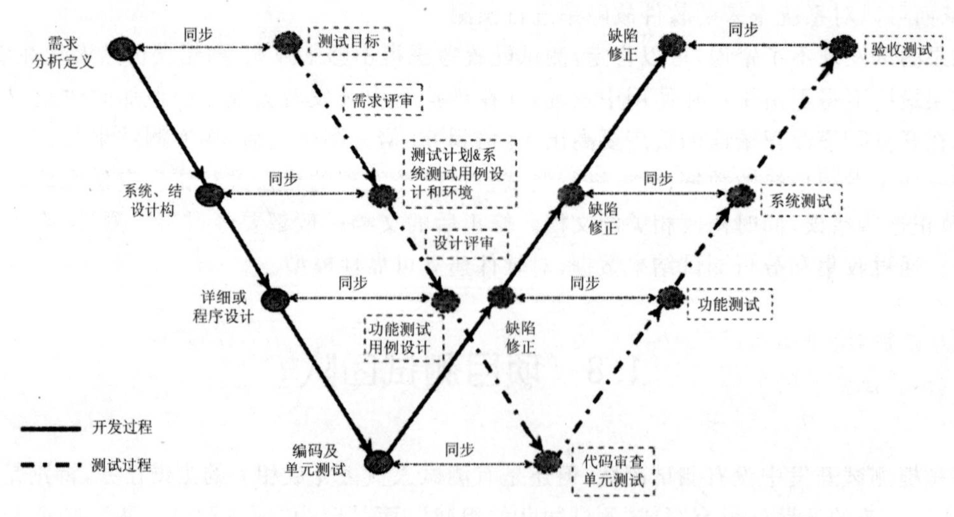

图 1-19 测试过程和开发过程的同步关系

在做需求分析、产品功能设计的同时，测试人员就可以阅读、审查需求分析的结果，从而了解产品的设计特性、用户的真正需求，确定测试目标，可以准备用例(Use Case)并策划测试活动。

- 在做系统设计时，测试人员可以了解系统是如何实现的，基于什么样的运行平台，这样可以设计系统的测试方案和测试计划，并尽早准备系统的测试环境，包括硬件和第三方软件的采购。这些准备工作往往需要较长的时间来处理。
- 在做详细设计时，测试人员可以参与设计，并对设计进行评审，找出设计的缺陷，同时设计功能、新特性等各方面的测试用例，完善测试计划，并基于这些测试用例开发测试脚本。
- 在编程的同时进行单元测试是一种很有效的办法，此法可以尽快找出程序中的错误。充分的单元测试可以大幅度提高程序质量、减少成本。

2. 依赖的关系

测试过程和开发过程的依赖关系很明显，两者的同步关系从侧面也说明了这一点。再者，测试活动是建立在软件开发的成果之上的，即测试的对象就是软件开发的阶段性成果，如设计文档、程序代码和可执行的程序。而软件开发的进一步活动又依赖于测试的结果，如果测试结果反映开发成果正确、良好，开发活动就可以快速地进入下一个阶段，否则，开发活动则需要修正当前阶段所存在的缺陷，不能进入下一个阶段。

如果将软件产品研发周期分为两半，前一半称为前期，主要是设计、实现，相当于 V 模型的左边；后一半称为后期，主要是验证和缺陷修正阶段，相当于 V 模型的右边。

在前期，软件研发过程主要集中在设计、实现阶段，设计和实现的能力决定了整个软件研发过程的进展状态，自然，测试过程前期更多地依赖于开发过程。在后期，测试策略和能力会直接影响测试效率，测试效率高就能更快地发现缺陷，缺陷也能更快地得到修正，所以开发过程后期更多地依赖于测试过程。

3. 两者的差异

开发过程的中心任务是构建软件，而测试过程的中心任务是发现构建过程中存在的问题。由于关键任务不同，思维方式、方法和策略都会不同，资源、风险等过程管理也不相同。在后面的章节，我们会不断触及这些主题，并进行深入讨论，这里着重讨论资源分配。

由图 1-20 出，开发前期投入的资源较多，在编程时到达高峰，然后逐渐减少。而测试人员在后期投入的资源较多，前期投入的资源相对少。当然，如果自动化程度很高的话，等所有测试脚本都完成之后，测试执行的工作量会大大降低。所以，测试资源的分配依赖于测试自动化的程度。另外，测试资源的分配还依赖于软件构建(设计、编程等)的质量、应用系统的规模和复杂度等。

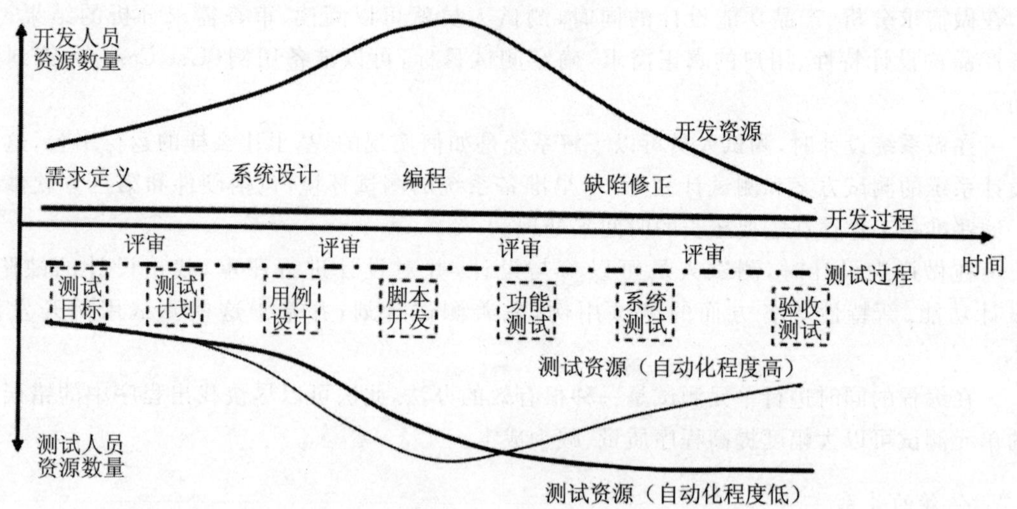

图 1-20 测试过程和开发过程资源分配的差异

1.8.2 团队组建

团队组建是动态的，可针对一个项目建立测试小组，这个测试小组因项目存在而存在，因项目结束而撤销。根据所评估的测试工作量以及产品开发的时间表，就能确定测试小组的人数。有时，也可以根据开发人员的人数来决定测试人员的比例，这取决于应用领域、产品类型、开发人员承担的责任、开发人员的素质和技术能力、开发流程等因素。例如从产品类型看，像操作系统二类产品，对测试要求最高，测试人员与开发人员的比例可高配为 2：1～1：1。因为操作系统功能多、应用复杂、操作非常灵活，其用户的水平层次千差万别，但同时要求其具有很强的稳定性，支持各类硬件，提供各种应用接口，所以测试的工作量非常大。如微软公司参与 Windows 2000 的开发人员是 900 人，而测试人员达 1800 人。对于一般的应用系统一类的产品，由于用户对象清楚、范围小，甚至对应用平台或应用环境加了限制，测试工作量有限，测试人员与开发人员的比例可以配置为 1：2～1：3。

也可以从应用领域看，如航空管制、铁路交通信号控制、银行核心业务等关键业务领域，对系统的正确性、可靠性、容错性等都有很高的要求，不能有丝毫差错，自然应加强测试，要有足够的测试人员。而对一些非关键系统，如社区应用系统，人们只是娱乐、消遣，对缺陷有一定的容忍度。如果是互联网应用，出现问题可以及时修复，这样也可降低质量要求，测试工作则集中在功能的基本操作上，测试人员可以很少，如 1：5。如果开发人员做更多的事情，除了完成足够的单元测试，还做了基本的功能测试，那么测试人员则集中在端到端的测试、系统性能、安全性和可靠性等测试上，测试人员数量还可以降低，如 1：8～1：10。总体来说，没有一个标准的比例，需要根据不同的开发环境或上下文条件，具体问题具体分析，来确定测试人员的数量。

而软件测试团队的任务是相对明确的，包括制订测试计划、设计测试用例、执行测试、评估测试结果和递交测试报告等。除了这些主要的任务，测试团队还要完成其他任务：阅读和审查软件功能说明书、设计文档，审查代码，与开发人员、项目经理等进行充分交流，参加各种业务、技术讨论会等。一个比较健全的测试团队包含的角色有以下 6 种。

(1)测试组长或测试经理

测试组长或测试经理全面负责该项目的测试工作，如协调测试计划、统筹资源、组织测试件的评审、监控测试的执行等。测试组长的能力要相对全面，包括项目管理、测试流程控制、沟通、业务、技术等各个方面的能力。

(2)系统工程师

系统工程师负责测试环境的部署和调试，甚至包括持续构建、持续集成的工作，以及产品发布的技术流程。

(3)自动化测试工程师

自动化测试工程师或者说，测试开发工程师(Software Development Engineer in Test，SDET)：负责所需的测试工具开发，以及自动化测试框架或整个应用测试平台的维护。

(4)测试分析和设计人员

测试分析和设计人员一般由具有丰富经验的资深测试工程师承担，和测试组长一起，比较早进入项目，负责需求评审、设计评审、测试需求分析、测试用例设计或测试脚本开发等。

(5)性能测试、安全性测试人员

性能测试和安全性测试都需要性能或安全性方面的知识、技术和经验，一般由专职的测试人员完成。

(6)测试执行人员

如果项目规模大，测试团队人员需求量大，有一部分外包人员。另外，每个团队也不可能是清一色的资深测试人员，总是有一些刚加入公司的新手，这些初级测试人员则适合测试的执行。

对于规模小的测试团队，上面某些角色的资源可以和其他团队共享。测试组长是一个关键的角色，不只是管理，还会兼任测试分析和设计人员，参与或主导测试分析与设计的工作。虽然测试组长不是神人，但要承担的责任还是很多的(也可以授权其他资深测试人员承担部分责任)，列举如下。

- 负责一个独立的测试项目及其测试组的管理工作。
- 制定整个项目的测试计划、测试策略，包括风险评估、日程表安排等。
- 负责工作量的预估和测试项目内部的资源、任务安排。
- 熟悉产品的功能、特性，审查产品需求规格说明书，并提出改进意见。
- 审查系统、程序设计说明书。
- 验证产品是否满足规格说明书所描述的需求。
- 对项目组成员进行培训和指导。
- 作为测试组代表，参与项目组的有关会议，如缺陷复审或清理会议。
- 根据需求设计文档和代码，负责和参与测试用例的设计和评审。
- 参与代码的审查、检查单元测试的状态。
- 选择测试工具或拟定测试脚本的结构，指导或参与脚本的开发。
- 确定和审查测试环境的配置，协助测试实验室管理员在本项目测试环境的工作。
- 实施软件测试，控制测试进度，并对所发现的缺陷进行跟踪分析和报告。
- 解决测试中的项目问题，或者将这些问题反馈给项目经理或测试经理，推动这些问题得到及时、合理的解决。
- 编写项目的整体测试报告，保证产品质量。
- 负责项目的总结，总结经验、吸取教训。

1.8.3 培训

项目测试组的内部培训不容忽视，特别是当项目组有新人或初级测试工程师时，培训的作用更大。除了整个项目组所做的有关产品、业务领域的培训外，测试组还根据需要就有关开发或测试流程、测试用例设计方法、测试自动化原理、测试脚本开发技术、环境设置等方面进行培训，如具体的培训内容如下。

·标准的测试流程有哪些？本项目中有什么具体的或特定的测试流程？

·自己在本项目的职责和任务是什么？

·本项目的用户有何特殊需求，如何更好地理解测试目标？

·怎样设计和编写测试用例，有哪些具体方法？哪些方法可以用于本项目？

·如何检查测试环境的正确性？如何准备测试数据？

·如何使用当前的测试工具？如何针对当前测试工具开发测试脚本？

·如何在本项目中有效地实施探索式测试？

·怎样报告软件缺陷，哪些信息是必须附上的？

·工作报告内容和格式有什么要求，日报和周报有什么区别？

培训可以有正式的和非正式的两种形式，而且通常可以采用非正式的形式，如组内技术交流和讨论、让经验丰富或技术好的小组成员进行指导或举办讲座，以及建立一帮一的伙伴关系或者师傅带徒弟的关系。还可以邀请其他团队（如开发团队、软件工程过程组等）对测试人员进行有关技术、流程管理等方面的培训。通过培训，可以达到下面一些目标。

·对业务流程、测试需求有一个全面、深刻、正确的认识。

·了解大家所存在的问题或困惑，帮助大家解决问题，在测试目标、测试风险等许多方面达成一致的理解。

·提高部分测试人员的测试设计和开发能力，保证测试用例、脚本的质量。

·培训就是一个知识传递、知识共享的过程，保持信息同步。

讲究培训的有效性、及时性、正确性和完整性，可以加强培训考核。如果培训不和考核结合起来，不能达到应用的效果，那就很难了解培训的效果。

1.8.4 测试团队在项目中的位置

单靠软件测试是不能保证产品质量的，也就是说，产品的质量不是靠测出来的，而是靠产品开发的所有人员（需求分析人员、系统设计人员、程序员、测试人员等）共同努力来获得的。测试团队的基本责任如下。

·发现软件程序、系统或产品中所有的问题。

·尽早地发现问题。

·督促和协助开发人员尽快地解决程序中的缺陷。

·帮助项目管理人员制定合理的开发计划。

·对缺陷进行跟踪、分析和分类总结，以便让项目的管理人员和相关的负责人能够及时、清楚地了解产品当前的质量状态。

·帮助改善开发流程、提高产品开发效率。

·促进程序编写的规范性、易读性、可维护性等。

质量始终是产品和企业的生命，质量第一，所以为了保证质量，不要受过紧的进度和预算所左右，在质量和进度冲突时如何确保产品发布的质量没有大幅度降低？这时可能需要质量保证人员和测试人员站出来，护卫质量，所以软件公司应赋予质量保证人员具有一定的权威性和与之相称的地位，如对产品发布有否决权。不少公司(包括微软公司)，都将软件测试团队和质量保证(QA)团队合在一起，组成测试(或 QA)部门。不管名称如何，但其责任已从测试团队的责任扩张到整个质量保证的领域。作为这样一个团队，拥有更多的责任，具有两个基本职能：软件测试和质量保证。

①在产品的整个生命周期，要与项目中相关的部门(市场、设计、开发、产品配置等)合作，负责跟踪和分析产品中的问题，并站在用户的角度，对产品进行全面测试，对不足之处提出质疑。

②更重要的是对产品的开发过程进行跟踪、审查，定义流程并推广流程，及时纠正在执行新的流程中所出现的问题，不断改进流程。

③分析竞争对手的产品，了解自己产品设计不足之处，提出改进的意见。

把软件测试和质量保证两项职能结合起来做，形成完整的链条，工作会更有效。软件测试为质量保证提供数据和质量评判的依据，质量保证可以指导软件测试的进行，质量保证和软件测试相辅相成，质量保证主要审查开发过程、流程，强调质量以预防为主；而测试主要审查产品，包括需求文档、设计文档等，以事后检查为主，旨在保证每个阶段的产品输出是正确的、符合产品质量要求的。

在不同的公司中，开发团队的模式可能会存在一些差别，甚至有比较大的区别，从而软件测试团队的地位也是不一样的。如果进行分类，可以概括为如下 3 类。

①以开发为核心，测试只是开发队伍的一部分，也就是开发团队中有测试人员，但没有形成独立的团队，如图 1-21 所示。

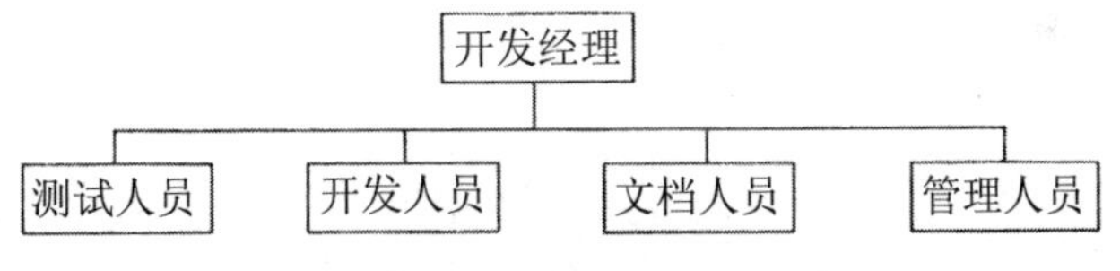

图 1-21　以开发为核心的组织模型

②以项目经理为核心，开发小组和测试小组并存，隶属于项目经理领导，如图 1-22 所示。

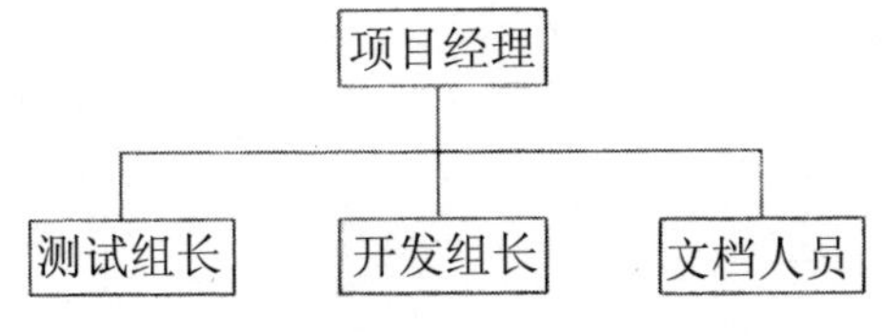

图 1-22　以项目经理为核心的组织模型

③项目经理、开发组长和测试组长“三足鼎立 2”，测试团队具有独立的、权威的地位，如图 1-23所示。

图 1-23　三足鼎立的组织模型

思考及作业题

1. 什么是软件？什么是软件危机？
2. 软件危机的主要表现包括哪些方面？
3. 什么是软件工程？软件工程包含哪几种基本活动？
4. 试说明软件过程模型对于软件工程的作用。
5. 什么是软件缺陷和软件故障？软件产生错误的原因有哪些？
6. 软件质量如何定义？其含义有哪 4 个方面？
7. 什么是软件测试？
8. 软件测试的目的是什么？
9. 试说明软件测试有哪些基本原则。
10. 试说明软件测试有哪些类型。
11. 试详细说明软件测试的各种过程模型。
12. 试对测试流程每一阶段进行简要说明。
13. 试简述软件测试发展历程和发展趋势。
14. 软件测试人员需要哪些基本素质？

第2章　软件测试计划

专业的测试工作必须以一个好的测试计划作为基础。软件测试计划是整个测试工作的基本依据，在日常测试工作中，无论是手工测试还是自动化测试，都要以测试计划为纲，软件测试人员对计划所列的各项必须逐一执行。

本章主要知识点

1. 软件测试计划的作用。
2. 软件测试计划的原则。
3. 测试工作量估计。
4. 测试风险分析。
5. 制定测试计划。

2.1　软件测试计划的作用

软件测试计划是描述测试目的、范围、方法和软件测试的重点等内容的文档。软件测试计划作为软件项目计划的子计划，在项目启动初期是必须规划的。在越来越多公司的软件开发中，软件质量日益受到重视，测试过程也从一个相对独立的步骤越来越紧密嵌套在软件整个生命周期中，这样，如何规划整个项目周期的测试工作，如何将测试工作上升到测试管理的高度都依赖于测试计划的制定，测试计划因此也成为测试工作的赖于展开的基础。《IEEE 软件测试文档标准829—1998》将测试计划定义为："一个叙述了预定的测试活动的范围、途径、资源及进度安排的文档。它确认了测试项、被测特征、测试任务、人员安排，以及任何偶发事件的风险。"软件测试计划是指导测试过程的纲领性文件，软件测试计划需要描述所有要完成的测试工作，包括被测试项目的背景、测试目标、测试范围、测试方式、所需资源、进度安排、测试组织以及与测试有关的风险等方面内容。借助软件测试计划，参与测试的项目成员，尤其是测试管理人员，可以明确测试任务和测试方法，保持测试实施过程的顺畅沟通，跟踪和控制测试进度，应对测试过程中的各种变更。

具体地说，制订软件测试计划可以在以下几个方面帮助测试人员。

1. 使软件测试工作进行更顺利

软件测试计划明确地将要进行的软件测试采用的模式、方法、步骤以及可能遇到的问题与风险等内容都做了考虑和计划，这样会使测试执行、测试分析和撰写测试报告的准备工作更加有效，使软件测试工作进行得更顺利。在软件测试过程中，常常会遇到一些问题而导致测试工作被延误，事实上有许多问题是预先可以防范的。此外，测试计划中也要考虑测试风险，这些风险包括测试中断、设计规格不断变化、人员不足、人员流失、人员测试经验不足、测试进度被压缩、软硬件资源不足以及测试方向错误等，这些都是不可预期的风险。对测试计划而言，凡是影响测试过程的问题，都要考虑到计划内容中，也就是说对测试项目的进行要做出最坏的打算，然后针对这些最坏的打算拟订最好的解决办法，尽量避开风险，使软件测试工作进行得更顺利。

2. 增进项目参加人员之间的沟通

测试工作必须具备相应的条件。如果程序员只是编写代码，而不对代码添加注释，测试人员就很难完成测试任务。同样，如果测试人员之间不对计划测试的对象、测试所需的资源、测试进度安排等内容进行交流，整个测试工作也很难成功。测试计划将测试组织结构与测试人员的工作分配纳入其中，测试工作在测试计划中进行了明确的划分，可以避免工作的重复和遗漏，并且测试人员了解每个人所应完成的测试工作内容，并在测试方向、测试策略等方面达成一定的共识，这样使得测试人员之间沟通更加顺利，也可以确保测试人员在沟通上不会产生偏差。

3. 及早发现和修正软件规格说明书的问题

在编写软件测试计划的初期，首先要了解软件各个部分的规格及要求，这样就需要仔细地阅读、理解规格说明书。在这个过程中，可能会发现其中出现的问题，例如规格说明书中的论述前后矛盾、描述不完整等。规格说明书中的缺陷越早修正，对软件开发的益处越大，因为规格说明书从一开始就是软件开发工作的依据。

4. 使软件测试工作更易于管理

制订测试计划的另一个目的，就是为了使整个软件测试工作系统化，这样可以使软件测试工作更易于管理。测试计划中包含了两种重要的管理方式，一是工作分解结构(Work Break Structure, WBS)，一是监督和控制。对软件测试计划来说，工作分解结构就是将所有的测试工作一一细化，这有利于测试人员的工作分配。而当执行软件测试时，管理人员可以使用有效的管理方式来监督、控制测试过程，掌握测试工作进度。

从以上几个方面作用来看，在测试开展之前，编写一份好的软件测试计划书是非常必要的。

目前，还有许多的软件测试工作是在没有任何测试计划的情况下进行的。这种“边打边走”的策略让测试人员处于一种不确定的状态，面对问题时则采用“兵来将挡，水来土掩”的解决方式，这是低效率的，会让测试人员在相同的问题上浪费许多时间，而且会极大耗费人员的精力。在这种情况下所进行的软件测试工作，当然也能找到软件的错误和缺陷，但是这种未做计划就测试的软件，在整体质量上绝对是令人忧虑的。实践已充分证明，只有精心计划软件测试工作，然后对软件测试过程进行有效的控制和管理，才能高效、高质量地完成软件测试工作。

2.2 软件测试计划的原则

制定测试计划是软件测试中最有挑战性的一个工作，以下原则将有助于制定测试工作计划：

· 制定测试计划应尽早开始。
· 保持测试计划的灵活性。
· 保持测试计划简洁和易读。

- 尽量争取多渠道评审测试计划。
- 计算测试计划的投入。

除了上面讲的原则外，要做好测试计划，还必须注意以下几点。

1. 明确测试的目标，增强测试计划的实用性

测试目标必须是明确的，可以量化和度量的，而不是模棱两可的宏观描述。另外，测试目标应该相对集中，避免一股脑罗列出一系列目标，造成轻重不分或平均用力。应根据对用户需求文档和设计规格文档的分析，确定被测软件的质量要求和测试需要达到的目标。

2. 坚持“5W1H”规则

所谓“5W1H”规则即：

Why：为什么要进行这些测试。

What：测试哪些方面，不同阶段的工作内容。

When：测试不同阶段的起止时间。

Where：相应文档，缺陷的存放位置，测试环境等。

Who：项目有关人员组成，安排哪些测试人员进行测试。

How：如何去做，使用哪些测试工具以及测试方法进行测试。

3. 采用评审和更新机制，保证测试计划满足实际需求

测试计划写完后，如果没有经过评审，就直接发送给测试团队，难免发生内容不准确或遗漏测试内容，或者软件需求变更引起测试范围的增减，而测试计划的内容没有及时更新，从而误导测试执行人员。测试计划包含多方面的内容，而编写人员可能自身测试经验和对软件需求的理解都有限，而且软件开发是一个渐进的过程，所以最初创建的测试计划可能是不完善的、需要更新的。需要采取相应的评审机制对测试计划的完整性、正确性、可行性进行评估。例如，在创建完测试计划后，提交到由项目经理、开发经理、测试经理、市场经理等组成的评审委员会审阅，根据审阅意见和建议进行修改和更新。

4. 分别创建测试计划与测试详细规格、测试用例

编写软件测试计划要避免一种不良倾向，就是测试计划的“大而全”，篇幅冗长，重点不突出，既浪费写作时间，也浪费测试人员的阅读时间。最好的方法是把详细的测试技术指标包含到独立创建的测试详细规格文档，把用于指导测试小组执行测试过程的测试用例放到独立创建的测试用例文档或测试用例管理数据库中。测试计划和测试详细规格、测试用例之间是战略和战术的关系，测试计划主要从宏观上规划测试活动的范围、方法和资源配置，而测试详细规格、测试用例是完成测试任务的具体战术。

5. 测试阶段的划分

就通常的软件项目而言，基本上采用“瀑布型”开发方式，这种开发方式下，各个项目主要活动比较清晰，易于操作。整个项目生命周期为“需求—设计—编码—测试—发布—实施—维护”。然而，在制定测试计划时，有些测试经理对测试的阶段划分还不是十分明晰，经常遇到的问题是

把测试单纯理解成系统测试，或者把各类型测试设计全部放人生命周期的“测试阶段”，这样一方面浪费了开发阶段可以并行的项目日程，另一方面也造成测试不足。

6. 系统测试阶段日程安排

划分阶段清楚了，随之而来的问题是测试执行需要多长的时间。标准的工程方法是对工作量进行估算，而后得出具体的估算值，但是这种方法过于复杂。

2.3 测试工作量估计

在确定了测试需求、明确了测试范围之后，就需要明确测试任务，估算测试工作量。基于质量需求和测试的工作量、测试环境、产品发布的设想时间等要求，就可以确定测试进度和所需的测试资源，或者基于现有的测试资源来决定测试的日程表。

在传统开发模式中，测试工作量估算是测试计划的基础工作之一，但在敏捷开发中，虽然也强烈建议有一个测试计划，但其测试计划简明扼要，主要是列出测试目标、测试边界、测试点、主要的测试风险和注意事项等。其测试任务在迭代计划（如 Scrum 的 Sprint Planning）会议中和开发任务一并考虑，可以采用 Scrum 估算扑克牌的方式来完成估算，这样测试工作量估算主要依赖个人经验、团队沟通等完成。即使是采用这种方式，对下面内容了解之后，有一个科学估算的基础，在敏捷开发中依旧会发挥作用。

2.3.1 工作量的估计

测试的工作量是根据测试范围、测试任务和开发阶段来确定的。测试范围和测试任务是测试工作量估算的主要依据。如何确定测试范围已在上一节做了充分的讨论，可以根据产品需求规格说明来决定。测试任务是由质量需求、测试目标来决定的，质量要求越高，越要进行更深、更充分的测试，回归测试的次数和频率也要加大，自然，测试的工作量要增大。处在不同的开发阶段，测试工作量的差异也挺大。新产品第一个版本的开发过程，相对于以后的版本来说，测试的工作量要大一些。但也不是绝对的，例如，第一个版本的功能较少，在第 2、3 个版本中，增加了较多的新功能，虽然新加的功能没有第一个版本的功能多，但是在第 2、3 个版本的测试中，不仅要完成新功能的测试，还要完成第一个版本的功能回归测试，以确保原有的功能正常。

在一般情况下，一个项目要进行 2～3 次回归测试。所以，假定一轮（Round）功能测试需要 100 个人日（man－day），则完成一个项目所有的功能测试肯定就不止 100 个人曰，往往需要 200～300多个人日。可以采用以下公式计算：

$$W=Wo+Wo\quad R1+Wo\quad R2+Wo\quad R3$$

· W 为总工作量，Wo 为一轮测试的工作量。

· R1，R2，R3 为每轮的递减系数。受不同的代码质量、开发流程和测试周期等影响，R1、R2、R3 的值是不同的。对于每一个公司来说，可以通过历史积累的数据获得经验值。

测试的工作量，还受自动化测试程度、编程质量、开发模式等多种因素影响。在这些影响的因素中，编程质量是主要的。编程质量越低，测试的重复次数（回归测试）就越多。回归测试的范围，在这 3 次中可能各不相同，这取决于测试结果，即测试缺陷的分布情况。缺陷多且分布很广的话，所有的测试用例都要被再执行一遍。缺陷少且分布比较集中，可以选择部分或少数的测试用例作为回归测试所要执行的范围。

在代码质量相对较低的情况下，假定 R1、R2、R3 的值分别为 80%、60%、40%，若一轮功能测试的工作量是 100 个人日，则总的测试工作量为 280 个人日。如果代码质量高，一般只需要进行两轮的回归测试，R1、R2 值也降为 60%、30%，则总的测试工作量为 190 个人日，工作量减少了 32%以上。

自动化程度越高，测试工作量就越低。由计算机运行的自动化脚本效率很高，能使执行实际测试的工作量大大降低。但是在很多情况下，测试自动化并不能大幅度降低工作量，因为测试脚本开发的工作量很大。也就是说，将总体的测试工作量前移了，从测试执行阶段移到测试脚本设计和开发的阶段，总体工作量没有明显降低。同时，由于自动化脚本可以重复使用，而且机器可以没日没夜地运行，回归测试就可以频繁进行，如每天可以执行一次，这样任何回归缺陷都可以即时发现，提高软件产品的质量。

工作量的估计是比较复杂的，针对不同的应用领域、程序设计技术、编程语言等，其估算方法是不同的。其估算可能要基于一些假定或定义。

(1)效率假设

即测试队伍的工作效率。对于功能测试，这主要依赖于应用的复杂度、窗口的个数、每个窗口中的动作数目。对于容量测试，主要依赖于建立测试所需数据的工作量大小。

(2)测试假设

目的是验证一个测试需求所需测试的动作数目，包括估计的每个测试用例所用的时间。

(3)阶段假定

指所处测试周期不同阶段(测试设计、脚本开发、测试执行等)的划分，包括时间的长短。

(4)复杂度假定

应用的复杂度指标和需求变化的影响程度决定了测试需求的维数。测试需求的维数越多，工作量就越大。

(5)风险假定

一般考虑各种因素影响下所存在的风险，将这些风险带来的工作量设定为估算工作量之外的 10%～20%。

2.3.2　工作分解结构表方法

要做好测试工作量的估算，需要对测试任务进行细化，对每项测试任务进行分解，然后根据分解后的子任务进行估算。通常来说，分解的粒度越小，估算精度越高。可以再加上10%～15%的浮动幅度，来确定实际所需的测试工作量。比较专业的方法是工作分解结构表(WBS)，它按以下 3 个步骤来完成。

①列出本项目需要完成的各项任务，如测试计划、需求和设计评审、测试设计、脚本开发、测试执行等。

②对每个任务进一步细分，可进行多层次的细分，直到不能细分为止。如针对测试计划，首先可细分为：

- 确定测试目标。
- 确定测试范围。

- 确定测试资源和进度。
- 测试计划写作。
- 测试计划评审。

“确定测试范围”还可再细分为功能性测试范围和非功能性测试范围的分析。“测试计划评审”可以再分为测试组内评审、项目组评审、公司质量保证小组评审和最终批准。

③列出需要完成的所有任务之后，根据任务的层次给任务进行编号，就形成了完整的工作分解结构表。

WBS 可以采用结构图的方式表达，那样会直观、方便，如图 2-1 所示。

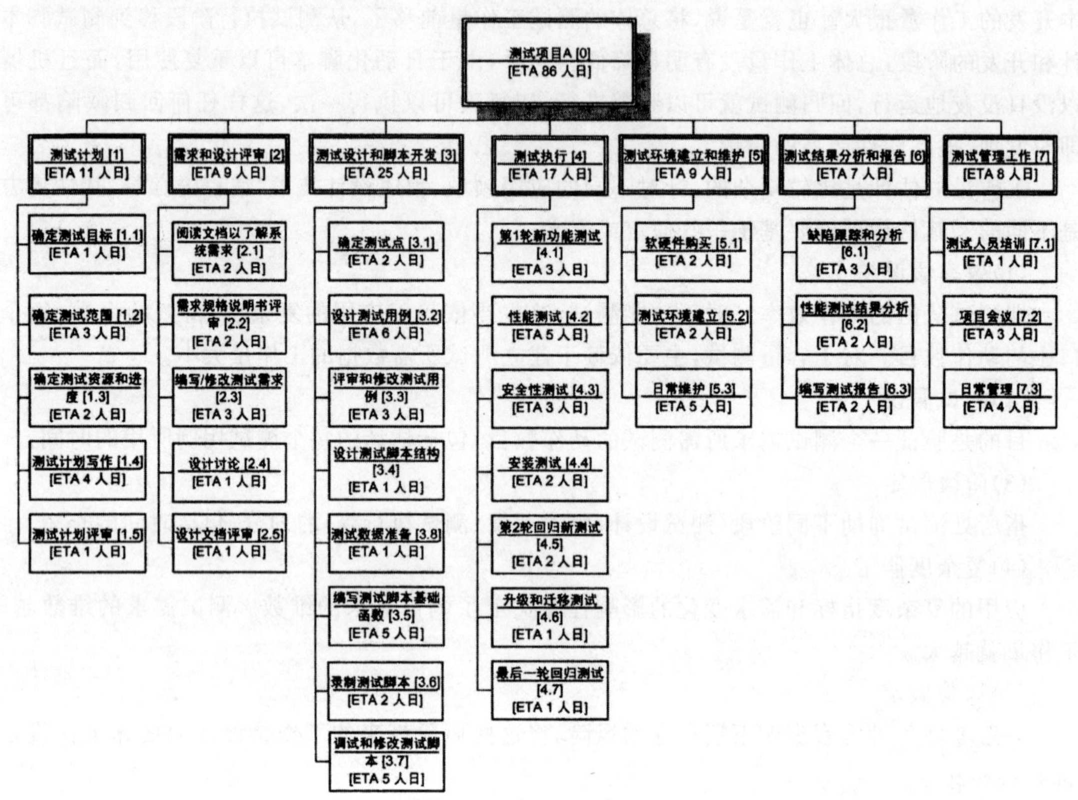

图 2-1　工作分解结构图

当 WBS 完成之后，就拥有了制定日程安排、资源分配和预算编制的基础信息，这样不仅可获得总体的测试工作量，还包括各个阶段或各个任务的工作量，有利于资源分配和日程安排。所以，WBS 方法不仅适合工作量的估算，还适合日程安排、资源分配等计划工作。

2.3.3　工作量估计的实例

结合 Google 日历的功能点可以看出，测试工作量与测试用例的数量成比例。根据全面且细化的测试用例，可以更准确地估计测试周期各阶段的时间安排。根据 Google 日历的功能计算，测试用例数为 6×60=360 例(以平均每个大模块 60 个用例来算)。除了测试用例数，还要考虑以下因素。

- 根据测试团队和项目的具体情况来算。

- 测试平台、环境的不同组合，包括操作系统、浏览器、通信协议、防火墙、代理服务器等的组合。
- 回归测试频率和重复次数。
- 自动化测试的水平。
- 其他特定的因素，增加 10%～20%的余量。

在 Google 日历的测试中，做如下假定和分析。

- 所有人员为中级软件测试工程师的水平。
- 每个测试用例设计时间为 20 分钟，包括评审、输入到用例管理数据库中等所用的时间。所以测试用例设计的时间为 120 小时，即 15 个人日。
- 70%的测试用例可以进行自动化测试，30%为手工测试。即自动化测试用例数为 252 例，手工测试用例数为 108 例。
- 每位工程师每天可开发 10 个测试用例的测试脚本，包括调试。所以测试脚本开发的工作量为 26 个人日。
- 要进行两次的回归测试，R1、R2 值为 70%、40%，则单平台下手工运行的测试用例数为 108×(1+70%+40%)=227 例。
- 对操作系统没有影响，而且不考虑 SSL 的支持，只考虑浏览器 IE6.0、IE7.0、Firefox 1.5、Firefox2.0 和代理服务器的影响。作为交叉组合，共设为 4 种。
- 也没有必要在 4 种组合上运行所有的测试用例，两种主要组合运行 100%的手工测试用例，另外两种组合运行 50%的手工测试用例，即测试用例数为原来的 3 倍，所以手工运行的测试用例数为 227 × 3=681 例。
- 假定每个测试工程师每天可以运行 60 个测试用例，即每个测试用例的执行要用 5 分钟，运行测试用例要用 5 个小时，另外 3 个小时用于处理缺陷报告和邮件、与开发人员沟通等。所以手工测试用例执行的时间为 12 个人日。
- 自动化测试的运行都在晚上进行，工程师需要时间分析测试结果、修改脚本适应新的变化、做缺陷报告等，估计要 5 个人日。

这样就估算出了功能测试的基本工作量，即 15+26+12+5=58 个人日。

对系统测试的工作量，可以按照同样的方法进行，所不同的是系统测试几乎是由测试工具完成的，工作量主要集中在环境构建、测试数据准备和结果分析等上面。表 2-1 给出了 Google 日历所要的测试工作量。

表 2-1　测试工作量估算示例

任　　务	工作量(人日)	说　　明
整个测试过程	88	下列各项的合计
需求评审与测试计划	8	是其子项的合计
评审需求文档和定义测试需求	3	
估计工作量	1	
确定资源	1	
生成和评审测试计划文档	3	
设计测试用例	23	
分析测试用例结构	1	

续表

任　务	工作量(人日)	说　明
测试用例设计方法讨论	2	
编写功能测试用例	12	包括集成测试
编写系统测试用例	4	
查看测试需求的覆盖率	2	
测试用例的评审	2	
开发自动化测试脚本	30	
录制和调试测试脚本	4	涵盖了系统测试的基础脚本
改为关键字、数据驱动结构	5	
基础函数的编写	6	
系统测试脚本的开发	4	
建立外部数据集合	3	包括系统测试的数据准备
重新调试、修改脚本	8	
测试执行	26	
设置测试环境	1	
功能测试(手工测试部分)	12	包括结果分析、缺陷报告
功能测试(自动化测试部分)	5	包括缺陷报告
系统测试	6	主要是性能、安全性测试等
评估、跟踪和验证缺陷	2	和项目经理、开发人员一起评审缺陷
测试评估	2	
评估测试需求的覆盖率	0.5	
编写和审查测试报告	1	
项目分析总结	0.5	

2.4 测试里程碑和进度安排

软件测试贯穿软件产品开发的整个生命周期,从产品的需求分析审查到最后的验收测试,直至软件发布。从测试实际的前后过程来看,软件测试的过程是由一系列不同的测试阶段组成的,这些阶段主要有:需求分析审查、设计审查、单元测试、集成测试(组装测试)、功能测试、系统测试、验收测试、回归测试(维护)等。在软件测试项目的计划书中,需要给各个阶段制定一个明确的开始和结束时间,这就是通常所说的日程进度表(schedule)。项目进度安排,实际上取决于测试工作量和现有的人力资源。当人力资源充足时,测试周期短;当人力资源较少时,测试周期就会长。

里程碑一般是项目中完成阶段性工作的标志,即用一个结论性的标志来描述一个过程性任务明确的起止点,进度安排就是确定里程碑的起止点。一个里程碑标志着上一个阶段结束、下一个阶段开始,也就是定义当前阶段完成的标准(Entry Criteria)和下一个新阶段启动的条件或前提(Entry Criteria)。里程碑具有很强的时序性,还具有下列特征。

- 里程碑也是有层次的，在一个父里程碑的下一个层次中定义子里程碑。
- 不同类型的项目，里程碑可能不同。
- 不同规模项目的里程碑，其数量的多少不一样，里程碑可以合并或分解。

2.4.1　传统测试

在软件测试周期中，建议定义下列 6 个父里程碑。

①M1：需求分析和设计的审查。

②M2：测试计划和设计。

③M3：代码（包括单元测试）完成。

④M4：测试执行。

⑤M5：代码冻结。

⑥M6：测试结束。

每个里程碑再划分为子里程碑，如果项目周期很长，还可以对每个子里程碑进一步划分为更小的里程碑，以利于更有效的控制，如表 2-2 所示。

表 2-2　软件测试进度表示例

任　务	天	任　务	天	任　务	天	任　务	天
M21：测试计划制定	11	M23：测试计划	12	开发测试过程	5	验证测试结果	2
确定项目	1	测试用例的设计	7	测试和调试测试过程	2	调查突发结果	1
定义测试策略	2	测试用例的审查	2	修改测试过程	2	生成缺陷日记	1
分析测试需求	3	测试工具的选择	1	建立外部数据集	1	M62：测试评估	3
估算测试工作	1	测试环境的设计	2	重新测试并调试测试过程	2	评估测试需求的覆盖率	1
确定测试资源	1	M26：测试开发	15	M42：功能测试	9	评估缺陷	0.5
建立测试结构组织	1	建立测试开发环境	1	设置测试系统	1	决定是否达到测试完成的标准	0.5
生成测试计划文档	2	录制和回放原型过程	2	执行测试	4	测试报告	1

2.4.2　敏捷测试

在敏捷测试项目中，如何明确测试的里程碑呢？万变不离其宗，敏捷测试也需要从测试计划到测试设计、再到执行，只是测试设计和执行的界限不那么分明，测试设计和执行往往交替或并列地开展。在敏捷测试中，甚至可以不需要测试用例，而是针对 Use Case 或 User Story 直接进行验证，并进行探索性测试。而节约出来的时间，用于开发相对稳定功能的自动化测试脚本，为后期的回归测试服务。自动化测试脚本将代替测试用例，成为软件组织的财富。原有测试规范还要求进行两轮回归测试，在敏捷测试中，只能进行一轮回归测试。综合上述考虑，敏捷测试的实际操作流程如图 2-2 所示，简单有效。

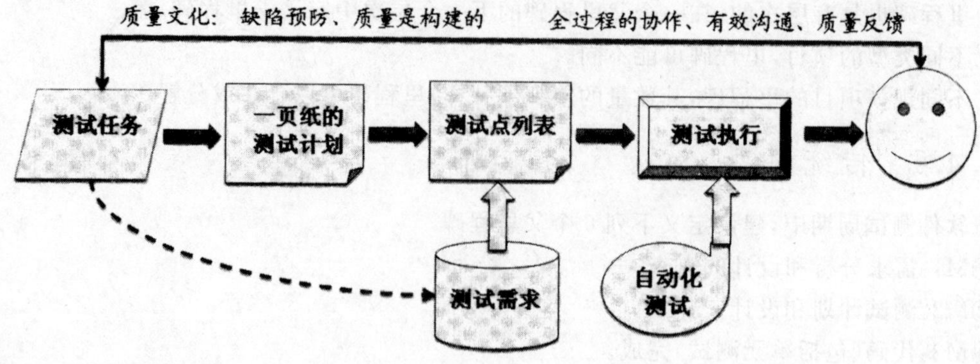

图 2-2　敏捷测试流程简要图

在这样的流程中，大框架也没有什么不同，而且各项测试件(测试计划、需求、自动化脚本等)的评审还是需要的，只是没有明确的评审阶段，测试是一个持续的质量反馈过程，阶段性不那么突出，但还是可以设定一些控制点，即里程碑：

①测试任务定义。

②测试计划制定和评审通过。

③测试需求或测试点(或测试场景)列表明确和评审通过。

④验收测试结束。

2.5　测试风险分析

软件测试风险分析的目标是：确定测试对象、测试的优先级以及测试的深度。有时候，可能还包括确定不予测试的对象。风险分析能够帮助测试员识别出高风险的应用程序和特定应用程序中具有潜在错误倾向的部分。在测试计划阶段中，可以将风险分析的结果用来确定待测软件的测试优先级。

在理想情况下，应该由来自组织内部的各个部门专家组成小组来进行风险分析。该小组可能包括这样一些人员，如开发人员、测试人员、用户、客户、销售人员和其他对这项工作感兴趣、有意向并且有才干的人员。风险分析工作应该在软件生命周期内尽早进行。通常，最早的风险分析应该在确定了需求之后就马上进行。对于每个发布版本而言，并不需要重新进行完整的风险分析，但是，需要对发生变动的部分进行风险的再次审视。另外，因为需求、资源和其他因素可能随时会发生变动，所以，必须在测试项目进行的过程中实时对风险分析结果进行评审。

风险的分析过程通常包括 5 个步骤。

步骤 1：确定测试范围的功能点和性能属性。

步骤 2：确定测试风险发生的可能。

步骤 3：确定测试风险发生后产生的影响程度。

步骤 4：计算测试风险优先级。

步骤 5：确定测试风险优先级。

根据各个组织的结构特征，可能会对这些步骤进行修改。但是，总体风险分析目标保持不变:确定测试对象、测试优先级和测试深度。

2.5.1　确定测试范围的功能点和性能属性

通过前面提到的风险识别技术确定测试范围的功能点和性能属性。首先应该收集相关的技术和管理文档,比如需求规格说明、功能规格说明、变更请求、以前的缺陷报告、设计文档等。通过这些文档,应用头脑风暴、访谈和测试风险检查单等方法确定整个系统测试范围的功能点和性能属性测试清单。清单中的内容也会随着项目的进展和测试组对项目认识的深入而进行进一步补充和细化。如果某项开发工作或发布,只与该系统的一个子集或者一个子系统相关,测试清单的内容分析应该只在该范围内进行。但是,除了所包含的特征以外,还应该确定和罗列出所有接口,因为这些内容也需要测试。

以自动取款机(ATM)为例子,描述测试风险分析的工作机制,因为自动取款机对于大多数人来说是生活中比较熟悉的系统。一个 ATM 应用程序具有各种各样的特征。可确定的一般特征包括取款、存款、查询账户余额、转账、购买邮票和偿还贷款。同时,还需要确定性能属性,包括可靠性、可用性、兼容性、可维护性、效率和安全性等,这些属性可以应用于绝大多数软件系统。如表 2-3 所示 ATM 功能点/性能属性测试清单。

表 2-3　ATM 功能点/性能属性测试清单

ATM 软件	
功能点	性能属性
取款	易用性
存款	安全性
转账	效率
购买邮票	—
偿还贷款	—
查询账户余额	—

2.5.2　确定测试风险发生的可能性

确定软件系统各功能点或性能属性失效的相对可能性,也就是给这些功能点或性能属性进行赋值:如失效可能性较高的赋值为 H,失效可能性居中的赋值为 M,失效可能性较低的赋值为 L,形成 ATM 功能点/性能属性的失效可能性(表 2-4)。为每个特征赋 H、M 或 L 值时,应该考虑的问题是:“根据对系统的现有了解,这个功能点或性能属性发生失效或者不能正常运行的可能性是多大?”通常,可能性是由软件系统的系统特性,比如复杂性、接口的数目,新技术或新开发平台的采用等因素所决定的。因此,开发人员在风险分析的这一阶段显得十分重要,他们更了解软件系统的开发过程。比如小组历史、复杂性、可使用性、新的或修改过的功能、运用新技术开发的功能、缺陷历史,以及测试环境中存在的限制难于测试的那些功能。还有一些因为人的因素而影响的测试风险,如某些开发员或者开发小组所生成的代码比其他人或小组生成的代码要好。根据对开发小组的相对技能或经验有所了解,确定测试风险的可能性,以便投入较多的资源来测试由经验较少的小组开发的代码,而投入较少的资源来测试由经验丰富的小组开发的代码。例如,安排一个新成立的小组去开发查询账户余额这一特征,应该将该功能的可能性确定到"高"。当然,这样做将最终提高该功能的风险优先级。

表 2-4 ATM 功能点/性能属性的失效可能性

ATM 软件		可能性
功能点	性能属性	
取款	—	高
存款	—	中
转账	—	中
购买邮票	—	中
偿还贷款	—	低
查询账户余额	—	高
—	易用性	中
—	安全性	中
—	效率	低

2.5.3 确定测试风险发生后产生的影响程度

确定测试风险发生后产生的影响程度,需要回答的问题是:"如果这个功能点或性能属性发生失效或者不能正常运行,将会给用户带来什么影响?"针对 ATM 这个例子,一般都会为取款赋一个 H 值,因为绝大多数 ATM 机用户都会认为:没有这个特征,ATM 机一文不值。表 2-5 列出了在 ATM 机例子中,功能点和性能属性的失效影响。在这里一般不考虑软件系统在其开发过程中的失效影响,如关键路径。只关注那些直接影响用户的功能点或性能属性。用户在测试风险分析这部分非常重要,因为影响往往都是由业务问题造成的,而不是由系统的性质造成的。如果将每个功能点或性能属性都评定为相同的等级(如都为高),则对排定风险的优先顺序毫无帮助。如果碰到这种情况,应该对每个用户进行限制:要具体给出高、中和低值中的一个值。

表 2-5 ATM 功能点/性能属性的失效影响程度

ATM 软件		可能性	影响程度
功能点	性能属性		
取款	—	高	高
存款。	—	中	高
转账	—	中	中
购买邮票	—	中	中
偿还贷款	—	低	中
查询账户余额	—	高	中
—	易用性	中	高
—	安全性	中	高
—	效率	低	中

2.5.4　计算测试风险优先级

确定了可能性和影响程度的相对值 H、M、L 后，就可以计算测试风险的优先级了。通常的做法是：给 H 赋值为 3、给 M 赋值为 2、给 L 赋值为 1；也可以采用更大的“跨度”，给 H 赋值为 10、给 M 赋值为 3、给 L 赋值为 1；或者其他方法。赋值的方法会因组织的不同而不同，这主要取决于各个组织如何看待相对风险。方法一旦选定之后，就要在整个测试风险分析过程中始终采用。然后，对失效可能性的值与失效影响程度的值求和。如果为 H 所赋的数值是 3，为 M 所赋的数值是 2，为 L 所赋的数值是 1，那么，可能存在 5 个风险优先等级(即 6、5、4、3、2)，如图 2-3 所示。总体测试风险优先级是由软件功能点或性能属性的潜在失效影响确定的一个相对值，而潜在失效影响是根据失效可能性和影响程度来评定的。

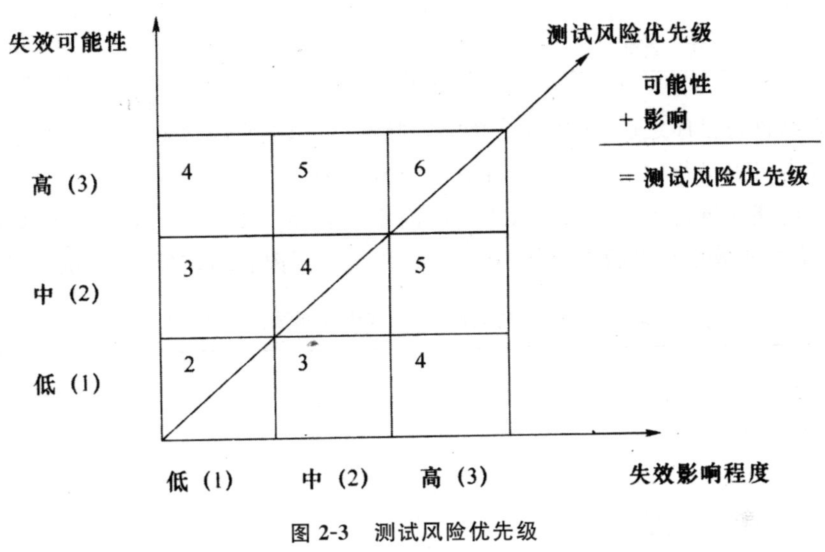

图 2-3　测试风险优先级

2.5.5　确定测试风险优先级

按照计算出的测试风险的优先级顺序对其功能点或性能属性列表进行重新组织。表 2-6 显示了按照测试风险的优先级顺序排列的 ATM 软件系统的功能点和性能属性。因为取款特征具有最高的优先级，所以被列在该表的第一行。尽管发布低效率软件的影响只为中，但是其失效可能性值却为低。所以，给效率赋予一个相对较低的风险优先级 3，被列在该表的末尾。经过排序的测试风险优先级表提供了一个清晰的视图，从中可以看出哪些风险最需要予以重视。当然，这种排定优先级的方法有一个不足，就是没有考虑测试之间的依赖关系。比如，虽然查询账户余额不是最高的优先级数值，但它仍然很可能在早期就得到了测试，因为 ATM 软件系统在取款之前必须对账户金额进行检查。

表 2-6　ATM 功能点/性能属性的测试优先级(1)

ATM 软件		可能性	影响	优先级
功能点	性能属性			
取款	—	高	高	6
存款	—	中	高	5
—	易用性	中	高	5
—	安全性	中	高	5
查询账户余额	—	高	中	5
转账	—	中	中	4
购买邮票	—	中	中	4
偿还贷款	—	低	中	3
—	效率	低	中	3

在对优先级进行排序之后,可以划一条"分割线",表示在直线之下的功能点或性能属性不需要进行测试或者可以进行较少的测试。在确定分割线的位置时,需要估计在测试时间和测试资源允许的范围内能够进行的测试量。表 2-7 中的粗线表示 ATM 项目划定的分割线。转账、购买邮票、偿还贷款和效率在本版本中将不予测试,因为其风险相对较低,而测试时间和资源有限。

表 2-7　ATM 功能点/性能属性的测试优先级(2)

ATM 软件		可能性	影响	优先级
功能点	性能属性			
取款	—	高	高	6
存款	—	中	高	5
—	易用性	中	高	5
—	安全性	中	高	5
查询账户余额	—	高	中	5
转账	—	中	中	4
购买邮票	—	中	中	4
偿还贷款	—	低	中	3
—	效率	低	中	3

当然,随着时间的推移,随着对软件系统进一步的了解,可能需要对分割线进行上移或下调。如果系统的风险很高,并且不允许忽略对任何功能点或性能属性的测试,那么,就需要为该系统分配额外的时间和资源。测试经理的一项重要工作是提供信息,并决定利用得到的资源可以做什么事情、不可以做什么事情。测试风险分析是高层管理使用的一个十分理想的工具,因为它有助于在进度、预算和资源分配方面获得支持。

到此为止,已经完成了测试风险分析的第一份草案。在需求、范围、设计、进度和其他因素发生改变时对测试风险优先级列表进行及时更新。在转移到下一个软件版本时,可以将当前的风险分析作为新风险分析的基础。在后续版本中,那些修改过的组件的测试风险自然会高一些。

虽然这不是一个严格的定律，但是，为支持新版本而进行的修改，通常需要在测试风险可能性这一列中做出的变更比在测试风险影响程度这一列中做出的变更更大，除非是在功能方面引入更大的变更。

2.6　制定测试计划时面对的问题

制订测试计划时，测试人员可能面对以下几个方面问题。

(1)与开发者的意见不一致

开发者和测试者对于测试工作的认识经常处于对立状态，双方都认为对方一心想要占上风。这种心态只会牵制项目，耗费精力，还会影响双方的关系，而不会对测试工作起任何积极作用。

(2)缺乏测试工具

项目管理部门可能对测试工具的重要性缺乏足够的认识，导致人工测试在整个测试工作中所占比例过高。

(3)培训不够

相当多的测试人员没有接受过正规的测试培训，这会导致测试人员对测试计划产生大量的误解。

(4)管理部门缺乏对测试工作的理解和支持

对测试工作的支持必须来源于上层，这种支持不仅仅限于投入资金，还应该包括对测试工作遇到的问题给出一个明确的态度，否则，测试人员的积极性将会受到影响。

(5)缺乏用户的参与

用户可能被排除在测试工作之外，或者可能是他们自己不想参与进来。事实上，用户在测试工作中的作用相当重要，他们能确保软件符合实际需求。

(6)测试时间不足

测试时间不足是一种普遍的抱怨，问题在于如何对计划各部分划分出优先级，以便在给定的时间内测试应该测试的内容。

(7)过分依赖测试人员

项目开发人员知道测试人员会检查他们的工作，所以他们只集中精力编写代码，对代码中的问题产生依赖心理，这样通常会导致更高的缺陷级别和更长的测试时间。

(8)测试人员处于进退两难的状态

一方面，如果测试人员报告了太多的缺陷，那么大家会责备他们延误了项目；另一方面，如果测试人员没有找到关键性的缺陷，大家会责备他们的工作质量不高。

(9)不得不说“不”

对于测试人员来说这是最尴尬的境地，有时不得不说“不”。项目相关人员都不愿意听到这个“不"字，所以测试人员有时也要屈从于进度和费用的压力。

2.7 衡量测试计划的标准

制订测试计划的主要目的在于使测试工作有目标、有计划的进行。从技术的角度来看，测试计划必须有明确的测试目标、测试范围、测试深度，还要有具体实施方案及测试的重点；从管理的角度来看，测试计划能够预估出大概的测试进度及所需的人力物力。那么一个好的测试计划应具备哪些特点呢？

①测试计划应能有效地引导整个软件测试工作正常运行，并能使测试部门配合编程部门，保证软件质量，按时将产品推出。

②测试计划所提供的方法应能使测试高效地进行，即能在较短的时间内找出尽可能多的软件缺陷。

③测试计划应该能够提供明确的测试目标、测试策略、具体步骤以及测试标准。

④测试计划既强调测试重点，也要重视测试的基本覆盖率。

⑤测试计划所制定的测试方案尽可能充分利用公司可以提供给测试部门的人力物力资源，而且是可行的。

⑥测试计划所列举的所有数据都必须是准确的，比如外部软件/硬件的兼容性所要求的数据、输入/输出数据等。

⑦测试计划对测试工作的安排应有一定的灵活性，使测试工作可以应付一些突然的变化情况，比如当需求发生变更时。

以上列举的是一个好的测试计划所具备的特点。由于各类软件具有各自的特性，因此制订测试计划也应针对这些特性。

2.8 制定测试计划

2.8.1 制定测试计划时需要考虑的要素

在完成了测试软件需求分析之后，就可着手制定策略。当测试组长开始做测试计划时，需要首先考虑以下问题。

1. 测试的范围

由于软件是无法被完全测试的，因此对于被测试软件，要判断哪些功能、特性需要被测试。

2. 测试的方法

对于不同系统，需要采用不同的测试方法，另外，在有些时候，可能并不进行某些类型的测试。

3. 质量标准

在开发的每个阶段，都需要对该阶段完成的软件版本定义质量标准，不同阶段的版本的质量标准是不一样的。例如，给用户进行演示以获取更多反馈的版本和最后递交给客户的版本，其质量要求肯定是不一样的。另外，测试本身也具有一个规范的流程和循序渐进的过程，只有完成了一个阶段的测试，才能开始下一个阶段的测试，这样，就需要对每个阶段在什么情况下可以开始、什么情况下可以结束进行定义。

4. 自动化测试工具的选择

在进行一些项目的测试时，需要使用自动化测试工具。在制定测试策略时，需要判断是否使用自动化测试工具、使用什么自动化测试工具。

5. 测试软件的编写

测试软件包括以下几种类型：自动化测试软件、仿真软件和运行环境软件。在进行一些项目的测试时，需要组织编写这些软件。

6. 与项目相关的一些特殊的考虑

在很多项目中，会面临一些相关的特殊情况。例如，由于项目进度很紧张，导致需要程序员在白天工作，测试员在晚上工作。

测试策略一般按照上面的步骤进行定义，但在很多时候，这些步骤可能是并行进行的。例如，考虑到部分测试可能需要自行编写测试软件，在考虑测试方法的时候这个软件的开发工作可能就会开始。

2.8.2　确定测试范围

在进行软件测试之前，需要分析产品的需求文档来决定哪些功能需要被测试，而且一些文档之外的过程也必须考虑，如产品的安装、升级测试，可用性测试，在客户环境中和其他设备的协同性测试。

完全覆盖的软件测试是不可能实现的，所以需要确定测试的范围。例如 Windows 附件中的计算器软件，如果要完全测试其中两个整数相加的功能，就需要把所有可能的组合都测试一次，而这个组合有 $2\times10^{32}\times2\times10^{32}$ 个。对于这么庞大的一个测试量，实际是不可能完全实现的。而两个整数相加仅仅是计算器中的一个小功能，简单的计算器软件尚且如此，更何况一些比较复杂的软件系统，想要对其进行完全测试，是根本不可能实现的。

还存在这样一些比较典型的情况，使得我们可以事先确定一个必需的测试范围而不是测试所有的内容：

①某些阶段的测试或者某些内容的测试可以简化。有时，软件是在旧版本的基础上进行新版本的开发的，在旧版本中，有些模块已经进行过很多次单元测试，证明这个模块是足够坚固的，在新版本的开发中就不需要对这个模块再进行单元测试。

②当对原有系统进行修改升级时，某些测试不需要。例如为某个软件添加打印预览功能，这时文件打开和保存的功能就不需要进行很多测试。当然在这种情况下，需要慎重选择哪些部分

会受到新功能的影响，需要测试，哪些不会受到影响，不需要过多的测试。

③某些测试根本不可能进行。例如，游戏公司开发了某个游戏的新的功能，根本不可能让所有的游戏用户在某个时间段去试用，而只能采取一些模拟的手段进行测试。

由于不可能测试所有内容，因此决定要测试什么变得非常重要。如果测试过度，意味着在测试覆盖中存在大量冗余，会花费大量时间，如果测试范围过小，就存在遗漏 Bug 的风险。确定测试范围就是在测试时间、测试费用和质量风险之间寻找平衡的过程，期望花费更少的时间和费用，就必然承担更大的质量风险，找到两者之间的平衡，需要经验以及一个可以评价测试成功的标准。

在确定测试范围时，可以结合需要被测试的软件，考虑下列一些因素：

• 测试最高优先级的需求。假如需求分析中对用户的需求的优先级作了定义，选择对用户最重要的需求进行测试。

• 测试新功能代码或者改进旧功能。对一个产品的初始版本，所有的内容都是新的，但对于产品的升级或维护版本，测试可集中在新的代码上。在实际操作过程中，改动过的代码有时也会影响那些没有改动过的代码的运行，所以代码改动后尽可能地进行回归测试来测试所有的程序功能。

• 使用等价类划分来减小测试范围。例如上面提到的计算器软件，可以认为 2 个三位的正数相加是一个等价类。

• 重点测试经常出现问题的地方。在软件中，如果某个代码模块、功能模块出现过较多的问题，那么，它就有可能还有更多的问题。

为了有效缩小测试范围，可以建立一份提问单，基于这份提问单，可以找到最需要测试的内容。表 2-8 就是一份简单的测试提问单。

表 2-8　测试提问单

问　　题	回　　答
哪些功能是软件的特色？	
哪些功能是用户最常用的？	
如果系统可以分块销售，那么哪些功能块在销售时价钱最昂贵？	
哪些功能出错将导致用户不满或索赔？	
哪些程序是最复杂、最容易出错的？	
哪些程序是相对独立，应当提前测试的？	
哪些程序最容易扩散错误？	
哪些程序是全系统的性能瓶颈所在？	
哪些程序是开发者最没有信心的？	

测试范围的确定不仅仅是由测试人员决定的，需求分析人员、设计人员、程序员、市场/销售人员、公司工程管理人员、客户都有可能参加这个过程。在测试的过程中，测试的范围也不一定是一成不变的。例如客户突然要求提前使用产品，这时就必须调整测试范围。

2.8.3　选择测试方法

在不同的开发阶段，需要采用不同的测试方法。以瀑布式生命周期模型为例，在不同阶段可选择不同的测试方法。

(1)需求分析阶段

需求分析阶段被测试的对象主要是需求文档,这时可以用静态的方式进行测试。

(2)概要设计与详细设计阶段

需要完成结构设计和详细设计文档,与需求分析阶段类似,也是用静态的方式进行测试。只是在实际软件开发过程中,测试人员往往不对概要设计和详细设计进行测试。

(3)编码和单元测试阶段

在编码阶段,往往是采用一些诸如代码走查这样的静态测试方式,或利用 JUnit 等单元测试工具进行动态白盒测试。

(4)集成测试阶段

集成测试阶段主要采用一些动态的测试技术。

(5)系统测试阶段

系统测试阶段和集成测试阶段类似,也是采用一些动态测试技术和黑盒测试方法。但在本阶段,重点会放在压力测试、负载测试、安全测试、升级测试、可用性测试等方面。

(6)验收测试阶段

一般需要用户加入本阶段的过程,有时甚至完全由用户进行测试。该阶段的测试完全采用动态测试和黑盒测试技术。

在哪个阶段选择哪种测试方法,并没有严格规定,需要测试人员根据项目实际情况来决定。在选择测试方法时,参加到这项工作的测试人员应具备各种测试方法的知识、了解软件需求、了解该软件所需要达到的质量标准。

2.8.4　测试标准

在选择好测试方法后,就需要确定测试标准。软件测试是按照事先被定义的流程来进行的,从一个步骤进入到下一个步骤,需要根据一定的标准判断是否可以进入下一个环节。定义测试标准的目的是制定测试过程中需要遵守的规则,测试标准实际上也是软件的质量标准之一。

在制定测试计划时就需要着手制定测试标准,如果测试工作开始时没有确定测试标准,测试时就没有良好的评价依据。例如,要求开发人员必须先完成单元测试,并且在单元测试后系统必须达到一定的质量标准,才能递交测试人员进行集成测试和系统测试。

在测试计划阶段,一般需要明确的测试标准有测试入口标准、测试暂停与继续标准、测试出口标准。

1. 测试入口标准

测试入口标准用以说明在进行某个阶段的测试时,需要具备什么样的前提条件。如果上午刚编写完的系统,并没有进行单元测试,直接做集成测试是不现实的,只会无端消耗测试人员的时间。

不同的公司、不同的项目、不同的测试阶段制定出来的入口标准是不同的,需要测试人员根据实际情况,结合项目组其他成员定制入口标准,这些标准往往包括需要准备的文档和软件需要达到的质量。以系统测试阶段为例,在开始进行系统测试之前,需要完成的工作有:完整的软件包,包括软件的安装光盘和相应的手册;系统测试计划和所使用的测试案例;测试数据;所需的测试环境；软件已经通过集成测试。在实际的项目中，会根据以上几点进行详细的定义，这些定义就形成了系统测试的入口标准。

2. 测试暂停与继续标准

在测试过程中有可能因为一些因素而意外暂停，在什么情况下需要测试工作暂时停止就是暂停标准。暂停的发生往往是由于软件的质量问题导致的，例如在进行集成测试时，可以建立这样的标准：当测试人员在一个测试工作日发现 Bug 的数量超过 50 个时，停止集成测试，由开发人员重新进行单元测试。

另外，有很多其他因素也会导致测试工作的暂停，如测试环境未能准备好、测试工具未能准备好、未能完成人员培训、发现缺陷数量过少等。发现缺陷数量很多，这往往是编码的质量太差而导致的；发现缺陷数量过少，有可能是编码质量很高，也有可能由于测试用例不完善导致不能发现代码中的错误，或由于测试人员不熟悉被测软件所处的行业领域问题而不能发现代码中的错误。这时，需要测试人员暂时停止测试，寻找问题发生的原因。

测试继续标准和测试暂停标准是对应的，在测试暂停标准中，列出了在什么情况下，测试将会暂停，而测试继续标准保证在问题被解决或确认有方法解决之后，测试可以继续进行。

3. 测试出口标准

测试出口标准用于说明在什么情况下可以结束某个阶段的测试。与测试入口标准相似，不同的公司、不同的项目、不同的测试阶段所制定的出口标准是不同的。以系统测试阶段为例，测试的入口标准定义了系统测试计划和所使用的测试案例，在测试的出口标准中就会定义所有测试案例都应被执行，并且未能通过的测试案例应该小于某个数值。值得注意的是，一个阶段的出口标准和另一个阶段的出口标准是不同的，要想进入下一个阶段进行测试，首先要达到上一个阶段的测试出口标准，并给下一个阶段的测试做必要的准备。例如并不是完成集成测试就可以开始系统测试，除了完成集成测试外，还需要准备审查系统测试的测试计划、测试案例等，然后才可以开始进行系统测试。

零缺陷的软件是不存在的，只要进行测试，就会不断地发现问题。显然，测试不可能一直进行下去，所以当软件达到一定的质量标准后，就可以通过该阶段的测试。那么，某个阶段的测试什么时候可以结束呢？以下是三种比较实用的规则。

(1)基于测试用例的规则

基于测试用例的规则首先应该构造测试用例，如果测试用例的不通过率达到 20%，则停止测试，待开发人员修正软件后再进行测试。如果软件的功能测试用例的通过率达到 100%，非功能性测试用例的通过率达到 90%时，允许正常结束测试。该规则的优点是适用于所有的测试阶段，缺点是太依赖测试用例，如果测试用例设计得非常差，该规则的作用就不大了。

(2)基于“测试期缺陷密度”的规则

如果把测试每小时发现的缺陷数称为“测试期缺陷密度”，就可以绘制出“测试时间—缺陷数”的关系图，缺陷达到一定密度停止测试。

(3)基于“运行期缺陷密度”的规则

把软件运行每小时发现的缺陷数称为“运行期缺陷密度”，可以绘制出“运行时间—缺陷数”的关系图，在相邻的 N 小时“运行期缺陷密度”都小于某个值 M 时，允许正常结束测试，该规则适用于验收测试阶段。

系统测试虽然是测试的最后一个阶段，但系统测试的出口标准并不是软件的发布标准，实际的项目开发中，除了要完成系统测试外，还需要有一些必要的工作才能进行软件发布，而且软件的发布是由项目经理或公司高层来决定的，软件达到系统测试出口标准，只是其中一个参考因素。

一般的软件产品都有其发布的质量标准，这个标准往往不是"零错误"，而是规定：灾难级 Bug 不允许存在；严重级 Bug 不允许存在；重要级 Bug 不允许存在；一般级 Bug 数量小于 5；次要 Bug 数量小于 10。在为用户开发系统所签的合约中，对存在 Bug 的数量也有明确的约束。

2.8.5　自动化测试工具的选择

在测试过程中，单纯使用手工测试几乎不能完成测试工作，使用自动化测试工具可以大大提高测试效率。在制定测试计划时，就应明确是否使用自动化测试工具，如果使用，在哪个阶段使用什么样的测试工具。

使用测试工具的优点有以下四个方面。

1. 能够很好地进行性能测试和压力测试

很多软件在进行性能测试和压力测试时，单纯的手工测试往往不能完成任务。

2. 能够改进回归测试

当测试人员测试完系统，将软件的测试报告发送编程人员后，编程人员将会根据测试报告中所指出的错误进行修改，完成系统错误的修复工作再次进行测试时，首先应执行相应的测试用例，验证以前发现的错误是否已被修复，那么其他的测试用例是否需要被运行呢？答案是需要的，这就是回归测试，之所以要这样做，主要是因为编程人员在修复被发现的错误时，很可能会制造新的错误。回归测试需要大量的时间，所以，测试人员并不能对修改后的每个新版本都进行回归测试，但在自动化测试工具的帮助下，迅速地执行测试用例，从而执行更多的回归测试。

3. 能够缩短测试周期

自动化测试工具执行一个测试用例所耗费的时间，要比人工操作减少很多。只是编写能够被自动化测试工具识别的测试用例、测试脚本也是需要时间的。

4. 能够提高测试工作的可重复性

测试工作本身也可能会发生错误，测试人员在进行人工测试时，每次不一定使用同样的方式、同样的步骤来操作，而自动化测试工具可以保证在每次测试的时候都是完全按照同样的方式进行的。有些测试人员在使用自动化测试工具时往往会认为——自动化测试工具是无所不能的。因此在测试计划阶段，会把过多的精力投入到选择、学习使用自动化测试工具，最终反而没有找到合适的测试工具。过多地依赖自动化测试工具，反而会使测试工具的优势不能很好地发挥出来，影响测试工作的进行和测试的质量。

2.8.6 测试软件的编写

如果选择不到合适的自动化测试工具，就需要人工编写相应的测试软件。例如某个表格控件，对其进行测试就比较烦琐，需要用不同的语言来编写测试软件，如 VB、VC++、C++ Builder，不容易找到合适的自动化测试工具。需要假设编程流程和习惯，在这个基础上编写测试软件。

如果软件中某个部分需要自行编写测试软件来完成测试，就需要在测试计划阶段对此进行规划。测试软件有时由程序员来编写，有时也可以由测试人员来编写，这要根据软件开发公司的人员技术能力状况来决定。

2.8.7 合理减少测试的工作量

花费更多的精力在测试上，就意味着需要更多的项目费用，没有哪个商业公司愿意做这样的决定。因此，作为测试人员，需要注意怎样合理地减少测试工作量，比如合理缩小测试范围。

一些大型的软件系统，要么是国家投入，要么商业运作涉及重大财产。这类软件系统的质量重于“泰山”，所以对测试的要求非常严格，有时对测试的投入要远远高于对设计和编程的投入，这样的系统毕竟是少数。常见的软件，开发商对测试的投入都是有限度的，如果测试的花费过高，导致开发软件的利润很少甚至赔本，没有哪个软件开发公司愿意做这样的事情，所以，有效地降低软件测试费用是企业普遍关心的问题。降低软件测试费用有两种常用的方法。

1. 减少冗余和无价值测试

这种方法精简了测试工作，且不会影响软件的质量。例如，白盒测试和黑盒测试方法虽然不同，但也有相似之处，在很多地方，白盒测试和黑盒测试会产生相同的效果，这种测试是多余的。一般来说，白盒测试要编写测试驱动程序、逐步跟踪源程序，比黑盒测试烦琐，如果能发现白盒测试的冗余，就能在很大程度上降低成本。在集成测试和系统测试阶段，可能也需要执行多次的“回归测试”，每次“回归测试”都存在不少的冗余，应该设法找到不必要的重复测试工作。

2. 减少测试阶段

比方说不做单元测试和集成测试，仅仅做一次系统测试，但是这样不能保证软件的质量，看似降低了测试代价，实际上代价并没有降低，而是转移了，后续软件维护的代价会大大增加。

2.8.8 制定测试计划

合理的测试计划有助于测试工作顺利有序地进行，因此要求在对软件进行测试之前所做的测试计划中，应该结合多种针对性强的测试方法，列出所有可使用的资源，建立一个正确的测试目标，本着严谨、准确的原则，周到细致地做好测试前期的准备工作，避免测试的随意性。特别是要科学合理地安排测试时间，留出一定的机动时间，以防意外状况发生时出现测试时间不够用，致使很多测试工作不能正常进行的情况。

在整个软件开发过程中，软件测试工作可能要花费整个项目成本的一半。从项目预算和时间进度安排的角度来看，测试计划和测试工作量估计的有效性对整个测试工作的成败起关键性的作用。图 2-4 是一个测试计划活动图，测试计划活动的产品就是测试计划，可以是一份文档，由测试团队、开发团队和项目管理层进行复查。

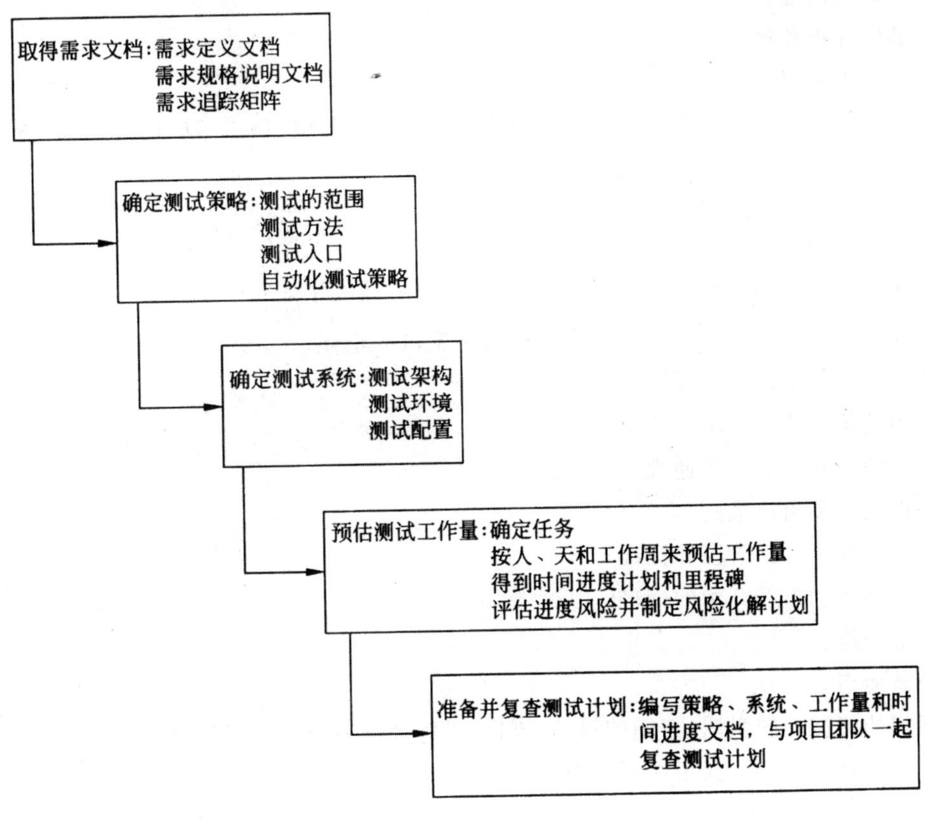

图 2-4　测试计划活动

2.8.9　编写系统测试计划文档

测试计划是描述软件测试努力的目标、范围、方法和焦点的文档。完整的文档将有助于测试组之外的人理解为什么要进行软件正确性检测以及如何进行检测。测试计划应当足够完整，但也不需要太过详细。下面是一些可能包含在测试计划中的内容。

- 标题。
- 确定软件的版本号。
- 修订文档历史(包括作者、日期和批示)。
- 目录表。
- 文档的目的和适合的读者群。
- 测试的目的。
- 软件产品概述。
- 相关文档列表(如需求、设计文档、其他测试计划等)。
- 相关的标准或合法需求。
- 相关的命名规范和标识符规范。
- 整个软件项目组织和人员/联系信息/责任。

- 假设和依赖关系。
- 项目风险信息。
- 测试优先级和焦点。
- 测试范围和限制。
- 测试提纲(就是对测试过程的一个分解,包括测试类型、特点、功能性、过程、系统、模块等)。
- 测试环境设置和配置问题。
- 数据库设置需求。
- 概述系统日志/错误日志/其他性能。
- 有助于测试者跟踪问题根源的具体软硬件工具的论述。
- 使用的测试工具(包括版本、补丁等)。
- 使用的项目测试度量。
- 报告需求和测试可传递性。
- 软件入口和出口准则。
- 初始的理性测试阶段和标准。
- 测试终止和重新开始的标准。
- 人员安排。
- 测试地点。
- 用到的测试外的组织(它们的目的、责任、可传递性、联系人和协作问题)。
- 相关的财产、分类、安全性和许可证问题。
- 附录(包括词汇表、缩略语等)。

测试计划撰写完毕后,应当请有关人员,如项目经理对其进行审批,表 2-9 为测试计划的审核表示例。

在不同公司,对于不同测试计划的审核会有所差别。

表 2-9 测试计划审核表

主要审查项	结　论
测试范围与目标明确吗?	
测试的方法合理吗?	
测试环境具有代表性吗?	
测试工具有效吗?	
测试的开始与结束准则合理吗?	
应递交的文档充分吗?时间合理吗?	
人员组织合理吗?职责明确吗?	
任务分配合理吗?进度安排合理吗?	
审批意见: 签名: 日期:	

思考及作业题

1. 制定软件测试计划的作用有哪些？

2. 衡量一份好的测试计划书的标准有哪些？

3. 测试计划文档中的内容有哪些？

4. 既然事先制定好了项目计划和规则，就要始终严格按照计划和规则办事，测试计划执行中是否果真如此？

第3章　软件测试技术

软件测试常常采用白盒测试和黑盒测试两种方法。其中关键的技术是如何设计有效的测试用例，以便用最少的代价达到测试目的。

本章主要知识点

1. 软件测试的分类。
2. 黑盒测试与白盒测试基本概念。
3. 黑盒测试技术。
4. 白盒测试技术。

3.1　软件测试技术的分类

从不同的角度，可以把软件测试技术分成不同种类。

1. 从是否需要执行被测软件的角度分类

从是否需要执行被测软件的角度，可分为静态测试（Static Testing）和动态测试（Dynaic Testing）。

那些不利用计算运行被测程序，而是通过其他手段达到测试目的的方法称做静态测试。换句话说，就是计算机并不真正运行被测试的程序。如：在项目开发中存在着大量的规格说明，而规格说明是无法用计算机来运行的，所以对于这些软件的规格说明的测试就属于静态测试。

除此之外，使用分析方法来进行的一些测试，如：对软件设计、体系结构和代码的审查也是静态测试。但这并不是说，静态测试完全脱离了计算机。实质上，静态测试有时候会利用计算机作为对被测试程序进行特性分析的工具，只是不真正运行被测试程序。

静态测试的方法主要有代码检查和走查，以及桌面检查和同行评分。其中，代码检查与走查是两种主要的人工测试方法，都要求组成一个小组来阅读或直观检查特定的程序。无论采用哪种方法，参加者都需要完成一些准备工作。所谓的准备工作就是组织参加者召开会议，会议的目标就是找出错误，但不必找出改正错误的方法。

代码检查与走查已经广泛运用了很长时间。在代码检查与走查中，一组开发人员（3～4人为最佳）对代码进行审核，参加者当中只有一人是程序编写者。也就是说这项工作应该主要是由其他人，而不是由软件编写者本人单独来完成。这种做法符合软件测试的原则，即软件编写者往往不能有效地测试自己编写的软件。

代码检查与走查是对以前的桌面检查过程（在提交测试前由程序员阅读自己程序的过程）的改进。二者相比，代码检查与走查更为有效，因为在该项工作的实施过程中，除了软件编写者本人之外，还有其他人参与。

代码检查与走查的另一个优点在于，一旦发现错误，通常就能在代码中对其进行精确定位，降低了调试（错误修正）的成本。另外，这个过程通常能够发现成批的错误，这样错误就可以一同得到修正。而基于计算机的测试通常只能暴露出错误的某种特征（程序不能停止，或打印出了一个无意义的结果），只能一个一个地发现并纠正错误。

在典型的程序中，这些方法通常会有效地查找出30%～70%的逻辑设计和编码错误。但是，这些方法不能有效地查找出高层次的设计错误，例如在软件需求分析阶段的错误。请注意，所谓30%～70%的错误发现率，并不是说所有错误中多达70%可能会被找出来，而是讲这些方法在测试过程结束时可以有效地查找出多达70%的已知错误。

当然，可能有人认为人工方法只能发现“简单”的错误（即与基于计算机的测试方法相比，所发现的问题显得微不足道），而困难的、不明显的或微妙的错误只能使用基于计算机的测试方法才能找到。然而，一些测试人员在使用了人工方法之后发现，对于某些特定类型的错误，人工方法比基于计算机的方法更有效，而对于其他错误类型，基于计算机的方法更有效。这就意味着，代码检查和走查与基于计算机的测试是互补的。只有把二者相互结合起来使用才能提高错误检查的效率。

这些测试过程不但对于新开发的程序测试工作有着不可估量的作用，而且对于测试更改后的程序，也具有相同的作用，甚至更大。根据我们的经验，修改一个现存的程序比编写一个新程序更容易产生错误（以每写一行代码的错误数量计）。因此，除了回归测试方法之外，更改后的程序还要进行这些人工方法的测试。

当然，我们还可以根据软件开发所使用的语言特点，有针对性地进行静态测试。虽然使用人工静态测试可以发现大约1/3至2/3的逻辑设计和编码错误，但代码中仍会隐藏有无法通过静态测试发现的缺陷，因此除了静态测试方法外，还必须通过动态测试进行详细地分析。动态测试与静态测试相反。动态测试的对象必须是能够由计算机真正运行的被测试的程序。通过输入测试用例，并对实际输出结果和预期输出结果进行对比分析，找出被测试的程序中的疏漏，然后进行错误定位和纠错处理，最终达到测试的目的。下面我们将要介绍的黑盒测试和白盒测试就属于动态测试。

2. 从软件测试用例设计方法的角度分类

从软件测试用例设计方法的角度，可分为黑盒测试（Black-Box Testing）和白盒测试（White-Box Testing）。

黑盒测试是一种从用户观点出发的测试，又称为功能测试、数据驱动测试和基于规格说明的测试。使用这种方法进行测试时，把被测试程序当作一个黑盒，忽略程序内部结构的特性，测试者在只知道该程序输入和输出之间的关系或程序功能的情况下，依靠能够反映这一关系和程序功能需求规格的说明书，来确定测试用例和推断测试结果的正确性。简单地说，若测试用例的设计是基于产品的功能，目的是检查程序各个功能是否实现，并检查其中的功能错误，则这种测试方法称为黑盒测试方法。

白盒测试基于产品的内部结构来进行测试，检查内部操作是否按规定执行，软件各个部分功能是否得到充分使用。白盒测试又称为结构测试、逻辑驱动测试或基于程序的测试。它依赖于对程序细节的严密的检验，针对特定条件和循环设计测试用例，对软件的逻辑路径进行测试。在程序的不同点检验程序的状态，来判定其实际情况是否和预期的状态相一致。白盒测试一般用来分析程序的内部。

黑盒测试和白盒测试可以说是两种对立的测试方法，分别从不同的角度来考虑软件测试。

3. 从软件测试的策略和过程的角度分类

按照软件测试的策略和过程分类，软件测试可分为单元测试(Unit Testing)、集成测试(Integration Testing)、确认测试(Validation Testing)、系统测试(System Testing)和验收测试(Verification Testing)。

单元测试是针对每个单元的测试，是软件测试的最小单位。它确保每个模块能正常工作。单元测试多数使用白盒测试，用以发现内部错误。

集成测试是对已测试过的模块进行组装，进行集成测试的目的主要在于检验与软件设计相关的程序结构问题。集成测试一般通过黑盒测试方法来完成。确认测试是完成集成测试后开始的，它对开发工作初期制定的确认准则进行检验。

确认测试是检验所开发的软件能否满足所有功能和性能需求的最后手段，通常采用黑盒测试方法。

系统测试的主要任务是检测被测软件与系统的其他部分的协调性，如：能否适应硬件环境、数据库环境。

验收测试是软件产品质量的最后一关。这一环节，测试主要从用户的角度着手，其参与着主要是用户和少量的程序开发人员。

3.2 静态测试和动态测试

根据程序是否运行可以把软件测试方法分为静态测试(Static Testing)和动态测试(Dynamic Testing)两大类。图 3-1 是静态测试与动态测试的比喻图。

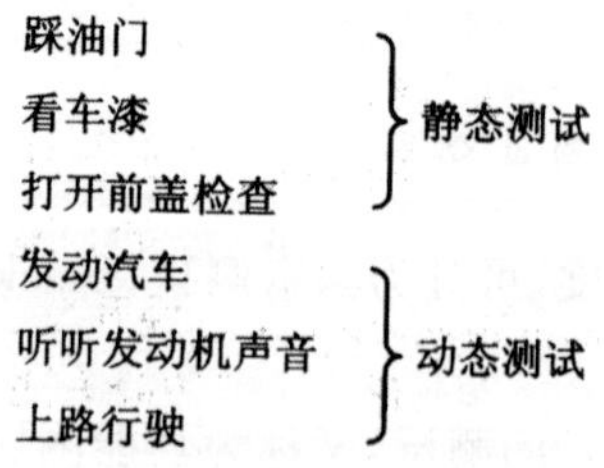

图 3-1 静态测试与动态测试的比喻图

3.2.1 静态测试

静态方法的主要特征是在用计算机测试源程序时，计算机并不真正运行被测试的程序，只对被测程序进行特性分析。因此，静态方法常称为“分析”，静态分析是对被测程序进行特性分析的一些方法的总称。所谓静态分析，就是不需要执行所测试的程序，只是通过扫描程序正文对程序的数据流和控制流等信息进行分析，找出系统的缺陷，得出测试报告。

为什么要进行静态分析呢？首先，一个软件产品可能实现了所要求的功能，但如果它的内部结构组织得很复杂、很混乱，代码的编写也没有规范的话，这时软件中往往会隐藏一些不易被察觉的错误。其次，即使这个软件基本满足了用户目前的要求，但到了日后对该产品进行维护升级工作的时候，会发现维护工作相当困难。所以，如果能对软件进行科学、细致的静态分析，使系统的设计符合模块化、结构化、面向对象的要求，使开发人员编写的代码符合规定的编码规范，就能够避免软件中大部分的错误，同时为日后的维护工作节约大量的人力、物力。这就是对软件进行静态分析的价值所在。

静态测试包括代码检查、静态结构分析、代码质量度量等。它可以由人工进行，充分发挥人的逻辑思维优势，也可以借助软件工具自动进行。

通常在静态测试阶段进行以下一些测试活动：

- 检查算法的逻辑正确性，确定算法是否实现了所要求的功能。
- 检查模块接口的正确性，确定形参的个数、数据类型、顺序是否正确，确定返回值类型及返回值的正确性。
- 检查输入参数是否有合法性检查。如果没有合法性检查，则应确定该参数是否不需要合法性检查，否则应加上参数的合法性检查。
- 检查调用其他模块的接口是否正确，检查实参类型、实参个数是否正确，返回值是否正确。若被调用模块出现异常或错误，程序是否有适当的出错处理代码。
- 检查是否设置了适当的出错处理，以便在程序出错时能对出错部分进行重做安排，保证其逻辑的正确性。
- 检查表达式、语句是否正确，是否含有二义性。例如，下列表达式或运算符的优先级：＜＝、＝、＞＝、＆＆、||、＋＋、－－等。
- 检查常量或全局变量的使用是否正确。
- 检查标识符的使用是否规范、一致，变量命名是否能够望名知义、简洁、规范和易记。
- 检查程序风格的一致性、规范性，代码是否符合行业规范，是否所有模块的代码风格一致、规范。
- 检查代码是否可以优化，算法效率是否最高。
- 检查代码注释是否完整，是否正确反映了代码的功能，并查找错误的注释。

静态分析的差错分析功能是编译程序所不能替代的。编译系统虽然能发现某些程序错误，但这些错误远非软件中存在的大部分错误。目前，已经开发了一些静态分析系统作为软件静态测试的工具，静态分析已被当作一种自动化的代码校验方法。

静态测试可以完成的工作如下：

①可以发现如下的程序缺陷：

- 错用了局部变量和全局变量。
- 不匹配的参数。
- 未定义的变量。
- 不适当的循环嵌套或分支嵌套。
- 无终止的死循环。
- 不允许的递归。

·调用不存在的子程序。

·遗漏了标号或代码。

②找出如下问题的根源：

·未使用过的变量。

·不会执行到的代码。

·从未引用过的标号。

·潜在的死循环。

③提供程序缺陷的如下间接信息：

·标识符的使用方式。

·过程的调用层次。

·所用变量和常量的交叉应用表。

·是否违背编码规则。

④为进一步查错做准备。

⑤选择测试用例。

⑥进行符号测试。

3.2.2 动态测试

动态方法是通过源程序运行时所体现出来的特征来进行执行跟踪、时间分析以及测试覆盖等方面的测试。动态测试是真正运行被测程序，在执行过程中，通过输入有效的测试用例对其输入与输出的对应关系进行分析，以达到检测的目的。

动态测试方法的基本步骤如下：

①选取定义域的有效值，或选取定义域外的无效值。

②对已选取值决定预期的结果。

③用选取值执行程序。

④执行结果与预期的结果相比，不吻合则说明程序有错。

不同的测试方法各自的目标和侧重点不一样，在实际工作中要将静态测试和动态测试结合起来，以达到更加完美的效果。

在动态测试中，又可有基于程序结构的白盒测试（或称为覆盖测试）和基于功能的黑盒测试。

3.3 黑盒测试

3.3.1 黑盒测试概述

根据软件产品的功能设计规格，在计算机上进行测试，以证实每个实现了的功能是否符合要求。这种测试方法就是黑盒测试。黑盒测试意味着测试要在软件的接口处进行。就是说，这种方法是把测试对象看作一个黑盒子，测试人员完全不考虑程序内部的逻辑结构和内部特性，只依据程序的需求分析规格说明，检查程序的功能是否符合它的功能说明。黑盒测试是在程序接口进行的测试，又称为功能测试。

用黑盒测试发现程序中的错误，必须在所有可能的输入条件和输出条件中确定测试数据，来检查程序是否都能产生正确的输出。

1. 黑盒测试的优缺点

(1)黑盒测试的优点

- 有针对性地找出问题，并且定位问题更准确。
- 黑盒测试可以证明产品是否达到用户要求的功能，是否符合用户的工作要求。
- 能重复执行相同动作，测试工作中最枯燥的部分可交由机器完成。

(2)黑盒测试的缺点

- 要充分了解产品用到的技术，测试人员要有经验。
- 在测试过程中，很多是手工测试操作。
- 测试人员要负责大量文档、报表的制定和整理工作。

2. 对黑盒测试技术人员的要求

黑盒测试只关注软件的外部功能和界面表现，不接触代码，需要测试人员充分了解产品用到的技术，充分了解产品的需求和功能。在测试过程中需要手工操作测试和自动化测试，在大部分时候，自动化测试是无法代替手工测试的，作者觉得黑盒测试对测试人员的技术要求更高，一般测试人员是不能代替的。由于新技术的不断出现，要做好黑盒测试，除了掌握测试思想，掌握测试用例的书写，熟透测试产品，在软件技术角度还要充分了解产品使用的技术，要看很多资料，对这些内容了解得越多，测试思维就越开阔。一个大系统对黑盒测试人员要求是很高的，不是靠测试流程中的哪一步就可以工作的。

作者还觉得测试专家通常是很好的黑盒测试人员。对黑盒测试技术人员的要求如下：

- 要掌握测试思想和常规测试流程。
- 要了解产品的需求和功能。
- 要掌握测试用例的书写(手工测试和自动化测试)。
- 要求知识广，看得深。

3. 黑盒测试的技术

由于开发的速度比较快，用户的需求多变而不断地调整应用，为了确保用户需求和应用，所以要求对软件要有更严格的测试。由于不断变化的需求将导致应用不同版本的产生，每一个版本都需要进行测试，测试工作头绪多，测试人员难以组织科学、全面的测试用例，从而影响测试的全面性和有效性。测试过程要求大量因素的配合，包括诸多步骤、测试者、大量测试数据和不同应用的多种版本。而黑盒测试着眼于程序外部结构，不考虑内部逻辑结构，针对软件界面和软件功能进行测试，黑盒测试人员需要一定的测试技术来创建一个快速、可重用的测试过程，从而最有效地使用现有测试资料、测试方法和应用测试工具建立测试用例，自动执行测试和产生文档结果。

4. 黑盒测试与白盒测试的比较

黑盒测试与白盒测试从以下几个方面进行比较。

(1)已知产品的因素

黑盒测试:已知产品的功能设计规格,可以进行测试证明每个实现的功能是否符合要求。

白盒测试:已知产品的内部工作结构,可以通过测试证明每种内部操作是否符合设计规格要求,所有内部成分是否已经过检查。

(2)检查测试的主要错误

黑盒测试检查的主要错误:

·是否有不正确或遗漏的功能。

·在接口上,输入是否能正确接收,能否输出正确的结果?

·是否有数据结构错误或外部信息(例如数据文件)访问错误。

·功能上是否能够满足要求。

·是否有初始化或终止性错误。

白盒测试检查的主要错误:

·对程序模块的所有独立的执行路径至少测试一遍。对所有的逻辑判定,取"真"与取"假"的两种情况都能至少测一遍。

·在循环的边界和运行的界限内执行循环体。

·测试内部数据结构的有效性等。

(3)静态测试方法

静态白盒测试方法:

走查、复审、评审程序源代码、数据字典、系统设计文档、环境设置、软件配置项等。

静态黑盒测试方法:

文档测试,特别是产品需求文档、用户手册、帮助文件等的审查。

(4)动态测试方法

动态白盒测试方法:

通过驱动程序、桩程序来调用和驱动程序的运行,如进行单元测试、集成测试和部分性能、可靠性、恢复性测试等。

动态黑盒测试方法:

通过数据输入并运行程序来检验输出结果,如功能测试、验收测试和一些性能、兼容性、安全性测试等。

3.3.2 等价类划分

等价类划分是一种典型的黑盒测试方法。使用这一方法时,完全不考虑程序的内部结构,只依据程序的规格说明来设计测试用例。由于不可能用所有可以输入的数据来测试程序,而只能从全部可供输入的数据中选择一个子集进行测试。如何选择适当的子集,使其尽可能多地发现错误。解决的办法之一就是等价类划分。

首先把数目极多的输入数据(有效的和无效的)划分为若干等价类。所谓等价类是指某个输入域的子集合。在该子集合中,各个输入数据对于揭露程序中的错误都是等效的。并合理地假定:测试某等价类的代表值就等价于对这一类其他值的测试。因此,我们可以把全部输入数据合理划分为若干等价类,在每一个等价类中取一个数据作为测试的输入条件,就可用少量代表性测试数据,取得较好的测试效果。

1. 等价类划分

等价类的划分有两种不同的情况.

(1)有效等价类

有效等价类是指对于程序规格说明来说，是合理的，有意义的输入数据构成的集合。利用它，可以检验程序是否实现了规格说明预先规定的功能和性能。

(2) 无效等价类

无效等价类是指对于程序规格说明来说，是不合理的，无意义的输入数据构成的集合。利用它，可以检查程序中功能和性能的实现是否有不符合规格说明要求的地方。

在设计测试用例时，要同时考虑有效等价类和无效等价类的设计。软件不能都只接收合理的数据，还要经受意外的考验，接受无效的或不合理的数据，这样获得的软件才能具有较高的可靠性。划分等价类的原则如下：

(1)按区间划分

如果可能的输入数据属于一个取值范围或值的个数限制范围，则可以确立一个有效等价类和两个无效等价类。

(2)按数值划分

如果规定了输入数据的一组值，而且程序要对每个输入值分别进行处理。则可为每一个输入值确立一个有效等价类，此外针对这组值确立一个无效等价类，它是所有不允许的输入值的集合。

(3) 按数值集合划分

如果可能的输入数据属于一个值的集合，或者须满足“必须如何”的条件，这时可确立一个有效等价类和一个无效等价类。

(4)按限制条件或规则划分

如果规定了输入数据必须遵守的规则或限制条件，则可以确立一个有效等价类(符合规则)和若干个无效等价类(从不同角度违反规则)。

2. 确立测试用例

在确立了等价类之后，建立等价类表，列出所有划分出的等价类。再从划分出的等价类中按以下原则选择测试用例：

- 设计尽可能少的测试用例，覆盖所有的有效等价类。
- 针对每一个无效等价类，设计一个测试用例来覆盖它。

3.3.3 边界值分析

人们从长期的测试工作经验得知，大量的错误是发生在输入或输出范围的边界上，而不是在输入范围的内部。因此针对各种边界情况设计测试用例，可以查出更多的错误。比如，在做三角形计算时，要输入三角形的三个边长：A、B 和 C。我们应注意到这三个数值应当满足 A>0、B>0、C>0、A+B>C、A+C>B、B+C>A，才能构成三角形。但如果把六个不等式中的任何一个大于号“>”错写成大于等于号“≥”，那就不能构成三角形。问题恰恰出现在容易被疏忽的边界附近。这里所说的边界是指，相当于输入等价类和输出等价类而言，稍高于其边界值及稍低于其边界值的一些特定情况。

使用边界值分析方法设计测试用例，首先应确定边界情况。通常输入等价类与输出等价类的边界，就是应着重测试的边界情况。应当选取正好等于，刚刚大于，或刚刚小于边界的值作为测试数据，而不是选取等价类中的典型值或任意值作为测试数据。

边界值分析方法是最有效的黑盒测试方法，但当边界情况很复杂的时候，要找出适当的测试用例还需针对问题的输入域、输出域边界，耐心细致地逐个考虑。

3.3.4 决策表测试方法

决策表是表达系统业务规则的良好测试工具。可以通过以下步骤进行决策表测试：

①通过分析软件需求规格说明书，识别系统中相互关联的输入条件。

①根据需求规格说明书列举出系统可能采取的各种动作。

③列举出输入条件的各种组合形式以及在这种组合形式下系统可能采取的行动，绘制决策表，决策表的每一列对应了一个业务规则，定义了各种条件的一个特定组合以及这个规则对应的系统需要执行的动作。

④根据决策表写出测试用例，决策表的测试覆盖标准通常是每列(每条业务规则)至少对应一个测试用例，如果该列的条件是一个范围，可以按照边界值分析的方法为该列写出多个测试用例。

[例 3-1]绘制系统登录输入用户名和密码的决策表，并写出测试用例。

很多软件都要求用户在登录系统时输入用户名和密码，便于进行身份验证，比如登录网上银行、登录学籍管理系统以及登录电子邮箱等，输入用户名和密码登录系统已经是日常生活中的一部分，参见图 3-2。用户名和密码这两个输入条件往往是关联的，即只有在两个条件都正确的情况下才可以进行后续操作，如果用户名不正确，将提示用户重新输入用户名，如果密码不正确，则提示重新输入密码，有些系统还有输入次数的限制，比如网上银行系统的登录，如果用户连续 3 次无法输入正确的用户名和密码系统将停止服务。

图 3-2 输入用户名和密码进行系统登录

解：

(1)找出系统的输入条件

- 用户名：用户登录名，3～16 个字符。
- 密码：用户登录密码，3～16 个字符。
- 是否超过 3 次输入：这是一个内部条件，记录用户的登录次数。

(2)列举出系统所有可能执行的动作

- 提示用户名错
- 提示密码错
- 终止服务

- 提供服务

(3)列出决策表(表 3-1)

表 3-1　用户名和密码输入测试的决策表

条　件	规则 1	规则 2	规则 3	规则 4	规则 5	规则 6	规则 7	规则 8
用户名正确	0	—	0	—	1	—	1	—
密码正确	0	—	1	—	0	—	1	—
超过 3 次错误输入	0	1	0	1	0	1	0	1
动作								
提示用户名错	1	0	1	0	0	0	0	0
提示密码错	0	0	0	0	1	0	0	0
终止服务	0	1	0	1	0	1	0	1
提供后续服务	0	0	0	0	0	0	1	0

注：

①对于布尔型的条件和动作，可以使用 1 表示条件成立，动作执行，而使用 0 表示条件不成立或动作不执行。

②在上表中，尽管对应于某条规则可能存在多个动作，但是这些动作通常并不会同时发生，而是某一个动作优先，比如规则 1，用户同时输入了错误的用户名和密码，只提示用户名错误，而不再提示密码错。

③有些规则在实际情况中是不会出现的，比如规则 2，4，6，8，在超过 3 次错误输入后，系统将终止服务，不再提供用户继续输入用户名和密码的机会。

④尽管决策表覆盖了条件的各种组合情况，但是由于有些条件产生相同的结果，这些条件可以合并，从而简化决策表，比如规则 2，4，6，8。

(4)根据决策表生成测试用例

决策表是生成测试用例的基础，但决策表本身并非测试用例。通常而言，决策表中的每一条规则可以对应多个测试用例，最少要为每一条规则选择一个测试用例。

在本例中，假设正确的用户名是“Tony”，而正确的密码是“abc123”，以下给出根据上面的决策表生成的 1 组测试案例(表 3-2)。

表 3-2　由决策表得到的测试案例

序　号	规　则	输入值	预期输出值	实际输出值	是否正确
1	1	用户名＝“Lida”，密码＝123456	提示用户名错		
2	3	用户名＝“Jack”，密码＝abc123	提示用户名错		
3	5	用户名＝“Tony”，密码＝123456	提示密码错		
4	7	用户名＝“Tony”，密码＝abc123	提供后续服务		
5	2，4，6，8	用户名＝“John”，密码＝abc123 用户名＝“Tony”，密码：abcdef 用户名＝“Mark”，密码＝123456	终止服务		
⋮					

规格 2，4，6，8 由于具有相同的效果，被简化为 1 条规则，对应于一个测试用例。

从例 3-2 可以看出，使用决策表进行测试和使用边界值等价划分的方法进行测试的侧重点是不同的，决策表更多的是从条件的组合上进行测试案例的设计，而边界值分析的方法则更侧重于对单因素输入条件的详尽测试。

请读者自己写出上面例子中边界值分析的测试用例。

3.3.5 因果图法

1. 因果图法简述

因果图法是一种适合于描述对于多种条件的组合,相应产生多个动作的形式的方法。它利用图解法分析输入的各种组合情况,从而设计测试用例的,适合于检查程序输入条件的各种组合情况。等价类划分法和边界值分析法都是着重考虑输入条件,但没有考虑输入条件的各种组合、输入条件之间的相互制约关系,虽然各种输入条件可能出错的情况已经测试到了,但多个输入条件组合起来可能出错的情况却被忽视了,要检查输入条件的组合不是一件容易的事情,即使把所有输入条件划分成等价类,它们之间的组合情况也相当多。

采用因果图法能帮助我们按一定步骤选择一组高效的测试用例,同时,还能为我们指出程序规范的描述中存在什么问题。因果图法最终生成的是判定表。

2. 因果图介绍

(1)因果图的 4 种关系符号

①恒等关系符号如图 3-3 所示。

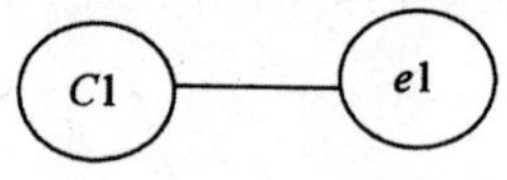

图 3-3 恒等关系符号

②非关系符号如图 3-4 所示。

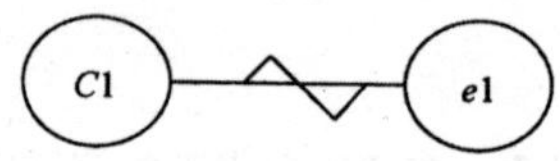

图 3-4 非关系符号

③或关系符号如图 3-5 所示。

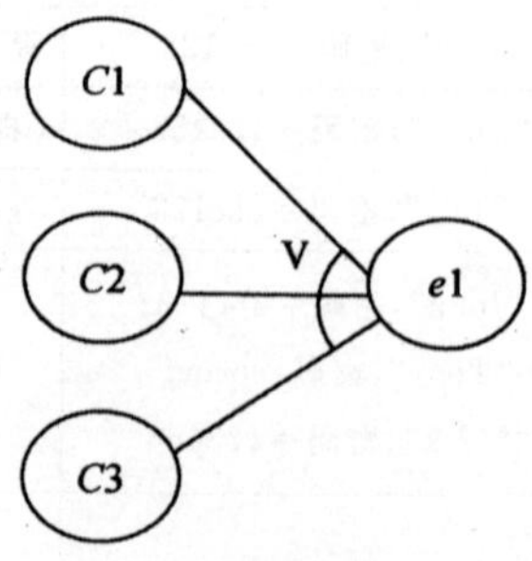

图 3-5 或关系符号

④与关系符号如图 3-6 所示。

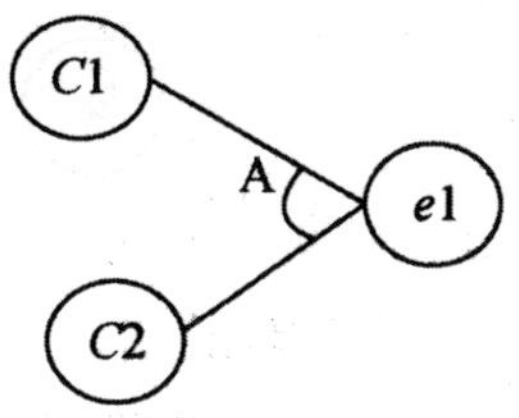

图 3-6　与关系符号

由图 3-3 到图 3-6 可知：

・因果图中使用了简单的逻辑符号，以直线连接左右节点。左节点表示输入状态（或称原因），右节点表示输出状态（或称结果）。

・Ci 表示原因，通常置于图的左部；ei 表示结果，通常在图的右部。Ci 和 ei 均可取值 0 或 1，0 表示某状态不出现，1 表示某状态出现。

(2)约束

输入状态相互之间还可能存在某些依赖关系，称为约束。例如，某些输入条件本身不可能同时出现。输出状态之间也往往存在约束。在因果图中用特定的符号标明这些约束。

①E 约束符号（异）：a 和 b 中至多有一个可能为 1，即 a 和 b 不能同时为 1。E 约束符号如图 3-7 所示。

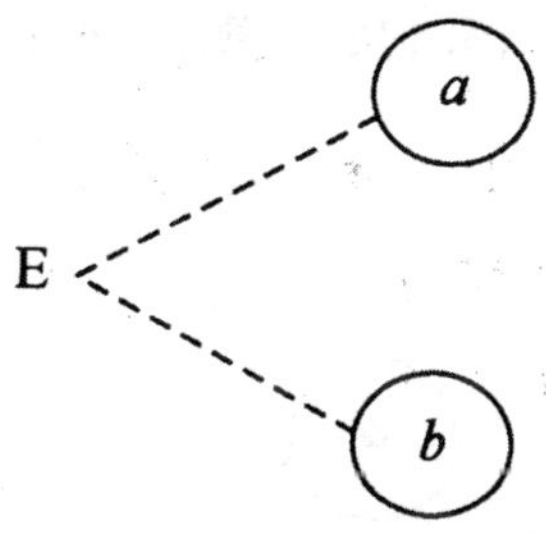

图 3-7　E 约束符号

②I 约束符号（或）：a、b 和 c 中至少有一个必须是 1，即 a、b 和 c 不能同时为 0。I 约束符号加图 3-8 所示。

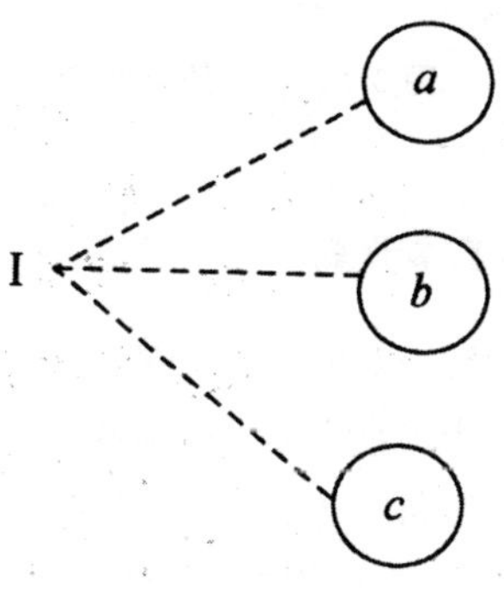

图 3-8　I 约束符号

③O 约束符号(唯一):a 和 b 必须有一个,且仅有一个为 1。O 约束符号如图 3-9 所示。

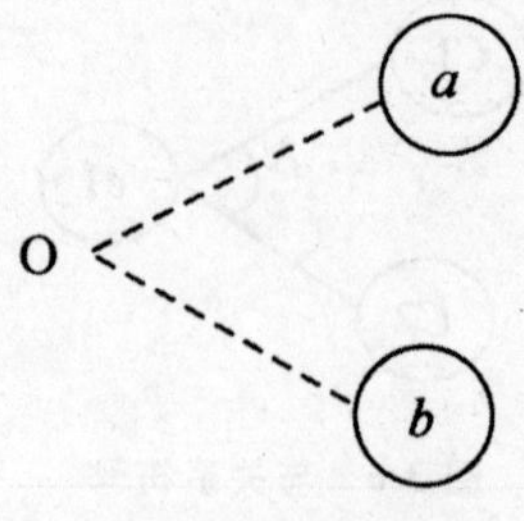

图 3-9　O 约束符号

④R 约束符号(要求):a 是 1 时,b 必须是 1,即不可能 a 是 1 时 b 是 0。R 约束符号如图3-10 所示。

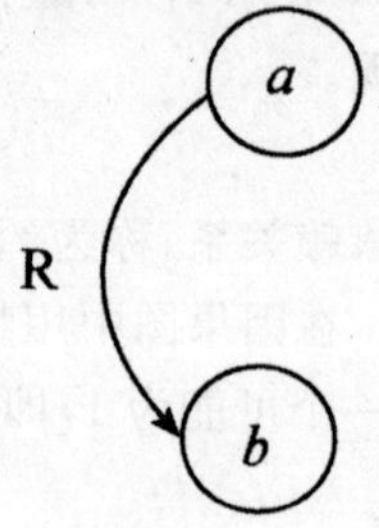

图 3-10　R 约束符号

⑤M 输出条件的约束符号(强制):若结果 a 是 1,则结果 b 强制为 0。M 约束符号如图 3-11 所示。

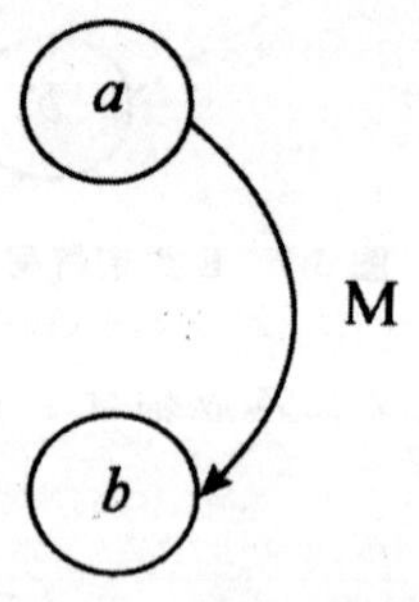

图 3-11　M 约束符号

3. 利用因果图导出测试用例的基本步骤

利用因果图导出测试用例需要经过以下几个步骤:

①分析程序规范、规格说明描述中哪些是原因,哪些是结果(原因常常是输入条件或是输入条件的等价类,结果是输出条件),并给每个原因和结果赋予一个标识符。

②分析程序规范、规格说明描述中语义的内容,找出原因和结果之间、原因和原因之间的关系,根据这些关系,画出因果图。

③在因果图上用一些记号表明约束或限制条件。

④把因果图转换为判定表。

⑤把判定表的每一列拿出来作为依据，设计测试用例。

4. 判定表

因果图法中的判定表(Decision Table)是分析和表达多逻辑条件下执行不同操作的情况下的工具。在程序设计发展的初期，判定表就已被当做编写程序的辅助工具。因为它可以把复杂的逻辑关系和多种条件组合的情况表达得既具体又明确。

(1)判定表组成的规则要求

任何一个条件组合的特定取值及其相应要执行的操作，在判定表中贯穿条件项和动作项的一列为规则。显然，判定表中列出多少组条件取值，也就有多少条规则，即条件项和动作项有多少列。

(2)判定表的建立步骤

判定表的建立步骤如下：

①确定规则的个数。假如有 n 个条件(原因)，每个条件有两个取值(0,1)，故有 2n 种规则。

②列出所有的条件桩和动作桩。

③填入条件项。

④填入动作项。

⑤简化。合并相似规则(相同动作)。

(3)适合使用判定表设计测试用例的条件

①规格说明以判定表形式给出，或很容易转换成判定表。

②条件的排列顺序不会也不影响执行哪些操作。

③规则的排列顺序不会也不影响执行哪些操作。

④每当某一规则的条件已经满足，并确定要执行的操作后，不必检验别的规则。

⑤如果某　规则得到满足要执行多个操作，这些操作的执行顺序无关紧要。

(4)根据因果图建立判定表

例如，某软件规格说明书包含这样的要求：第一列字符必须是 A 或 B，第二列字符必须是一个数字，在此情况下进行文件的修改，如果第一列字符不是 A 或 B，则给出信息 L；如果第二列字符不是数字，则给出信息 M。

根据题意分析，原因如下：

原因 1：第一列字符是 A。

原因 2：第一列字符是 B。

原因 3：第二列字符是一个数字。

结果如下：

结果 21：修改文件。

结果 22：给出信息 L。

结果 23：给出信息 M。

11 为中间原因；考虑到原因 1 和原因 2 不可能同时为 1，因此在因果图上施加 E 约束。其对应的因果关系如表 3-3 所示。

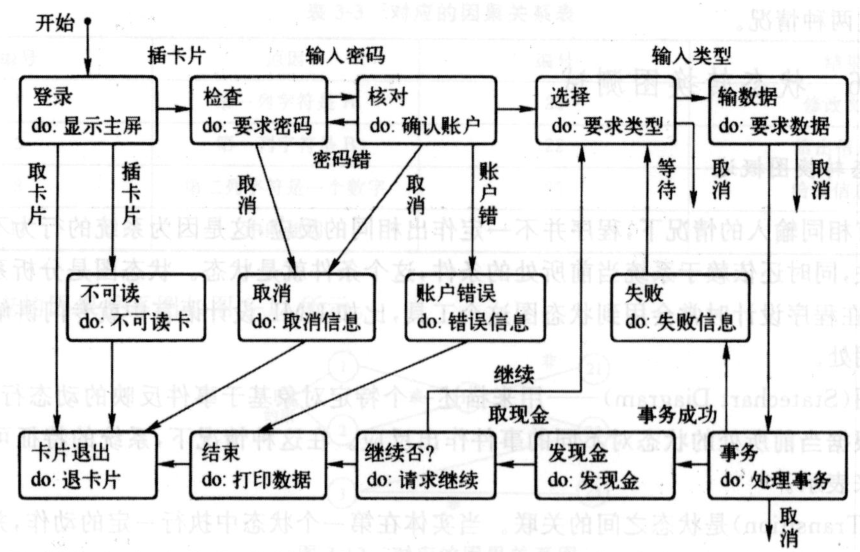

图 3-13　ATM 柜员机取款的状态转换图

［例 3-2］　绘制生理无线遥测系统的最上层状态图，并列举状态测试的测试用例。

在生理无限遥测系统中，最粗略地看有以下 3 种状态。

①停止状态：系统没有工作，等待其他事件的发生。

②采样状态：系统从硬件设备接收数据，并存盘与显示。

③反演状态：打开存储的数据文件进行查看和分析。

状态之间的转换有以下 4 种。

①启动采样：从停止状态转换到采样状态。

②停止采样：从采样状态转换到停止状态，前提条件是系统处于采样状态。

③查看数据：从停止状态到反演状态。

④停止查看：从反演状态到停止状态，前提条件是系统处于反演状态。实际上，停止采样和停止查看是同一个事件，由于其前提条件的差异，造成其处理的差异。

解：

(1)绘制出生物无线遥测系统的状态转换图，如图 3-14 所示。

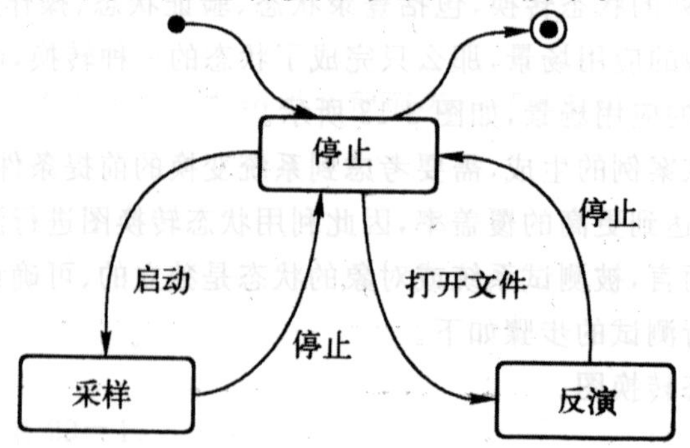

图 3-14　生物无线遥测系统的状态转换图

(2)列举出覆盖所有转换的测试用例,参见表 3-6 所示。

表 3-6　根据状态转换图生成的测试用例

序号	状态转换	输　入	预期结果
1	启动采样	在停止状态下,选择心电信号,启动采样	系统进入到采样状态,在屏幕上显示采样的数据
2	停止采样	在采样状态下,按下停止键	系统进入到停止状态,采样数据消失
3	查看数据	在停止状态下,利用打开文件功能选择一个数据记录文件	系统进入到反演状态,在屏幕上显示打开的数据文件
4	停止查看	在反演状态下,按下停止键	系统进入到停止状态,屏幕上显示的数据消失

实际上,状态转换测试方法较多的使用在嵌入式软件行业和自动化行业。这个技术同样也适用于有特定状态的业务对象的建模或具有事件驱动的应用系统中。

3.3.7　错误推测法

人们也可以靠经验和直觉推测程序中可能存在的各种错误,从而有针对性地编写检查这些错误的例子。这就是错误推测法。

错误推测法的基本想法是:列举出程序中所有可能有的错误和容易发生错误的特殊情况,根据它们选择测试用例。例如,在介绍单元测试时曾列出许多在模块中常见的错误,这些是单元测试经验的总结。此外,对于在程序中容易出错的情况,也有一些经验总结出来。例如,输入数据为 0,或输出数据为 0 是容易发生错误的情形,因此可选择输入数据为 0,或使输出数据为 0 的例子作为测试用例。又例如,输入表格为空或输入表格只有一行,也是容易发生错误的情况。可选择表示这种情况的例子作为测试用例。再例如,可以针对一个排序程序,输入空的值(没有数据)、输入一个数据、让所有的输入数据都相等、让所有输入数据有序排列、让所有输入数据逆序排列等,进行错误推测。

3.3.8　黑盒测试案例

[例 3-3]　现在要对一个自动饮料售货机软件进行黑盒测试,该软件的规格说明如下。

一个自动售货机软件可以销售单价 1 元 5 角的盒装饮料。该售货机只接收 1 元和 5 角两种硬币,若投入 1 元 5 角硬币,按下“可乐”、“雪碧”或“红茶”按钮,则送出相应的饮料若投入的硬币少于 1 元 5 角,则显示错误信息并退出硬币;若投入的硬币多于 1 元 5 角,则送出饮料的同时退还多余的硬币。请设计测试该软件的全部测试用例。

解:(1)列出等价类表

月的等价类:31 天的月份;30 天的月份;2 月

年的等价类:闰年;非闰年

(2)确立测试用例。根据等价类表列出测试用例,包括有效等类和无效等类两种,如表 3-7 所示。

图 3-7 [例 3.3]测试用例

序 号	输入参数		期望输出
	投入硬币	饮料按钮	
1	无	可乐	显示错误信息
2	无	雪碧	显示错误信息
3	无	红茶	显示错误信息
4	5 角	可乐	显示错误信息,并退 5 角硬币
5	5 角	雪碧	显示错误信息,并退 5 角硬币
6	1 元	红茶	显示错误信息,并退 1 元硬币
7	1 元 5 角	可乐	送出可乐饮料
8	1 元 5 角	雪碧	送出雪碧饮料
9	1 元 5 角	红茶	送出红茶饮料
10	1 元 5 角	无	显示已投入 1 元 5 角硬币
11	2 元	可乐	送出可乐饮料,并退 5 角硬币
12	2 元	雪碧	送出雪碧饮料,并退 5 角硬币
13	2 元	红茶	送出红茶饮料,并退 5 角硬币
14	2 元	无	显示已投入 2 元硬币

[例 3-4] 根据下面给出的规格说明,利用等价类划分的方法,给出足够的测试用例。

“一个程序读入三个整数。把此三个数值看成是一个三角形的三个边。这个程序要打印出信息,说明这个三角形是三边不等的、是等腰的、还是等边的。”

解:设三角形的三条边分别为 A, B, C。如果它们能够构成三角形的三条边,必须满足:

A > 0,B > 0,C > 0,且 A + B > C,B + C > A,A + C > B。

如果是等腰的,还要判断是否 A = B,或 B = C,或 A = C。

对于等边的,则需判断是否 A = B,且 B = C,且 A = C。

(1)列出等价类表。如表 3-8 所示等价类表

表 3-8 [例 3.4]等价类表

输入条件	有效等价类	无效等价类
是否三角形的三条边	(A > 0) (1), (B > 0) (2), (C > 0) (3), (A + B > C), (4), (B + C > A) (5), (A + C > B) (6)	A (0 (7), B (0 (8), C (0 (9), A + B (C (10), A + C (B (11), B + C (A (12)
是否等腰三角形	(A = B) (13), (B = C) (14), (A = C) (15)	(A (B) and (B (C) and (A (C) (16)
是否等边三角形	(A = B) and (B = C) and (A = C)(17)	(A (B) (18), (B (C) (19), (A (C) (20)

(2)设计测试用例:输入顺序是【A,B,C】

(【3,4,5】覆盖等价类 (1), (2), (3), (4), (5), (6)。满足即为一般三角形。

(【0,1,2】覆盖等价类 (7)。不能构成三角形。
(【1,0,2】覆盖等价类 (8)。同上。
(【1,2,0】覆盖等价类 (9)。同上。
}若不考虑特定 A, B, C,三者取一即可

(【1,2,3】覆盖等价类 (10)。同上。
(【1,3,2】覆盖等价类 (11)。同上。
(【3,1,2】覆盖等价类 (12)。同上。
}若不考虑特定 A, B, C,三者取一即可

(【3,3,4】覆盖等价类 (1), (2), (3), (4), (5), (6), (13)。
(【3,4,4】覆盖等价类 (1), (2), (3), (4), (5), (6), (14)。
(【3,4,3】覆盖等价类 (1), (2), (3), (4), (5), (6), (15)。
}满足即为等腰三角形,若不考虑特定 A, B, C,三者取一即可

(【3,4,5】覆盖等价类 (1), (2), (3), (4), (5), (6), (16)。不是等腰三角形。

(【3,3,3】覆盖等价类 (1), (2), (3), (4), (5), (6), (17)。是等边三角形

(【3,4,4】覆盖等价类 (1), (2), (3), (4), (5), (6), (14), (18)。
(【3,4,3】覆盖等价类 (1), (2), (3), (4), (5), (6), (15), (19)。
(【3,3,4】覆盖等价类 (1), (2), (3), (4), (5), (6), (13), (20)。
}不是等边三角形,不考虑特定 A, B, C,三者取一即可

3.4　白盒测试

3.4.1　白盒测试的基本概念

根据软件产品的内部工作过程,在计算机上进行测试,以证实每种内部操作是否符合设计规格要求,所有内部成分是否已经过检查,这种测试方法就是白盒测试。白盒测试把测试对象看作一个打开的盒子,允许测试人员利用程序内部的逻辑结构及有关信息,设计或选择测试用例,对程序所有逻辑路径进行测试。通过在不同点检查程序的状态,确定实际的状态是否与预期的状态一致。所以测试时按照程序内部的逻辑测试程序、检验程序中的每条通路是否都能按预定的要求正确工作。白盒测试又称为结构测试。

软件工程的总目标是充分利用有限的人力、物力资源,高效率、高质量、低成本地完成软件开发项目。在测试阶段既然穷举测试不可行,为了节省时间和资源,提高测试效率,就必须要从数量极大的可用测试用例中精心地挑选少量的测试数据,使得采用这些测试数据能够达到最佳的测试效果,能够高效率地把隐藏的错误揭露出来。

1. 白盒测试的原则

白盒测试必须遵循以下 4 条原则:

①保证一个模块中的所有路径至少被测试一次。

②有逻辑值均需测试真(true)和假(false)两种情况。

③检查程序的内部数据结构是否有效性。

④在上、下边界及可操作范围内运行所有循环。

2. 白盒测试的策略和侧重点

白盒测试的策略是采用先静态后动态的组合方式，即先进行静态结构分析，然后进行覆盖测试。利用静态结构分析和动态测试的方法对结果进一步确认，使测试工作更为有效。

白盒测试在不同测试阶段的侧重点如下：

- 单元测试：代码检查、逻辑覆盖。
- 集成测试：静态结构分析、静态质量度量。
- 系统测试：根据黑盒测试结果，采用白盒测试。

3. 白盒测试的类别、依据和流程

(1)白盒测试的类别

白盒测试的类别具体分为以下 8 大类。

①软件公用问题的测试。

②语言测试。

③SQL 语句测试。

④数据类型测试。

⑤界面测试。

⑥数值对象测试。

⑦业务对象测试。

⑧数据管理对象测试。

(2)白盒测试的依据

白盒测试的依据有以下 6 点：

①软件需求报告。

②软件需求规格说明。

③程序设计文档。

④软件界面设计。

⑤编码规范。

⑥开发命名标准。

(3)白盒测试的流程

白盒测试的流程分为界面对象测试和业务对象测试两种方式。

①界面对象测试的流程如图 3-15 所示。

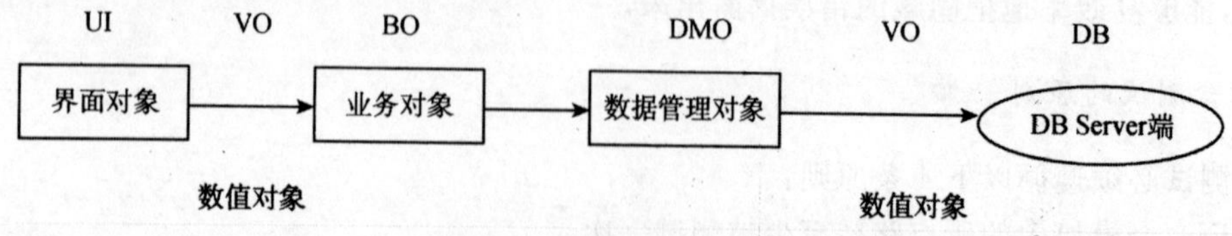

图 3-15 界面对象的流程图

从图 3-15 中可以看出界面对象测试流程的优点：便于测试者从界面层直观地录入数据。界面对象测试流程的缺点：进行回归测试时，需要重复录入数据。

②业务对象测试的流程如图 3-16 所示。

图 3-16　业务对象测试的流程图

业务对象测试是从底层开始，逐一向上延伸的。从图 3-16 中可以看出业务对象测试的优点是：进行回归测试时，不需要重复输入数据，且程序执行一遍就可以了。业务对象测试的缺点是：需要给中间层编写一个测试小程序，根据程序中类的对象构造输入数据并将结果输出到控制台上。

4. 白盒测试的优缺点

每种测试技术都不可能完全测试软件产品的所有内容，任何一种测试技术都有其适用范围及特点。下面将介绍白盒测试的优缺点。

(1)优点

①具有一定的理论基础保证，可以识别和测试代码中的每条分支路径，对代码的测试比较彻底，可以证明测试工作的完整性。

②白盒测试的基本理论是程序数据流自动化分析的基础。

③揭示隐藏在代码中的错误或缺陷，保证程序中没有不该存在的代码，比如后门。

④保证程序中没有遗漏的重要处理分支，比如与 if 语句相对应的 else 语句。

⑤减少程序中通用错误发生的几率，通过代码检查可以很容易发现程序中的笔误、代码混乱、不严格、不完整等问题。

⑥在测试代码的过程中容易定位代码的错误，为修改软件错误提供强有力的支持。

⑦对程序员起到监督的作用，迫使程序员去思考软件的实现，使程序员更加注意自己的代码风格，代码完整性以及对于代码的自我审查。

⑧根据软件的内部结构进行最优化测试。

(2)缺点

①测试的执行路径可能非常多，造成无法实现完全的路径测试。

②白盒测试假设控制流是正确的，因此测试人员只基于存在的路径进行测试，而对于不存在的路径则无法测试。

③测试员必须具备编程知识，可能有很多测试员不具备这种知识，将无法进行白盒测试，比如财会人员无法对财务软件进行白盒测试。

④通常而言，由于涉及代码分析，白盒测试的效率不高，导致测试成本居高不下。

3.4.2　白盒测试方法

在白盒测试中，可以使用各种测试方法进行测试。但是，测试时要考虑以下 5 个问题：

①测试中尽量先用自动化工具来进行静态结构分析。

②测试中建议先从静态测试开始，如：静态结构分析、代码走查和静态质量度量，然后进行动态测试，如：覆盖率测试。

③利用静态分析的结果作为依据，再使用代码检查和动态测试的方式对静态分析结果进行进一步确认，提高测试效率及准确性。

④覆盖率测试是白盒测试中的重要手段，在测试报告中可以作为量化指标的依据，对于软件的重点模块，应使用多种覆盖率标准衡量代码的覆盖率。

⑤在不同的测试阶段，测试的侧重点是不同的。

· 在单元测试阶段：以程序语法检查、程序逻辑检查、代码检查、逻辑覆盖为主。

· 在集成测试阶段：需要增加静态结构分析、静态质量度量、以接口测试为主。

· 在系统测试阶段：在真实系统工作环境下通过与系统的需求定义作比较，检验完整的软件配置项能否和系统正确连接，发现软件与系统/子系统设计文档和软件开发合同规定不符合或与之矛盾的地方；验证系统是否满足了需求规格的定义，找出与需求规格不相符合或与之矛盾的地方，从而提出更加完善的方案，确保最终软件系统满足产品需求并且遵循系统设计的标准和规定。

· 验收测试阶段：按照需求开发，体验该产品是否能够满足使用要求，有没有达到原设计水平，完成的功能怎样，是否符合用户的需求，以达到预期目的为主。

1. 代码检查概述

代码检查是静态测试的主要方法，包括代码走查、桌面检查、流程图审查等。下面通过如下几点来介绍代码检查。

代码检查主要检查代码和流图设计的一致性，代码结构的合理性，代码编写的标准性、可读性，代码逻辑表达的正确性等方面。它包括变量检查、命名和类型审查、程序逻辑审查、程序语法检查和程序结构检查等内容。

最常见的静态测试是找出源代码的语法错误，这类测试可由编译器来完成，因为编译器可以逐行分析检验程序的语法，找出错误并报告。除此之外，测试人员须采用人工的方法来检验程序，有些地方存在非语法方面的错误，只能通过人工检测的方法来判断。

(1)代码走查目的

代码走查是为达到以下目的：

· 检查程序是否按照某种标准或规范编写的。

· 检查代码是不是流程图要求的。

· 检查有没有遗漏的项目。

· 使代码易于移植，因为代码经常需要在不同的硬件中运行，或者使用不同的编译器编译。

· 使代码易于阅读、理解和维护。

(2)代码检查需要的文档

在进行代码检查前应准备好需求文档、程序设计文档、程序的源代码清单、代码编码标准、代码缺陷检查表和流程图等。

2. 代码走查方式

代码走查的方式有以下3种。

①桌面检查：是程序员对源程序代码进行分析、检验，并补充相关的文档，发现程序中错误的过程。

由于程序员熟悉自己的程序，可以由程序员自己检查，这样可以节省很多时间，但要注意避免自己的主观判断。

②走查(走读)：是程序员和测试员组成的审查小组通过逻辑运行程序，发现问题。小组成员要提前阅读设计规格书、程序文本等相关文档，利用测试用例，使程序逻辑运行。

走查可分为以下两个步骤：

· 小组负责人把材料发给每个组员，然后由小组成员提出发现的问题。

· 通过记录，小组成员对程序逻辑及功能提出自己的疑问，开会探讨发现的问题和解决方法。

③代码审查：是程序员和测试员组成的审查小组通过阅读、讨论、分析技术对程序进行静态分析的过程。

代码审查可分为以下两个步骤：

· 小组负责人把程序文本、规范、相关要求、流程图及设计说明书发给每个成员。

· 每个成员将所发材料作为审查依据，但是由程序员讲解程序的结构、逻辑和源程序。在此过程中，小组成员可以提出自己的疑问；程序员在讲解自己的程序时，也能发现自己原来没有注意到的问题。

为了提高效率，小组在审查会前，可以准备出一份常见错误清单，提供给参加成员对照检查。

在实际应用中，代码检查能快速找到20%～30%的编码缺陷和逻辑设计缺陷，代码检查看到的是问题本身而非问题的征兆。代码走查是要消耗时间的，而且需要知识和经验的积累。

3. 静态结构分析

静态结构分析主要是以图形的方式表现程序的内部结构，例如函数调用关系图、函数内部控制流图。

静态结构分析是测试者通过使用测试工具分析程序源代码的系统结构、数据结构、数据接口、内部控制逻辑等内部结构，生成函数调用关系图、模块控制流图、内部文件调用关系图等各种图形图表，清晰地标识整个软件的组成结构，便于理解，通过分析这些图表包括控制流分析、数据流分析、接口分析、表达式分析，检查软件是否存在缺陷或错误。

静态结构主要分析如下内容：

①检查函数的调用关系是否正确。

②编码的规范性。

③资源是否释放。

④数据结构是否完整和正确。

⑤是否有死代码和死循环。

⑥代码本身是否存在明显的效率和性能问题。

⑦类和函数的划分是否清晰,易理解。

⑧代码是否有完善的异常处理和错误处理。

4. SQL 语句测试

SQL 语句测试分为语句检查和类型转换检查,下面分别介绍。

(1)语句检查

语句检查需检查以下 10 点:

①每个数据库对象都有拥有者。

②Table:是 DataBase 的基本单位,由行和列组成,用于存储数据。

③Data Type:限制输入到表中的数据类型。

④Constraint:有主键、外键、唯一键、缺省和检查 5 种。

⑤Default:自动插入常量值。

⑥Rule:限制表中列的取值范围。

⑦Trigger:一种特殊类型的储存过程,当有操作影响到它保护的数据时,它会自动触发执行。

⑧Index:提高查询速度。

⑨View:查看一个或多个表的一种方式。

⑩Stored Procedure:一组预编译的 SQL 语句,可以完成指定的操作。

(2)类型转换检查

检查 SQL 语句的类型转换时,主要避免显示或隐含的类型转换。

3.4.3 逻辑覆盖

逻辑覆盖是以程序内部的逻辑结构为基础的设计测试用例的技术,属于白盒测试。这一方法要求测试人员对程序的逻辑结构有清楚的了解,甚至要能掌握源程序的所有细节。由于覆盖测试的目标不同,逻辑覆盖又可分为:语句覆盖、判定覆盖、判定/条件覆盖、条件组合覆盖及路径覆盖。

1. 语句覆盖

语句覆盖就是设计若干个测试用例,运行被测程序,使得每一可执行语句至少执行一次。这种覆盖又称为点覆盖,它使得程序中每个可执行语句都得到执行,但它是最弱的逻辑覆盖准,效果有限,必须与其他方法交互使用。如图 3-17 所示的流程图中,如果令 A=2,B=0,X=4 作为测试数据,程序执行路径为 abcde,使语句 X=X/A 和 X=X+1 各执行一次,实现了语句覆盖。语句覆盖虽然可以检测语句的错误,但是不能检测所有判断条件的错误。比如,错把 X>1 写成了 X<1,则上述测试用例就无法检测出来了。语句覆盖是较弱的覆盖技术。

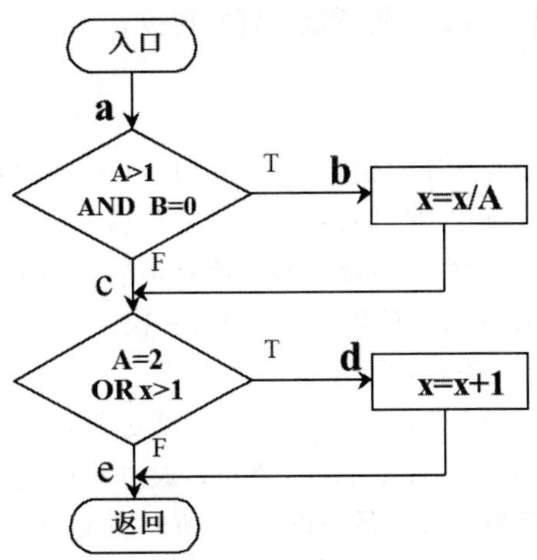

图 3-17 程序流程图

2. 判定覆盖

判定覆盖就是设计若干个测试用例，运行被测程序，使得程序中每个判断的取真分支和取假分支至少经历一次。判定覆盖又称为分支覆盖。

如图 3-17 所示，只要设计测试用例通过路径 abcde 和 ace ，或者通过 abce 和 acde ，就能满足判定覆盖。比如，可以设计如下两组数据以满足判定覆盖。

A＝3，B＝0，X＝1（通过路径 abce）

A＝2，B＝1，X＝2（通过路径 acde）

判定覆盖由于各个分支都要通过，则每个分支的语句也都测试了，因此判定覆盖必然满足语句覆盖。判定覆盖只比语句覆盖稍强一些，但实际效果表明，只是判定覆盖，还不能保证一定能查出在判断的条件中存在的错误。因此，还需要更强的逻辑覆盖准则去检验判断内部条件。

3. 条件覆盖

条件覆盖就是设计若干个测试用例，运行被测程序，使得程序中每个判断的每个条件的可能取值至少执行一次。

仍以图 3-17 所示为例，其中共有 4 个条件：A＞1、B＝0、A＝2、X＞1。

条件覆盖要求设计测试用例覆盖第一个判定表达式的 A＞1、B＝0、A≤1、B≠0 等各种结果，并覆盖第二个判定表达式的 A＝2、X＞1、A≠2、X≤1 等各种结果。设计如下两组测试用例，可以满足条件覆盖的标准。

A＝2，B＝0，X＝3（覆盖 A＞1、B＝0、A＝2、X＞1，通过路径 abcde）

A＝1，B＝1，X＝1（覆盖 A≤1、B≠0、A≠2、X≤1，通过路径 ace）

以上两组测试用例既覆盖了所有判定表达式中各个条件的所有可能结果，又覆盖了所有判定的“真”、“假”分支，其覆盖性较强。但是，如果设计如下一组测试用例。

A＝1，B＝0，X＝3（覆盖 A≤1、B＝0、A≠2、X＞1，通过路径 abde）

A＝2，B＝1，X＝1（覆盖 A＞1、B≠0、A＝2、X≤1，通过路径 ace）

虽然满足条件覆盖,但是不满足语句覆盖和判定覆盖。

4. 判定/条件覆盖

既然判定覆盖和条件覆盖互相不一定包含。于是提出了一种能同时满足这两种覆盖的逻辑覆盖,那就是判定/条件覆盖。判定/条件覆盖就是设计足够的测试用例,使得判断中每个条件的所有可能取值至少执行一次,同时每个判断本身的所有可能判断结果至少执行一次。换言之,即是要求各个判断的所有可能的条件取值组合至少执行一次。

以图 3-17 所示的程序为例,设计以下两组测试用例。

A=2,B=0,X=3(覆盖 A>1、B=0、A=2、X>1,通过路径 abcde)

A=1,B=1,X=1(覆盖 A≤1、B≠0、A≠2、X≤1,通过路径 ace)

该组测试用例既满足判定覆盖又满足条件覆盖,所以满足判定/条件覆盖。但是,判定/条件覆盖有缺陷。从表面上来看,它测试了所有条件的取值。但是事实并非如此。往往某些条件掩盖了另一些条件。会遗漏某些条件取值错误的情况。为彻底地检查所有条件的取值,需要将判定语句中给出的复合条件表达式进行分解,形成由多个基本判定嵌套的流程图。这样就可以有效地检查所有的条件是否正确了。

5. 条件组合覆盖

条件组合覆盖就是设计足够的测试用例,运行被测程序,使得每个判断的所有可能的条件取值组合至少执行一次。

以图 3-17 所示为例,两个判定表达中含有 4 个条件,共有 8 种组合:

①A>1,B=0　②A>1,B≠0　③A≤1,B=0　④A≤1,B≠0

⑤A=2,X>1　⑥A=2,X≤1　⑦A≠2,X>1　⑧A≠2,X≤1

可以设计如下 4 组测试用例以满足条件组合覆盖:

A=2,B=0,X=3,覆盖条件组合①和⑤,通过路径 abcde。

A=2,B=1,X=1,覆盖条件组合②和⑥,通过路径 acde。

A=0,B=0,X=3,覆盖条件组合③和⑦,通过路径 acde。

A=1,B=1,X=1,覆盖条件组合④和⑧,通过路径 ace。

条件组合覆盖的覆盖性较强,它不但可覆盖所有条件的可能取值的组合,还可覆盖所有判断的可取分支,但可能有的路径会遗漏掉。上例中测试用例没有通过 abce 这条路径,因此无法测试出该路径上可能存在的错误。

6. 路径覆盖

路径覆盖就是设计足够的测试用例,覆盖程序中所有可能的路径。这是最强的覆盖准则。

以图 3-17 为例,该程序共有 4 条路径,设计以下 4 组测试用例,就可以覆盖这 4 条路径。

A=2,B=0,X=3,覆盖条件组合①和⑤,通过路径 abcde。

A=2,B=1,X=1,覆盖条件组合②和⑥,通过路径 acde。

A=1,B=1,X=1,覆盖条件组合④和⑧,通过路径 ace。

A=3,B=0,X=1,覆盖条件组合①和⑧,通过路径 abce。

显然,该组测试用例虽然满足路径覆盖,但是它并没有满足条件组合覆盖。在路径数目很大时，真正做到完全覆盖是很困难的，必须把覆盖路径数目压缩到一定限度。

以上几种逻辑覆盖之间的关系如图 3-18 所示。

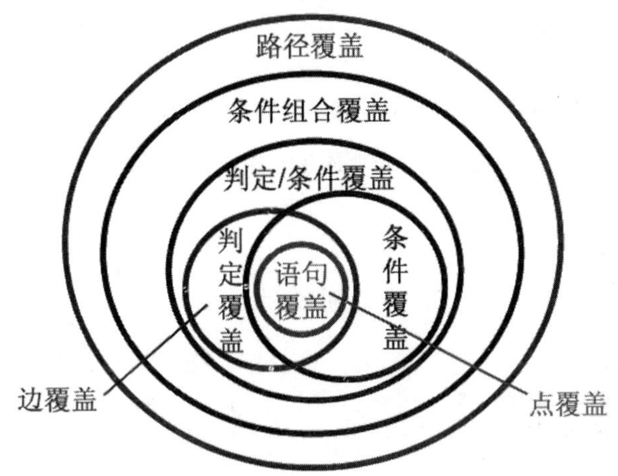

图 3-18　各种逻辑覆盖间的关系

3.4.4　控制结构测试

现在有很多白盒测试技术是根据程序的控制结构设计测试数据的技术，下面介绍几种常用的控制结构测试技术。

1. 基本路径测试

我们已经知道，对于不太复杂的程序进行穷尽测试往往是不可能的。基本路径测试方法就可以较好地解决这类问题。其主要思想是根据软件详细设计的过程性描述或源代码中的控制流程求出程序的环形复杂度量，然后用此度量确定程序的基本路径集合，并由此导出一组测试用例来覆盖该集合中的每一个独立路径，从而可以保证每个语句至少执行一次。

如果把覆盖的路径数压缩到一定限度内，例如，程序中的循环体只执行零次和一次，就成为基本路径测试。设计出的测试用例要保证在测试中，程序的每一个可执行语句至少要执行一次。

(1)程序的控制流图

控制流图是描述程序控制流的一种图示方法。基本控制构造的图形符号如图 3-19 所示。符号○称为控制流图的一个节点，一组顺序处理框可以映射为一个单一的节点。控制流图中的箭头称为边，它表示了控制流的方向，在选择或多分支结构中分支的汇聚处，即使没有执行语句也应该有一个汇聚节点。边和节点圈定的区域叫做区域，当对区域计数时，图形外的区域也应记为一个区域。

如果判定中的条件表达式是复合条件时，即条件表达式是由一个或多个逻辑运算符(OR，AND，NAND，NOR)连接的逻辑表达式，则需要改复合条件的判定为一系列只有单个条件的嵌套的判定。例如对应图 3-20(a) 的复合条件的判定，应该画成如图 3-20(b) 所示的控制流图。条件语句“if a OR b”中条件 a 和条件 b 各有一个只有单个条件的判定节点。

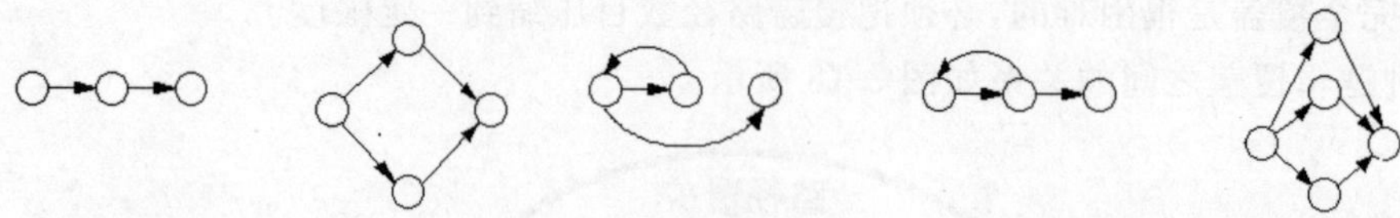

图 3-19　控制流图的各种图形符号

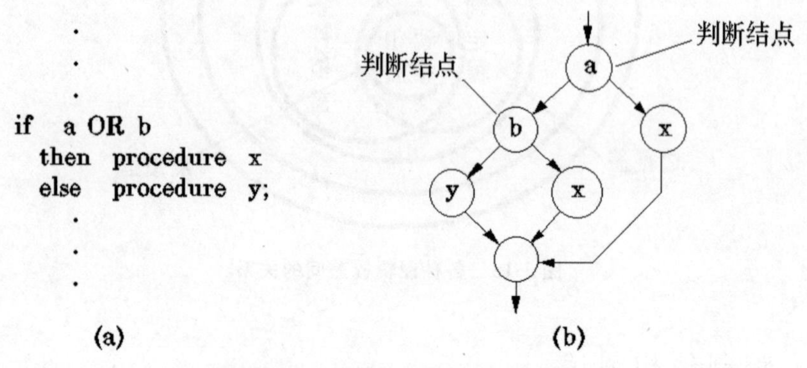

图 3-20　复合逻辑下的控制流图

例如，根据图 3-21(a)的程序流程图导出图 3-21(b)的流程图。

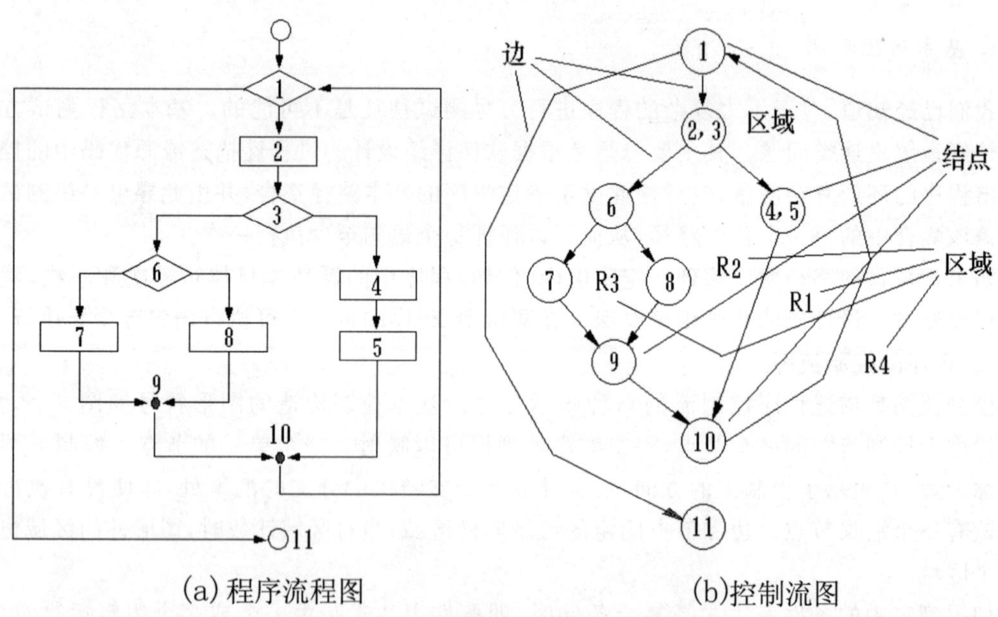

图 3-21　程序流程图与对应的控制流图

(2)计算程序环形复杂度

进行程序的基本路径测试时，程序的环形复杂度给出了程序基本路径集合中的独立路径条数，这是确保程序中每个可执行语句至少执行一次所必需的测试用例数目的上界。

通常环形复杂度可用以下三种方法求得。

· 将环形复杂度定义为控制流图中的区域数。

· 设 E 为控制流图的边数，N 为图的节点数，则定义环形复杂度为 V(G)＝E－N＋2。

· 若设 P 为控制流图中的判定节点数，则有 V(G)＝P＋1。

根据程序环形图 3-21(b)所示控制流图有 4 个区域；边的条数 11 减节点数 9 再加 2 为 4；判定节点数 3 加 1 为 4，所以其环路复杂性为 4。它是构成基本路径集的独立路径数的上界。可以据此得到应该设计的测试用例的数目。

(3)确定基本路径集

基本路径集，即独立路径集合，它是指包括一组以前没有处理的语句或条件的一条路径。图 3-21(b)所示的控制流图中，可以确定 4 条独立的路径。

path1：1－11

path2：1－2－3－4－5－10－1－11

path3：1－2－3－6－8－9－10－1－11

path4：1－2－3－6－7－9－10－1－11

路径 path1，path2，path3，path4 组成了图 3-21 (b) 所示控制流图的一个基本路径集。只要设计出的测试用例能够确保这些基本路径的执行，就可以使得程序中的每个可执行语句至少执行一次，每个条件的取真和取假分支也能得到测试。基本路径集不是唯一的，对于给定的控制流图，可以得到不同的基本路径集。

(4)导出测试用例

为每一条独立路径各设计一组测试用例，以便强迫程序沿着该路径至少执行一次。利用逻辑覆盖方法生成测试用例，确保基本路径集中每条路径的执行。

2. 条件测试的策略

程序中的条件分为简单条件和复合条件。简单条件是一个布尔变量或一个关系表达式(可加前缀 NOT)，复合条件由简单条件通过逻辑运算符(AND、OR、NOT)和括号连接而成。如果条件出错，至少是条件中某一成分有错。条件中可能的出错类型有：布尔运算符错、布尔变量错、布尔括号错、关系运算符错、算术表达式错。

如果在一个判定的复合条件表达式中每个布尔变量和关系运算符最多只出现一次，而且没有公共变量，应用一种称之为 BRO(分支与关系运算符)的测试法可以发现多个布尔运算符或关系运算符错，以及其他错误。

BRO 策略引入条件约束的概念。设有 n 个简单条件的复合条件 C，其条件约束为 $D=(D_1, D_2, \cdots, D_n)$，其中 $D_i(1\leqslant i\leqslant n)$是条件 C 中第 i 个简单条件的输出约束。如果在 C 的执行过程中，其每个简单条件的输出都满足 D 中对应的约束，则称条件 C 的条件约束 D 由 C 的执行所覆盖。特别地，布尔变量或布尔表达式的输出约束必须是真(t)或假(f)；关系表达式的输出约束为符号＞、＝、＜。

3. 循环测试

循环是绝大多数软件算法的基础，但是，在测试软件时却往往未对循环结构进行足够的测试。循环分为 4 种不同类型：简单循环、嵌套循环、串接循环，如图 3-22 所示。

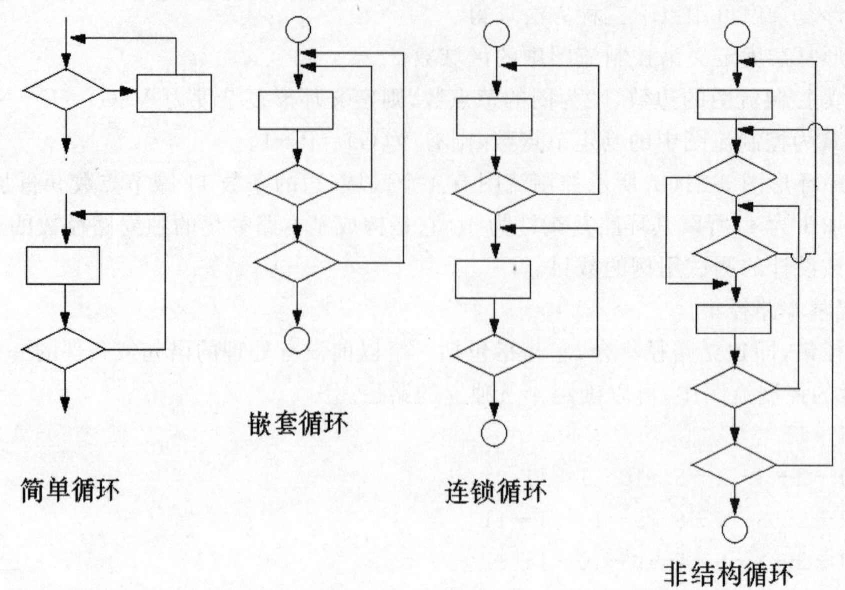

图 3-22 循环的分类

①对于简单循环,测试应包括以下几种。其中的 n 表示循环允许的最大次数。

· 零次循环:从循环入口直接跳到循环出口。

· 一次循环:查找循环初始值方面的错误。

· 二次循环:检查在多次循环时才能暴露的错误。

· m 次循环:此时的 $m<n$,也是检查在多次循环时才能暴露的错误。

· 最大次数循环、比最大次数多一次的循环、比最大次数少一次的循环。

②对于嵌套循环,不能将简单循环的测试方法简单地扩大到嵌套循环,因为可能的测试数目将随嵌套层次的增加呈几何倍数增长。这可能导致一个天文数字的测试数目。下面给出一种有助于减少测试数目的测试方法。

· 除最内层循环外,从最内层循环开始,置所有其他层的循环为最小值。

· 对最内层循环做简单循环的全部测试。测试时保持所有外层循环的循环变量为最小值。另外,对越界值和非法值做类似的测试。

· 逐步外推,对其外面一层循环进行测试。测试时保持所有外层循环的循环变量取最小值,所有其他嵌套内层循环的循环变量取"典型"值。

· 反复进行,直到所有各层循环测试完毕。

· 对全部各层循环同时取最小循环次数,或者同时取最大循环次数。对于后一种测试,由于测试量太大,需人为指定最大循环次数。

③对于串接循环,要区别两种情况。如果各个循环互相独立,则串接循环可以用与简单循环相同的方法进行测试。例如,有两个循环处于连锁状态,则前一个循环的循环变量的值就可以作为后一个循环的初值。但如果几个循环不是互相独立的,则需要使用测试嵌套循环的办法来处理。

3.4.5　其他白盒测试技术

1. 程序插桩

程序插桩技术(Program Stub Technology)是向程序代码中插入一些测试语句，比如统计语句、打印语句等，通过这些语句的执行，了解程序的执行路径，程序中变量的变化情况等。

这种方法有点类似于程序调试中的单步执行以查看程序的状态信息，但比单步执行有效，它是在不停止程序的状态下对程序进行监视。

程序插桩技术非常有效，但需要考虑以下问题：

①探测哪些信息。

②在程序的什么部位设置探测点。

③需要设置多少个探测点。

2. 域测试

域测试(Domain Testing)是一种基于程序结构的测试方法。

Howden 将程序中出现的错误分为三类：域错误，计算型错误和丢失路径错误。这些都是相对于执行程序的路径来说的。每条执行路径对应于输入域的一类情况，是程序的一个子计算。如果程序的控制流有错误，对于某一特定的输入可能执行的是一条错误路径，这种错误称为路径错误，也叫做域错误。如果对于特定输入执行的是正确的路径，但由于赋值语句的错误造成输出结果的不正确，称为计算型错误。由于程序中某处少一个判定谓词引起的错误被称为丢失路径错误。域测试主要是针对域错误进行的测试。

3. 符号测试

符号测试(Symbol Testing)的基本思想是允许程序的输入不仅仅是具体的数值数据，而且包括符号值。这里所说的符号值可以是基于符号变量值，也可以是这些符号变量值的一个表达式。这样，在执行程序过程中以符号的计算代替了普通测试执行中对测试用例的数值计算。即普通测试是算术运算，而符号测试则是执行代数运算，因此符号测试可以认为是普通测试的一个自然扩充。

4. Z 路径测试

分析程序中的路径是指：检验程序从入口开始，执行过程中经历的各个语句，直到出口，这是白盒测试最为典型的技术。着眼于路径分析的测试可称为路径测试(Path Testing)。通常而言，要达到路径测试是非常困难的，特别是在包含有多个分支或循环的情况下，为此，将程序的结构进行简化，包括舍弃一些次要因素，对循环进行简化(只考虑循环 0 次和 1 次两种情况)，从而大大地减少测试路径的数量，使得覆盖这些有限的路径成为可能，在这种简化意义下的路径覆盖称为 Z 路径覆盖。

5. 程序变异

程序变异(Program Aberrance)是一种错误驱动测试，该方法是针对某类特定程序错误而专门设计测试用例。由于完全测试的不可实现性,因此在程序变异测试中将软件测试集中在对软件危害较大的错误方面进行测试,而忽略小错误的测试。

3.4.6 测试方法选择的综合策略

以上简单介绍了设计测试方案的几种基本方法,使用哪种方法都能设计出一组有用的测试方案,但是,没有一种方法能设计出全部测试方案,此外,不同方法各有所长,用一种方法设计出的测试方案可能会很容易地发现某些类型的错误,但很难发现另外一些类型的错误。

因此,对软件系统进行实际测试时,应该联合使用各种设计测试方案,形成一种综合策略。通常的做法是,用黑盒法设计基本的测试方案,再用白盒法补充一些必要的测试方案。具体地说,可以使用下述策略设计测试方案:

· 在任何情况下都必须使用边界值分析方法。经验表明用这种方法设计出测试用例发现程序错误的能力最强(应该既包括输入数据的边界情况又包括输出数据的边界情况)。

· 必要时用等价类划分方法补充一些测试用例。

· 错误推测法再追加一些测试用例。

· 对照程序逻辑,检查已设计出的测试用例的逻辑覆盖程度。如果没有达到要求的覆盖标准,应当再补充足够的测试用例。

应该强调指出,即使是使用了上述综合策略设计的测试方案,仍然不能保证会发现全部程序错误;但是,这个策略确实是测试成本和测试效果之间的一个合理的折衷。通过前面的学习,我们可以看出,软件测试是一件十分艰苦的工作。

思考及作业题

1. 简述软件测试技术从不同角度加以划分的多种方法。
2. 简述静态测试和动态测试的区别。
3. 举例说明黑盒测试的几种测试方法。
4. 举例说明覆盖测试的几种测试方法。
5. 简述白盒测试的相关方法。
6. 比较阐述黑盒测试和白盒测试的优缺点。

第 4 章 软件测试过程

本章介绍了软件测试过程。软件测试也存在着生命周期的概念，即软件测试生命周期。从过程来看，软件测试可分为单元测试、集成测试、系统测试和验收测试等一系列不同的测试阶段。

本章主要知识点

1. 软件测试过程概述。
2. 单元测试。
3. 集成测试。
4. 系统测试。
5. 验收测试。
6. 回归测试。

4.1 软件测试过程概述

软件测试过程与软件工程的开发过程是相对应的，可以采用图 4-1 所示的螺旋型图来表示这种关系。

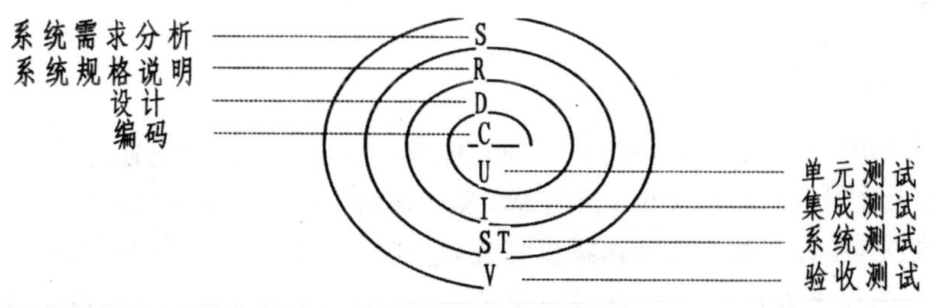

图 4-1 软件测试过程

最初的软件需求分析定义出软件的作用范围、信息域、功能、行为、性能、约束和验收标准，下一步是总体设计、详细设计，然后是编码。为开发软件，沿此螺旋线由外向里旋转，每旋转一圈，软件的抽象级别降低一次；为测试软件，沿同一螺旋线由里向外运动，每旋转一圈，测试范围加大一次。螺旋中心对应单元测试，它测试源程序的每一个模块，以确保每个模块都能正常工作；下一步是集成测试，它测试与软件相关的程序结构问题，因为该测试建立在模块间的接口上，所以多为黑盒测试；再下一步是系统测试，检查所开发软件是否满足所有功能和性能的要求，并检验它能否与系统其他部分（如硬件数据库等）协调工作；最后一步是验收测试，主要根据需求分析确定的验收标准来检验软件是否达到合同要求。

单元测试的目的是保证每个模块单独运行正确,多采用白盒技术,检查模块控制结构的某些特殊路径,期望覆盖尽可能多的出错点;经单元测试后的模块被组装为软件包,测试人员对软件包进行集成测试,主要测试软件结构问题,因该测试建立在模块间的接口上,所以多为黑盒测试,适当辅以白盒测试技术,这样能对主要控制路径进行测试;系统测试主要检验软件是否满足功能、行为和性能方面的要求,这一步完全采用黑盒测试技术;验收测试是检验软件产品的最后一道工序,与前面各测试过程的不同之处主要在于它突出了客户的作用,同时软件开发人员也有一定程度的参与。

螺旋型图为软件开发与软件测试提供了一个极为简单的框架,螺旋图的各层描述了软件测试各阶段与软件开发的对应关系,指出了在软件的各个开发期,应进行什么样的测试。根据螺旋型图,管理人员可以及时安排相应的准备工作。随着软件开发的推进,软件测试的范围不断扩大,软件质量就是在这样的过程中实现螺旋式上升。

目前,不同的团体和公司所采用的测试过程的名称是千差万别的,如构件测试、代码测试、开发人员测试、线程测试、系统集成测试、验证测试、互操作测试、用户验收测试、客户验收测试等,还有一些其他这里没有列出来的测试名称。从总体来看,各个团体和公司根据各自的特点和习惯对测试过程作何称谓并不重要,真正重要的是,要定义一个测试过程的范围和这个测试过程打算完成的任务,然后,制订一个标准和计划,确保任务的实现。

本书一律采用了由 IEEE 定义的测试过程名称:单元测试、集成测试、系统测试和验收测试。虽然这些名称和其他任何名称分不出孰优孰劣,但是这些名称提供了讨论问题的基础,更便于读者了解软件测试过程。

4.2 单元测试

4.2.1 单元测试概述

编写一段代码时,一定会反复调试以保证它能够编译通过。但代码通过编译,只是说明了它的语法正确,还无法保证它的语义也一定正确,没有任何人可以轻易承诺这段代码的行为一定是正确的。幸运的是,单元测试会为承诺提供保证,它可以验证这段代码的行为是否与期望一致。

单元测试和编程很难分离出来,两者完全处在并行、交互的过程中。但单元测试和程序调试又是有区别的:单元测试的目的是找出程序代码中存在的错误,而调试的目的是定位错误并修改代码以纠正错误;调试通常是由开发人员完成的,而测试可以由开发人员完成,也可以由测试人员来完成。

工厂在组装一台电视机之前,会对其中的每个电子元件进行检验,或者要求电视机组装厂的每个供应商提供符合质量标准的电子元件,这种对电子元件的检验,就相当于软件中的单元测试。

单元测试可以说是软件测试中最基础的测试,集成测试、功能测试和系统测试都是建立在单元测试之上。因为单元测试的对象是构成软件产品或系统的最小独立单元,如封装的类或对象、独立的函数、进程、子过程、组件或模块等。在单元测试活动中,软件的独立单元将与程序的其他部分一起被隔离开来。单元测试的目的是检验每个软件单元能否正确地实现其功能、满足性能和接口要求，还要验证程序和详细设计说明的一致性。

单元测试主要强调被测试对象的独立性，也就是为了避免其他单元对本单元的影响，以获得被测单元的实际状态。所以，单元测试中的单元是软件系统或产品中的可以被分离又能被测试的最小单元。如果某个组件比较大，可以进一步分离某些部分，直至分离到一个可接受的程度，这取决于可测试性和要求测试的粒度。也就是说，可以分解到某个类、某个函数或某个程序子过程，但也不需要无止境地分解下去，如不需要分解到每一行代码或每个变量。所以说，单元测试是一种思想和理念的体现，相对集成测试、系统测试而存在，不在于究竟“什么是单元”。

更确切地说，单元测试的概念强调的是基本的质量思想。如果要保证一个系统的质量，首先要保证构成这个系统的所有组成成分的质量。例如，要保证一栋房屋的质量，需要从一砖一瓦、一钉一铆开始，使柱和梁的浇注、砌墙、门和窗户的油漆、水管和电线的布置等各个部分自身的质量得到充分保证。如果不这样，柱、梁、墙等任何一部分出问题，这个房屋结构都会受影响而成为危房，甚至倒塌。单元是构造系统的基础，只有使每个单元得到足够的测试、系统的质量才能有可靠的保证，所以单元测试是非常重要的。单元测试就是确保构成软件系统的各个成分得到足够的测试，只有通过了单元测试，后续的集成测试和系统测试才能顺利实施。甚至可以说，只有每行代码、每个变量、每个输入数据、每个函数调用的参数和返回值都被测试通过，才能对软件质量有足够的信心。

单元测试强调的另一个思想就是，开发人员不能有依赖性，直接写好的每一行代码都应是正确的、有效的，交到测试人员手中的软件包应具有很高的质量。如果没有进行单元测试，交给测试人员的软件包可能一运行就漏洞百出，功能测试和系统测试很难进行下去。单元测试的这种思想进一步演化，就成为测试驱动开发或极限编程的思想，从测试、用例出发来进行软件开发，单元测试应伴随着编程过程中的每一时刻。

从广义上讲，单元测试包括静态测试和动态测试两种测试方式。静态测试就是在不执行的条件下有条理地审查软件设计、体系结构和代码，从而找出软件缺陷的过程。动态测试则是在程序执行的过程中找软件缺陷的过程。

4.2.2　单元测试现状和作用

实际测试工作的经验说明，如果仅对软件进行功能测试、验收测试，似乎缺陷总是找不完，不是这边出现错误，就是那个角落发现问题，每天报告的缺陷虽不多，但总能发现新的且比较严重的缺陷，测试没有尽头。为什么会出现这种情况？

产生这种现象的主要原因就是功能测试、验收测试之前没有进行充分的单元测试。虽然，测试是不能穷尽所有程序路径的，但单元是整个软件的构成基础，如果没有进行单元测试，基础就不稳，光靠功能测试、验收测试在上面捅来捅去，不能彻底解决问题。单元的质量是整个软件质量的基础，所以充分的单元测试是必要的。

每一个程序员都知道应该为自己的代码编写测试程序，但却很少这样做。当人们问为什么的时候，最常听到的回答就是：“任务安排太紧，没时间”。却不知这会导致恶性循环，越是没空进行单元测试，代码的效率与质量就越差，以至于不得不占用更多的时间修正缺陷，实际的开发效率反而大大降低了。由于效率降低了，因此时间更紧张，压力更大，代码质量更差，进入恶性循环。

一旦编码完成，有的开发人员就会迫不及待地进行软件集成工作。在这种情况下，系统能进行正常工作的可能性不大，在多数情况下是充满了各式各样的缺陷。有些缺陷在单元测试中很容易被发现。但如果没有进行单元测试而留到后期，缺陷就隐藏得越来越深，在系统测试中则难以发现，最终如果在交付用户后才发现问题，将导致开发成本急剧增加。缺陷在软件里遗留的时间越长，所带来的不良成本就越大，而时间和成本之间的关系不是简单的线性关系，而是成指数的非线性关系。从这个角度看，在整个软件生命周期中单元测试的效率最高，充分而有效的单元测试能大幅降低软件开发和测试的成本。

即使在功能测试、系统测试阶段发现了缺陷，为了修正缺陷而修改了代码。如果在修正缺陷的时候不进行单元测试，修正一个缺陷，可能会产生两个、三个甚至更多的回归缺陷，结果缺陷没有减少，反而增多了。这样，项目就会进入恶性循环，没完没了。这肯定不是我们希望的，所以单元测试在后期阶段也是重要的，无论是写新的代码，还是修改代码，只要代码有变化，就需要单元测试。

比单元测试更重要的是要以“缺陷预防”为主，建立严格的编程规范，加强对开发人员的培训，不产生缺陷就可以减少单元测试的工作量。

4.2.3 单元测试的目的和任务

确保各单元模块被正确地编码是单元测试的主要目标，但是单元测试的目标不仅是测试代码的功能性，还需要保证代码在结构上的正确和可靠，并且能够在所有条件下正确响应。单元测试需要完成以下目的。

①代码质量。数据能否正确地进行输入和输出。

②内部数据完整性。内部数据的形式、内容及相互关系不发生错误等。

③代码的可维护。如果单元中发生了错误，处理措施是否有效。

④代码的可扩展性。

为保证上述目标的完成，单元测试的任务如下：

1. 模块接口测试

在单元测试中，首先应该考虑数据是否能够在被测模块中正确地输入输出，这是实现被测模块功能的基本条件。对被测模块接口的检查和确认是单元测试的基础。测试接口是否正确应该考虑以下因素。

①输入的实参与形参在个数、属性、量纲及顺序上是否匹配。

②被测模块调用其他模块时，传递的实参在个数、属性、量纲及顺序上与被调用模块的形参是否匹配。

③调用标准函数时，传递的实参在个数、属性、量纲及顺序上是否正确。

④是否存在与当前入口点无关的参数引用。

⑤是否修改了只做输入用的只读形参。

⑥全局变量在每个模块中的定义是否一致。

⑦是否将某些约束条件作为形参来传递。

2. 模块局部数据结构测试

检查局部数据结构是为了保证临时存储在模块内的数据在程序执行过程中完整、正确。局部数据结构错误是最常见的软件缺陷根源，检查局部数据结构应考虑以下错误因素。

①不正确、不一致的数据类型说明。

②未初始或未赋值的变量。

③变量存在初始化或默认值错误。

④变量名拼写错误。

⑤上溢、下溢或地址异常。

3. 模块边界条件测试

模块边界条件测试是单元测试中重要的一项任务。其原因是软件经常在边界上失效；可参考黑盒测试中的边界值分析法；在被测模块的输入域或输出域中寻找可能的边界点；针对边界值及其上、下值设计测试用例。

4. 模块中所有独立执行路径测试

单元测试的基本任务是保证被测模块中的每条语句至少能被执行一次。对独立路径和循环的测试是最常用和最有效的测试技术，以发现因错误的计算、错误的比较和不适当的控制流而导致的缺陷。

常见的错误计算如下：

①操作符的优先次序是否被正确理解。

②是否存在混合模式的计算。

③是否存在被零除的风险。

④运算精度不够。

⑤变量的初值是否正确。

⑥表达式的符号是否正确。

常见的比较和控制流错误如下：

①不同数据类型变量之间的比较。

②错误的使用逻辑运算符或优先次序。

③因计算机表示的局限性，导致浮点运算精度不够，期望理论相等而实际不相等的两个值相等。

④错误的变量和比较符。

⑤不能终止的循环。

⑥迭代发散，导致不能退出。

⑦错误地修改了循环变量，导致循环次数多一次或少一次。

5. 模块中所有错误处理通路测试

一个设计合理的测试用例应该能够预测和发现各种错误，并预设各种出错的处理途径，以提高系统容错能力，保证逻辑正确性。应考虑以下几个方面。

①输出的错误信息提示是否易于理解。

②显示的错误信息是否与实际发生错误一致。

③对错误条件的处理是否正确，即是否存在不当的异常处理。

④在程序自定义的出错处理运行之前，缺陷条件是否已经引起系统干预。

⑤错误陈述中是否提供足够的出错定位信息。

4.2.4 单元测试策略

前面曾提及单元测试涉及的测试技术通常有针对被测单元需求的功能测试、用于代码评审和代码走查的静态测试、白盒测试、状态转换测试(主要是针对类的测试)及可能的非功能测试。这里的非功能测试是指对单元的算法性能、压力或者可靠性或安全性等方面的测试,这并不是单元测试的重点,但在适当的时候也要进行,如单元模块性能的好坏会间接地影响整个系统的性能;单元模块的安全性直接影响到整个系统的安全等。

做好单元测试,提高单元测试的质量,仅仅了解单元测试的技术还远远不够,选择合适的单元测试策略也至关重要。单元测试的各个组件不是孤立的,是整个系统的组成部分,单元测试需要了解该单元组件在整个系统中的位置,它被哪些组件调用,该单元组件本身又调用哪些组件,最好的情况是在进行单元组件的测试时已经全面地了解了单元组件的层次及调用关系,在此基础上,单元测试考虑选择如下三种策略:自顶向下的单元测试(Top Down Unit Testing)策略、自底向上的单元测试(Bottom Up Unit Testing)策略和孤立的单元测试(Isolation Unit Testing)策略。

1. 自顶向下的单元测试策略

(1)步骤

①以单元组件的层次及调用关系为依据,从最顶层开始,把被顶层调用的单元做成桩模块。

②对第二层单元组件进行测试,如果第二层单元组件又被其上层调用,以上层已测试的单元代码为依据开发驱动模块来测试第二层单元组件。同时,如果有被第二层单元组件调用的下一层单元组件,则还需依据其下一层单元组件开发桩,桩的数量可以有多个。

③依此类推,直到全部单元组件测试结束。

(2)优点

因为单元测试是直接或间接地以单元组件的层次及调用关系为依据,所以可以在集成测试之前为系统提供早期的集成途径。由于详细设计一般都是自顶向下进行设计的,这样自顶向下的单元测试策略在顺序上同详细设计一致,因此测试可以与详细设计和编码工作重叠或交叉进行。

(3)缺点

由于单元测试需要开发驱动器或(和)桩模块,随着单元测试的不断进行,测试过程也会变得越来越复杂,测试难度以及开发和维护的成本都不断增加;低层次单元组件的结构覆盖率也难以得到保证;由于需求变更或其他原因而必须更改任何一个单元组件时,就必须重新测试该单元下层调用的所有单元;低层单元测试依赖顶层测试,无法进行并行测试,使测试进度受到不同程度的影响,延长了测试周期。

(4)总结

从上述分析中,不难看出该测试策略的成本要高于孤立的单元测试成本,因此从测试成本方面来考虑,这并不是最佳的单元测试策略。在实际工作中,如果单元已经通过独立测试,可以选择此方法。

2. 自底向上的单元测试

(1)步骤

①以单元组件的层次及调用关系为依据,先对组件调用图上的最底层组件进行测试,模拟调

用该组件的模块为驱动模块(器)。

②对上一层单元组件进行单元测试,开发调用本层单元组件的驱动器,同时,要开发被本层单元组件调用的已经完成单元测试的下层单元组件的桩。驱动器的开发依据调用被测单元组件的代码,桩的开发依据被本层单元组件调用的已经完成单元测试的下层单元组件代码。

③依此类推,直到全部单元组件测试结束。

(2)优点

因为单元组件的层次越靠近下层,组件本身的调用或控制逻辑越少,最底层组件一般是完全处理实际业务的组件,首先进行底层单元组件的测试,无须太多依赖单元组件的层次和调用结构,可以直接从功能设计中获取测试用例;可以为系统提供早期的集成途径;在详细设计文档中缺少结构细节时可以使用该测试策略。

(3)缺点

随着单元测试的不断进行,测试过程会变得越来越复杂,测试周期延长,测试和维护的成本增加;随着各个基本单元逐步加入,系统会变得异常庞大,因此测试人员不容易控制;越接近顶层的单元组件的测试,其结构覆盖率就越难以保证。另外,顶层测试易受底层组件变更的影响,任何一个组件修改之后,直接或间接调用该组件的所有单元都要重新测试。由于只有在底层单元测试完毕之后才能够进行顶层单元的测试,因此并行性不好。另外,自底向上的单元测试也不能和详细设计、编码同步进行。

(4)总结

相对其他测试策略而言,该测试策略比较合理,尤其是需要考虑对象或复用时。它属于面向功能的测试,而非面向结构的测试。对那些以高覆盖率为目标或者软件开发时间紧张的软件项目来说,这种测试方法不适用。

3. 孤立测试

(1)步骤

无须考虑每个单元组件与其他组件之间的关系,分别为每个组件单独设计桩模块和驱动模块,逐一完成所有单元组件的测试。

(2)优点

该方法简单、容易操作,因此所需测试时间短,能够达到高覆盖率。因为一次测试只需测试一个单元组件,其驱动模块比自底向上的驱动模块设计简单,而其桩模块的设计也比自顶向下策略中使用的桩模块简单。另外,各组件之间不存在依赖性,所以单元测试可以并行进行。如果在测试中增添人员,可以缩短项目开发时间。

(3)缺点

不能为集成测试提供早期的集成途径。设计的多个桩模块和驱动模块不依赖于单元组件的层次及调用关系,增加了额外的测试成本。

(4)总结

该方法是比较理想的单元测试方法。如能对集成测试起到辅助作用,有利于缩短项目的集成测试时间和项目的开发时间。

4. 综合测试

在单元测试中,可以考虑将这三种方法结合使用,以下是综合使用自底向上测试策略和孤立测试策略的例子。

下面是判断三角形类型的C语言代码:

```
#include<stdio.h>
Int x,y,z;
void GetInput(int a,int b,int c)
{
    int c1,c2,c3;
    do
     {printf("\n enter 3 integers(1<=x<=200)which are sides of triangle\n");
     scanf("%d,%d,% d",&a,&b,&c);
     c1=(1<=a)&&(a<=200);
     c2=(1<=b)&&(b<=200);
    c3=(1<=c) && (c<=200);
    if(! c1)printf("value of a is not in the range of permitted values\n");
    if(! c2)printf("value of b is not in the range of permitted values\n");
    if(! c3)printf("value of c is not in the range of permitted values\n");}
  while(! c1||! c2 ||! c3);
          x=a;y=b;z=c;
    printf("\nside A is % d",x);
          printf("\nside B,is %d",y);
          printT("\nside C is % d",z);
}
int IsTrian(int a,int b,int c)
{
  if((a<(b+c))&&(b<(a+c))&&(c<(a+b)))return 1;
  else return 0;
}
void TeterType(int a,int b,int c)
{
  if(! IsTrian(a,b,c))printf("\nnot a triangle! \n");
     else{if((a==b)&&(b==c))printf("\nequilateral\n");      else{if((a! =b)&&
(a! =c)&&(b! =c))printf("\nscalene\n");
                    else printf("\nisosceles\n");}
}
}
    int main()
```

```
{
    GetInput(x,y,z);
  DeterType(x,y,z);
    return 0;
}
```

通过以上代码可以画出图 4-2 所示的模块结构。

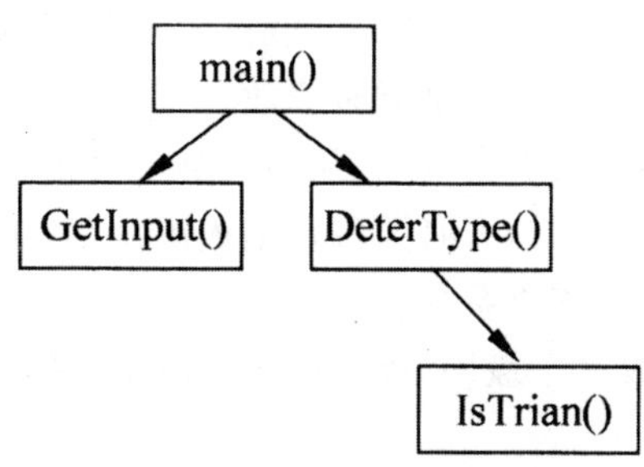

图 4-2 三角形问题的模块结构图

对于图 4-2 所示的模块结构在进行单元测试时可以采取自底向上的单元测试法和孤立的单元测试法结合，也就是所谓的综合测试。首先用自底向上的单元测试法开发模块 GetInput()和 IsTrian()的驱动器并测试这两个模块，然后用孤立的单元测试法先开发模块 DeterType()的桩和驱动器并测试；同样，再开发 main()桩并测试，以完成整个模块的单元测试。

4.3 集成测试

4.3.1 集成测试的定义

在完成单元测试的基础上，需要将所有模块按照设计要求组装成系统。这时需要考虑以下问题：

- 在把各个模块连接起来的时候，穿越模块接口的数据是否会丢失。
- 一个模块的功能是否会对另一个模块的功能产生不利的影响。
- 各个子功能组合起来，能否达到预期要求的父功能。
- 全局数据结构是否有问题。
- 单个模块的误差累积起来是否会放大，从而达到不能接受的程度。
- 单个模块的错误是否会导致数据库错误。

集成测试(Integration Testing)是介于单元测试和系统测试之间的过渡阶段，与软件开发计划中的软件概要设计阶段相对应，是单元测试的扩展和延伸。集成测试的定义是根据实际情况对程序模块采用适当的集成测试策略组装起来，对系统的接口以及集成后的功能进行正确校验的测试工作。集成测试也称为综合测试。实践表明，软件的一些模块能够单独工作，但并不能保证连接之后也肯定能正常工作。程序在某些局部反映不出来的问题，在全局上有可能暴露出来，影响软件功能的实现。所以，集成测试是针对程序整体结构的测试。

4.3.2 集成测试的目的

实践表明，一些模块虽然能够单独地工作，但并不能保证连接起来也能正常工作。在某些局部反映不出的问题，在全局上很可能暴露出来，影响功能的实现。因此，集成测试应当考虑以下问题：

①在把各个模块连接起来时，穿越模块接口的数据是否会丢失。

②各个子功能组合起来，能否达到预期要求的父功能。

③一个模块的功能是否会对另一个模块的功能产生不利影响。

④全局数据结构是否有问题，会不会被异常修改。

⑤单个模块的误差累计起来，是否会放大，从而达到不可接受的程度。

因此，在单元测试后，系统测试前，有必要进行集成测试，发现并排除在模块连接中可能发生的上述问题，最终构成要求的子系统或系统。

一般可以把集成测试划分成 3 个级别：模块内集成测试、子系统内集成测试和子系统间集成测试。

所有的软件项目都不能摆脱系统集成这个阶段。不管采用什么开发模式，具体的开发工作总是从一个一个软件单元做起，软件单元只有经过集成才能形成一个有机的整体。具体的集成过程可能是显性的，也可能是隐性的。只要有集成，总是会出现一些常见问题，工程实践中，几乎不存在软件单元组装过程中不出任何问题的情况。

各类测试所花费时间如图 4-3 所示。

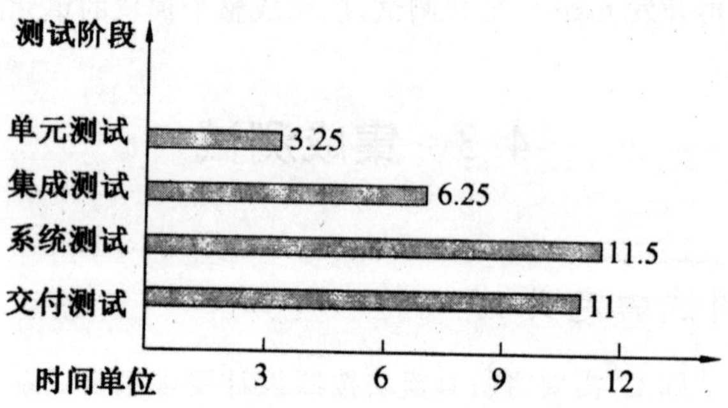

图 4-3 针对一个功能点的各类测试所花费时间统计图

从图 4-3 可以看出，集成测试需要花费的时间远远超过单元测试，直接从单元测试过渡到系统测试是极不妥当的做法。

集成测试的必要性还在于一些模块虽然能够单独地工作，但并不能保证连接起来也能正常工作。程序在某些局部反映不出来的问题，有可能在全局上会暴露出来，影响功能的实现。此外，在某些开发模式中，如迭代式开发、设计和实现是迭代进行的。在这种情况下，集成测试的意义还在于它能间接地验证概要设计是否具有可行性。

4.3.3 集成测试前的准备工作

制订一个标准的集成测试规程是非常重要的，在实际工作中也应当遵循制订好的规程进行测试。如果规程不标准，那么后期的测试工作将很难完成。

1. 人员安排

集成测试既要求参与的人员熟悉单元的内部细节，又要求能够从足够高的层次上观察整个系统，因此，集成测试人员一般由有经验的测试人员和软件开发者组成。

2. 测试计划

集成测试计划应该在系统设计阶段就开始制订，随着系统概要设计、系统详细设计及系统开发过程的不断进行，集成测试计划应不断修改和细化，并在实施系统集成之前完成。这份计划需要包含的内容有：测试的描述范围、测试的预期目标、测试环境、集成次序、测试用例设计思想及时间节点等。

3. 测试内容

经过单元测试，需要将所有单元进行集成到一起，组成一个完整的软件系统，集成测试的主要内容包括：各单元接口是否问题，是否存在不可达单元，是否完成需求所规定的功能，是否有错误处理机制，是否有保护措施及代码是否符合规定的标准等。

4. 集成模式

集成测试的模式可以分为非渐增式测试模式和渐增式测试模式。

(1)非渐增式测试模式

先分别测试每个模块，再把所有模块按设计要求放在一起结合成所要的程序，如大棒模式。

(2)渐增式测试模式

把下一个要测试的模块同已经测试好的模块结合起来进行测试，测试完以后再把下一个应该测试的模块结合起来进行测试。

5. 测试方法

集成测试在自底向上集成的早期，以白盒测试为主，随着集成测试的不断深入，则以黑盒测试为主。

4.3.4　集成测试的思路

是不是把两个模块连在一起，然后采用单元测试的技术，测试这个更大的模块，就是集成测试呢？答案显然是否定的。集成测试关注的是模块之间的接口，那么可以将“接口”作为测试的切入点。

纵观模块之间的接口，我们可以归纳为以下几种类型：

1. 通信协议

通信协议是指两个模块之间通信采用的是标准的或者自定义的(网络)协议。

协议中既包含数据部分，又包含控制部分。有些实现将数据与控制分离，如 FTP；而大部分实现将数据与控制通过一条链路来传递，往往通过不同的消息包进行分离。

2. 调用关系

模块A调用模块B,实际上是由模块A向模块B发出了一条控制指令,这里数据传递体现的不是很明显,往往体现为参数与返回值,它们可以认为是控制的副本。

3. 文件、数据库、队列、第三方中间件等

表现的主要是数据的传递,其中的控制体现的不明显。

4. 共享资源

例如,共享一段“存储区域”,其中涉及的关键资源主要是“锁”;这样的两个模块在运行时往往分布到不同的进程或者线程中,表现为对资源的竞争以及数据的共享。

5. 同步

一个模块的运行需要另外一个模块的触发,双方往往存在“信号”等通知机制,也可以理解为一种特殊的控制方式。我们可以将被测系统归类(以上的分类),找出其中的数据接口与控制接口。首先,将数据接口与控制接口分解——需要传递哪些数据?存在哪些控制指令?然后,找出数据与指令中的变数所在;如数据(协议包)中的字段的取值,指令的参数变化等。其次,将变数划分等价类,找出每类的代表,就是测试数据。其目标是让每类数据流与控制流均通过接口一次,从而实现接口测试的完全性。最后,就是考虑如何生成这些测试数据。往往需要对应到集成后“大模块”的输入与输出。

上面的内容更多地关注了实现。下面要考虑另外一个侧面——业务。模块之间的联系(接口)往往是为了体现业务上的关联。关联本身也是有很多属性的。如关联点(每个模块)都存在一个角色,关联有多重性——即模块A在运行时可能对应多个模块B的实例。所以,测试的另外一个切入点:模块的集成能否准确体现业务上的关联?各个模块是否具备其角色的全部属性和接口,模块之间的关联关系如何打破?关联的多重性是否有效?

常常,集成测试不会太关心业务或者需求,那是系统测试的范畴。但在集成测试时考虑业务和需求,往往能够得到意外的收获。同时,集成测试时需要重点考虑接口的性能,尤其对于系统关键接口。接口的性能测试越早进行越好。如果等到系统测试时做,可能接口外面封装了太多的代码,影响性能问题的精确定位。

4.3.5 桩和驱动

当对两个以上的模块进行集成时,不可能忽略它们之间以及它们和周围模块的相互联系。为了模拟这些联系,需设置若干辅助测试模块,也就是连接被测试模块的程序段。辅助模块有下面两种:

(1)桩模块

集成测试前要为被测模块编制一些模拟其下级模块功能的“替身”模块,以代替被测模块的接口,接受或传递被测模块的数据,这些专供测试用的“假”模块称为被测模块的桩模块。

(2)驱动模块

在大多数场合称为“主程序”,它接收测试数据并将这些数据传递到被测试模块。

桩模块就是用来代替所测的子模块,它不能为空,但也不需要子模块的所有功能都实现,只

要实现一部分即可。驱动模块就是用来代替主模块,用它来调用子模块。简单地说,被测模块上层为驱动模块,是调用被测模块的,被测模块下层为桩模块,是被被测模块调用的。

某系统的功能结构如图 4-4 所示。

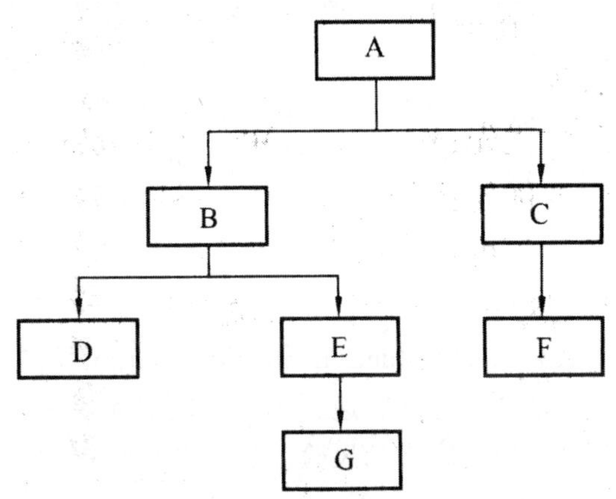

图 4-4　某系统的功能结构模块图

由于 B 模块不是最顶层模块,所以它一定不包含 main 函数(A 模块包含 main 函数),也就不能独立运行。B 模块调用了 D 模块和 E 模块,而目前 D 模块和 E 模块都还没有开发好,那么想让 B 模块通过编译器的编译也是不可能的。那么怎样才能测试 B 模块呢?需要做以下工作:

①写两个模块 Sd 和 Se 分别代替 D 模块和 E 模块(函数名、返回值、传递的参数相同),这样 B 模块就可以通过编译了。Sd 模块和 Se 模块就是桩模块。

②写一个模块 Da 用来代替 A 模块,里面包含 main 函数,可以在 main 函数中调用 B 模块,让 B 模块运行起来。Da 模块就是驱动模块。

需要注意的是,桩模块的使命除了使得程序能够编译通过之外,还需要模拟返回被代替的模块的各种可能返回值(什么时候返回什么值,需要根据测试用例的情况来决定)。驱动模块的使命就是根据测试用例的设计去调用被测试模块,并且判断被测试模块的返回值是否与测试用例的预期结果相符。

桩模块和驱动模块在集成测试中的自底向上测试方法和自顶向下测试方法中经常使用。

4.3.6　集成测试方法

集成测试分析为选择和确定集成测试策略提供了重要的参考依据,集成测试策略是建立在测试分析基础之上的。集成测试策略实际上就是指被测软件单元的集成方式、方法。集成测试的方法有很多种,每种方式有其自身的优点和缺点,因此要根据系统自身的实际特点来选择合适的集成测试方法,这就是策略。常见的集成测试方法有很多种,例如大爆炸集成、自顶向下集成、自底向上集成、三明治集成、基于调用图的集成、基于路径的集成、分层集成、基于功能的集成、高频集成、基于进度的集成、基于风险的集成、基于事件的集成、基于使用的集成、客户机/服务器的集成、分布式集成等。而在实际的集成测试过程中,可以根据软件系统的体系结构和层次结构等特点同时采用不同的集成测试方法完成集成测试。下面将对主要的集成测试方法作详细地介绍。

1. 基于分解的集成方法

基于分解的集成测试可以分为非增量式和增量式两大类。非增量式集成测试,也称做大爆炸(Big Bang)集成,就是分别对已经通过单元测试的模块按照层次结构图组装到一起进行测试,最终得到所要求的软件。增量式测试与非增量式测试相反,是一个逐步集成的过程。增量式集成(或组装)首先对已经通过单元测试的模块逐步组装成较大的系统,在组装的过程中边组装边测试,以发现组装过程中产生的问题。增量式测试按不同的集成次序可分为两种方法,即自顶向下集成和自底向上集成。

(1)大爆炸集成

①定义。

大爆炸集成属于非增值式集成(NO-Incremental Integration)的方法,也称为一次性组装或整体拼装。这种集成测试的做法就是把所有通过单元测试的模块一次性集成到一起进行测试,不考虑组件之间的互相依赖性及可能存在的风险。目的是尽可能缩短测试时间,使用尽量少的测试用例来进行集成以验证系统。

②方法举例。

图 4-5 所示是模块结构图,图中的 A、B、C、D、E 这 5 个模块均已经通过了单元测试,大爆炸集成就是将这 5 个模块一次性地集成在一起进行测试,找出可能出现的接口和其他类型的缺陷。

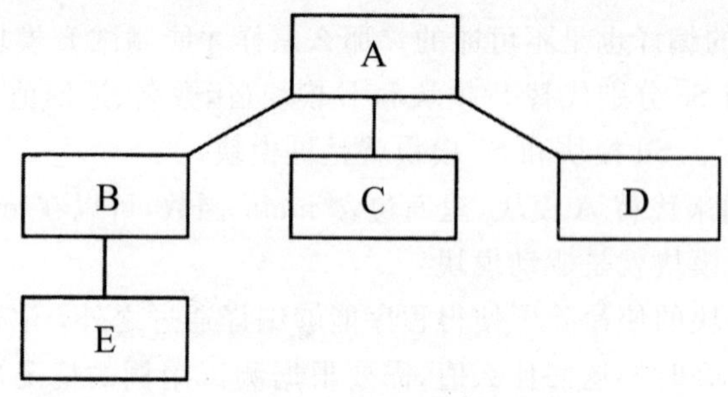

图 4-5 模块结构图

③优点。

· 可以同时集成所有模块,因此能够充分利用人力、物力资源,加快工作进度。

· 需要的测试用例数目少,因此测试用例设计的工作量相对比较小。

· 测试方法简单、易行。

④缺点。

· 难以保证对各个模块之间的接口进行充分测试,因此很容易遗漏掉一些潜在的接口错误(如数据类型传递错误)。即使集成测试通过,也会遗漏很多错误(如接口错误等),从而增加系统测试的工作量,软件的可靠性难以得到很好的保证。

· 对全局数据结构的测试不够彻底。

· 一次集成的模块数量多,集成测试后可能会出现大量的错误,因此难以进行错误定位和修改。另外,修改了一处错误之后,很可能新增更多的新错误,新旧错误混杂,给程序的完善带来很大的麻烦。因此,往往要经过很多次集成测试才能够运行成功,集成回归。

⑤适用范围。

· 集成时，仅仅修改或增加了少数几个模块且前期产品是稳定的。

· 功能少，模块数量不多，程序逻辑简单，并且每个组件都是已经过充分单元测试的情况。

· 基于严格的净室软件工程（开发零缺陷或接近零缺陷的软件方法）开发的产品，并且在每个开发阶段，产品质量和单元测试质量都相当高。

（2）自顶向下集成

①定义。自顶向下的集成测试就是按照系统层次结构图，以主程序模块为中心，自上而下地对各个模块一边组装一边进行测试。可以分为深度优先集成和广度优先集成两种方式，集成的过程与数据结构的深度遍历和广度遍历一致。深度优先集成是沿着系统层次结构图的纵向方向，按照一个主线路径自顶向下把所有模块逐渐集成到结构中进行测试，但是主线路径的选择是任意的，可以从左向右，也可以从右向左进行。广度优先集成是沿着系统层次结构图的横向方向，把每一层中所有直接隶属于上一层的所有模块逐渐集成起来进行测试，一直到最底层，可以从左向右，也可以从右向左进行。需要开发桩，开发的桩数量为节点数减 1。

②集成方法。过程如下：

以主模块为所测模块兼驱动模块，所有直属主模块的下属模块全部用桩模块对主模块进行测试。

采用深度遍历或广度遍历的策略，用实际源代码模块替换相应桩模块，再用桩代替它们的下属模块，与已经测试的模块或子系统集成为新的子系统，每次只替换一个桩为源代码。

进行回归测试（即重新执行以前的全部测试或部分测试用例），排除集成过程中引起错误的可能。

判断是否所有的模块都已经集成到系统中，是则结束测试，否则继续执行。

下面举例说明集成过程。该例子是采用自顶向下、从左向右的深度优先集成，图 4-6 的上方是模块结构图，下方是集成的过程。图 4-6 中 S_1～S_5 代表桩模块，在采用自顶向下、从左向右的深度优先集成过程中每次只将一个桩模块替换为源代码。

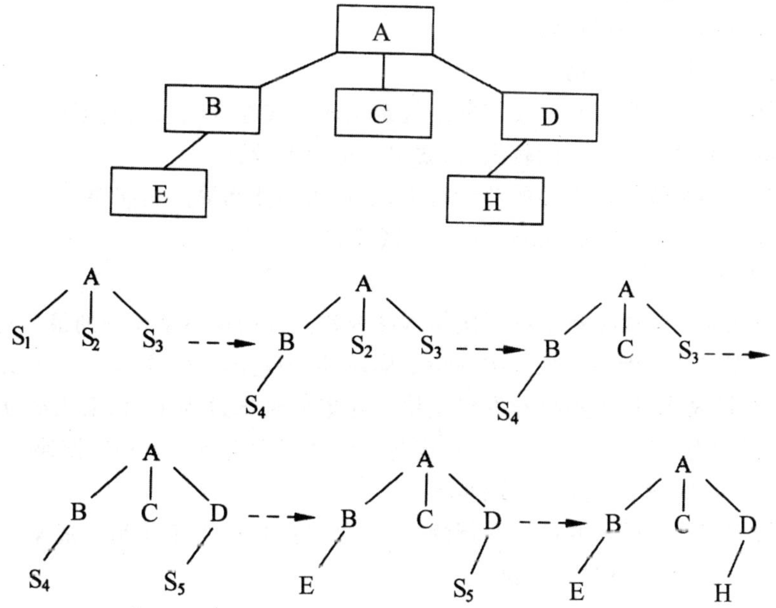

图 4-6　自顶向下的集成实例

③优点。

·在测试的过程中,可以较早地验证主要的控制和判断模块。在一个功能划分合理的程序模块结构中,控制和判断模块常常出现在较高的层次中,因而可以提前做测试,以便发现问题。

·选择深度优先集成的方式,可以首先实现和验证一个完整的软件功能。如采用从左向右的深度优先集成可以先对逻辑输入的分支进行集成,检查和克服潜藏的错误和缺陷,验证其功能的正确性,为此后主要分支的集成提供保证。

·不需要开发驱动器,减少开发和维护成本。

·开发和集成测试的顺序是一致的,因此在开发的同时可以并行执行集成测试,能够灵活地适应目标环境。

·故障隔离和错误定位容易。如果主程序模块A通过了测试,加入模块B后出现错误或缺陷,那么可以判断错误可能是出现在B模块或(和)A模块或B模块和A模块的接口。

④缺点。

·测试时需要为每个模块的下层模块提供桩模块,桩数量为节点数减1。增加桩模块的开发和维护成本。

·底层尤其是叶子模块一般是实现功能的模块,其需求变更可能会影响到全局模块,可能需要修改整个系统的多个上层模块。

·因此,容易出现回归测试或多次回归。

·在集成过程中,底层模块不断加入,整个系统变得越来越复杂,可能会导致底层模块特别是被重用的或被多个模块调用的模块测试不够充分。

⑤适用范围。这种集成测试方法适用于大部分采用结构化编程方法的软件产品。一般的大型复杂软件系统往往会综合使用多种不同的集成测试方法。采用自顶向下的集成测试方法可以参考以下几个方面:

·软件的体系结构控制比较清晰。

·软件的体系结构的高层模块接口变化少。

·开发和集成测试并行的情况。

·软件的体系结构的低层模块接口的最终定义较迟或经常因需求变更等原因被修改。

·产品中的控制模块技术风险较大,需要尽可能提前验证。

·需要尽早看到系统某些方面的功能行为,如输入功能和输出功能等。

·极限编程(Extreme Programming)中测试优先的情况。

(3)自底向上集成

①定义。自底向上集成是从系统层次结构图或称软件的体系结构图的最底层模块开始进行组装的集成测试方式。对于某一个层次的特定模块,因为它的子模块(包括子模块的所有下属模块)已经组装并测试完成,所以不再开发桩模块。在集成测试过程中,如果想要从子模块得到信息,可以通过直接调用子模块的源代码。集成测试的过程中需要开发相应模块的驱动器。

②集成方法。自底向上集成的集成步骤如下:

由驱动模块控制底层模块并进行并行测试,也可以把最底层模块组合成某一特定软件功能的族,由驱动器模块控制它并进行测试。

用实际模块代替驱动器,与它已经测试的直属子模块集成为子系统。

按模块结构向上集成并为子系统配备新驱动模块,进行新的测试。

判断是否已经集成到达主模块，是则结束测试，否则执行第②步。

下面举例说明集成过程。图 4-7 的上方是模块结构图，下方是集成的过程。图 4-7 中 D_1～D_3 代表驱动器模块，在集成过程中，D_1 和 E 之间集成、D_2 和 H 之间集成可以并行。图 4-7 的下方是一种集成过程，开发驱动器的数为节点数－叶子数，即 6－3＝3，驱动器的数量比自顶向下集成开发的桩数量少，不过代价是驱动器模块都比较复杂。另一种集成过程如图 4-8 所示，D_1～D_5 为驱动器模块，这种集成过程开发的驱动器数量和自顶向下的方法一样，即节点数－1。这种集成过程增加了最后阶段各分支和主模块的不同驱动器间的集成。

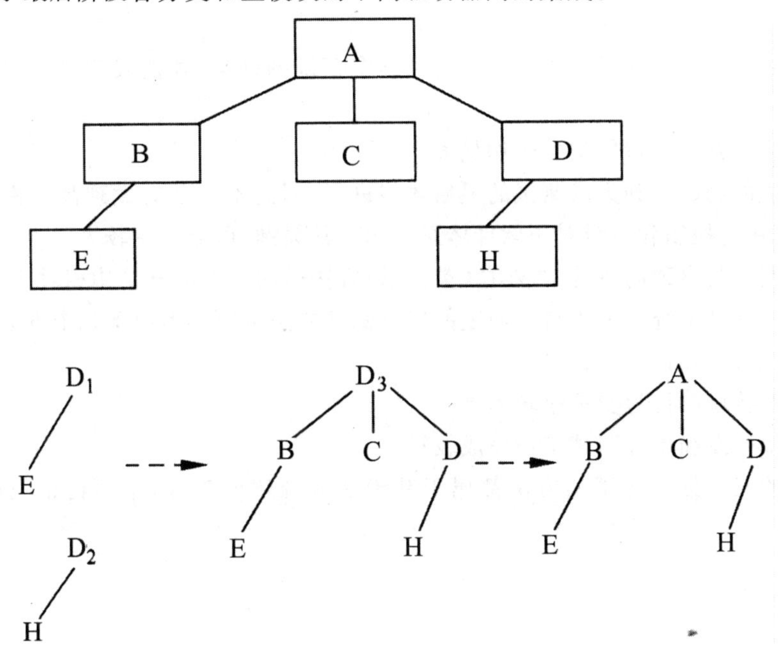

图 4-7　自底向上一种集成过程实例

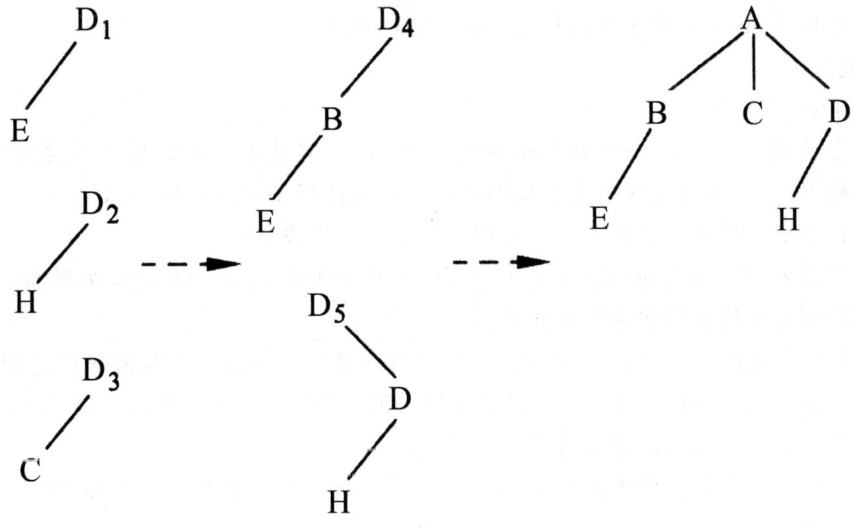

图 4-8　自底向上另一种集成过程

③优点。

· 尽早地验证下层模块的行为。当任意一个叶子模块通过单元测试后，都可以随时对下层模块进行集成测试，并且驱动模块的开发还有利于规范和约束系统上层模块的设计，可在一定程度上增加系统的可测试性。

· 集成测试过程中，可以同时对系统层次结构图中不同的分支进行集成测试，具有并行性。

· 在对上层模块进行测试时，下层模块的行为就已经得到了验证，因此在向上集成的过程中，越靠近主控模块的上层模块更多的是验证其控制和逻辑。

④缺点。

· 直到最后一个模块加进去之后才能看到整个系统的框架，才能发现时序问题和资源竞争问题。

· 驱动模块的开发相对复杂且工作量大。

· 主控模块的测试要到集成测试的最后才能进行，因此不能及时发现高层模块设计上的错误，如果主控模块的控制和逻辑对于软件体系结构非常关键，可能影响较大。

⑤适用范围。与自顶向下的集成方式类似，该方法适用于大部分结构相对比较简单、采用结构化编程方法的软件系统。采用自底向上的集成测试方法可以参考以下几个方面：

· 底层模块接口和行为比较稳定。

· 高层模块接口和行为变更比较频繁。

· 底层模块开发和单元测试工作完成较早。

以上讨论的三种集成测试的方法都属于基于功能分解的集成，下面讨论三明治集成测试方法。

2. 三明治集成

(1)定义

三明治集成是一种混合增量式集成测试方法，综合了自顶向下和自底向上两种集成方法的优点，也属于基于功能分解的集成。这种方法桩和驱动器的开发工作都比较少，不过代价是类似大爆炸集成的后果，在一定程度上增加了定位缺陷的难度。

(2)集成方法

分析如下：

①对整个的模块层次结构图(软件体系结构图)而言，首先必须确定以哪一层为界来决定使用三明治集成方法，一般以模块层次结构图的中间层或接近于中间的层为界。

②以确定为界的层及其以下的各层使用自底向上的集成方法。

③以确定为界的层的上面的层次使用自顶向下的集成方法，不包括确定为界的层。

④对系统所有模块进行整体集成测试。

三明治集成方法应该尽量减少设计驱动模块和桩模块的数量。在集成测试过程中，使用以确定为界的层各模块同相应的下层先集成的策略，而不是使用确定为界的层各模块同相应的上层先集成是考虑到这样做可以减少桩模块的开发。

下面举例说明三明治集成方法的集成过程。图 4-9 所示是软件的模块结构图。图 4-10 和图 4-11 所示是集成步骤。

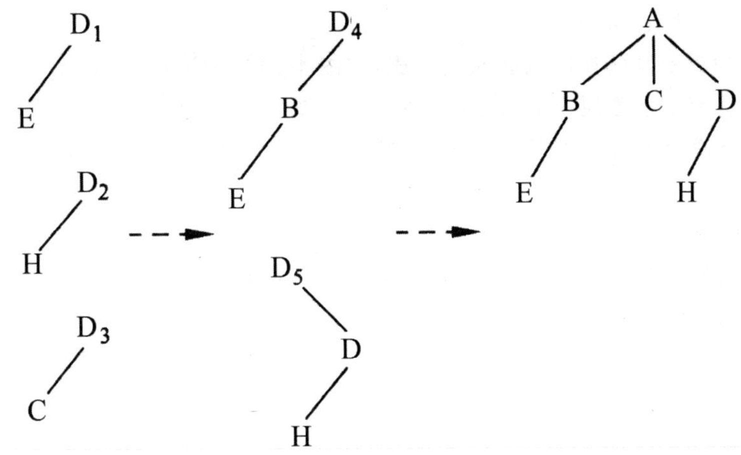

图 4-9　软件的模块结构图

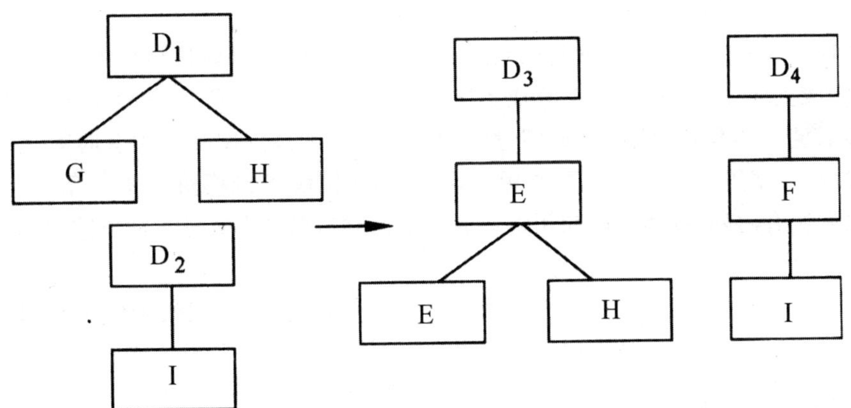

图 4-10　E 模块为界及其所在层自底向上集成

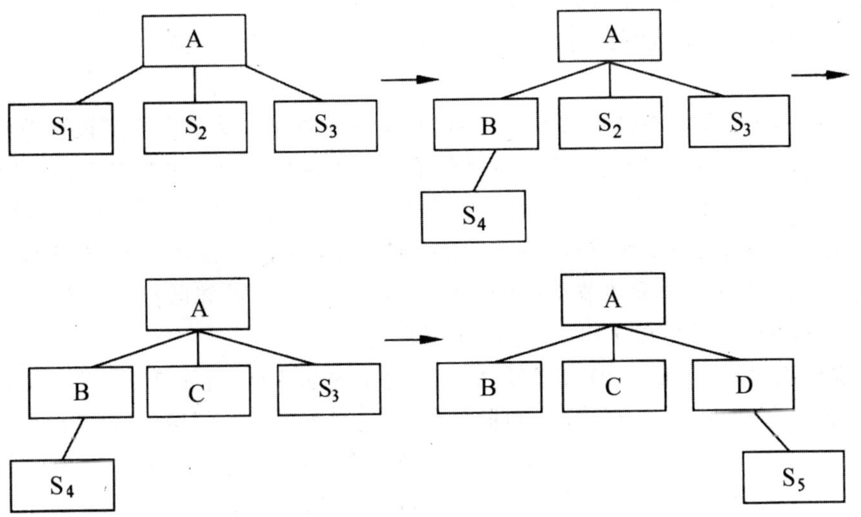

图 4-11　E 模块为界的上面层次的自顶向下集成

①确定以 E 模块所在层为界。

②以 E 模块为界及其所在层自底向上集成,如图 4-10 所示。

③以 E 模块为界的上面层次的自顶向下集成,如图 4-11 所示。

④对系统所有模块进行整体集成测试,即图 4-9 所示。

(3)优点

- 具有自顶向下和自底向上两种集成方法的优点。
- 确定哪一层为界具有一定的技巧,可以减少桩模块和驱动模块的开发量。
- 自顶向下和自底向上两种集成方法可以并行。

(4)缺点

在最后的所有模块集成阶段会增加缺陷定位的难度。

(5)适用范围

大多数软件系统都可以应用此集成测试方法。

3. 基于调用图的集成

基于分解的集成方法的缺点就是以系统功能分解为基础,以模块结构图为依据。如果把集成的依据改为模块调用图,则可以使集成测试向结构性测试方法发展,避免基于分解的集成方法存在的一些不足。在本书的第 1 章介绍过图论知识。模块调用图是一种有向图,节点表示程序模块,边对应程序调用。如果模块 X 调用模块 Y,则从模块 X 到模块 Y 有一条有向边。基于调用图的集成方法有两种:成对集成和相邻集成。下面对这两种方式进行简单的介绍。

(1)成对集成

成对集成的基本思想就是免除桩/驱动器开发工作,使用实际代码来代替桩/驱动器。这看起来类似大爆炸集成方式,但是把这种集成限制在调用图中的一对模块或单元上。

成对集成的方法就是对应调用图的每一个边建立并执行一个集成测试对,这个测试主要关注这条边对应的接口。对整个软件系统而言,需要建立多个集成测试对且存在着一个模块分别和不同的模块建立不同的测试对,但是成对集成可以大大减少桩和驱动器开发的工作量。图 4-12 所示为某系统的调用图,以此为例加以分析。该调用图共有 22 个集成测试对,其中的模块 a 分别和 x、h、i、v、l、b 建立集成测试对。图中的虚线包围列出了三个集成测试对。

(2)相邻集成

相邻集成中的相邻是针对模块节点而言的,模块节点的邻居就是由指定模块节点引出的节点集合。在有向图中,节点邻居包括所有直接的前驱节点和所有直接的后继节点,如模块节点 c 的直接前驱节点为 b,直接后继节点为 m;模块节点 a 没有直接前驱节点,其直接后继节点有 x、h、i、v、l。在图 4-13 中,对于模块节点 l 来说,它的邻居有 a、k 两个模块节点;对于模块节点是来说,它的邻居有 l、w 和 r 三个模块节点;对于模块节点 b 来说,它的邻居有 a、c、d、e、f 这 5 个模块节点。图 4-13 的虚线范围给出了模块节点 l 和 d 的邻居。

对于给定调用图,总是可以计算出邻居数量。每个内部节点(内部节点具有非零内度和非零外度)有一个邻居,如果叶节点直接连接到根节点,则还要加上一个邻居。这样有:

$$内部节点=节点-(源节点+汇节点)$$

$$邻居=内部节点+源节点$$

经过合并,得到:

邻居＝节点－汇节点

源节点和汇节点在“基于路径的集成”一节有详细解释。

根据上面的公式，调用图 4-13 的邻居数量为 20－12＝8。所以相邻集成和成对集成相比可大大降低集成对数，从例子中可以看出其集成对数为 22 对，而邻居数只有 8 个，并且避免了桩和驱动器的开发。

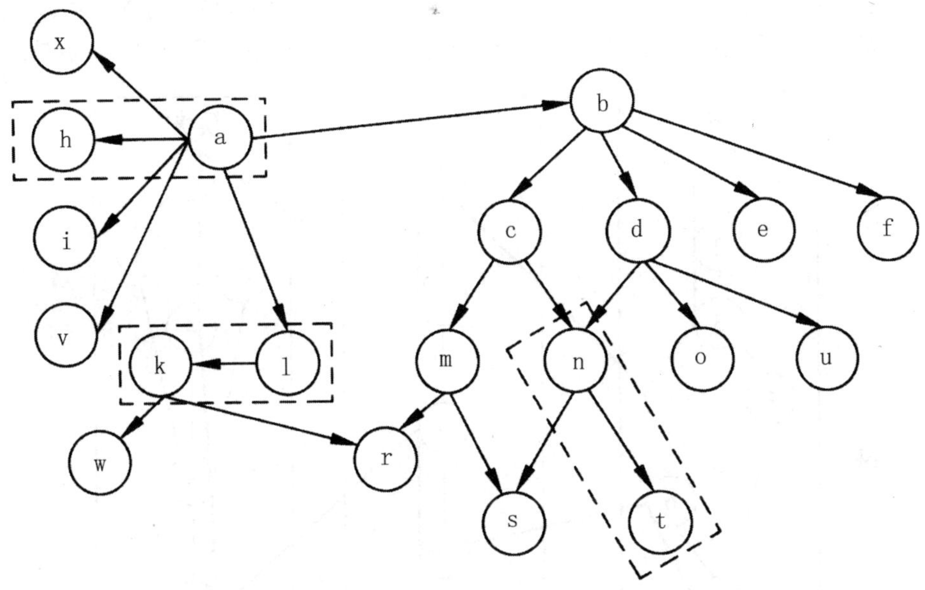

图 4-12　成对集成举例

回忆一下三明治集成，可以看出相邻集成本质上是前面介绍过的三明治集成，其不同之处是因为相邻集成的依据是调用图，而不是分解树，它们的共同之处是都具有缺陷隔离的困难。另外，对于同时属于不同邻居的节点存在缺陷的时候，修改该节点的缺陷后，所有包括该节点的邻居都需要重新进行集成测试，也就是说要进行集成的回归。例如图 4-13 中的模块节点 n 就是这种情况。

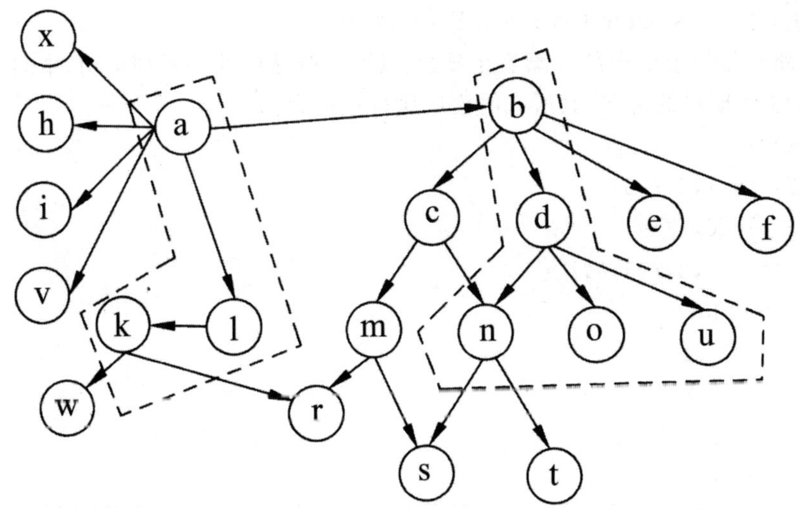

图 4-13　相邻集成举例

4. 基于路径的集成

在分析基于路径的集成方法之前,先了解与程序图的节点、路径等相关概念。

(1)源节点

程序中的源节点是程序执行开始或重新开始执行处的语句片段。模块或单元中的第一个可执行语句显然是源节点。源节点还会出现在紧接转移控制到其他模块或单元的节点之后。在图 4-14 的模块 A 中的节点 1、6 是源节点;模块 B 中的 1、3 节点是源节点;模块 C 中的 1 节点是源节点。

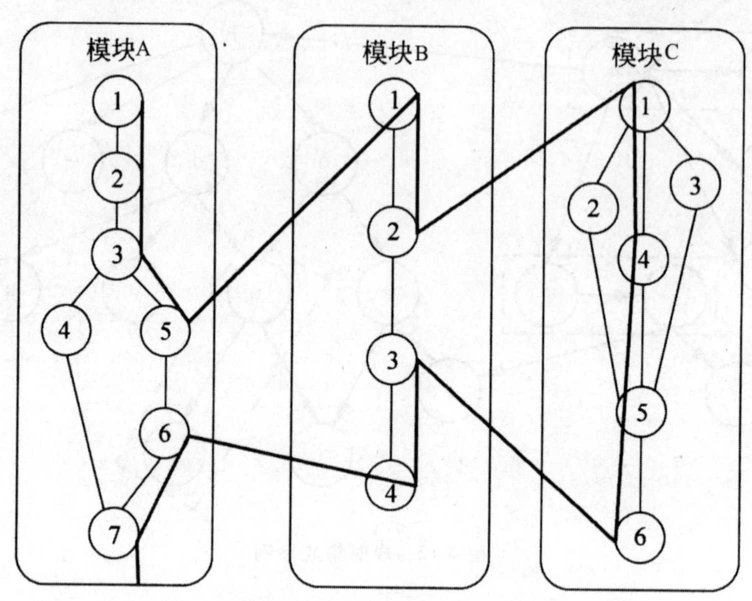

图 4-14 MM 路径举例

(2)汇节点

汇节点是程序执行结束处的语句片段。程序中的最后一个可执行语句显然是汇节点,转移控制到其他单元的节点也是汇节点。在图 4-14 的模块 A 中的节点 5、7 是汇节点;模块 B 中的 2、4 节点是汇节点;模块 C 中的 6 节点是汇节点。

(3)模块执行路径(Module Execution Path,MEP)

模块执行路径是指模块内部以源节点开始、以汇节点结束的一系列语句,中间没有插入汇节点。依据图 4-14 中模块的情况,其所有的模块执行路径为:

MEP(A,1)=<1,2,3,4,7>

MEP(A,2)=<1,2,3,5>

MEP(A,3)=<6,7>

MEP(A,4)=<1,2,3,5,6,7>

MEP(B,1)=<1,2>

MEP(B,2)=<3,4>

MEP(B,3)=<1,2,3,4>

MEP(C,1)=<1,4,5,6>

MEP(C,2)=<1,2,5,6>

MEP(C,3)=<1,3,5,6>

(4)消息

消息是一种程序设计语言机制,通过这种机制可以把控制从一个单元转移到另一个单元。在不同的程序设计语言中,消息可以被解释为子例程调用、过程调用、方法调用及函数引用。约定接收消息的单元总是最终将控制返回给消息源。消息可以向其他单元传递数据。

(5)MM 路径(Method Message Path,MM—Path)

MM 路径是指穿插出现的模块执行路径和消息构成的序列。如图 4-14 中的粗线所示,代表模块 A 调用模块 B,模块 B 调用模块 C,这就是一个 MM 路径。

如果模块 A、模块 B、模块 C 之间的调用关系如图 4-14 所示,那么可以将模块 A、模块 B、模块 C 之间所有的 MM 路径表示出来,以构成 MM 路径图。该 MM 路径图也包括模块内部退化的 MM 路径(没有调用关系的 MEP),如图 4-15 所示。在图 4-15,实线表示消息,虚线表示消息的返回。图中除了反映模块 A、模块 B、模块 C 之间调用关系的一条 MM 路径之外,还包括 MEP(A,1)、MEP(A,4)、MEP(B,3)、MEP(C,2)和 MEP(C,3)这 5 条退化的 MM 路径。

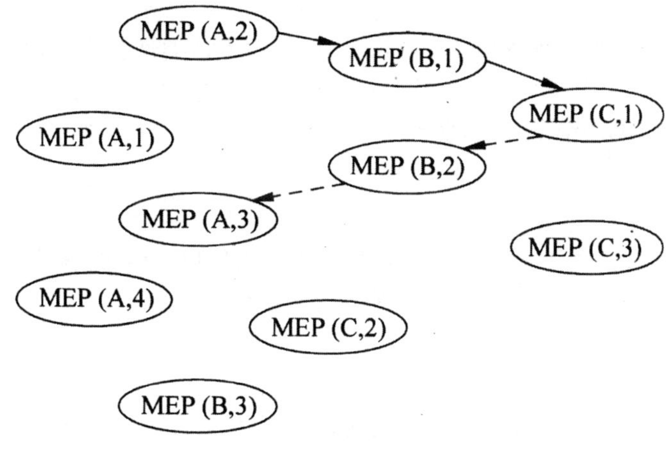

图 4-15 从图 4-14 中导出的 MM 路径图

进行路径集成测试时,选择的 MM 路径集合的最低覆盖指标是覆盖单元集合中所有从源到汇节点的路径、MM 路径集合覆盖所有的节点或者 MM 路径集合覆盖所有消息调用和返回的边。在上面的例子中,要设计一组测试用例使图 4-15 中的所有 MM 路径至少覆盖一次,包括退化的 MM 路径。如果存在循环,则要进行压缩,产生有向无环路图,因此可解决无限多路径问题。

MM 路径是功能测试和结构性测试的一种结合。从测试本身来说,MM 路径是功能性的,因此可以使用所有功能性测试技术。而在测试用例的设计上使用了白盒测试中的路径思想,不过这里的路径不是模块内部的路径,而是跨模块的路径,而在 MM 路径图的标识方式上也是结构性的。因此,在基于路径的集成测试过程中,很好地把功能测试和结构测试的方法结合到了一起。但是,基于路径集成的测试的关键是标识 MM 路径,再基于路径设计对应的测试用例。

4.4 系统测试

由于软件只是计算机系统中的一个组成部分,软件开发完成后,还要与系统中的其他部分结合起来才能运行，如计算机硬件及相关的外围设备、数据收集和传输机构、操作系统、Web 服务器、数据库服务器等。所以在整个系统投入运行之前，要对系统的各部分进行组装和确认测试。也就是说，在各个部分都能够正常运行的前提下，确保在实际运行的软、硬件环境下也能够相互配合，正常工作。

一般而言，系统测试就是将已经集成好的软件系统，作为整个计算机系统的一个元素，与计算机硬件、外设、某些支持软件、数据和人员等其他系统元素结合在一起，在实际运行环境下，对计算机系统进行一系列的组装测试和确认测试。实际上就是对被测系统中的各个组成部分进行的综合检验。

系统测试的目的在于通过与系统的需求定义进行比较，检查软件是否存在与系统定义不符合或与之矛盾的地方，以验证软件系统的功能和性能等满足其规约所指定的要求。因此，测试人员应该主要根据需求分析说明书来设计系统测试的测试用例。下面介绍几类系统测试。

1. 恢复测试

操作系统、数据库管理系统等程序都有恢复机制，凭借这类恢复机制，在失误之后系统可以重新恢复正常工作。恢复测试的目的是检验这些机制的功能，此时可以故意制造一些数据错误和程序错误，也可模拟硬件错误，以观察系统的反应，看它是否能在出错后恢复。

2. 文档测试

由于用户文档也是最终产品的一部分，所以必须检查用户文档的精确性和清晰性；用户文档中所使用的例子必须在测试时一一做过，确保叙述正确无误。

3. 工序测试

一些大型系统中，部分工作由软件自动完成，其他工作需人工（如操作员、数据库管理员或终端用户）按一定工序同计算机配合完成，指定由人工完成的工序也需经受仔细的检验。

4. 功能测试

许多系统功能必须在整个系统要素的配合下才能实现，对于这样的功能，只能在系统环境下进行测试，以验证其是否满足系统功能要求。

5. 性能测试

虽然软件本身已经通过了整个系统的功能、性能等方面的测试，但当把各个系统要素集成在一起时，未必能达到整个系统的性能。因此，在整个系统的真实环境下，必须进行系统性能测试，以便全面、可靠地测试系统的运行性能。

6. 安全测试

检查系统对非法入侵者的防范能力。可以由测试人员扮演入侵者的角色，采用各种手段设法突破防线，以检测系统的安全性。

7. 压力测试

对负荷可变的系统验证其在超负荷的情况下的承受能力。

系统测试是一项比较灵活的工作，对测试人员有较高的要求，他们必须善于从用户的角度考虑问题，能彻底了解用户的环境和系统的使用，又要有从事各类测试的能力和丰富的软件知识，所以理想的系统测试人员应包括下列人选：几个职业性的系统测试专家，一到两个用户的代表、该软件系统的分析员或设计员。

4.4.1 认识系统测试

系统测试是将已经确认的软件、计算机硬件、外设、网络等其他元素结合在一起，进行信息系统的各种组装测试和确认测试。其目的是通过与系统的需求相比较，发现所开发的系统与用户需求不符或矛盾的地方，从而提出更加完善的方案。系统测试流程图如图 4-16 所示。

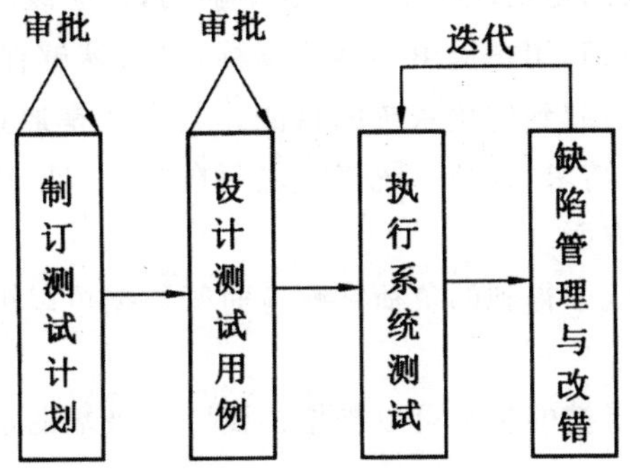

图 4-16 系统测试流程图

系统测试中最关键的两个要素是测试设计和测试流程。

(1)测试设计

测试设计的主要任务是设计测试用例，测试用例库是一种经验的积累，是测试活动最宝贵的财富。测试用例的衡量标准：多、快、好、省。软件攻击是在系统测试中常用的一种设计测试用例的思路。

(2)测试流程

测试流程包括系统测试的控制过程和系统测试的度量过程。

系统测试一般使用黑盒测试技术，由独立的测试人员完成。对于模块之间交互性比较强的软件，还会有单独的集成测试，用来发现模块接口之间的错误。

系统测试的最终目的是保证开发方交付给用户的软件产品能够满足用户的需求，因此，系统测试的测试用例应在实际的用户使用环境中执行。系统测试是涉及软件、硬件及网络等多种因素的过程。这是系统测试与单元测试和集成测试最大的不同之处。

4.4.2 系统测试的内容

系统测试包含一系列的测试活动，其目的是充分运行系统，验证系统各部件是否都能正常工作并完成赋予的任务。通常意义上的系统测试包括功能测试、性能测试、负载测试、压力测试、容量测试、安全性测试、可靠性测试、容错性测试及疲劳测试等。

实际上，以上测试内容并不是都要进行的，而是在制订测试策略和测试计划的时候有不同的侧重点,这与测试目标、测试资源、软件系统特点和业务环境有关。

4.4.3　功能测试和性能测试

1. 功能测试

因为功能测试主要采用黑盒测试方法,所以功能测试在某种程度上常常和黑盒测试联系在一起,尽管这是一种不准确的说法。功能测试主要是根据产品规格说明书,来检验被测试的系统(产品)是否满足各方面功能的实用要求。功能测试的方法主要采用黑盒测试中曾经介绍过的等价类划分法、边界值分析法及因果图法等。

2. 性能测试

对于一个系统而言,仅仅满足功能要求是远远不够的,还应该满足性能要求。性能测试的目的是验证软件系统是否能够达到用户提出的性能指标,是否能够保持。同时发现软件系统中存在的性能瓶颈,优化软件,最后起到优化系统的目的。其方法是通过覆盖系统运行时间、响应时间、占有系统资源情况等性能需求,判断系统集成之后在实际应用环境中能否可靠、稳定地运行。

性能测试包括以下几个方面。

①评估系统的能力。测试中得到的负荷和响应时间数据可以被用于验证所计划的模型的能力,并帮助作出决策。

②识别体系中的弱点。受控的负荷可以被增加到一个极端的水平,并突破它,从而修复体系的瓶颈或薄弱的地方。

③系统调优。重复运行测试,验证调整系统的活动得到了预期的结果,从而改进性能。

④检测软件中的问题。长时间的测试执行可导致程序发生由于内存泄露引起的失败,揭示程序中隐含的问题或冲突。

⑤验证稳定性(Resilience)和可靠性(Reliability)。在一个生产负荷下执行测试一定的时间是评估系统稳定性和可靠性是否满足要求的唯一方法。

中国软件评测中心将性能测试概括为 3 个方面:应用在客户端性能的测试、应用在网络上性能的测试和应用在服务器端性能的测试。通常情况下,3 方面有效、合理地结合,可以达到对系统性能全面的分析和瓶颈的预测。

从时间、空间角度分析,性能测试需要考虑以下问题。

①时间性能。时间主要指软件的一个具体操作的响应时间。响应时间的长短并无一个绝对统一的标准。以电子商务网站而言,一个普遍接受的响应时间标准为 2∶5∶10,即 2 秒以内对用户的操作予以响应是非常优秀的,5 秒以内响应用户的操作则认为可以接受,而若 10 秒还无法响应用户操作则将导致用户的抱怨,并达到用户忍耐力的极限。

②空间性能。空间性能主要指软件运行时消耗的系统资源。它直接决定了系统的最低配置和推荐配置,系统最低配置利推荐配置越小,软件运行时消耗的系统资源就越小。

总的来说,性能测试分析师较为感兴趣的性能信息包括以下几方面:CPU 的使用情况;1/0 的使用情况;主存的使用情况;每个模块的执行时间百分比;模块使用在主存储器上的时间百分比;指令随时间的跟踪路径;控制从一个模块到另一个模块的次数;系统反应时间;系统吞叶量。

4.4.4　负载测试和压力测试

负载测试是模拟实际软件系统所承受的负载条件的系统负荷，通过不断加载（如逐渐增加模拟用户的数量）或其他加载方式来观察不同负载下系统的响应时间和数据吞吐量、系统占用的资源（如 CPU、内存等），以检验系统的行为和特性，发现系统可能存在的性能瓶颈、内存泄漏、不能实时同步等问题。负载测试更多地体现了一种方法或一种技术。

压力测试是在强负载（如大数据量、大量并发用户等）下的测试，查看应用系统在峰值使用情况下操作行为，从而有效地发现系统的某项功能隐患、系统是否具有良好的容错能力和可恢复能力。压力测试分为高负载下的长时间（如 24 小时以上）的稳定性压力测试和极限负载情况下导致系统崩溃的破坏性压力测试。

压力测试可以被看做是负载测试的一种，即高负载下的负载测试，或者说压力测试采用负载测试技术。通过压力测试，可以更快地发现内存泄漏问题，还可以更快地发现影响系统稳定性的问题。例如，在正常负载情况下，某些功能不能正常使用或系统出错的概率比较低，可能一个月只出现一次，但在高负载（压力测试）下，可能一天就出现，从而发现有缺陷的功能或其他系统问题。通过负载测试，可以证明这一点。例如，某个电子商务网站的订单提交功能，在 10 个并发用户时错误率是零，在 50 个并发用户时错误率是 1%，而在 200 个并发用户时错误率是 20%。

负载测试是为了发现系统的性能问题，负载测试需要通过系统性能特性或行为来发现问题，从而为性能改进提供帮助，从这个意义看，负载测试可以看做性能测试的一部分。但它们两者的目的是不一样的，负载测试是为了发现缺陷，而性能测试是为了获取性能指标。因为在性能测试过程中，也可以不调整负载，而是在同样负载情况下改变系统的结构、改变算法、改变硬件配置等来得到性能指标数据，从这个意义上看，负载测试可以看做是性能测试所使用的一种技术，即性能测试使用负载测试的技术及工具。性能测试要获得在不同的负载情况下的性能指标数据。

一般情况下，压力测试需考虑以下几方面问题。

①接收大数据量的数据文件时间。

②大数据恢复时间。

③大数据导入导出时间。

④大批量录入数据时间。

⑤大数据量的计算时间。

⑥多客户机同时进行某一个提交操作。

⑦采用测试工具软件。

⑧编写测试脚本程序。

⑨大数据量的查询统计时间。

4.4.5　安全性测试、可靠性测试和容错性测试

安全性测试、可靠性测试和容错性测试的测试目的不同，其手段和方法也不同，但都属于系统测试的范畴，有一定的联系，如软件可靠性要求通常包括了安全性的要求。而且，安全性测试、可靠性测试和容错性测试的技术比较深、实施比较难，但在计算机应用系统中其作用越来越大。

1. 安全性测试

根据 ISO 8402 的定义，安全性是指“使伤害或损害的风险限制在可接受的水平内”。软件的安全性和可靠性有非常紧密的联系。

安全性测试是检查系统对非法侵入的防范能力。安全性测试期间，测试人员假扮一个试图攻击系统的角色，采用各种办法试图突破防线，可以有目的地引发系统错误，期望在系统恢复过程中侵入系统，可以通过浏览非保密的数据，从中找到进入系统的钥匙等。例如，想方设法截取或破译口令；专门定做软件破坏系统的保护机制；故意导致系统失败，企图趁恢复之机非法进入；试图通过浏览非保密数据，推导所需信息等。

从理论上讲，只要有足够的时间和资源，没有不可进入的系统。因此，系统安全设计的准则是，使非法侵入的代价超过被保护信息的价值。此时非法侵入者已无利可图。

安全性测试用来验证集成在系统内的保护机制是否能够在实际中保护系统不受到非法的侵入。“系统的安全当然必须能够经受住正面的攻击，但是它也必须能够经受住侧面和背后的攻击。”

2. 可靠性测试

产品的可靠性是指产品在规定的条件下、在规定的时间内完成规定的功能的能力。从定义本身来说，它是产品的一种能力。衡量产品可靠性水平有好几种标准，有定量的，也有定性的，有时要用几种标准(指标)去度量一种产品的可靠性，但最基本、最常用的有以下几种标准。

①可靠度。它是产品在规定条件和规定时间内完成规定功能的概率。

②可靠寿命。使产品的可靠度等于规定值时间的，即被定义为可靠寿命。

③失效率(故障率)。它是指某产品(零部件)工作到一定时间之后，在单位时间内发生失效的概率。

④有效寿命与平均寿命。有效寿命一般是指产品投入使用后至达到某规定失效率水平之前的一段工作时间。而平均寿命对于不可修复产品，指从开始使用直到发生失效这一段工作时间的平均值；对于可修复的产品，是指在整个使用阶段和除维修时间之后的各段有效工作时间的平均值。

⑤平均无故障工作时间。它是指相邻两次故障之间的平均工作时间，也称为平均故障间隔。它仅适用于可维修产品。

软件系统可靠性是指在规定条件下及在规定时间内，软件不引起系统失效的概率。该概率是系统输入和系统使用的函数，也是软件中存在故障的函数，系统输入将确定是否会遇到存在的故障。软件可靠性测试在有使用代表性的环境中，为进行软件可靠性估计对该软件进行的功能测试。需要说明的是，“使用代表性”指的是在统计意义下该环境能反映出软件的使用环境特性。

(1)软件可靠性测试的主要目的

①通过在有使用代表性的环境中执行软件，以证实软件需求是否正确实现。

②为进行软件可靠性估计采集准确的数据。估计软件可靠性一般可分为 4 个步骤，即数据采集、模型选择、模型拟合以及软件可靠性评估。可以认为，数据采集是整个软件可靠性估计工作的基础，数据的准确与否关系到软件可靠性评估的准确度。

③通过软件可靠性测试找出所有对软件可靠性影响较大的错误。

(2)软件可靠性测试的特点

软件可靠性测试不同于硬件可靠性测试，这主要是因为二者失效的原因不同。硬件失效一般是由于元器件的老化引起的,因此硬件可靠性测试强调随机选取多个相同的产品,统计它们的正常运行时间。正常运行的平均时间越长,则硬件就越可靠。软件失效是由设计缺陷造成的,软件的输入决定是否会遇到软件内部存在的故障。因此,使用同样一组输入反复测试软件并记录其失效数据是没有意义的。在软件没有改动的情况下,这种数据只是首次记录的不断重复,不能用来估计软件可靠性。软件可靠性测试强调按实际使用的概率分布随机选择输入,并强调测试需求的覆盖面。软件可靠性测试也不同于一般的软件功能测试。相比之下,软件可靠性测试更强调测试输入与典型使用环境输入统计特性的一致,强调对功能、输入、数据域及其相关概率的先期识别。测试实例的采样策略也不同,软件可靠性测试必须按照使用的概率分布随机地选择测试实例,这样才能得到比较准确的可靠性估计,也有利于找出对软件可靠性影响较大的故障。此外,在软件可靠性测试过程中还要求比较准确地记录软件的运行时间,它的输入覆盖一般也要大于普通软件功能测试的要求。对一些特殊的软件,如容错软件、实时嵌入式软件等,进行软件可靠性测试时需要有多种测试环境。这是因为在使用环境下常常很难在软件中植入错误,以进行针对性的测试。

软件可靠性测试的侧重点不同于一般的软件功能测试,其测试实例设计的出发点是寻找对可靠性影响较大的故障。因此,要达到同样的可靠性要求,可靠性测试比一般的功能测试更有效,所花费的时间也更少。另外,软件可靠性测试的环境是具有使用代表性的环境,这样,所获得的测试数据与软件的实际运行数据比较接近,可用于软件可靠性估计。总之,软件可靠性测试比一般的功能测试更加经济和有效,它可以代替一般的功能测试,而一般的软件功能测试却不能代替软件可靠性测试,而且一般功能测试所得到的测试数据也不宜用于软件可靠性估计。

(3)软件可靠性测试阶段划分

软件可靠性测试一般可分为 4 个阶段:制订测试方案;制订测试计划;进行测试并记录测试结果;编写测试报告。

制订测试方案时需要特别注意被测功能的识别和失效等级的定义。制订测试计划时需设计测试实例,决定测试时要确定输入顺序,并确定程序输出的预期结果,这时也需注意测试覆盖问题。

①功能识别。软件可靠性测试的第一步就是进行功能识别,确定使用剖面。功能识别的目标是:识别所有被测功能以及执行这些功能所需的相关输入,识别每一个使用需求及其相关输入的概率分布。为达到第一个目标,需要分析软件功能的所有集合,这些功能之间全部的约束条件,功能之间的独立性、相互关系和相互影响,还需分析系统的不同运行模式、失效发生时系统重构策略等对软件运行方式有较大影响的因素。第一个目标也是一般软件功能测试需要达到的目标,但第二个目标则是软件可靠性测试特别强调的。为了得到能够反映软件使用的有代表性的概率分布,测试人员必须和系统工程师、系统运行分析员和顾客共同合作。需要指出的是,由于可靠性的要求,输入数据的概率分布应包括合法数据的概率分布和非法数据的概率分布两部分。有时为了更好地反映实际使用状况,还需给出那些影响程序运行方式的条件,如硬件配置、负荷等的概率分布。

②定义失效等级。定义失效等级主要是为了解决下面两个问题:对发生概率小但失效后危害严重的功能需求的识别;对可不查找失效原因、并不做统计的功能需求的识别。

在制订测试计划时,失效及其等级的定义应由测试人员、设计人员和用户共同商定,达成协议。

3. 容错性测试

软件容错性测试是检查软件在异常条件下自身是否具有防护性的措施或某种灾难性恢复的能力。它是针对软件系统故障或违反指定接口的情况下,维持规定的性能水平有关的测试工作。

其目的在于发现软件系统内部可能存在的各种差错,修改软件错误,提高软件质量。软件容错性测试实施细则如下:

(1)容错性测试活动的主要内容

①制订容错性测试计划并准备容错性测试用例和容错性测试规定规程。

②对照出错后可能出现的情况分配需求及软件需求的文档,进行软件容错性测试。

③用文档记载在容错性测试期间所鉴别出的问题并跟踪直到结束。

④将容错性测试结果写成文档并用做确定软件是否满足其需求的基础。

⑤提交容错性测试分析报告。

(2)容错性测试的方法

①容错和集中控制,对操作人员的误操作是否有可靠的防御能力,不使系统瘫痪。

②软件及其他错误,对系统的输入数据是否要求具有有效的检验和排错能力。

③不合理的输入数据,在最终输出前是否对所有关键的输出数据进行合理性检查。

(3)容错性测试的结果分析

①软件能力。经过测试所表明的软件能力。

②缺陷和限制。说明测试所揭露的软件缺陷和不足以及可能给软件运行带来的影响。

③建议。提出为弥补上述缺陷的建议。

④测试结论。说明能否通过。

从容错性测试的概念可以看出,容错测试是一种对抗性的测试过程。要测试软件出现故障时,如何进行故障的转移与恢复有用的数据。故障转移(FailoVer)是确保测试对象在出现故障时,能成功地将运行的系统或系统某一关键部分转移到其他设备上继续运行,即备用系统就将不失时机地“顶替”发生故障的系统,以避免丢失任何数据或事务,不影响用户的使用。要进行故障转移的全面测试,一个好的方法是将测试系统全部对象用一张系统结构图描绘出来,对图中的所有可能发生的故障点设计测试用例。例如,系统设计架构图中,如果存在单点失效的关键对象,就是设计的重大缺陷。

4.4.6 容量测试

通过负载测试和压力测试都可以获得系统正常工作时的极限负载或最大容量。容量测试也是采用负载测试技术来实现,而在破坏性的压力测试中,容量的确定可以看做是一种副产品——间接结果。通过性能测试,如果找到了系统的极限或在苛刻的环境中系统的性能表现,在一定的程度上,就完成了负载测试和容量测试。容量还可以看做系统性能指标中一个特定环境下的一个特定性能指标,即设定的界限或极限值。

容量测试的目的是通过测试预先分析出反映软件系统应用特征的某项指标的极限值(如最大并发用户数、数据库记录数等),系统在其极限状态下没有出现任何软件故障或还能保持主要功能正常运行。容量测试还将确定测试对象在给定时间内能够持续处理的最大负载或工作量。软件容量的测试能让软件开发商或用户了解该软件系统的承载能力或提供服务的能力,如某个电子商务网站所能承受的、同时进行交易或结算的在线用户数。知道了系统的实际容量,如果不能满足设计要求,就应该寻求新的技术解决方案,以提高系统的容量。有了对软件负载的准确预测,不仅能对软件系统在实际使用中的性能状况充满信心,同时也可以帮助用户经济地规划应用系统,优化系统的部署。

4.5　验收测试

4.5.1　验收测试的定义

验收测试(Acceptance Testing)是向未来的用户表明系统能够像预定要求的那样工作。通过综合测试之后,软件已完全组装起来,接口方面的错误也已排除,软件测试的最后一步——验收测试即可开始。验收测试是软件产品完成了功能测试和系统测试之后,在产品发布之前所进行的软件测试活动,是技术测试的最后一个阶段。通过了验收测试,产品就可以正式进入发布阶段。验收测试应检查软件能否按合同要求进行工作,即是否满足软件需求说明书中的确认标准。验收测试是发布软件之前的最后一个测试操作。验收测试的目的是确保软件准备就绪,并且可以让最终用户将其用于执行软件的既定功能和任务。验收测试是检验软件产品质量的最后一道工序。验收测试通常更突出客户的作用,同时软件开发人员也有一定的参与。

4.5.2　验收测试的主要内容

软件验收测试应完成的主要测试工作包括配置复审、合法性检查、文档检查、软件一致性检查、软件功能和性能测试及测试结果评审等工作,测试希望尽可能发现软件中残留的缺陷,从而为软件进一步改善提供帮助。验收测试流程图如图 4-17 所示。

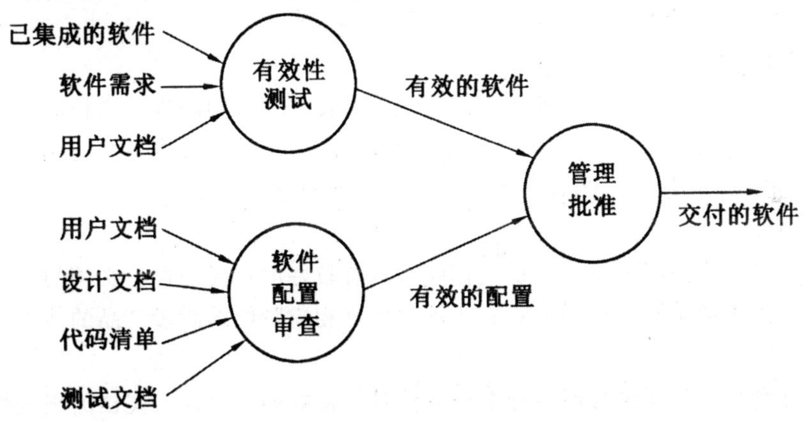

图 4-17　验收测试流程图

1. 配置复审

验收测试的另一个重要环节是配置复审。复审的目的在于保证软件配置齐全、分类有序,并且包括软件维护所必需的细节。

2. 合法性检查

在验收测试中,需要检查开发者使用的开发工具的合法性,检查开发者使用的第三方软件提供的函数、组件及 DLL 等的合法性。

3. 文档检查

文档检查主要包括如下相关文档：

①开发类文档。《需求分析说明书》、《概要设计说明书》、《详细设计说明书》、《数据库设计说明书》、《测试计划》、《测试报告》、《程序维护手册》、《程序员开发手册》、《用户操作手册》和《项目总结报告》。

②管理类文档。《项目计划书》、《质量控制计划》、《配置管理计划》、《用户培训计划》、《质量总结报告》、《评审报告》、《会议记录》和《开发进度月报》。

文档是软件的重要组成部分，是软件生存周期各个不同阶段的产品描述。评审文档质量的度量准则有以下 6 条：

(1)完备性

承担软件开发任务的单位必须按照计算机软件产品开发文件编制指南的规定编制相应的文档，以保证在开发阶段结束时其文档是齐全的。

(2)正确性

在软件开发各个阶段所编写的文档的内容，必须真实地反映阶段的工作且与该阶段的需求相一致。

(3)简明性

在软件开发各个阶段所编写的各种文档的语言表达应该清晰、准确简练，适合各种文档的特定读者。

(4)可追踪性

在软件开发各个阶段所编写的各种文档应该具有良好的可追踪性。文档的可追踪性包括纵向可追踪性和横向可追踪性两个方面。前者是指在不同文档的相关内容之间相互检索的难易程度；后者是指确定同一文档某一内容在本文档中的范围的难易程度。

(5)自说明性

在软件开发各个阶段所编写的各种文档应该具有较好的自说明性。文档的自说明性是指在软件开发各个阶段中的不同文档能独立表达该软件其相应阶段的阶段产品的能力。

(6)规范性

在软件开发各个阶段所编写的各种文档应该具有良好的规范性。文档的规范性是指文档的封面、大纲、术语的含义以及图示、符号等符合有关规范的规定。

4. 软件代码测试、功能和性能测试

按照开发软件之前已经定义好的软件编码规范及软件产品说明书进行测试。

4.5.3 验收测试过程和完成标准

验收测试需要制订测试计划和过程，测试计划应规定测试的种类和测试进度，测试过程则定义一些特殊的测试用例，旨在说明软件与需求是否一致。无论是计划还是过程，都应该着重考虑软件是否满足合同规定的所有功能和性能，文档资料是否完整、准确，人机界面和其他方面(如可移植性、兼容性、错误恢复能力和可维护性等)是否令用户满意。

1. 验收测试过程

验收测试的工作流程如图 4-18 所示。

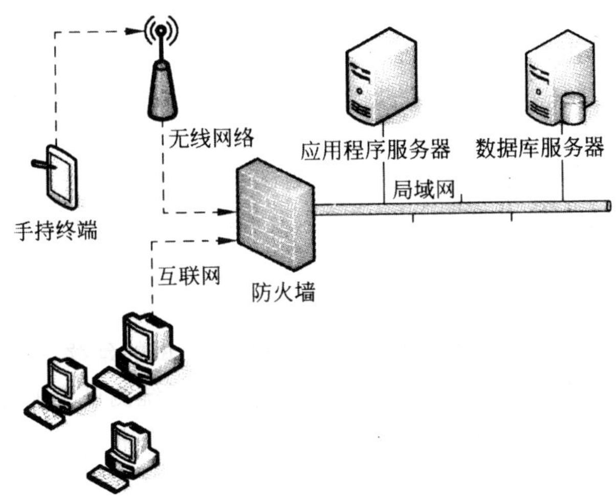

图 4-18　验收测试的工作流程

验收测试的主要步骤如下：

- 验收测试的项目洽谈。
- 验收测试合同的签订。
- 提交测试样品及相关资料。
- 软件需求分析：要分析测试样品及其相关资料，要了解软件功能和性能要求、软硬件环境要求等，并特别要了解软件的质量要求和验收要求。综合分析产品是否达到验收测试状态，未达到验收测试状态的产品要返回提交测试样品以及相关资料；达到验收测试状态的产品，可以向下执行。
- 编制《验收测试计划》和《项目验收准则》：测试计划在需求分析阶段建立，根据软件需求和验收要求编制测试计划，制定需测试的测试项，制定测试策略及验收通过准则，并经过客户参与相关计划的评审。
- 进行项目相关知识培训。
- 测试设计和测试用例设计：根据《验收测试计划》和《项目验收准则》编制测试用例和相关方案。
- 测试方案评审：评审测试实施方案和相关测试用例。
- 测试环境搭建：建立测试的硬件环境、软件环境等。可在委托客户提供的环境中进行测试。
- 实施测试：进行验收测试并记录测试结果。
- 编制验收测试报告并组织评审：根据验收通过准则分析测试结果，做出验收是否通过及测试评价。
- 提交验收测试报告：根据测试结果编制缺陷报告和验收测试报告，并提交给客户。

此,这时的测试一般不需要进行从头到尾的全面测试,而是根据修改的情况和由修改引起的影响面来进行有效的测试。另一方面看,由于扩充和维护的测试用例库可能变得相当庞大,每次回归测试都重新运行完整的测试用例包变得不切实际,时间和成本约束也不允许。所以,需要根据软件修改所影响的范围,从测试用例库中选择相关的测试用例,构造一个优化的测试用例集合来完成回归测试。

1. 测试用例库的维护

为了最大限度地满足客户的需要和适应应用的要求,软件在其生命周期中会频繁地被修改并不断推出新的版本,修改后的或者新版本的软件会添加一些新的功能或者在软件功能上产生某些变化。随着软件的改变,软件的功能和应用接口以及软件的实现发生了演变,测试用例库中的一些测试用例可能会失去针对性和有效性,而另一些测试用例可能会变得过时,还有一些测试用例将完全不能运行。为了保证测试用例库中测试用例的有效性,必须对测试用例库进行维护。同时,被修改的或新增添的软件功能,仅仅靠重新运行以前的测试用例并不足以揭示其中的问题,有必要追加新的测试用例来测试这些新的功能或特征。因此,测试用例库的维护工作还应包括开发新测试用例,这些新的测试用例用来测试软件的新特征或者覆盖现有测试用例无法覆盖的软件功能或特征。

测试用例的维护是一个不间断的过程,通常可以将软件开发的基线作为基准,维护的主要内容包括下述几个方面。

(1)删除过时的测试用例

因为需求的改变等原因可能会使一个基线测试用例不再适合被测试系统,这些测试用例就会过时。例如,某个变量的界限发生了改变,原来针对边界值的测试就无法完成对新边界的测试。所以,在软件的每次修改后都应进行相应的过时测试用例的删除。

(2)改进不受控制的测试用例

随着软件项目的进展,测试用例库中的用例会不断增加,其中会出现一些对输入或运行状态十分敏感的测试用例。这些测试不容易重复且结果难以控制,会影响回归测试的效率,需要进行改进,使其达到可重复和可控制的要求。

(3)删除冗余的测试用例

如果存在两个或者更多个测试用例针对一组相同的输入和输出进行测试,那么这些测试用例是冗余的。冗余测试用例的存在降低了回归测试的效率。所以需要定期地整理测试用例库,并将冗余的用例删除掉。

(4)增添新的测试用例

如果某个程序段、组件或关键的接口在现有的测试中没有被测试,那么应该开发新测试用例重新对其进行测试。并将新开发的测试用例合并到基线测试包中。

通过对测试用例库的维护不仅可以改善测试用例的可用性,而且也可以提高测试库的可信性,同时还可以将一个基线测试用例库的效率和效用保持在一个较高的级别上。

2. 回归测试集的选择

在软件生命周期中,即使一个得到良好维护的测试用例库也可能变得相当大,这使每次回归测试都重新运行完整的测试包变得不切实际。一个完全的回归测试包括每个基线测试用例,时间和成本约束可能阻碍运行这样一个测试，有时测试组不得不选择一个缩减的回归测试集来完成回归测试。

在做回归测试的时候可以采用两种不同的策略。

(1)完全重复测试

把所有的测试用例全部重新执行一遍，以确认缺陷修改的正确性和修改后周边是否受到影响。这是一种比较安全的策略，再测试全部用例具有最低的遗漏回归错误的风险，但测试成本最高。完全重复测试几乎可以应用到任何情况下，基本上不需要进行额外的分析和重新开发，但是，随着开发工作的进展，测试用例不断增多，重复原先所有的测试将带来很大的工作量，往往超出了我们的预算和进度。

(2)选择性重复测试

可以选择部分测试用例构成回归测试集来完成测试，以确认问题修改的正确性和修改后周边是否受到影响。选择策略主要有以下 3 种方法。

①基于风险选择测试。

可以基于一定的风险标准来从基线测试用例库中选择回归测试集 6 首先运行最重要的、关键的和可疑的测试，而跳过那些非关键的、优先级别低的或者高稳定的测试用例，这些用例即便可能测试到缺陷，这些缺陷的严重性也比较低。

②基于操作剖面选择测试 。

如果基线测试用例库的测试用例是基于软件操作剖面开发的，测试用例的分布情况反映了系统的实际使用情况。回归测试所使用的测试用例个数可以由测试预算确定，回归测试可以优先选择那些针对最重要或最频繁使用功能的测试用例，释放和缓解最高级别的风险，有助于尽早发现那些对可靠性有最大影响的故障。

③再测试修改的部分。

当测试者对修改的局部化有足够的信心时，可以通过相依性分析识别软件的修改情况并分析修改的影响，将回归测试局限于被改变的模块和它的接口上。通常，一个回归错误一定涉及一个新的、修改的或删除的代码段。在允许的条件下，回归测试应尽可能覆盖受到影响的部分。这种方法可以在一个给定的预算下最有效地提高系统可靠性，但需要良好的经验和深入的代码分析。

3. 回归测试的基本过程

有了测试用例库的维护方法和回归测试集的选择策略，回归测试可遵循下述基本过程进行。

①识别出软件中被修改的部分。

②从原基线测试用例库 T 中，排除所有不再适用的测试用例，确定那些对新的软件版本依然有效的测试用例，其结果是建立一个新的基线测试用例库 T0。

③依据一定的策略从 T0 中选择测试用例测试被修改的软件。

④如果必要，生成新的测试用例集 T1，用于测试 TD 无法充分测试的软件部分。

⑤用 T1 执行修改后的软件。

步骤②和③测试验证修改是否破坏了现有的功能，步骤④和⑤测试验证修改工作本身。

4.6.3　回归测试与自动化

一般我们谈到的自动化测试，其实是有两种说法，一种是 Test Automation，即测试自动化，

①模型测试。

②类测试(用于代替单元测试)。

③交互测试(用于代替集成测试)。

④系统(包括子系统)测试。

⑤验收测试。

⑥部署测试。

传统测试模型与面向对象的测试模型相比,面向对象的测试更关注对象而不仅仅是完成输入输出的单一功能,所以,面向对象的测试可以在分析与设计阶段就先行介入,使得测试更好地配合软件开发过程,提高软件开发过程的工作产品的质量。

4.7.2 可接受性测试

用户可接受性测试(User Acceptance Testing)又叫做验收测试。在通过了内部系统测试及其软件配置审查之后,就可以进行该项测试了。它是以用户为主的测试,实际上是对整个设计计划的一种了解。软件开发人员和QA(质量保证)人员也应当参加。由用户参加设计测试用例,使用用户界面输入测试数据,并分析测试的输出结果。一般使用生产中的实际数据进行测试。除了考虑测试软件的性能和功能外,还应对软件的可移植性、兼容性、可维护性、错误的恢复功能等进行确认。

它具有下列特点:

①必须要有用户参加,且以用户为主。

②在不同的组织之间,随目标和工作量的不同而不同。

③在整个软件开发过程中,它是最容易变化的一个测试。

④只有按照既定的目标测试才能有真正的效果。

⑤很少有组织能够真正理解如何处理测试中人的问题,同时还缺乏必要的培训来计划和执行一个有效的可接受性测试。

4.7.3 Alpha测试

Alpha测试(α测试)和Beta测试(β测试)是产品在正式发布前经常需要进行的两个不同类型的测试。α测试有时也称为室内测试(In－House Testing),是由用户在开发环境下进行的测试,也可以是开发机构内部的用户在模拟的实际操作环境下进行的测试。软件在自然设置状态下使用。开发者坐在用户旁,随时记录错误情况和使用中的问题。这是在受控制的环境下进行的测试。

测试的目的应当事先清晰地传递给每个参与者。测试中的每个参与者在测试结束时提供一个反馈。在这个测试期间,项目经理应该向参与者介绍一些项目的历史背景知识。项目的设计人员应当在测试期间提供协助,并给出测试的一般规则。

测试主要用于发现下面一些问题:

①主要的概念性缺陷与主题不协调的地方。

②发现与功能需求和项目规格不符合的地方。

③发现在拼写、标点以及习惯用法方面的错误。

④发现图形的位置错误(GUI)。

⑤发现不准确、不清晰或者不完整的图形(GUI)。

⑥发现不完整或不准确的标题(GUI)。

在进行一个仅测试时，需要注要以下事项：

在起始的时候，必须明确现在正在进行一个 α 测试并且希望做一些修改。

告诉测试参与者需要遵循下面一些基本原则：

①时刻记录对于系统的建议，建议应该足够详细，以便能知道修改。

②以一定的指令顺序进行测试，在时间不足的情况下，可以提醒参与者关注系统最关键的地方。

③尽可能地要求建议或改进，而不是简单地接受批评。从项目成员那边获取协助修改的承诺。

保证有人记录了各种评注以及帮助项目组成员在修订的时候能够记起曾经做出的决定。这些评注一般可以分为 3 个类型。

①必须进行的变更。这些一般是属于错误，并且会在正式发布的版本中被纠正。

②有效性变更。这些主要是属于内容性变更，一般是细化某些提示信息或帮助信息。

③改进性变更。这些建议并不在最初的需求或项目规格中，但是有了将更好。一般这些变更会被安排在下一个版本中。

如果在是否进行变更的讨论中陷入了泥潭，那么就应该把该决定推迟，但需要记得后面还要回到该决定上。

4.7.4　Beta 测试

Beta 测试(β 测试)是由软件的多个用户在一个或多个用户的实际使用环境下进行的测试。这些用户是与公司签订了支持产品预发行合同的外部客户，他们要求使用该产品，并愿意返回有关错误信息给开发者。与测试不同的是，开发者通常不在测试现场，因此，测试是在开发者无法控制的环境下进行的软件现场应用。

作为 Beta 测试人员，需要愿意使用有错误的软件，并且这些错误可能会使计算机崩溃。同时，测试人员需要理解在测试过程中可能没有或者很少能从程序中获得技术支持。

Beta 测试仅仅是测试，而不是对软件进行评价。作为软件开发者，愿意尽最大努力修改所有被反馈的缺陷，但是对于那些没有反馈的缺陷一般能做的事情很少。并且对于该测试的参与者来说，参加 Beta 测试并不是无偿长期获得一个软件的方法，因为测试的软件一般会在测试期过后就作废了。Beta 测试的好处有：①参与者可以比别人先一步看到软件的新特性；②参与者可以发现一些值得怀疑的错误；③作为检测出那些错误的结果，软件将变得更好；④通过测试人员的反馈，可能会影响到以后开发的方式。

一般软件公司提供测试的时候主要通过两种不同的途径：公共和私有。公共程序允许每个人员访问这个软件，有时可以自由下载，有时只需付少量的钱就可以购买到产品的光盘；而私有被限制在一小部分人中，这些人在有协议的公司或受控的环境中。私有测试人员要愿意积极报告缺陷并反馈信息。

现在公共 Beta 方式已经越来越广泛，最典型的例子是微软的软件测试。随着互联网的普及，越来越多的公司把软件测试依赖在 Beta 测试上，然而，广泛的测试并不能完全替代实验室内的系统测试，这主要是基于以下几个原因：

①测试人员不是专业的测试人员，很难发现一些深层次的问题，更多的是停留在使用性方面的问题上。

②由于测试是不受控制的，因此无法了解测试人员实际上是如何操作系统的，很多测试人员反馈的问题是由于使用不当而引起的。

③对于一些细小的问题，测试人员往往不愿意反馈。

④有些测试人员往往不是为了测试软件而参与的，而是为了评价软件或获得软件而参与测试的，并且当他们发现软件中存在一些重要缺陷时，并不是积极反馈，而是私下决定不再购买该软件。

⑤测试人员反馈的问题信息很简单，经常不能指导问题的修改，开发人员往往需要花费更多的精力去定位问题。

4.7.5 标杆测试

系统指标能够描述该产品的基本特性的性能，该指标也可以称为性能指标。系统指标在系统设计初期就会提出来，但是最终产品详细指标如何必须通过严格的测试才可以得到。要根据系统稳定性测试模型，结合系统运行的实际情况对系统进行指标测试或标杆测试。

系统标杆测试的基本概念可以分为两部分：

①在系统基本配置或最优化配置条件下，通过测试工具等模拟系统环境和提供单一或标准负荷模型，从而得到系统各种表征特性的指标，进一步可以验证系统需求和设计规格中的指标是否达到。

②在多任务并接近实际网上运行等复杂条件下，由于受 CPU、内存、存储器、通道、网络、系统配置等资源的影响而测试出系统性能在各方面潜在的低效和限制，比如对系统瓶颈、系统指标上限。

对于纯软件产品的标竿测试不多，这类测试一般对制造类产品使用得比较多，如电信类产品。该类产品在性能方面的国际国内标准随产品的不同而不同，设计指标测试时应熟悉这些标准，遵照标准、系统需求和系统设计规格中的性能指标来进行测试。

标杆测试最好在系统稳定性测试之后进行，因为系统稳定性测试可能会发现系统的缺陷，而该问题严重影响了系统性能而不得不更改原始配置和设计模型，这些变更导致了数据配置的优化、设计的优化，甚至设计的完全更新。为了得到真实的系统性能指标，就不能过早地开展标杆测试活动。

4.7.6 配置测试

配置测试(Conformance Testing)是验证系统在不同的系统配置下能否正常工作，这些配置包括软件、硬件、网络等。例如，要设计一个网络，为了测试网站的页面能够在不同的配置上可以被终端用户正确浏览，需要进行各类配置测试。在当今最新的网页开发环境中，有超过 7000 种可能的配置，这些配置涉及操作系统、浏览器、窗口大小和其他一些特性。

网页的内容可能会在任何不同的配置下被浏览。尽管一些配置能够完全按照计划的那样工作，但其他有些配置却可能会出现一些小问题，糟糕的是有些配置可能会出现和设想完全不同的结果。

配置测试经常会与兼容性测试或安装测试一起进行。

4.7.7　外场测试

外场测试(Site Testing)主要用于验证系统在实际使用环境中能否正常工作。这类测试一般在一些大型的系统中经常用到,比如电信系统、航天产品等。

外场测试是一个比较昂贵的测试,需要投入大量的人力和物力,并且场点的选择要具有一定的代表性。这类测试一般需要由专门的外场测试小组负责,并经过精心的策划。使用到的技术已经不仅局限在测试技术领域,还包括制造、维护、系统集成等领域。

有很多测试在试验中是很难模拟的,并且许多问题只有在实际使用环境中才可能暴露出来,外场测试是一个非常好的方法,有利于提供系统的可靠性,尤其对于可靠性要求很高的系统。

在英文中,Site Testing 还有一个意思就是网站测试,主要用于验证一个网站是否符合设计规格(信息、接口和可视化设计)和可用性标准。

4.7.8　SQL 测试

数据库在现在的软件系统中使用得相当广泛。作为数据库语言的基础,SQL 被广泛地应用于各种查询语句、存储过程和视图中。SQL 测试就是要检查这些 SQL 语句的正确性。这类测试可以使用类似于单元测试的一些方法,包括等价类划分、边界值分析等。同时还要考虑 SQL 语句的执行效率,确保 SQL 语句执行时使用了合适的索引,避免全表的扫描。

4.7.9　千年测试

这已经是一个过时的测试了,一般对于新的软件和硬件系统都不会存在该问题。然而,如果需要使用一些老的硬件和软件,就需要做这方面的测试,以验证 2000 年时间兼容性方面的问题。

思考及作业题

1. 简述单元测试、集成测试和系统测试的联系与区别。
2. 什么是桩模块? 什么是驱动模块?
3. 简述软件测试的复杂性。
4. 阐述单元测试的目标。
5. 简述系统测试的流程。
6. 简述回归测试的基本过程。
7. 为什么会用自动化测试来进行回归测试?
8. 简述面向对象的单元测试与集成测试的思路、策略。
9. 其他专项性测试有哪些? 简要地用自己的话叙述出来。

第 5 章　测试用例设计

Grenford J. Myers 在《The Art of Software Testing》一书中提到:一个好的测试用例是指很可能找到迄今为止尚未发现的错误的测试用例。由此可见测试用例设计工作在整个测试过程中的地位,我们不能只凭借一些主观或直观的想法来设计测试用例,应该要以一些比较成熟的测试用例设计方法为指导,再加上设计人员个人的经验积累,二者相结合才能设计出优秀的测试用例。

本章主要知识点

1. 测试用例的基本概念。
2. 测试用例的设计。
3. 测试用例设计实例。
4. 测试用例的执行与跟踪。
5. 测试用例管理。

5.1　测试用例的基本概念

5.1.1　测试用例的定义

测试用例(Test Case)是为特定的目的而设计的一组测试输入、执行条件和预期的结果的程序代码,测试用例是执行测试的最小实体。简单地说,测试用例就是设计一个场景,使软件程序在这种场景下,必须能够正常运行并且达到程序所设计的执行结果。

测试用例目前没有经典的定义,比较通常的说法是:对一项特定的软件产品进行测试任务的描述,体现测试方案、方法、技术和策略。内容包括测试目标、测试环境、输入数据、测试步骤、预期结果、测试脚本等,并形成文档。

要使最终用户对软件感到满意,最有力的举措就是对最终用户的期望加以明确阐述,以便对这些期望进行核实并确认其有效性,测试用例反映了要核实的需求。核实这些需求可能通过不同的方式并由不同的测试员来实施。例如,执行软件以便验证它的功能和性能,这项操作可能由某个测试员采用自动测试技术来实现;计算机系统的关机步骤可通过手工测试和观察来完成;不过,市场占有率和销售数据(以及产品需求),只能通过评测产品和竞争对手的销售数据来获取。

既然可能无法(或不必负责)核实所有的需求,那么为测试挑选最适合或最关键的需求关系到项目的成败。选中要核实的需求将是对成本、风险和对该需求进行核实的必要性这三者权衡考虑的结果。根据测试过程中具体设计到问题类型及测试需求,可将测试用例分为如下几类:

①功能性测试用例。

②界面测试用例,适用于所有测试阶段中的界面测试。

③数据处理测试用例，适用于所有测试阶段中的数据处理测试。

④操作流程测试用例，适用于所有流程性测试。

⑤安装测试用例，适用于所有安装测试。

测试用例构成了设计和制定测试过程的基础。测试的“深度”与测试用例的数量成比例，由于每个测试用例反映不同的场景、条件或经由产品的事件流，因而，随着测试用例数量的增加，对产品质量和测试流程也就越有信心。判断测试是否完全的一个主要评测方法是考察对需求的覆盖，而这又是以确定、实施或执行的测试用例的数量为依据的。

5.1.2　测试用例的作用

软件测试公司对测试用例是非常关注的，因为它投入小、易积累、回报大。如何在最短的时间内以最小的人力、资源的投入发现软件自身的缺陷和 Bug，完成高效率的测试，交付出优质的产品，是软件公司探索和追求的目标。因此每一个项目都要有一套完整、高效、优质的测试方案和测试方法。其方案和方法可以从类似的项目中参考或裁剪。

一个项目从人手到交付过程都是有一定风险的，因此影响软件测试的风险因素也有很多，如：软件本身的复杂程度，参与的工作人员（包括分析、设计、编程和测试等人员）的素质，测试方案、测试方法和测试技术的运用等。在众多风险的前提下，如何保证软件测试高效取高质量地运作是每个公司都要考虑的问题。如果有了测试用例或测试用例库，可以预防部分风险或减少潜在风险的发生，比如，公司事先要求编写测试用例和建立相关的测试用例库，当测试人员发生流动时，对测试和项目的进度的影响就会降到最低程度。测试用例的作用介绍如下。

1. 实施测试指导的作用

单元测试、功能测试、性能测试中测试用例都是必不可少的。实施操作这些测试的时候，测试人员自己制定操作步骤、操作方法，在实施测试时一定要严格按照测试用例规定的用例项目和测试步骤逐一测试，并把测试中的各种情况记录下来（最好用测试管理软件），以便于书写测试结果文档（建议用测试管理软件自动生成）。

需要注意的是，测试用例是指导测试人员进行测试，通过用例发现更多的缺陷，而不是限制测试人员的思维。

2. 指导测试数据规划的作用

测试用例数据一般都保存在数据库中，只有进行测试用例设计时才从数据库中调出一组或若干组本测试用例的数据和标准测试结果。例如，报表等一些对数据的正确性要求较高的测试，需要事先对测试的数据进行规划（报表的横向有多少内容、纵向有多少内容、表输出的格式要求等），进行规划设计要做到事先有准备，测试操作时有案可查。准备这些数据的依据和前提条件就是测试用例，用例可从数据库中抽取出来。除了这些用到的标准数据，有的时候还需要根据测试用例设计大量边界值和越界值。

3. 指导脚本编写的作用

软件测试行业正在由原来的人工测试逐步向人工测试和自动化测试并行的方向发展。而自动化测试的核心就是测试脚本。自动化测试所使用的测试脚本编写的依据就是测试用例。

4. 作为评判基准的作用

测试工作完成后需要评估并进行定论，判断软件是否合格，然后出具报告。测试工作的评估审查以前是依据统计结果来判断的，但是这种方法相比依据测试用例来评审显得不够精细。所以现在的评判基准是以测试用例为依据的，测试结束后需要总结如下内容：

- 测试中检测到的 Bug 数目。
- 有效的 Bug 数目。
- 无效的 Bug 数目等。

5. 作为分析缺陷的基准的作用

测试的目的就是为了发现 Bug，测试结束后对得到的 Bug 进行复查，然后和测试用例进行对比，看看这个 Bug 是一直没有检测到还是在其他地方重复出现过。如果一直没有检测到，说明测试用例不够完善，应该及时补充相应的用例；如果重复出现过，则说明实施测试还存在一些问题需要去处理。最终目的是交付给用户一个高质量的软件产品。

5.2 测试用例的设计

对于一个测试人员来说，测试用例的设计编写是一项必须掌握的能力。但有效的设计和熟练的编写测试用例却是一项十分复杂的技术，测试用例编写者不仅要掌握软件测试的技术和流程，而且还要对整个软件（不管从业务上，还是对被测软件的设计、功能规格说明、用户试用场景以及程序/模块的结构方面）都有比较透彻的理解和明晰的把握，稍有不慎就会顾此失彼，造成疏漏。

因此，在实际测试过程中，通常安排经验丰富的测试人员进行测试用例设计，没有经验的测试人员可以从执行测试用例开始，随着项目进度的不断进展，以及对测试技术和对被测软件的不断熟悉，可以不断积累测试用例的设计经验，然后逐渐参加设计测试用例。

5.2.1 测试设计说明

正如开发人员有功能设计说明书一样，测试也有测试设计说明书，它包括为每个软件特性定义具体的测试方法，包括被测特性、测试所用的方法、测试准则等。ANSI/IEEE 829 标准对测试设计说明的解释是：测试设计说明就是在测试计划中提炼测试方法，要明确指出设计包含的特性以及相关的测试方法，并指定判断特性通过/失败的规则。

测试设计说明的目的是组织和描述针对具体特性需要进行的测试，但是它并不给出具体的测试用例或者执行测试的步骤。以下内容来自于 ANSI/IEEE 829 标准，可作为测试设计说明的部分参考。

标识符：用于引用和定位测试设计说明的唯一标识符。该说明应该引用整个测试计划，还应该包含任何其他计划或者说明的引用。

被测试的特性：指明所有要被测试的软件特性及其组合，指明与每个特性或特性组合有关的测试设计说明。例如“计算器程序的加法功能”、“写字板程序中的字体大小选择和显示”等。

方法：描述测试的总体方法，规定测试指定特性组所需的主要活动、技术和工具。如果方法在测试计划中列出，就应该在此详细描述要使用的技术，并给出如何验证测试结果的方法。例如，可以这样描述一种方法，开发一种测试工具，顺序读写不同大小的数据文件，数据文件的数目和大小及包含的内容由程序员提供的示例来确定。用文件比较工具比较输出的文件和源文件，如果相同，则认为通过；如果不同，则认为失败。

测试用例信息：在这部分不定义实际测试用例。主要用于描述测试用例的相关信息。例如“检查最大值”测试用例 ID＃15326、“检查最小值”测试用例 ID＃12327 等。

通过/失败规则：规定各测试项通过测试的标准，即描述用来判定某项特性的测试结果是通过还是失败的准则。这种描述有可能非常简单和明确，例如“通过是指当执行全部测试用例时没有发现软件缺陷”。也有可能不是非常明确，例如“失败是指 10％以上的测试用例没有通过”等。

5.2.2　测试用例的编写标准

有了测试设计说明，就可以按照测试设计说明的描述，对每一个测试项进行具体的测试用例设计。具体地说，测试用例对每一个测试描述了输入、如何操作及预期的结果。一个优秀的测试用例应该包含以下要素。

①用例的编号(ID)：由测试引用的唯一标识符。测试用例的编号有一定的规则，例如可以是“软件名称简写—功能块简写－NO.”。定义测试用例编号，便于查找测试用例，便于测试用例的管理和跟踪。测试标题：对测试用例的描述，测试用例标题应该清楚表达测试用例的用途。比如“测试用户登录过程中输入错误密码时，软件的响应情况”等。

②测试项：测试用例应该准确、具体地描述所测试项及其详细特征，应该比测试设计说明中所列的特性更加具体。如测试设计说明提到“计算器程序的加法功能”，那么测试用例说明就会相应地提到“加法运算的上限溢出处理”。它还要指出引用的产品说明书或者测试用例所依据的其他设计文档。

③测试环境要求：该测试用例执行所需的外部条件，包括软、硬件具体指标以及测试工具等。

④特殊要求：对环境的特殊需求，如所需的特殊设备、特殊设置(例如对防火墙设置有特殊要求)等。

⑤测试技术：对测试所采用的测试技术和方法的描述和说明。

⑥测试输入说明：提供测试执行中的各种输入条件。根据需求中的输入条件，确定测试用例的输入。测试用例的输入对软件需求当中的输入有很大的依赖性，如果软件需求中没有很好的定义需求的输入，那么测试用例设计中会遇到很大的障碍。

⑦操作步骤：提供测试执行过程的步骤。对于复杂的测试用例，测试用例的输入需要分为几个步骤完成，这部分内容在操作步骤中详细列出。

⑧预期结果：提供测试执行的预期结果，预期结果应该根据软件需求中的输出得到。如果在实际测试过程中，得到的实际测试结果与预期结果不符，那么测试不通过；反之则测试通过。

⑨测试用例之间的关联：用来标识该测试用例与其他测试用例之间的依赖关系。在实际测试过程中，很多测试用例并不是单独存在的，他们之间可能有某种依赖关系，如该测试用例与其他测试用例，有时间上、次序上的关联，应列出前一测试用例及后一测试用例的编号。

⑩测试用例设计人员和测试人员。

⑪测试日期。

表 5-1 所示是 ANSI/IEEE 829 标准给出的测试用例编写的表格形式，在编写测试用例时可以用来参考。

表 5-1 测试用例

编号：

编制人		审定人		时间	
软件名称			编号/版本		
测试用例					
用例编号					
参考信息(参考的文档及章节号或功能项)：					
输入说明(列出选用的输入项，列出预期输出)：					
输出说明(逐条与输入项对应，列出预期输出)：					
环境要求(测试要求的软件、硬件、网络要求)：					
特殊规程要求：					
操作步骤：					
用例间的依赖关系					
用例产生的测试程序限制：					

测试用例还有一个优先级的概念，为测试用例标明优先级可以指出软件的测试重点，可以用来区分哪个测试用例更重要。一般测试用例可以分为 5 个级别，分别用 0～4 来表示。如果测试的软件项目小，优先级的好处并不明显。当软件项目比较大、时间又不宽裕时，可能只能执行更重要的测试用例，这时候优先级的重要性就体现出来了。

5.2.3 测试用例设计应考虑的因素

1. 编写测试用例所依据的文档和资料

编写测试用例所依据的文档和资料主要有以下内容：

①软件需求说明及相关文档。

②相关的设计说明(概要设计，详细设计等)。

③与开发组交流对需求理解的记录。

④已经基本成型的、成熟的测试用例等。

通常，参考同类别软件的测试用例，会有很大的借鉴意义。在测试过程中，如果可以找到同类别的软件系统的测试用例，千万别忘记拿来参考，即使是相近的系统，经过对测试用例简单修改就可以应用到当前被测试的软件。参考已经基本成型的、成熟的测试用例，可以极大地开阔测试用例设计思路，也可以节省大量的测试用例设计时间。

简而言之，所有能得到的项目文档，都尽量拿到。从所得到的资料中，分解出若干小的“功能点”，理解“功能点”，结合相应的软件需求文档和软件设计文档，在掌握一定测试用例设计方法的基础上，就可以设计出比较全面、合理的测试用例。

2. 测试用例设计的基本原则

在设计测试用例时，除了需要遵守基本的测试用例编写规范外，还必须遵循以下一些基本原则。

①用成熟测试用例设计方法来指导设计：在设计测试用例时，不能只凭借一些主观或直观的想法来设计测试用例，应该要以一些比较成熟的测试用例设计方法为指导，再加上设计人员个人的经验积累来设计测试用例，二者相结合应该是非常完美的组合。前面各章介绍的测试用例设计方法，对于测试设计人员而言是一个很好的方法指导。当然，有了好的方法作为指导后，需要更多的实践经验加以巩固和提炼。只有将测试设计思想与丰富的实践经验相融合才能设计出高质量的测试用例。

②测试用例的正确性：包括数据的正确性和操作的正确性。首先保证测试用例的数据正确，其次预期的输出结果应该与测试数据发生的业务吻合，操作的预期结果应该与程序发生的结果吻合。

③测试用例的代表性：能够代表并覆盖各种合理的和不合理的、合法的和非法的、边界的和越界的数据以及极限的输入数据、操作和环境设置等。

④测试结果的可判定性：即测试执行结果的正确性是可判定的，每一个测试用例都应有相应的期望结果。

⑤测试结果的可再现性：即对同样的测试用例，系统的执行结果应当是相同的。

⑥足够详细、准确和清晰的步骤：即使是一个对所要测试的内容根本不了解的新手，也能准确地按照所写的测试用例完成测试。

3. 测试用例设计应注意的问题

(1)把测试用例设计等同于测试输入数据的设计

现在不少人认为测试用例设计就是如何确定测试的输入数据，从而掩盖了测试用例设计内容的丰富性和技术的复杂性。无疑，对于软件功能测试和性能测试，确定测试的输入数据很重要，它决定了测试的有效性和测试的效率。但是，测试用例中输入数据的确定，只是测试用例设计的一个子集，除了确定测试输入数据之外，测试用例的设计还包括如何根据测试需求、设计规格说明等文档确定测试用例的设计策略、设计用例的执行步骤、预期结果和组织管理形式等问题。

在设计测试用例时，需要综合考虑被测软件的功能、特性、组成元素、开发阶段、测试用例组织方法(是否采用测试用例的数据库管理)等内容。具体到设计每个测试用例而言，可以根据被测模块的最小目标，确定测试用例的测试目标；根据用户使用环境确定测试环境；根据被测软件的复杂程度和测试用例执行人员的技能确定测试用例的步骤；根据软件需求文档和设计规格说明确定期望的测试用例执行结果。

(2)强调测试用例设计得越详细越好

在确定测试用例设计目标时，一些项目管理人员强调测试用例“越详细越好”。具体表现在：尽可能设计足够多的测试用例，测试用例的数量越多越好，追求测试用例越详细越好。

这种做法和观点最大的危害就是耗费了很多的测试用例设计时间和资源，可能等到测试用例设计、评审完成后，留给实际执行测试的时间所剩无几了。因为当前软件公司的项目团队在规划测试阶段的，分配给测试的时间和人力资源是有限的，而软件项目的成功要坚持“质量、时间、成本”的最佳平衡，没有足够多的测试执行时间，就无法发现更多的软件缺陷，测试质量更无从谈起。

编写测试用例的根本目的是有效地找出软件可能存在的缺陷，为了达到这个目的，需要分析被测试软件的特征，运用有效的测试用例设计方法，尽量使用较少的测试用例，同时满足合理的测试需求覆盖，从而达到“少花时间多办事”的效果。

(3)追求测试用例设计“一步到位”

一些人认为设计测试用例是一次性投入，测试用例设计一次就“万事大吉”了，片面追求测试用例设计的“一步到位”。这种认识造成的危害性使设计出的测试用例缺乏实用性。

“唯一不变的就是变化”，任何软件项目的开发过程都处于不断变化的过程中。在测试过程中可能发现设计测试用例时考虑不周的地方，需要完善；用户可能对软件的功能提出新需求，设计规格说明相应地更新，软件代码不断细化，设计软件测试用例与软件开发设计并行进行，必须根据软件设计的变化，对软件测试用例进行内容的调整，数量的增减，增加一些针对软件新增功能的测试用例，删除一些不再适用的测试用例，修改那些模块代码更新了的测试用例。

软件测试用例设计只是测试用例管理的一个过程，除此之外，还要对其进行评审、更新、维护，以便提高测试用例的“新鲜度”，保证“可用性”。如发现有对测试用例认识模糊或内容遗漏的地方，可暂做记录待后期解决，或经测试负责人与项目其他管理人员同意后，更新用例库。

(4)将多个测试用例混在一个用例中

一个测试用例包含许多内容，这样很容易引起混淆，不如分开。如果有多个测试用例混在一起，其中有的测试用例通过，而另外几个没有通过，这时测试结果很难记录。

(5)让没有测试经验的人员设计测试用例

软件测试用例设计是软件测试的中高级技能，不是每个人(尤其是没有测试经验的人员)都可以编写的，让没有测试经验的人员设计测试用例是一种高风险的测试组织方式，它带来的不利后果是：设计出的测试用例对软件功能和特性的测试覆盖性不高，编写效率低，审查和修改时间长，可重用性差。

因此，实际测试过程中，通常安排经验丰富的测试人员进行测试用例设计，没有测试经验的人员可以从执行测试用例开始，随着项目进度的不断进展，测试人员的测试技术和对被测软件的不断熟悉，可以积累测试用例的设计经验，逐渐参加测试用例的编写工作。

5.2.4 测试用例的分类

为了在实际测试工作中提高效率，同时方便测试用例的编写和执行，在编写测试用例的时候，可以把测试用例进行分类，这样也不容易遗漏应选择的测试用例。可以把测试用例归为以下5类。

①白盒测试用例：白盒测试用例主要有逻辑覆盖法和基本路径测试法设计的测试用例，设计的基本思路是使用程序设计的控制结构导出测试用例。

②软件各项功能的测试用例：例如，文字编辑器中的新建文档功能、打开文档功能、保存文档功能、打印功能、编辑功能等。功能测试用例的设计一般采用等价类划分法、边界值分析法、错误推测法、因果图法等设计测试用例，这些都属于黑盒测试用例设计技术。

③用户界面测试用例：例如，用户界面窗口里的所有菜单、每个命令按钮、每个输入框、列表框、每个工具栏、状态栏的测试用例等。

④软件的各项非功能测试用例：这里又可以分成许多类型，包括性能测试用例、强度测试用例、接口测试用例、兼容性测试用例、可靠性测试用例、安全测试用例、安装/反安装测试用例、容量测试用例、故障修复测试用例等。

⑤对软件缺陷修正所确认的测试用例。

在不同测试阶段，所采用的测试用例是不同的，在特定的阶段编写不同的测试用例并执行测试才可以提高效率。测试类型、测试阶段和测试用例的具体关系如表 5-2 所示。

表 5-2　测试阶段与测试用例关系列表

测试阶段	测试类型	执行人员
单元测试	模块功能测试，包含部分接口测试、覆盖测试、路径测试	发人员、开发人员与测试人员结合
集成测试	接口测试、路径测试，含部分功能测试	开发人员与测试人员结合、测试人员
系统测试	功能测试、兼容性测试、性能测试、用户界面测试、安全性测试、强度测试、可靠性测试、安装/反安装测试	测试人员
验收测试	对于实际项目基本同上，并包含文档测试；对于软件产品主要测试相关技术文档	测试人员，可能包含用户

测试工作和开发工作通常一同进行，所以在完成测试计划编写后，就可以进行用例的编写工作。测试和开发的对应关系如表 5-3 所示。

表 5-3　测试用例编写的时间安排

开发阶段	依据文档	编写的用例
需求分析结束后	需求文档	系统测试对应的用例
概要设计阶段结束后	概要设计、体系设计	集成测试对应的用例
详细设计阶段	详细设计文档	单元测试对应的用例

5.3　测试用例设计实例

对于测试人员来说，测试用例的设计编写是一项必须掌握的能力。但有效地设计和熟练地编写测试用例是一项十分复杂的技术，测试用例编写者不仅要掌握软件测试的技术和流程，而且还要对整个软件的业务，以及对被测软件的设计、功能规格说明、用户使用场景及程序模块结构等方面，都有比较透彻的理解和明晰的把握，稍有不慎就会顾此失彼，造成疏漏。

测试用例的设计方法不是单独存在的，具体到每个测试项目都会用到多种方法，如同每种类型的软件有其各自的特点，每种测试用例设计方法也有各自的特点，于是，针对不同软件就有不同的测试用例设计方法。测试用例的编写如表 5-4 所示。

表 5-4 测试用例编写表

<table>
<tr><td>测试标题</td><td colspan="2"></td><td>用例的编号 ID</td><td colspan="2"></td></tr>
<tr><td>测试技术</td><td></td><td>测试环境</td><td></td><td>特殊要求</td><td></td></tr>
<tr><td>测试用例设计人员</td><td></td><td>测试人员</td><td></td><td>测试日期</td><td></td></tr>
<tr><td>测试目的</td><td colspan="5"></td></tr>
<tr><td>测试对象</td><td colspan="5"></td></tr>
<tr><td>测试项</td><td>测试内容</td><td colspan="2">测试方法与步骤</td><td>测试判断准则</td><td>测试结果</td></tr>
<tr><td></td><td></td><td colspan="2"></td><td></td><td></td></tr>
<tr><td></td><td></td><td colspan="2"></td><td></td><td></td></tr>
<tr><td></td><td></td><td colspan="2"></td><td></td><td></td></tr>
<tr><td></td><td></td><td colspan="2"></td><td></td><td></td></tr>
<tr><td></td><td></td><td colspan="2"></td><td></td><td></td></tr>
</table>

[例 5-1] 求找零钱最佳组合:假设商店货品价格(R)皆为不大于 100(单元为元)的整数,若顾客付款在 100 元内(P),求找给顾客的最少货币张数?试根据边界值法设计测试用例。(注,货币面值有四种:50 元为 N_{50},10 元为 N_{10},5 元为 N_5,1 元为 N_1)。

解:(1)分析输入的边界情况:

$R>100$　　$0<R\leqslant 100$　　$R\leqslant 0$

$P>100$　　$R\leqslant P\leqslant 100$　　$P<R$

(2)分析零钱最佳组合的输出情况:

$N_{50}=1$　　$N_{50}=0$

$1\leqslant N_{10}\leqslant 4$　　$N_{10}=0$

$N_5=1$　　$N_5=0$

$1\leqslant N_1\leqslant 4$　　$N_1=0$

(3)分析找出每一个决策点,以 RR_1、RR_2、RR_3 分别表示要找 50、10、5 元货币时的剩余找零金额。

$R>100$　　$R\leqslant 0$

$P>100$　　$P<R$

$RR_l\geqslant 50$　　$RR_2\geqslant 10$　　$RR_3\geqslant 5$

(4)根据上述的输入/输出条件组合出可能的情况:

$R>100$

$R\leqslant 0$

$0<R\leqslant 100$　　$R\leqslant P\leqslant 100$　　$RR=50$

$0<R\leqslant 100$　　$R\leqslant P\leqslant 100$　　$RR=49$

$0<R\leqslant 100$　　$R\leqslant P\leqslant 100$　　$RR=10$

$0<R\leqslant 100$　　$R\leqslant P\leqslant 100$　　$RR=9$

$0<R\leqslant 100$　　$R\leqslant P\leqslant 100$　　$RR=5$

$0<R\leqslant 100$　　$R\leqslant P\leqslant 100$　　$RR=4$

$0<R\leqslant 100$　　$R\leqslant P\leqslant 100$　　$RR=1$

0<R≤100　　　　R≤P≤100　　　　RR=0

(5)为满足以上各种情形，设计测试用例如表 5-5 所示。

表 5-5　设计测试用例 1

测试用例	货品价格 R	付款金额 P
Test1	101	—
Test2	0	—
Test3	−1	—
Test4	100	101
Test5	100	99
Test6	50	100
Test7	51	100
Test8	90	100
Test9	91	100
Test10	95	100
Test11	96	100
Test12	99	100
Test13	100	100

[例 5-2]　针对下面 Test 函数按照基本路径测试方法设计测试用例。

```
int Test(int i_count,int i_flag)
{
  int i_temp=0;
  while(i_count>0)
  {
  if(i_flag= =0)
  {
  i_temp=i_count+100;
  break;
  }
else
  {
     if(i_flag= =1)
  {
  i_temp=i_temp+10;
  }
  else
  {
  i_temp=i_temp+20;
```

```
    }
    }
    i_count——;
      }
      return i_temp;
}
```

解:首先标记出路径节点。

```
Int Test(int i_count,int i_flag)
{
1   int i_temp=0;
2   while(i_count>0)
{
3        if(i_flag= =0)
{
4        i_temp=i_count+100;
5         break;
}
6        else
{
7        if(i_flag==1)
{
8        i_temp=i_temp+10;
}
9        else
{
10         i_temp=i_temp+20;
  }
}
11         i_count——;
}
12  return i_temp;
}
```

得到程序控制流程图如图 5-1 所示。

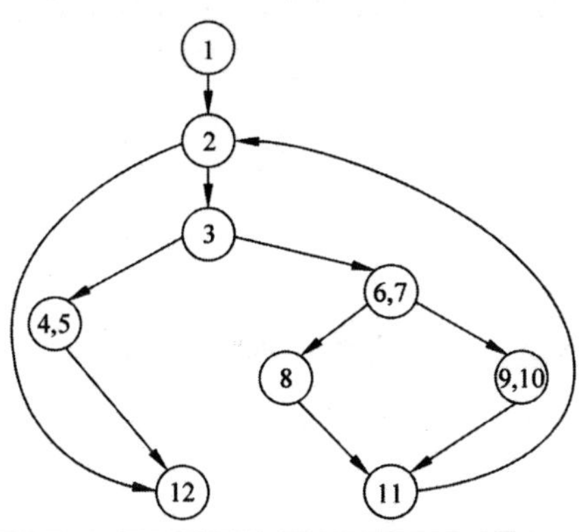

图 5-1　Test 程序控制流程图

程序环路复杂度:CC=4 基本路径集:Path1 1—2—3—6—7—8—11—2—12

Path2 1—2—12

Path3 1—2—3—4—5—12

Path4 1—2—3—6—7—9—10—11—2—12

因此设计测试用例如表 5-6 所示。

表 5-6　设计测试用例 2

用例 ID	i_count	i_flag	预期输出
Test1	1	1	10
Test2	0	2	0
Test3	2	0	102
Test4	1	3	20

[例 5-3]　如图 5-2 所示,有 4 条可执行语句,设计测试用例要求完成条件组合覆盖。

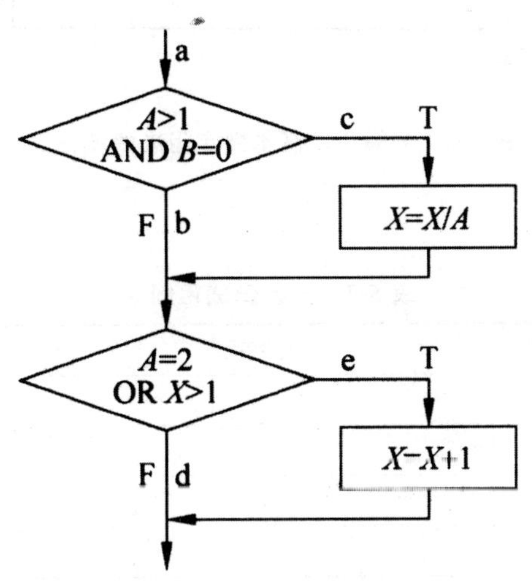

图 5-2　条件组合覆盖例题

解：通过分析得到，第一个判定（$A>1$ AND $B=0$）包含了两个条件，测试中应考虑各种条件取值的情况：

$A>1$ 为真，记为 M_1。

$A>1$ 为假，记为 $-M_1$。

$B=0$ 为真，记为 M_2。

$B=0$ 为假，记为 $-M_2$。

对于第二个判定（$A=2$ OR $X>1$）也应考虑如下情况：

$A=2$ 为真，记为 M_3。

$A=2$ 为假，记为 $-M_3$。

$X>1$ 为真，记为 M_4。

$X>1$ 为假，记为 $-M_4$。

将图 5-2 给出的多重条件判定分解，形成图 5-3 所示的由多个基本判定组成的流程图，这样就可以有效地检查所有的条件是否正确，实现条件组合覆盖。设计的测试用例见表 5-7。

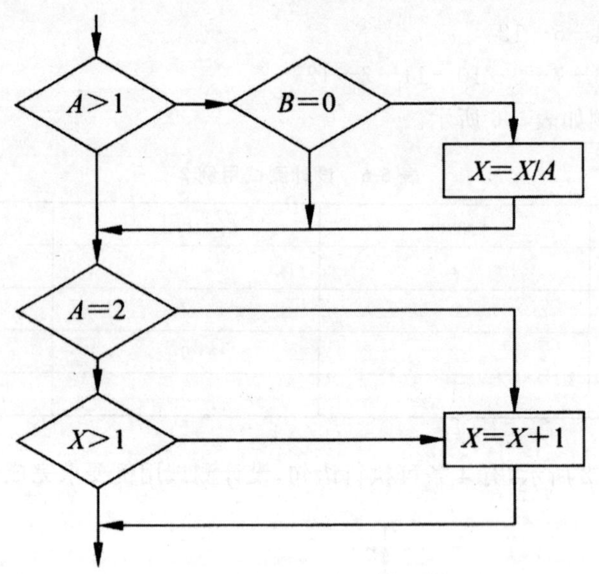

图 5-3　分解为由基本判定组成的流程图

表 5-7　设计测试用例 3

A,B,X	执行路径	覆盖条件
2,0,3	ace	M_1,M_2,M_3,M_4
2,1,1	abe	$M_1,-M_2,M_3,-M_4$
1,1,1	abd	$-M_1,-M_2,-M_3,-M_4$
1,0,3	abe	$-M_1,M_2,-M_3,M_4$

［例 5-4］　有一个 B/S 结构的登录界面，当用户在地址栏输入相应地址，显示登录界面后，

要求输入用户名和密码登录，系统会对输入内容自动校验，并给出提示信息；如果用户名或密码任一信息未输入，也给出相应提示信息；如果连续 3 次未通过验证，则自动关闭 IE，根据以上情况，设计登录界面测试用例。

通过分析可知该案例是以一个 B/S 结构的登录功能点为被测对象，所需测试为黑盒测试，假设用户使用的浏览器为 IE 6.0，设计出登录界面测试用例，如表 5-8、表 5-9 所示。

表 5-8　登录界面测试用例

用例 ID	XXXXXX	用例名称	系统登录
	系统登录		
用例描述	在用户名存在、密码正确的情况下，进入系统		
	页面信息包含：页面背景显示		
	用户名和密码录入接口，输入数据后登录系统		
用例入口	打开 IE，在地址栏输入相应地址		
	进入该系统登录页面		

表 5-9　具体测试项

用例 ID	场　　景	测试步骤	预期结果	备　注
TC1	初始页面显示	从用例入口处进入	显示与详细设计一致	
TC2	用户名登录验证	输入已存在的用户：zhangsan	输入成功	
TC3	用户名容错性验证	输入：xxadgdddddddddededdddd	输入到一定长度时，拒绝输入	超过规定长度
TC4	密码录入	输入与用户名相关联的密码：123	输入成功	
TC5	系统登录成功	TC2，TC4，单击登录按钮	登录系统成功	
TC6	用户名、密码校验	输入不存在的用户名、密码登录	登录失败	提示信息 1
TC7	登录密码校验	输入用户名但未输入密码	登录失败	提示信息 2
TC8	密码有效性校验	输入用户名和密码不一致	登录失败	提示信息 3
TC9	用户有效性校验	输入不存在的用户名、密码	登录失败	提示信息 4
TC10	系统登录安全校验	连续 3 次未成功	登录失败	提示信息 5

5.4　测试用例的执行与跟踪

测试用例设计完毕后，接下来的工作是执行与跟踪测试用例。执行与跟踪测试用例前，首先要搭建好测试环境，并定义测试用例的执行顺序，然后就可以执行与跟踪测试用例。

在测试用例执行过程中，搭建测试环境是第一步。一般来说，软件产品提交测试后，开发人员应该提交一份产品安装指导书，在指导书中详细指明软件产品运行的软、硬件环境，比如要求操作系统是 Windows 7 版本，数据库是 SQL Server 2012 等，以及相应的硬件要求和对网络环境的要求等。此外，应该给出被测试软件产品的详细安装指导书，包括安装的操作步骤、相关配置文件的配置方法等。对于复杂的软件产品，尤其是软件项目，如果没有安装指导书作为参考，在搭建测试环境过程中会遇到种种问题。所以，实际测试工作中，一定要以提供的相关安装指导书为基础，来搭建测试环境，在搭建测试中遇到问题的时候，测试人员可以要求开发人员协助完成。

在测试用例执行过程中，会发现每个测试用例都对测试环境有特殊的要求，或者对测试环境有特殊的影响。因此，定义测试用例的执行顺序，对测试的执行效率影响非常大。比如某些异常测试用例会导致服务器频繁重新启动，服务器的每次重新启动都会消耗大量的时间，导致这部分测试用例执行也消耗很多的时间。那么在编排测试用例执行顺序的时候，应该考虑把这部分测试用例放在最后执行，如果在测试进度很紧张的情况下，优先执行这部分消耗时间的异常测试用例，那么在测试执行时间过了大半的时候，测试用例执行的进度依然是缓慢的，这会影响到测试人员的心情，进而导致匆忙地测试后面的测试用例，这样测试用例的漏测、误测就不可避免，严重影响了软件测试的效果和进度。因此，合理地定义测试用例的执行顺序是很有必要的。

测试环境搭建之后，根据定义的测试用例执行顺序，可逐个执行测试用例。在实际测试工作中，执行与跟踪测试用例的过程一般都是紧张的，工作量很大，测试用例执行中应该注意以下几个问题。

(1)全方位地观察测试用例执行结果

测试执行过程中，当测试的实际输出结果与测试用例中的预期输出结果一致的时候，是否可以认为测试用例执行成功了？答案是否定的，即便实际测试结果与测试的预期结果一致，也要查看软件产品的操作日志、系统运行日志和系统资源使用情况，来判断测试用例是否执行成功了。全方位观察软件产品的输出可以发现很多隐蔽的问题。例如，测试某软件时，执行某一测试用例后，测试用例的实际输出与预期输出完全一致，不过在查询 CPU 占用率的时候，发现 CPU 占用率高达 90%，后来经过分析，软件运行的时候启动了若干个辅助功能，大量地消耗 CPU 资源，后来通过对辅助功能的调整，CPU 的占用率降为正常值。如果观察点单一，这个严重消耗资源的问题就无从发现了。

(2)加强测试过程记录

测试执行过程中，一定要加强测试过程记录。如果测试执行步骤与测试用例中的描述有差异，一定要记录下来，作为日后更新测试用例的依据；如果软件产品提供了日志功能，比如有软件运行日志、用户操作日志，一定在每个测试用例执行后记录相关的日志文件，作为测试过程记录，一旦日后发现问题，开发人员可以通过这些测试记录方便地定位问题。而不用测试人员重新搭建测试环境，为开发人员重现问题。

(3)及时确认发现的问题

测试执行过程中，如果确认发现了软件的缺陷，那么可以毫不犹豫地提交问题报告单。如果发现了可疑问题，又无法定位是否为软件缺陷，那么一定要保留现场，然后知会相关开发人员到现场定位问题。如果开发人员在短时间内可以确认是否为软件缺陷，测试人员应给予配合；如果开发人员定位问题需要花费很长的时间，测试人员千万不要因此耽误自己宝贵的测试执行时间，可以让开发人员记录问题的测试环境配置，然后，回到自己的开发环境上重现问题，继续定位问题。

(4)与开发人员良好的沟通

测试执行过程中，当测试人员提交了问题报告单后，可能被开发人员无情退回，拒绝修改。这时候，只能对开发人员晓之以理，做到有理、有据、有说服力。首先，要定义软件缺陷的标准原则，这个原则应该是开发人员和测试人员都认可的，如果没有共同认可的原则，那么开发人员与测试人员对问题的争执就不可避免了。

(5)及时更新测试用例

测试执行过程中，应该注意及时更新测试用例。往往在测试执行过程中，才发现遗漏了一些测试用例，这时候应该及时的补充；往往也会发现有些测试用例在具体的执行过程中根本无法操作，这时候应该删除这部分用例；也会发现若干个冗余的测试用例完全可以由某一个测试用例替代，那么就应该删除冗余的测试用例。总之，测试执行的过程中及时地更新测试用例是很好的习惯。不要打算在测试执行结束后，统一更新测试用例，如果这样，往往会遗漏很多本应该更新的测试用例。

(6)提交一份优秀的问题报告单

软件测试提交的问题报告单和测试日报一样，都是软件测试人员的工作输出，是测试人员绩效的集中体现。因此，提交一份优秀的问题报告单是很重要的。软件测试报告单最关键的域就是“问题描述”，这是开发人员重现问题、定位问题的依据。问题描述应该包括软件配置、硬件配置、测试用例输入、操作步骤、输出、当时输出设备的相关输出信息和相关的日志等。

①软件配置：包括操作系统类型版本和补丁版本、当前被测试软件的版本和补丁版本、相关支撑软件，比如数据库软件的版本和补丁版本等。

②硬件配置：计算机的配置情况，主要包括 CPU、内存和硬盘的相关参数，其他硬件参数根据测试用例的实际情况添加。如果测试中使用网络，那么还应包括网络的组网情况和网络的容量、流量等情况。硬件配置情况与被测试产品类型密切相关，需要根据当时的情况，准确翔实的记录硬件配置情况。

③测试用例输入/操作步骤/输出：这部分内容可以根据测试用例的描述和测试用例的实际执行情况如实填写。

④输出设备的相关输出信息：输出设备包括计算机显示器、打印机、磁带等，如果是显示器可以采用抓屏的方式获取当时的截图，其他的输出设备可以采用其他方法获取相关的输出，在问题报告单中提供描述。

⑤日志信息：规范的软件产品都会提供软件的运行日志和用户、管理员的操作日志，测试人员应该把测试用例执行后的软件产品运行日志和操作日志作为附件，提交到问题报告单中。

(7)测试结果分析

软件测试执行结束后，测试活动还没有结束。测试结果分析是必不可少的重要环节，“编筐编篓，全在收口”，测试结果的分析对下一轮测试工作的开展有很大的借鉴意义。测试完成后，每一个测试人员应该分析自己发现的软件缺陷，对发现的缺陷分类，这时可能会发现自己提交的问题只有固定的几个类别。然后，再把一起完成测试执行工作的其他测试人员发现的问题也汇总起来。通过收集缺陷，对比测试用例和缺陷数据库，分析确认是漏测还是缺陷复现。漏测反映了测试用例的不完善，应立即补充相应测试用例，最终达到逐步完善软件质量的目的。若已有相应测试用例，则反映测试用例的执行或变更处理存在问题。

完成测试实施后，需要对测试结果进行评估，并且编制测试报告。判断软件测试是否完成、衡量测试质量需要一些量化的结果。例如，测试覆盖率是多少、测试合格率是多少、重要测试合格率是多少等。采用测试用例作度量基准，使得对测试结果的评估更加准确、有效。

5.5 测试用例管理

5.5.1 测试用例管理架构

测试用例能被有效、灵活地执行，就需要一套管理机制和相应的工具/系统的协助。前面已经介绍测试用例的结构，可以按照产品线、测试目标和功能模块等进行分类、组织和存储，以有利于测试用例的执行和维护。图 5-4 就是一个示例，说明如何进行有效的测试用例管理来更好地执行测试用例。

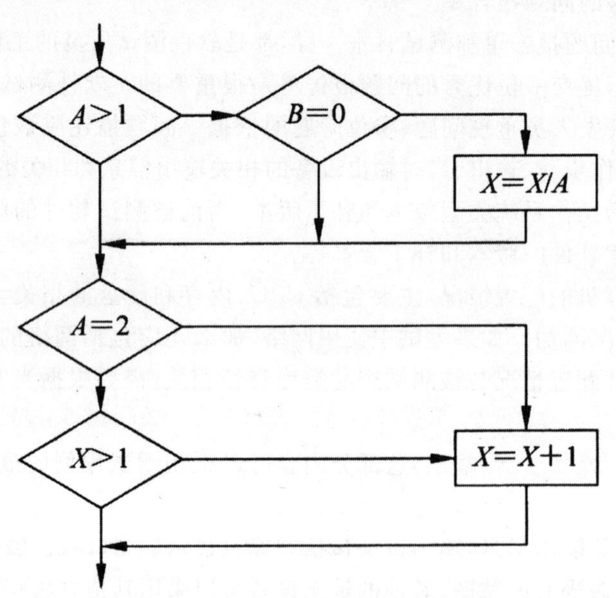

图 5-4 有效的测试用例管理架构

①可以从不同的测试模块中选择一部分测试用例，然后和所需的测试环境组合，生产测试套件。

②可以设定一些灵活的过滤条件，如未通过的测试用例、优先级高的测试用例、某一类型的测试用例和曾发现缺陷的测试用例等，自动生成测试套件。

③可以选择若干个测试套件，设定进度，构造执行测试的不同过程，完成特定的测试计划或测试任务。

④针对每个测试计划，也可以分解成多个测试任务，然后将任务分配给相应的测试人员。

⑤测试人员执行测试任务，完成测试过程，并报告测试结果。

5.5.2 管理与维护要点

1. 意识和态度的教育

添加和修改测试用例，都是建立在对软件产品的需求、设计和代码实现等理解的基础之上的。如何通过管理来提高测试人员在这些方面的理解程度？下面几项管理措施就是很有益的尝试。

①促进和客户、产品设计人员、开发人员等的直接沟通和充分交流。

②加强培训和知识共享，让产品设计和开发人员作专项的介绍。

③加强产品需求和设计文档的评审，澄清各种问题，使大家达成共识。

④让测试人员讲解对产品特性和功能的理解。

但上面几项内容很难检验其效果，所以问题还没彻底解决。要想达到我们预期的目标，更多依赖于不断的教育，树立"一切从客户需求出发"的观念，建立积极主动的态度。例如，每个测试人员在阅读需求文档的时候，绝不能只想"这是文档定义"，将"功能"只看作"功能"，而应该多问几个"为什么"的问题，若自己能思考出这些问题的答案，就能深刻理解用户的需求。例如：

①为什么要加这个功能？为什么要做这样的改动？

②这个功能对客户有什么价值？同其他地方没有冲突吗？

③用户会如何使用这个功能？在哪些情况下使用？

2. 责任到人

在测试用例设计的管理中，应将模块划分清楚，责任到人。任何一个测试模块都有专人负责，从需求分析开始到测试用例的维护，确保测试用例的质量。负责某个模块的测试人员要和开发人员一起工作，以便于对产品特性设计进行充分讨论，了解其实现的机理和薄弱地方，从而开发出有效的测试。

发现测试用例有错误或者不合理时，可向编写者（用例的所有者）提出测试用例修改建议，并提供足够的理由，然后由专人负责修改或添加，负责新测试用例的评审。任何没有被及时发现的缺陷，反映了测试漏洞，由专人负责分析，找出根本原因，举一反三。如果是测试用例的不完善，应立即补充相应的测试用例。如果是执行的问题，则应完善执行的流程，加强监控，处理好需求或设计变更的问题。

3. 测试用例的版本管理

开发一个软件产品，会发布多个版本，伴随着测试用例的不断维护，测试用例也需要不断完善，与产品功能特性的变化保持同步，从而使测试用例和产品版本相关联。无论是对软件产品还是软件服务，多个版本并存的可能性很大，而且可能为不同的主要版本发布不同的补丁包（patch）或小版本，这样早期的一些版本所拥有的测试用例还是有效的，这时需要为测试用例设定版本号，如表5-10所示。所以在新建、修改、删除测试用例时要十分小心，确定对正确的版本进行修改，不要错改其他版本的测试用例，具体说明如下。

表 5-10 测试用例的多版本并存示意

Case ID	Case Name	1.0	1.1	2.0	2.1	2.2	2.3	3.0
10l001	列表方式显示	√	√					
101002	折叠式列表方式显示			√	√	√	√	√
101003	按字母顺序排列	√	√	√	√	√	√	√
101004	模糊查询					√	√	√

①产品特性没变，只是根据漏掉的缺陷来完善测试用例。这时候，增加和修改测试用例均可，因为当前被修改的测试用例对相应的版本都有效，不会影响某个特定版本所拥有的测试用例。

②原有产品特性发生了变化，不是新功能特性，而是功能增强，这时候原有的测试用例只对先前版本有效，而对当前新的版本无效。这时，绝不能修改测试用例，只能增加新的测试用例，不能影响原有的测试用例。

③原有功能取消了，这时只要将与该功能对应的测试用例在新版本上置为空标志或“无效”状态，但不能删除这些测试用例，因为它们对先前某个版本还是有效的。

④完全新增加的特性，很清楚，增加新的测试用例。

从表 5-10 可以看出，每个测试用例记录，针对一个有效版本都有对应的标志位，通过这个标志位，很容易实现上述维护需求。这样，新旧版本的相同测试用例得到一致的维护，测试用例数也不会成几倍、十几倍地增加，可以真正保证测试用例的完整性、有效性。

4. 方法和流程

维护测试用例的过程是一项长期的任务，而且保证其及时性。和编写一个新项目的测试用例不同，维护测试用例一般不会大动干戈，不会改变测试用例的结构。例如，在某个模块里面，如果先前的测试用例已经不能覆盖目前的测试内容，则可能需要重新定义一个独立的测试模块单元来重新组织测试用例。最后，要在设计方法和流程上加强管理，包括：

①采用测试用例的模板，参考已有的范例。

②要求先设计工作流程图、数据流图。

③要求测试人员相互审查、提问。

④集体审查测试用例，邀请客户、产品设计人员、开发人员等参加。

思考及作业题

1. 什么是测试用例？
2. 测试用例有什么作用？
3. 一个优秀的测试用例应包含哪些要素？
4. 在不同的测试阶段都采用哪些类型的测试用例？
5. 采用测用例管理软件对测试用例进行管理有什么好处？

第 6 章　软件缺陷测试与测试评估

软件危机最重要的特征是:软件产品的质量靠不住,错误一大堆,难以维护。因此,为了保证软件正常运行,必须对软件中存在的缺陷进行检查或测试,对发现的错误进行有效的管理,从而为软件缺陷或错误的消除或软件质量的评价及软件开发的决策提供依据。

本章主要知识点

1. 软件缺陷的概述。
2. 软件缺陷的生命周期。
3. 软件缺陷的跟踪管理。
4. 软件缺陷的评估。

6.1　软件缺陷概述

6.1.1　软件缺陷的"著名"案例

由于软件缺陷导致软件开发失败案例:

1963 年,由于用 FORTRAN 程序设计语言编写的飞行控制软件中的循环语句"DO 5 I==1,3"误写为"DO 5 I=1.3",结果导致美国首次金星探测飞行失败,造成价值 1000 多万美元的损失。

1979 年,新西兰航空公司的一架客机因计算机控制的自动飞行系统发生故障而撞在阿尔卑斯山上,机上 257 名乘客全部遇难。

1983 年,美国科罗拉多河水泛滥,但由于计算机对天气形势预测有误,水库未能及时泄洪,以致造成严重的经济损失和人员伤亡。

1990 年 1 月 15 日,通信中转系统软件发生故障,导致主干远程网大规模崩溃,使数以千计的电信运营公司损失惨重。

1992 年 10 月 26 日,伦敦救护中心的计算机辅助发送系统刚启动就崩溃了,导致这个全世界最大的(每天要接运五千多名病人)救护机构全部瘫痪。

1994 年,美国迪斯尼公司的"狮子王"软件在少数系统中能正常工作,但在大众使用的常见系统中无法正常运行。后来证实,这是由于迪斯尼公司没有对市场上投入使用的各种 PC 机型进行正确的测试。同年,英特尔奔腾浮点除法发生软件缺陷,英特尔为处理此软件缺陷支付了 4 亿多美元。

1996 年 6 月 4 日,欧洲航空航天局耗资 80 亿美元发射的阿里亚娜 501 火箭,在发射升空 37 秒后爆炸。原因是主发动机打火顺序开始 37 秒后,制导信息由于惯性制导系统的软件出现规格性能如何等具体规格，是开发初期最重要的过程文档，也是后期开发与测试的重要依据，可以说是开发流程与测试流程的输入。根据过程理论，“正确的输入，正确的过程，正确的解决方案将会产生正确的结果”，如果一开始输入就不正确，那么经过过程的处理后，缺陷/错误会被放大，同时修复的成本会显著上升，人力物力时间将会被大量耗费，所以从早期就开始对需求规格说明书进行审查并基线化是必须的。同时测试人员在需求基线化前就应该被安排到流程中，参与评审，尽早从客户/测试的角度找出所有不合理/不明确/不可行的需求，减少后期的开发与测试成本。测试人员以及质量人员在开发初期是比较重要的角色，责任比较重大，应当负起责任。由此可见，需求规格说明书是何等重要的文档。

另外，在软件开发之初，由于客户—开发者之间的通信失败，造成需求规格说明的不完善或者是对软件需求的偏离；而后在开发过程中因需求规格说明的不全面或经常变更，再加上整个开发小组不能很好地沟通，造成设计和编码与需求规格说明之间的不一致等现象也会导致缺陷的产生。

设计是缺陷产生的另一个主要来源，设计是软件开发人员规划软件的过程，就好比建筑师在建筑物建造之前要绘制建筑蓝图，在这个过程中可能会存在一些逻辑错误；另外设计也会产生变化，会修改，再加上整个开发小组不能很好地沟通，所有这些就造成了软件缺陷的产生。

软件缺陷在编码阶段出现，通常是因代码错误造成的。由于软件复杂、文档不足、进度压力、普通的低级错误或者是因程序员的思维定势而引起代码错误。在编码完成后，软件出现错误，经常听到程序员说是：“这是按要求做的，若是有人早告诉我，我肯定就不会这样编写了”。因此，许多软件缺陷貌似是在软件编码阶段出现的，但实际上却是由需求规格说明或软件设计所造成的。

剩下的原因可以归为一类。其可能是由测试错误引起，也可能是因为对需求的理解错误引起的，但是这部分只占极小的比例。

我们已经看到了软件缺陷的实例，也知道了什么是软件缺陷以及软件缺陷的风险，明白了软件缺陷产生的原因。由此也可以明白软件测试人员的任务就是尽可能早地找出软件缺陷，并确保其得以修复。现在软件测试已经在软件开发过程中占很大的比重，软件开发人员也越来越重视软件测试，但是为什么仍旧存在那么多的软件缺陷不能被测试到呢？

由于软件是由人来完成的，在目前的技术上不能避免错误，有错是软件的属性，这是很难改变的。现在人们已经逐步认识到所谓的软件危机实际上仅是一种状况，那就是软件中有错误/缺陷，正是这些错误/缺陷导致了软件开发在成本、进度和质量上的失控。因此，必须面对现实，避免软件中错误/缺陷的产生和消除已经产生的错误/缺陷，使程序中的错误/缺陷密度达到尽可能低的程度。

但是，由于软件所具有的特性，使得我们很难找出或排除软件中的错误/缺陷，因为：

①软件错误/缺陷很难看到。

②软件错误/缺陷看到了但很难抓到。

③软件错误/缺陷抓到了但无法修改或很难修改。

④人们每时每刻都可能犯错误，使得软件中存在错误/缺陷。典型的错误/缺陷类型有：需求解释错误、用户定义错了需求、需求记录错误、设计说明有误、编码说明有误、程序代码编写有误、数据输入有误、测试错误、问题修改不正确、正确的结果是由于其他的缺陷产生的。

因此，尽管软件测试的目的是尽可能多地发现软件中潜在的缺陷，但并不能保证所有的缺陷都被发现。有些缺陷在测试过程中是很难被发现的。

另外,有些软件缺陷虽然在测试过程中可以被发现,但是测试人员不能使其重现,也就是看得见抓不到,从而使得缺陷不能得到修复。

最后,尽管原则上软件缺陷在任何时候都必须得到修复。但由于没有足够的时间、不算真正的软件缺陷、修复的风险太大等原因,产品开发小组可以决定对一些软件缺陷不作修复。

6.1.4　软件缺陷的描述

1. 有效描述的规则

软件缺陷的基本描述是报告软件缺陷的基础部分,一个好的描述需要使用简单、准确、专业的语言来抓住软件缺陷的本质。描述的信息含糊不清,则可能会误导开发人员。以下是软件缺陷的一些有效描述规则。

①单一准确。每个报告只针对一个软件缺陷。

②可以再现。提供出现这个缺陷的精确步骤,使开发人员能看懂,可以再现并修复缺陷。

③完整统一。提供完整、前后统一的软件缺陷的修复步骤和信息,如图片、Log 文件等。

④短小简练。通过使用关键词,使软件缺陷的标题描述短小简练,又能准确解释产生缺陷的现象。

⑤特定条件。软件缺陷描述不要忽视那些看似细节但又必要的特定条件(如特定的操作系统、浏览器等)。这些特定条件能提供帮助开发人员找到缺陷原因的线索。

⑥补充完善。从发现软件缺陷开始,测试人员的责任就是保证它被正确地报告,并得到应有的重视,然后继续监视其修复的全过程。

⑦不作评价。软件缺陷报告是针对软件产品的,因此软件缺陷描述不要带有个人观点,不要对开发人员进行评价。

2. 有效描述的内容

在大型软件开发过程中,会出现成千上万或更多的软件缺陷,这些缺陷怎样描述、分类、跟踪或监控,才能确保每个被发现的缺陷都能够及时得到处理呢?这就要求对缺陷进行有效地描述。

对软件缺陷进行有效描述涉及如下内容。

①可追踪信息,缺陷 ID(唯一的,可以根据该 ID 追踪缺陷)。

②缺陷的基本信息,包括缺陷的标题、严重程度、紧急程度、缺陷提交人和提交时间、缺陷所属项目/模块、缺陷的解决人、缺陷处理时间、处理结果描述、验证结果和验证时间等。

③缺陷的详细描述,对缺陷描述的详细程度直接影响开发人员对缺陷的修改,描述应该尽可能详细。

④测试环境说明,对测试环境的描述。

⑤必要的附件,对于某些文字很难表达清楚的缺陷,使用图片等附件是必要的。

⑥统计的角度出发,还可以添加上“缺陷引入阶段”、“缺陷修正工作量”等项目。

软件缺陷的描述是后面要论述的软件缺陷报告的基础部分,也是测试人员就一个软件问题与开发小组交流的最初且最好的机会。清晰准确的软件缺陷描述可以减少软件缺陷从开发人员返回的数量,提高软件缺陷修复的速度,使每一个小组能够有效工作以提高测试人员的信任度;可以得到开发人员对清晰的软件缺陷描述有效地响应,加强开发人员、测试人员和管理人员的协同工作,让他们可以更好地工作。

6.1.5 软件缺陷的类型

常见的缺陷有一些具体的分类原则。下面我们从不同的角度对软件缺陷进行分类。

1. 按缺陷的表现形式

①10 F—Function(功能)。影响了重要的特性、用户界面、产品接口、硬件结构接口和全局数据结构,并且设计文档需要正式变更。如逻辑、指针、循环、递归、功能等缺陷。

②20 A—Assignment(语句)。需要修改少量代码,如初始化或控制块,以及声明、重复命名,范围、限定等。

③30 I—Interface(接口)。与其他组件、模块或设备驱动程序、调用参数、控制块或参数列表相互影响的缺陷。

④40 C—Checking(检查)。提示的错误信息,不适当的数据验证等缺陷。

⑤50 B—Build/package/merge(联编打包)。因配置库、变更管理或版本控制引起的错误。

⑥60 D—Documentation(文档)。影响发布和维护,包括注释等缺陷。

⑦70 G—Algorithm(语法)。算法错误,如语法、标点符号、书写错误等缺陷。

⑧80 U—User Interface(用户接口)。人机交互特性,屏幕格式,确认用户输入,功能有效性,页面排版等方面的缺陷。

⑨90 P—Performance(性能)。不满足系统可测量的属性值,如执行时间、事务处理速率等缺陷。

⑩100 N—Norms(标准)。不符合各种标准的要求,如编码标准、设计符号等缺陷。

2. 按缺陷的严重程度划分

按缺陷的严重程度划分,是指按软件的缺陷对软件质量的影响程度,即缺陷的存在对软件的功能和性能产生怎样的影响,按照严重程度由高到低的顺序可以分为5个等级:critical、major、minor、cosmetic、other。下面是对这5个等级的描述。

①critical。不能出现正常功能或重要功能,或者危及人身安全。

②major。严重地影响系统的使用或系统的基本功能错误地实现且没有办法更正(重新安装或重新启动该软件不属于更正办法)。

③minor。严重地影响系统的使用或系统的基本功能错误地实现,但存在合理的更正办法(重新安装或重新启动该软件不属于更正办法)。

④cosmetic。使操作者不方便或遇到麻烦,但它不影响实现正常功能或重要功能。

⑤other。其他错误。

需要说明的是,在具体的软件项目中,要根据实际情况来划分等级,不一定是5个等级。如果缺陷数目较少,则可以适当地减少等级。而一般的缺陷管理工具会自动地根据具体项目给出一个默认的缺陷严重程度。

3. 按优先级划分

优先级是指处理和修正软件缺陷的先后顺序的指标,即哪些缺陷需要优先修正,哪些缺陷可以稍后修正，按照优先级由高到低的顺序可以分为 3 个等级：high、middle、low。其中高优先级的缺陷是应该被立即解决的；中优先级的缺陷是指缺陷需要正常排队等待修复或列入软件发布清单；低优先级的缺陷是指缺陷可以在方便的时候被纠正。同缺陷的严重程度一样，优先级的划分也不是绝对的，可以根据具体的情况灵活划分。

例如，在项目开发期间原来标记为中优先级的缺陷随着时间即将用尽，以及软件发布日期临近，可能变为低优先级。作为发现该软件缺陷的测试人员，需要继续监视缺陷的状态，确保自己能够同意对其所做的变动，并进一步提供测试数据或说服别人修正缺陷。

在这里需要说明的是，软件缺陷的严重程度和优先级是含义不同的但是又相互联系的两个概念，它们从不同的侧面描述了软件缺陷对软件质量和最终用户的满意度的影响程度和处理的方式。

一般来说，严重程度高的缺陷通常具有较高的优先级。因为严重程度高的缺陷对软件质量的影响性大，应该优先处理；而严重程度低的缺陷可能只是软件不太完美，可以稍后再做处理。但严重程度高的缺陷其优先级不一定高，即缺陷的严重程度和缺陷的优先级不一定成正比。

4. 按缺陷的起源和来源划分

软件缺陷的产生不仅仅是因为编程的错误，更多的是因为在软件开发的初期做了错误或不全面的需求分析和系统设计而引起的，因此根据产生缺陷的起源和来源可以划分成 5 类：Requirement、Architecture、Design、Code、Test。

缺陷起源指的是在需求、系统架构、设计、编码以及测试等不同阶段发现的缺陷。

缺陷来源指缺陷所在的地方，如文档、代码等。

①Requirement。指需求规格说明的错误，或需求说明书不清楚而引起的缺陷。

②Architecture。由于构架定义或设计以及接口定义或设计的问题引起的缺陷。

③Design。指设计文档描述不准确，与需求规格说明不一致引起的缺陷。

④Code。由于编码出错而引起的缺陷。

⑤Test。测试不彻底、不全面而遗留下的缺陷。

按照缺陷的来源对软件缺陷进行分类可以明确缺陷处理的负责人。

5. 按缺陷的根源划分

缺陷根源是指造成各种缺陷/错误的根本因素，以寻求软件开发流程的改进、管理水平的提高。

①测试策略。错误的测试范围，误解了测试目标，超越测试能力的目标等。

②过程、工具和方法。无效的需求收集过程，过时的风险管理过程，不适用的项目管理方法，没有估算规程，无效的变更控制过程等。

③团队/人。项目团队职责交叉，缺乏培训。没有经验的项目团队，缺乏士气和动机不纯等。

④缺乏组织和通信。缺乏用户参与，职责不明确，管理失败等。

⑤其他。如硬件：处理器缺陷导致算术精度丢失，内存溢出等；软件：操作系统错误导致无法释放资源，工具软件的错误，编译器的错误等；工作环境：组织机构调整，预算改变，罢工，噪音，中断，工作环境恶劣。

6. 按照缺陷的生命周期划分

Bug(缺陷)在英语中指的就是虫子,因此我们可以把缺陷看作是有生命的小虫子,每一个缺陷都有一个从出生到死亡的周期,因此根据缺陷的生命周期可以这样划分:new、confirmed、fixed、closed、reopen 等。

每一个缺陷都是由测试人员发现并提交的,这个状态标注为 new(新建);缺陷被提交后,由相应的负责人进行接受,即 confirmed(确认)状态;相应的负责人员解决了该缺陷后,该缺陷的状态就改为 fixed(解决),并且将其发给测试人员进行回归测试,防止产生其他错误;测试人员对已解决的缺陷进行回归测试,如果确定已经解决,那么就将缺陷的状态改为 closed(关闭),否则就需要返还给该缺陷的负责人重新修正;有的缺陷在以前的版本中已经关闭,但是在新的版本中又重新出现,则需要将其状态改为 reopen(重新打开)。

7. 缺陷正交分类

缺陷正交分类(Orthogonal Defects Classification,ODC)是 IBM 公司提出的缺陷分类方法。该分类方法提供一个从缺陷中提取关键信息的测量范例,用于评价软件开发过程,提出正确的过程改进方案。

该分类方法用多个属性来描述缺陷特征。在 IBM ODC 最新版本里,缺陷特征包括以下 8 个属性:发现缺陷的活动、缺陷影响、缺陷引发事件、缺陷载体(Target)、缺陷年龄、缺陷来源、缺陷类型和缺陷限定词。ODC 对这 8 个属性又分别进行了分类。其中缺陷类型被分为 7 大类:赋值、检验(Checking)、算法、时序、接口、功能、关联(Relationship)。分类过程分两步进行,第一步,缺陷打开时,导致缺陷暴露的环境和缺陷对用户可能的影响是易见的,此时可以确定缺陷的三个属性:发现缺陷的活动、缺陷引发事件和缺陷影响;第二步,缺陷修复关闭时,可以确定缺陷的其余 5 个属性:缺陷载体、缺陷类型、缺陷限定词、缺陷年龄和缺陷来源。这 8 个属性对于缺陷的消除和预防起到关键作用。

缺陷分类无论是在软件开发、软件测试,还是在各个软件阶段的评审都得到了广泛的应用。

6.2 软件缺陷的生命周期

生命周期的概念是从诞生到消亡所经历的过程,我们同意可以把生命赋予软件缺陷——软件缺陷生命周期,软件缺陷经历了从被发现、报告到其被修复、验证,直至最后关闭的完整过程。为了描述软件缺陷生命周期,可设定不同的软件缺陷状态来体现缺陷不同的生命阶段。因此,在软件开发过程中,需要关注软件缺陷在生命周期中的状态变化,来跟踪软件质量和项目进度。一个简单的软件缺陷生命周期如图 6-3 所示。

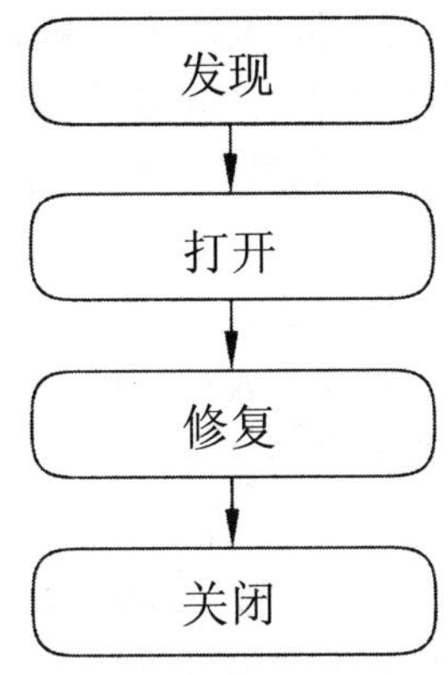

图 6-3　简单的软件缺陷生命周期

①发现—打开。测试人员找到软件缺陷并将软件缺陷提交给开发人员。

②打开—修复。开发人员再现、修复缺陷，然后提交给测试人员去验证。

③修复—关闭。测试人员验证修复过的软件，关闭已不存在的缺陷。

在实际工作中，软件缺陷生命周期并不是简单的线性过程——“发现→打开→修复→关闭”，而是要考虑各种情况，例如。

①缺陷描述不清楚或不能再现，需要更多的补充或更多的交流。

②缺陷需要审查，在即将要发布的版本中，有些缺陷不一定需要修正。

③开发人员认为缺陷修正了，但是经过测试人员验证，缺陷还存在，需要重新置于激活(active)或打开(open)状态。

所以，软件缺陷的生命周期过程如图 6-4 所示。

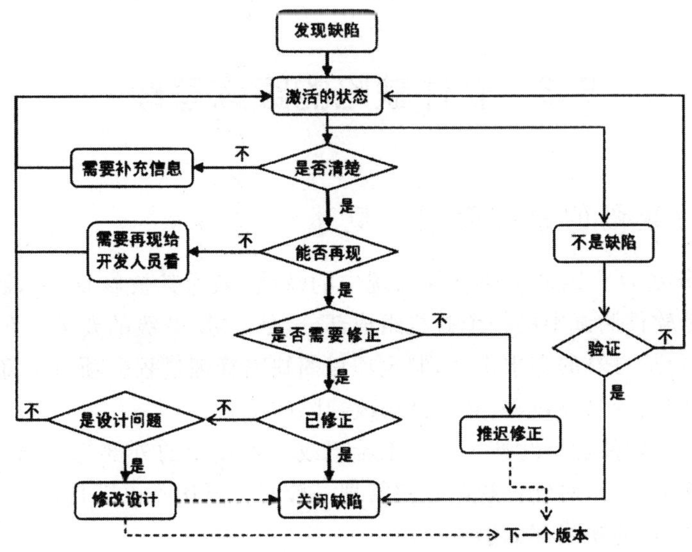

图 6-4　软件缺陷的生命周期示意图

在软件缺陷生命周期中，通过邮件系统来及时通知缺陷状态的更新，例如，缺陷一旦被报出来，系统就会自动发送邮件给相应的开发人员；开发人员修正了缺陷并改变缺陷状态，系统也会自动发出邮件给相应的测试人员（缺陷报告者）。同时，可以建立各种查询机制，生成缺陷跟踪报告，随时可查到某个缺陷状态等。任何一个缺陷，在其生命周期中轨迹是清晰的、可跟踪的。

在缺陷处理过程中，需要注意的一些细节，即对图 6-4 的补充说明。

①软件缺陷生命周期中的不同阶段是测试人员、开发人员和项目经理协同工作的过程，要集体审查缺陷，保持良好沟通，尽量和相关的各方人员达成一致。

②测试人员在评估软件缺陷严重性和优先级上，应具有独立性、权威性。如果不能达成一致，最后由产品经理裁决。

③如果审阅者决定对某个缺陷描述进行修改，例如，添加更多的信息或者需要改变缺陷的严重等级，应该和测试人员一起讨论，由测试人员来修改缺陷报告，并添加相应的注释。

④当发现一个缺陷时，测试人员会将它分配给适当的开发人员。如果不知道具体的开发人员，可先分配给开发组长，由开发组长再分配给对应的开发人员。

⑤如果被修正的缺陷没有通过验证，那么测试人员会重新打开这个缺陷。在重新打开一个缺陷之前，最好和开发人员沟通并确认一下，至少加以详细的注释，否则会引起"打开—修复"操作被进行多个来回，造成测试人员和开发人员不必要的矛盾。

⑥一旦缺陷被置于"已修正"状态，不仅需要得到测试人员的验证，还要围绕一个缺陷进行相应的回归测试，检查当前缺陷修复过程中是否引入了新的问题。

⑦只有测试人员有关闭缺陷的权限，开发人员没有这个权限。

⑧如果每个人都同意将确实存在的缺陷推迟到以后处理，应该指定下一个版本号或修改的日期。一旦开始开发新的版本时，这些推迟修正的缺陷应该被重新打开。

在生命周期中，缺陷经历了数次的审阅和状态变化，最终测试人员通过关闭软件缺陷来结束其生命周期。软件缺陷一旦被发现，便会受到严密跟踪或监控，直至被关闭，这样可保证在较短的时间内高效率地修正、验证和关闭所有的缺陷，缩短软件测试的进程，减少开发和维护成本。

6.3 软件缺陷的跟踪管理

6.3.1 软件缺陷的跟踪管理的概述

软件测试的任务是为了尽早发现软件系统中的缺陷，确保其被修复，并最终保证软件的质量。缺陷跟踪管理是软件测试中的一个有机组成部分，是 CMM2 级的要求。在 CMM 第二级的软件组织中，软件项目从自身的需求出发，制定项目的缺陷管理过程。项目组将完整地记录开发过程中的缺陷，监控缺陷的修改过程，并验证修改缺陷的结果。

软件缺陷能够引起软件运行时产生一种不希望或不可接受的外部行为结果，软件测试过程简单说就是围绕缺陷进行的，对软件缺陷跟踪管理一般而言要达到以下目标。

（1）确保每个被发现的缺陷都能够被解决

这里解决的意思不一定是被修正，也可能是其他处理方式（例如，在下一个版本中修正或是不修正）。总之，对每个被发现的缺陷的处理方式必须能够在开发组织中达成一致。

(2)收集缺陷数据并根据缺陷趋势曲线识别测试过程的阶段

决定测试过程是否结束有很多种方式,通过缺陷趋势曲线来确定测试过程是否结束是常用并且较为有效的一种方式。

(3)收集缺陷数据并在其上进行数据分析,作为组织的过程财富

在对软件缺陷进行管理时,必须先对软件缺陷数据进行收集,然后才能了解这些缺陷,并找出如何预防和修复它们的方法,以及预防引入新的缺陷。记录缺陷数据的缺陷记录日志见表 6-1。

表 6-1　软件缺陷日志

<table>
<tr><td>日期</td><td>编号</td><td>状态</td><td>类型</td><td>缺陷来源</td><td>排除来源</td><td>修改时间</td><td>修复时间</td></tr>
<tr><td rowspan="2"></td><td></td><td></td><td></td><td></td><td></td><td></td><td></td></tr>
<tr><td colspan="7">描述</td></tr>
<tr><td rowspan="2"></td><td></td><td></td><td></td><td></td><td></td><td></td><td></td></tr>
<tr><td colspan="7">描述</td></tr>
</table>

缺陷记录日志用于软件缺陷数据的收集。收集软件缺陷数据的步骤如下。

①为测试和同行评审中发现的每一个缺陷做一个记录。

②对每个缺陷要记录足够详细的信息,以便以后能更好地了解这个缺陷。

③分析这些数据以找出哪些缺陷类型引起大部分的问题。

④设计出发现和修复这些缺陷的方法(缺陷排除)。

根据对国内外著名 IT 公司缺陷管理流程的研究,一般软件缺陷的跟踪管理流程如图 6-5 所示。

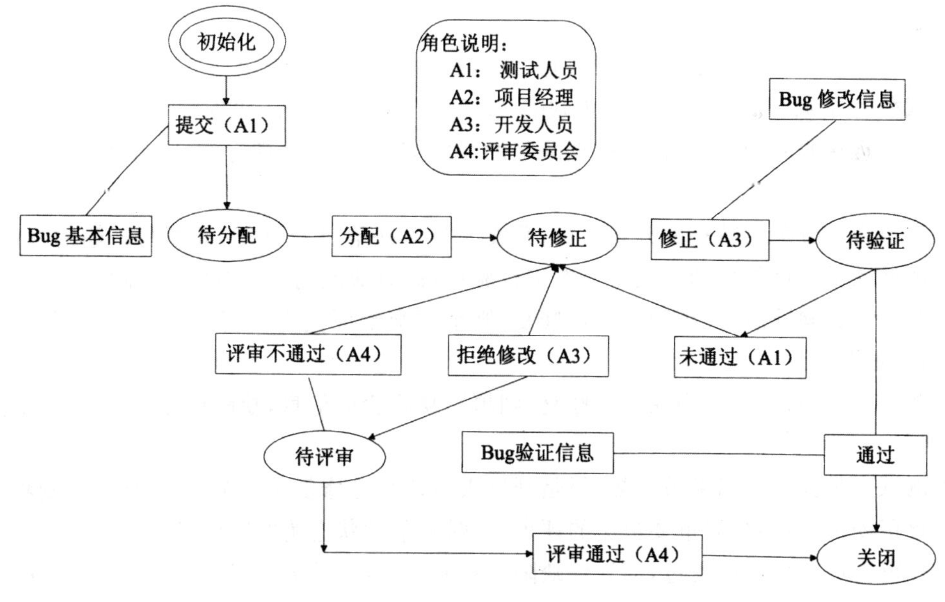

图 6-5　软件缺陷的跟踪管理

续表

分类	项目	描　述
缺陷的详细描述	步骤	对缺陷的操作过程，按照步骤，一步一步地描述
	期望的结果	按照设计规格说明书或用户需求，在上述操作之后，所期望的结果，即正确的结果
	实际发生的结果	程序或系统实际发生的结果，即错误的结果
测试环境说明	测试环境	对测试环境描述，包括操作系统、浏览器、网络带宽、通信协议等
必要的附件	图片、Log文件	对于某些文字很难表达清楚的缺陷，使用图片等附件是必要的；对于软件崩溃现象，需要使用Soft_ICE工具去捕捉日志文件作为附件提供给开发人员

软件缺陷的详细描述，如上所述，由三部分组成：操作/再现步骤、期望结果、实际结果。有必要再做进一步讨论。

①"步骤"提供了如何重复当前缺陷的准确描述，应简明而完备、清楚而准确。这些信息对开发人员是关键的，视为修复缺陷的向导，开发人员有时抱怨糟糕的缺陷报告，问题往往集中在这里。

②"期望结果"与测试用例标准或设计规格说明书及用户需求相一致，达到软件预期的功能。测试人员站在用户的角度要对它进行描述，它提供了验证缺陷的依据。

③"实际结果"是测试人员收集的结果和信息，以确认缺陷确实是一个问题，并标识那些影响到缺陷表现的要素。

2. 软件缺陷报告的示例

(1)优秀的缺陷报告记录

一份优秀的缺陷报告记录下最少的重复步骤，不仅包括了期望结果、实际结果和必要的附件，还提供必要的数据、测试环境或条件，以及简单的分析。下面是一个优秀的缺陷报告记录。

重现步骤。

①打开一个编辑文字的软件并且创建一个新的文档(这个文件可以录入文字)。

②在这个文件里随意录入一两行文字。

③选中一两行文字，选择 Font 菜单，然后选择 Arial 字体格式。

④一两行文字变成了无意义的乱字符。

期望结果。

当用户选择已录入的文字并改变文字格式的时候，文本应该显示正确的文字格式不会显示成乱字符。

实际结果。

它是字体格式的问题，如果在把文字格式改变成 Arial 之前保存文件，缺陷不会出现。缺陷仅仅发生在 Windows 98，并且改变文字格式成其他的字体格式时，文字是正常显示的。

(2)含糊不完整的缺陷报告记录

一份含糊而不完整的缺陷报告缺少重建步骤，并且没有期望结果、实际结果和必要的图片，如下描述。

重现步骤。

①打开一个编辑文字的软件。

②录入一些文字。

③选择 Arial 字体格式。

④文字变成了乱字符。

期望结果。

实际结果。

(3)散漫的缺陷报告记录

一份散漫的缺陷报告(无关的重建步骤,以及对开发人员理解这个错误毫无帮助的结果信息)如下描述。

重现步骤。

①在 Windows 98 上打开一个编辑文字的软件并且编辑存在的文件。

②文件字体显示正常。

③添加了图片,这些图片显示正常。

④在此之后,创建了一个新的文档。

⑤在这个文档中随意录入了大量的文字。

⑥在录入这些文字之后,选择几行文字,并且选择 Font 菜单,然后选择 Arial 字体格式改变文字的字体。

⑦有三次重现了这个缺陷。

⑧在 Solaris 操作系统运行这些步骤,没有任何问题。

⑨在 Mac 操作系统运行这些步骤,没有任何问题。

期望结果。

当用户选择已录入的文字并改变文字格式的时候,文本应该显示正确的文字格式不会显示成乱字符。

实际结果。

我试着选择其他不同的字体格式,但是只有 Arial 字体格式有软件缺陷,不论如何,它可能会出现在我没有测试的其他的字体格式中。

写软件缺陷报告的关键是遵循软件缺陷的有效描述规则及分离和再现软件缺陷的步骤,仔细做笔记,这样才能写出简明、清晰的缺陷报告。测试人员还需注意应该在完成测试之后写缺陷报告,写完报告后,花一点额外的时间仔细检查一遍。

6.3.3　软件缺陷的分析

通过缺陷的分析,可以了解更多的信息。可以根据缺陷状态来判断测试进展情况、开发人员的编程质量和修正缺陷的进度。通过缺陷的分析,还可以完成产品质量的评估,确定测试是否达到结束的标准,也就是判定测试是否已达到用户可接受的状态。通过缺陷的分析,还可以发现开发过程中存在的问题。无论对测试人员,还是对开发人员或管理人员,缺陷分析都是一项必不可少的工作。最常用的缺陷分析方法,可以分为两类:缺陷趋势分析和缺陷分布分析。

1. 缺陷趋势分析

缺陷趋势分析是缺陷的纵向分析，也就是在时间上对缺陷进行分析，有助于进度控制和测试过程的管理，应用最为广泛。缺陷趋势分析是考察缺陷随时间变化的趋势，如将各种状态（活动的、修正的、关闭的）的缺陷计数作为时间的函数来显示。缺陷趋势分析报告可以是实时的（如每日缺陷数、每周缺陷数随时间的变化曲线），也可以是累计的（如新报告的缺陷累计数和关闭的缺陷累计数比较曲线）。

在一个成熟的软件开发过程中，缺陷趋势会遵循着一种和预测比较接近的模式向前发展。在生命周期的初期，缺陷增长率高。在达到顶峰后，缺陷会随时间以较低的速率下降，如图 6-6 所示。可以根据这一趋势复审项目时间表来检查进展情况。例如，测试周期是 4 个星期，缺陷率在第 3 周仍然处于增长状态，则很明显项目有问题，需要审查代码质量，调整时间表。

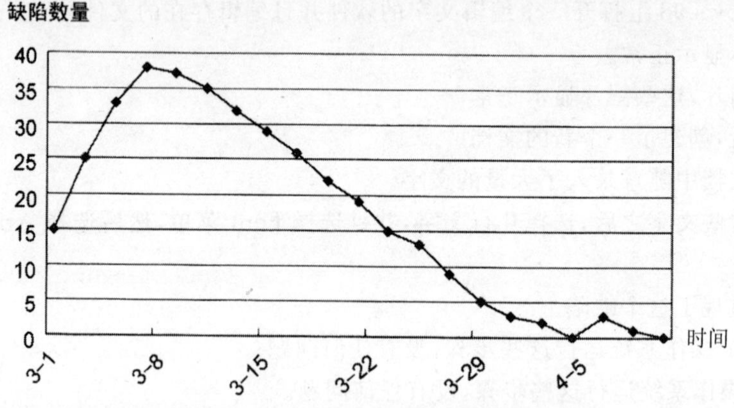

图 6-6　测试过程理想的实时缺陷趋势图

在实际测试过程中可能出现一些波动现象，这些波动现象甚至有一定的规律可循，如周一和周五发现的缺陷比较少，而周二和周三发现的缺陷会多些，所以实时缺陷曲线的数据按周来收集可能会更科学些，即每个数据点是一周所发现的缺陷数。测试过程要经过单元测试、集成测试、功能测试、系统测试、验收测试等不同的阶段，其波动趋势会表现出不同的周期性。如图 6-7 和图 6-8 所示是两个实际的实时缺陷趋势图，图 6-7 和理想趋势比较接近，意味着测试过程运行良好，而图 6-8 显示测试过程运行较差，和理想的趋势图所显示的结果差异较大，说明测试的进展不够顺利或测试的方法不够有效。

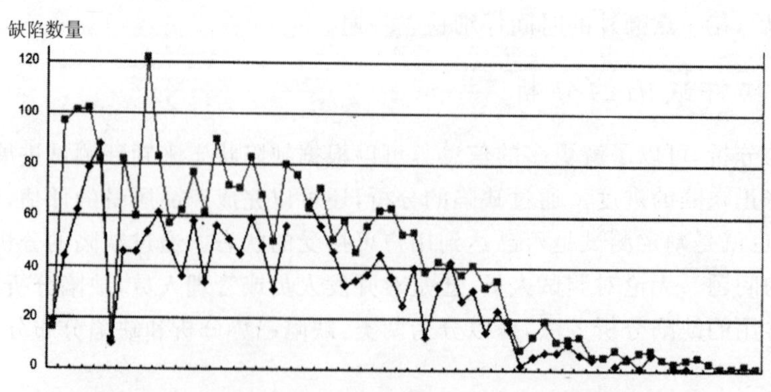

图 6-7　一个实际项目的实时缺陷趋势图（良好的测试过程）

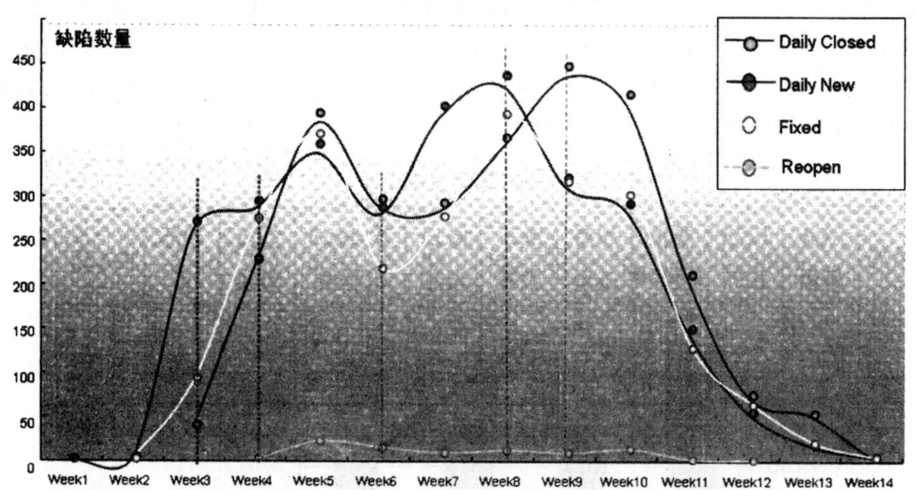

图 6-8　另一个实际项目的实时缺陷趋势图(较差的测试过程)

2. 缺陷分布分析

缺陷分布分析是缺陷的横向分析,也就是空间上的分析,一般在项目结束后进行。它可以针对一个或多个缺陷参数(严重性或优先级、来源、功能点、项目组等)进行缺陷分布分析,如功能上的分布分析,可以了解哪些功能模块处理比较难,哪些功能模块程序质量比较差;又如缺陷来源的分布分析,可以帮助找出缺陷产生的根本原因,包括需求定义、设计和编程上存在的问题等。

分析软件缺陷产生的根本原因,不仅有助于测试人员决定哪些功能领域需要增强测试,而且可以使开发人员的注意力集中到频繁产生缺陷的领域。如图 6-9 所示显示了软件缺陷产生的 3 个主要来源——用户界面显示、逻辑和规格说明,占据发现软件缺陷总数的 74%。

如果从测试风险角度来看,这些区域可能是隐藏缺陷比较多的地方,需要进行更充分地测试。从开发角度来说,这些就是代码质量提高的主要区域。假定某个产品前后发现了 10000 个 Bug,代码在这 3 个区域减少一半,则一共能减少 37%缺陷,即 3700 个缺陷,非常可观,代码质量可得到显著改善。

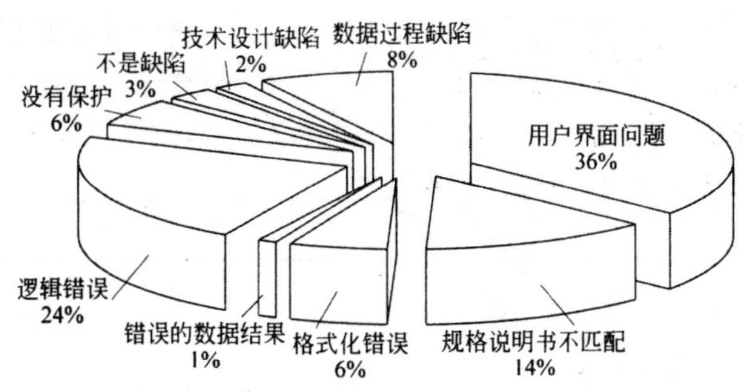

图 6-9　软件缺陷来源分析的分布图

缺陷在严重程度和优先级上的分布分析也是比较常见的,例如分析前 3 种高优先级在总体上或功能上的分布情况。总体上各级别的缺陷数量应该遵守这样一个规律：P1＜P2＜P3，由高到低。如图 6-10 所示的优先级分布不符合上述正常规律，这说明代码质量不够好，需要进一步分析，以了解为什么会出现这种情况。进一步分析，可以通过计算出 P1 优先级缺陷从报告到关闭所需要的平均时间知道开发人员是否按照要求去做，一般来说必须在 8 小时之内解决 Pl 优先级缺陷规定。

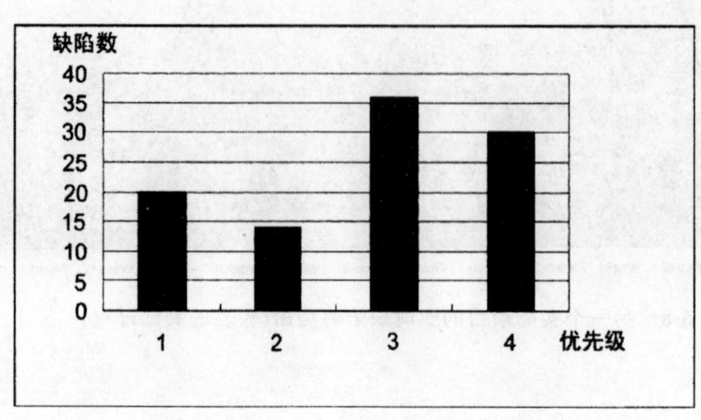

图 6-10 缺陷优先级分布示意图

3. 累计缺陷趋势分析

在理想情况下，发现新的缺陷的速度快，缺陷关闭的速度也快，但随着时间推移，该速度不断降低，已修复的、已关闭的缺陷数和所发现的缺陷数发展趋势相同或相近，如图 6-11 所示。但已修复的、已关闭的缺陷数会有滞后现象，因为修正一个缺陷需要做较多的工作，如问题分析、Debug和单元测试等；在缺陷修正后，还要构建和安装新的软件包、验证修正的结果等。对优先级为 P1、P2 的缺陷，应及时修复、关闭，这种关闭缺陷的速率应该维持在与打开缺陷的速率相同的水准上，滞后时间不宜超过 3 天。只有这样，才能更好地保证项目顺利进行。

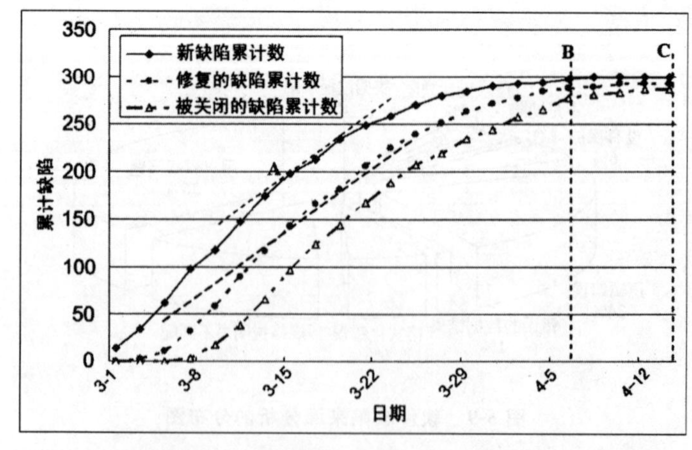

图 6-11 新发现的、修复的、关闭的累计缺陷数的理想趋势图

在测试和修复的后期，这 3 条曲线不断地收敛，当收敛成一个点时，开发人员就完成了缺陷修正的任务。如果“关闭的”缺陷曲线紧跟在“激活的”缺陷曲线的后面，这表明项目小组正在快速地推进问题的解决。图 6-11 给出的缺陷曲线是理想的趋势图，A 点所在的斜线就是一条切线，这说明发现缺陷的速度，斜线越陡（和水平轴夹角越大）发现缺陷越快，斜线越平发现缺陷越慢。所以到了 B 点，就开始找不到什么缺陷了。从 B 点到 C 点这一段时间，几乎没发现多少缺陷，属于稳定时期。如果测试方法和效率等水平很高，没什么问题的话，C 点就是软件发布之日。

但是实际情况很难达到如此完美的地步，如图 6-12 所示的就是一个实际项目的实时累计缺陷趋势图。如果与图 6-11 的趋势图差别显著，则表明软件开发过程中可能存在下列问题。

①缺陷处理流程有问题。

②修正缺陷引起了更多的回归缺陷。

③有较多的缺陷被遗漏到下一个阶段。

④修复缺陷所需的资源不足。

⑤回归测试策略不对等。

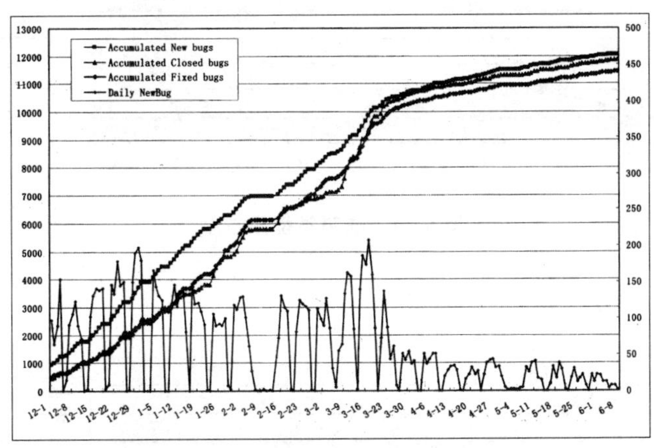

图 6-12　一个实际项目的实时缺陷趋势图

6.3.4　软件缺陷的度量

对软件缺陷进行跟踪管理的目标之一是对缺陷的数据进行统计。通过对软件开发过程中发现的缺陷进行分析统计，从而可以判断软件质量、项目的进展。

从统计的角度出发，可以对软件过程的缺陷做些度量，如缺陷严重程度分布、缺陷类型分布、缺陷率分布、缺陷密度分析、缺陷趋势分布、缺陷注入率/消除率等。统计的方式可以用表格，也可用图表，如散点图、趋势图、因果图、直方图、条形图、排列图等。

1. 缺陷严重程度的统计度量

按照缺陷严重程度及工作类型分布可以统计整个项目生命周期中所有同行评审的缺陷分布，也可以统计某一阶段所有同行评审的缺陷分布，如图 6-13 所示。

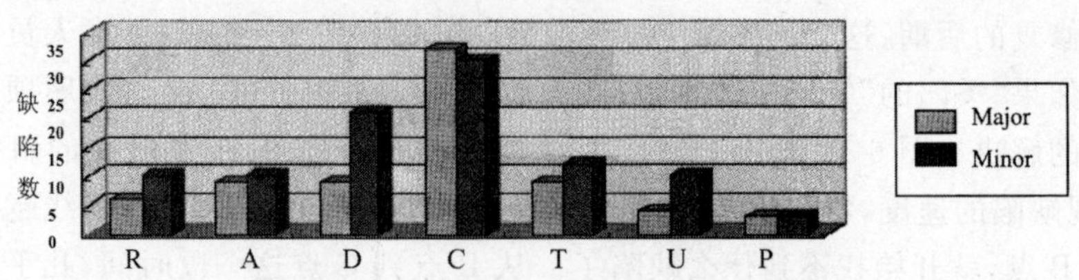

图 6-13 缺陷严重程度按工作类型分布的分布图

2. 缺陷类型的统计度量

按照缺陷类型统计分布图，可以是某一次评审的缺陷统计，可以是某一类型工作评审的缺陷统计，也可以是某一阶段所有同行评审的缺陷统计，还可以是整个项目周期内所有同行评审的缺陷统计，如图 6-14 所示。

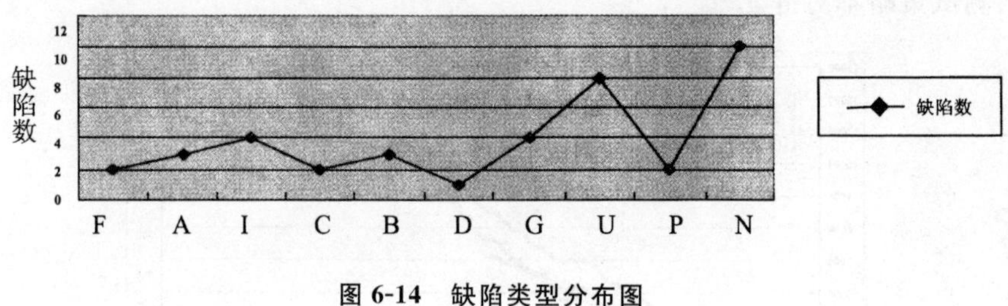

图 6-14 缺陷类型分布图

多个项目的缺陷率统计分布见图 6-15。

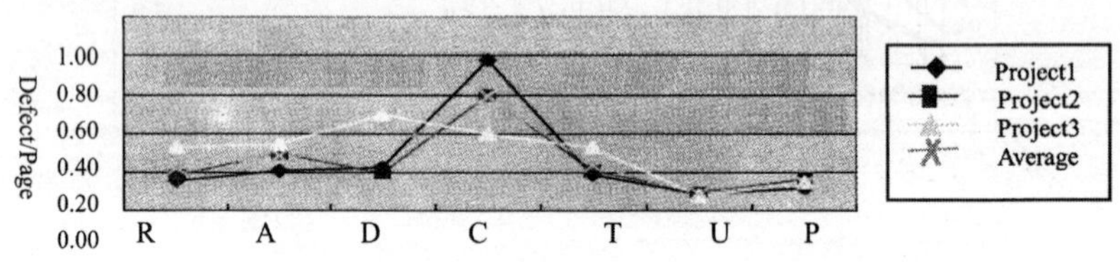

图 6-15 多个项目的缺陷率统计分布

项目的缺陷率按周的分布趋势见图 6-16。

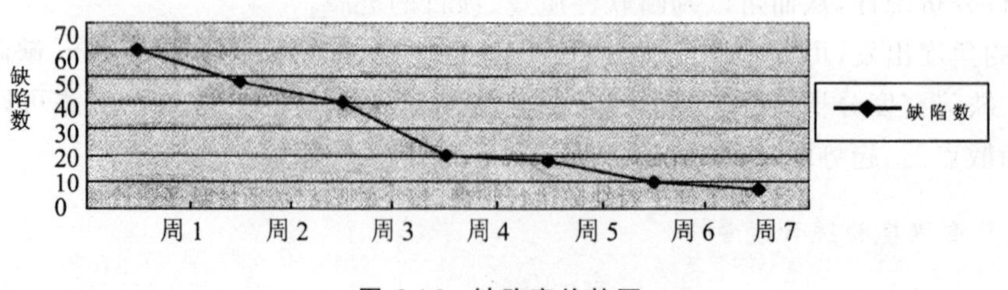

图 6-16 缺陷率趋势图

3. 缺陷密度

基于软件缺陷的软件质量的一个事实上的标准度量是缺陷密度。对于一个软件产品，软件缺陷分为两种:通过评审或测试等方法发现的已知缺陷(known defect)和尚未发现的潜在缺陷(latent defect)。缺陷密度的定义如下。

缺陷密度=已知缺陷的数量/产品规模

在缺陷密度的公式中,产品规模的度量单位可以是文档页、代码行、功能点。缺陷密度是软件缺陷的基本度量,可用于设定产品质量目标、支持软件可靠性模型(如 Rayleigh 模型)、预测潜伏的软件缺陷进而对软件质量进行跟踪和管理、支持基于缺陷计数的软件可靠性增长模型(如 Musa－Okumoto 模型)、对软件质量目标进行跟踪并评判能否结束软件测试。

6.4　软件测试的评估

为什么要进行软件测试的评测呢?软件测试的评测主要有两个目的:一是量化测试进程,判断软件测试进行的状态,以决定什么时候软件测试可以结束;二是为最后的测试或软件质量分析报告生成所需的量化数据,如缺陷清除率、测试覆盖率等。软件测试评测的结果是软件测试的一个阶段性结论,通过所生成的软件测试评测报告来确定软件测试是否完全和成功。软件测试评测贯穿整个软件测试过程,可以在测试的每个阶段结束前进行,也可以在测试过程中的某一个时间进行。

软件测试的主要评测方法包括测试覆盖评估、质量评估、缺陷评估和性能评估。

6.4.1　测试覆盖评估

测试覆盖评估是对测试完全程度的评估,它建立在测试覆盖的基础上,测试覆盖是由测试需求、测试用例的覆盖或已执行代码的覆盖表示的。

覆盖指标提供了“测试的完全程度如何”这一问题的答案。最常用的测试覆盖评估是基于需求的测试覆盖和基于代码的测试覆盖。简而言之,测试覆盖是就需求(基于需求的)或代码的设计实施标准(基于代码的)而言的完全程度的评估,如用例的核实(基于需求的)或所有代码行的执行(基于代码的)。

1. 基于需求的测试覆盖评估

基于需求的测试覆盖在测试生命周期中要评估多次,每一个测试阶段结束时给出测试覆盖的变量,并在测试生命周期的各阶段提供测试覆盖的标识(如基于需求的测试覆盖率、已计划的测试覆盖率、已实施的测试覆盖率、已执行的成功测试覆盖率)。

(1)基于需求的测试覆盖率

基于需求的测试覆盖率通过以下公式计算。

测试覆盖率=T(p,i,x,s)/RfT%

式中,T 是用测试过程或测试用例表示的测试(Test)数(已计划的、已实施的或成功的),RfT 是测试需求(Requirement for Test)的总数。

(2)已计划的测试覆盖率

在制定测试计划活动中,已计划的测试覆盖率通过以下公式计算。

已计划的测试覆盖率=Tp/RfT%

式中，Tp 是用测试过程或测试用例表示的计划测试需求数，RfT 是测试需求的总数。

(3)已实施的测试覆盖率

在已实施的测试过程中，已实施的测试覆盖率可通过以下公式计算。

已实施的测试覆盖率＝Ti/RfT％

式中，Ti 是用测试过程或测试用例表示的已执行的测试需求数。RfT 是测试需求的总数。

(4)已执行的成功测试覆盖率

在已执行的成功测试活动中，成功的测试覆盖率可通过以下公式计算。

成功的测试覆盖率＝Ts/RfT％

式中，Ts 是用完全成功、没有缺陷的测试过程或测试用例表示的已执行测试需求数，RfT 是测试需求的总数。

2. 基于代码的测试覆盖评估

基于代码的测试覆盖评估是根据测试已经执行的源代码的多少来表示的，这种测试覆盖策略类型对于安全至上的系统来说非常重要。测试覆盖评估已经执行的代码的多少，与之相对的是要执行的剩余代码的多少。代码覆盖可以建立在控制流(语句、分支或路径)或数据流的基础上。控制流覆盖的目的是测试代码行、分支条件、代码中的路径或软件控制流的其他元素。数据流覆盖的目的是通过软件操作测试数据状态是否有效。例如，数据元素在使用之前是否已作定义。

基于代码的测试覆盖率可通过以下公式计算。

基于代码的测试覆盖率＝Ie/Tiic％

式中：Ie 是用代码语句、代码分支、代码路径、数据状态判定点或数据元素名表示的已执行代码数，Tiic(Total number of items in the code)是代码中的项目总数。

在软件测试评估工作中，基于代码的测试覆盖评估工作是很有意义的，因为任何未经测试的代码都是一个潜在的不利因素。在一般情况下，代码覆盖运用于较低的测试等级(例如单元和集成级)时最为有效，但是，仅仅凭借执行了所有的代码，并不能为软件质量提供保证，也就是说，即使所有的代码都在测试中得到执行，并不能说明代码是按照客户需求和设计的要求去做了。

6.4.2 软件测试的质量评估

质量是对测试对象(系统或测试的应用程序)的可靠性、稳定性以及性能的测评。质量建立在对测试结果的评估和对测试过程中确定的变更请求(缺陷)的分析的基础上。

对软件测试进行质量评估时需要重点注意如下内容。

1. 软件测试质量评估的准则

为了评估软件测试的质量，必须把不同特性的评价结果加以归纳，使用方法为决策表或加权平均法，同时可以考虑其他因素，如在特定环境下对软件产品质量评估有影响的时间和成本。

软件测试的质量应根据质量特性的重要程度确定其权值，质量特性的重要程度可以根据软件类型的不同而有所不同。对于任务关键型的系统软件，其可靠性是最重要的；对于时间关键型的实时软件系统，其效率是最重要的；对于交互终端用户软件，其易用性是最重要的。

2. 软件测试质量评估的过程

软件测试质量评估的一般过程如下。

①测量。把选定的度量应用到软件产品上去进行的活动。

②评级。根据等级定义确定某一测量值的等级。

③评估。将一组评出的等级加以归纳，得出软件产品质量报告。

最后管理人员将归纳的质量与其他方面，诸如时间和成本进行比较，根据管理准则作出决策，决定该产品是否通过验收或者是否发行。

3. 软件测试质量评估的目的

软件测试质量评估的目的如下。

①确定产品是否通过验收。

②确定何时发布产品。

③与其他类似产品相比较，对产品进行选择。

④在使用该产品时评估其正面及负面的影响。

⑤确定何时优化或替换该产品。

4. 软件测试质量评估的一般要求

软件测试质量评估的一般要求如下。

①质量度量的选择。

②对质量特性进行定义所采用的方式不提供对它们的直接测量，需要建立与软件产品的特性。

③相关的度量。

④度量可以因不同的环境和不同的开发阶段而异。

⑤根据用户观点采用的度量是关键的。

5. 软件测试质量评估的等级

软件测试质量评估的等级需要注意如下 3 点内容。

①对可定量的特征可用质量度量来定量地测量，将测试结果与预先定义好的等级(如规定达到什么程度为优秀，达到什么程度为良好，达到什么程度为合格，什么情况下为差)进行比较，得到该软件特性的评价结果。

②质量与给定需求有关，不可能有通用的等级，每一次具体的评价都必须对等级进行定义。

③应根据质量特性的重要程度确定权值。

6. 软件测试质量评估的内容

软件测试质量评估的主要内容如下。

(1)功能性

功能性是指与一组功能及其指定的性质有关的属性，其主要内容如下。

①适合性。与规定任务能否提供一组功能以及这组功能的适合程度有关的软件属性。

②准确性。与能否得到正确、相符的结果或效果有关的软件属性。

③互用性。与同其他指定系统进行交互能力有关的软件属性。

④依从性。使软件遵循有关的标准、约定、法规及类似规定的软件属性。

⑤安全性。与防止对程序及数据的非授权的故意或意外访问的能力有关的软件属性。

(2)可靠性

可靠性是指与在规定的一段时间和条件下,软件维持其性能水平的能力有关的一组属性,其主要内容如下。

①成熟性。与由软件故障引起失效的频度有关的软件属性。

②容错性。与在软件故障或违反指定接口的情况下,维持规定的性能水平的能力有关的软件属性。

③易恢复性。与在失效发生后,重建其性能水平并恢复直接受影响数据的能力,以及为达此目的所需的时间和能力有关的软件属性。

(3)易用性

易用性是指与一组规定或潜在的用户为使用软件所需作的努力和对这样的使用所作的评价有关的属性,其主要内容如下。

①易理解性。与用户为认识逻辑概念及其应用范围所花的努力有关的软件属性。

②易学性。与用户为学习软件应用所花的努力有关的软件属性。

③易操作性。与用户为操作和运行控制所花努力有关的软件属性。

(4)效率

效率是指在规定的条件下,与软件的性能水平和所使用资源量之间关系有关的一组属性。效率是指与效率有关的内容如下。

①时间特性。与软件执行其功能时响应、处理时间以及吞吐量有关的软件属性。

②资源特性。与在软件执行其功能时所使用的资源数量及其使用时间有关的软件属性。

(5)可维护性

可维护性是指进行指定的修改所需的努力有关的一组属性,与可维护性有关的内容如下。

①易分析性。与为诊断缺陷或失效原因及为判定待修改的部分所需努力有关的软件属性。

②易改变性。与进行修改、排除错误或适应环境变化所需努力有关的软件属性。

③稳定性。与修改所造成的未预料结果的风险有关的软件属性。

④易测试性。与确认已修改软件所需的努力有关的软件属性。

(6)可移植性

可移植性是与软件可从某一环境转移到另一环境的能力有关的一组属性。与可移植性有关的内容如下。

①适应性。与软件无需采用有别于为该软件准备的活动或手段就可能适应不同的规定环境有关的软件属性。

②易安装性。与在指定环境下安装软件所需努力有关的软件属性。

③遵循性。使软件遵循与可移植性有关的标准或约定的软件属性。

④易替换性。与软件在该软件环境中用来替代指定的其他软件的机会和努力有关的软件属性。

7. 软件测试质量评估的产品描述

进行产品描述时需要注意如下事项。

①性质。产品描述是产品软件包文档的一部分，提供关于用户文档、程序、数据的信息。

②作用。帮助用户或潜在购买者作出产品是否适用的评价。

③内容要求。

8. 软件测试质量评估的功能概述要求

软件测试质量评估的功能概述要求如下。

①应概述产品的用户可调用的功能及其数据和设施。

②边界值。应提供会致使产品的使用受限的特定边界值数据。

③安全。应包含有关防止对程序和数据非授权访问的手段。

④可靠性说明。应包含数据存储规程的信息，应描述保证产品的功能能力的附加性质，检验输入的合理性，防止由于用户的错误而产生的严重后果。

⑤出错恢复。

⑥易用性说明。

⑦用户界面应命名用户界面的类型。如命令行、窗口、功能键要求的知识，应规定应用该产品所要求的专门知识和自然语言；适应用户的需要，应标识能被用户作适应性修改所需的工具和条件；防止侵权的行为；使用效率和用户满意度。

⑧用户文档。用户文档应考虑完整性、正确性、一致性、易理解性、易浏览性，每个文档应有目录表、索引表，应提供打印方法。

9. 软件测试质量评估文档的检查测试

软件测试质量评估文档的检查测试应考虑如下要求。

①测试细则。

②细则概述。

③测试预要求。

④测试活动。

⑤测试记录。

⑥测试报告。

⑦跟踪测试。

6.4.3　软件测试的缺陷评估

缺陷评估是对测试过程中缺陷达到的比率或发现的比率提供一个软件可靠性指标。对于缺陷分析，常用的主要缺陷参数有 4 个。

①状态。缺陷的当前状态。

②优先级。必须处理和解决缺陷的相对重要性。

③严重性。最终用户、组织或第三方的影响等。

④起源。导致缺陷的起源故障及其位置，或排除该缺陷需要修复的构件。

软件测试的缺陷评估可依据以下 4 类形式的度量提供缺陷测评。

①缺陷发现率。

②缺陷潜伏期。

③缺陷分布(密度)。

④整体软件缺陷清除率。

1. 缺陷发现率

缺陷发现率是将发现的缺陷数量作为时间的函数来评估,创建缺陷趋势图或报告,如图6-17所示。

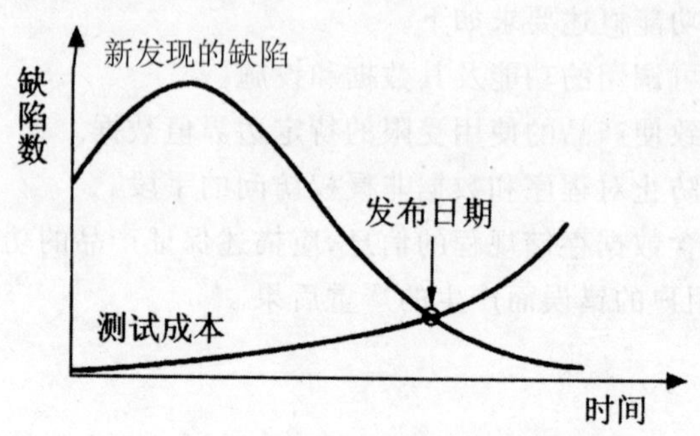

图 6-17 缺陷发现率

对图 6-17 的说明如下。

①缺陷发现率将随着测试时间和修复进度而减少。

②缺陷发现率将随着测试时间而测试成本增加。

③可以设定一个阈值,在缺陷发现率低于该阈值时才能部署软件。

图 6-17 描述的是已报告的缺陷,然而,需要查看并分析一下,为什么许多报告的缺陷不是重复的缺陷就是未经确认的缺陷,这样做是很有价值的。

2. 缺陷潜伏期

Rational Unified Process 提供缺陷潜伏期(也称为阶段潜伏期、缺陷龄)评估,缺陷潜伏期报告是一种特殊类型的缺陷分布报告。缺陷潜伏期报告显示缺陷处于特定状态下的时间长短。缺陷潜伏期是一种特殊类型的缺陷分布度量。在实际测试工作中,发现缺陷的时间越晚,这个缺陷所带来的损害就越大,修复这个缺陷所耗费的成本就越多。一个项目的缺陷潜伏期的度量见表 6-3。

表 6-3 一个项目的缺陷潜伏期的度量

缺陷造成阶段	发现阶段									
	需求	总体设计	详细设计	编码	单元测试	集成测试	系统测试	验收测试	试运行产品	发布产品
需求	0	1	2	3	4	5	6	7	8	9
总体设计		0	1	2	3	4	5	6	7	8
详细设计			0	1	2	3	4	5	6	7
编码				0	1	2	3	4	5	6
总计										

在上表中，总体设计发现缺陷，阶段潜伏期为 1，在发布产品时，阶段潜伏期为 9。

3. 缺陷分布

缺陷分布（密度）报告允许将缺陷计数作为一个或多个缺陷参数的函数来显示。软件缺陷分布（密度）是一种以平均值估算法来计算出软件缺陷分布（密度）值。程序代码通常是以千行为单位的，软件缺陷分布（密度）是用下面的公式计算的。

软件缺陷密度＝软件缺陷数量/代码行或功能点的数量

4. 整体软件缺陷清除率

为了估算软件缺陷清除率，首先需要引入几个变量，F 为描述软件规模用的功能点，D1 为软件开发过程中发现的所有软件缺陷数，D2 为软件分布后发现的软件缺陷数，D 为发现的总软件缺陷数。由此可得到 D＝D1＋D2 的关系。

对于一个软件项目，可用如下几个公式从不同角度来估算软件的质量。

①质量（每个功能点的缺陷数）＝D2/F。

②软件缺陷注入率＝D/F。

③整体软件缺陷清除率＝D1/D。

6.4.4　软件测试的性能评估

评估测试对象的性能行为时，可以使用多种评测，这些评测侧重于获取与行为相关的数据，如响应时间、计时配置文件、执行流、操作可靠性和限制。这些评测主要在“评估测试"活动中进行评估，但是也可以在“执行测试”活动中使用性能评测评估测试进度和状态，主要的性能评测包括以下几点。

①动态监测。在测试执行过程中，实时获取并显示正在执行的各测试脚本的状态。

② 响应时间和吞吐量。测试对象针对特定主角、用例的响应时间或吞吐量的评测。

③百分比报告。数据已收集值的百分位评测/计算。

④比较报告。代表不同测试执行情况的两个（或多个）数据集之间的差异或趋势。

⑤追踪和配置文件报告：测试用例和测试对象之间的消息和会话详细信息。

1. 动态监测

动态监测通常是以柱状图或曲线图的形式提供实时显示/报告。该报告用于在测试执行过程中，通过显示当前的情况、状态以及测试用例正在执行的进度来监测或评估性能测试的执行情况，如图 6-18 所示。

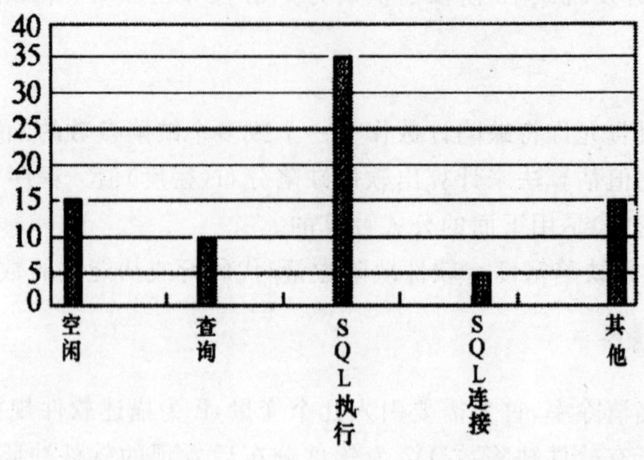

图 6-18 动态监测柱状图

图 6-18 中共有 80 个测试用例在执行:空闲测试用例 15 个、查询测试用例 10 个、SQL 执行测试用例 35 个、SQL 连接测试用例 5 个、其他测试用例 15 个。

2. 响应时间和吞吐量

响应时间和吞吐量是评测并计算与时间和吞吐量相关的性能行为。这些报告通常用曲线图显示,如图 6-19 所示。

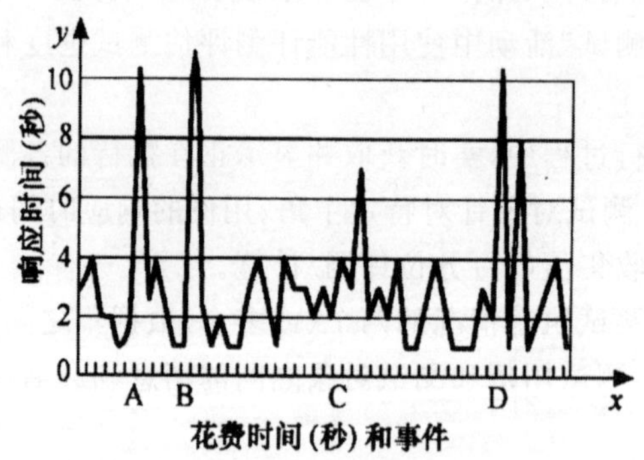

图 6-19 响应时间和吞吐量

3. 百分比报告

百分比报告通过显示已收集数据类型的各种百分比值,提供了另一种性能统计计算的方法,如图 6-20 所示。

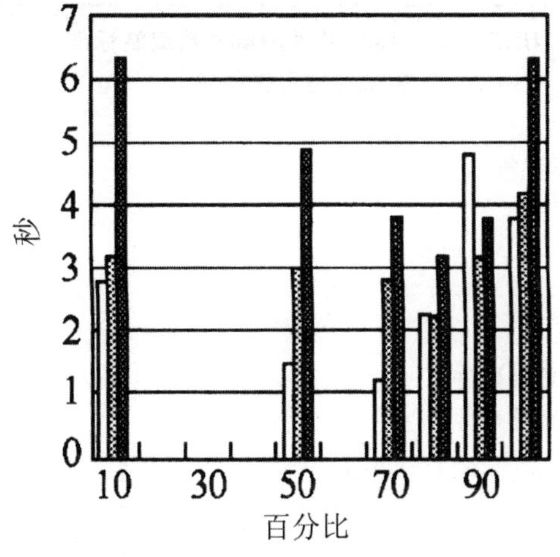

图 6-20　百分比报告

4. 比较报告

比较不同性能测试的结果，以评估测试执行过程中所作的变更对性能行为的影响，这种做法是非常必要的。比较报告应该用于显示两个数据集（分别代表不同的测试执行）之间的差异或多个测试执行之间的趋势。

5. 追踪和配置文件报告

当性能行为可以接受或性能监测表明存在可能的瓶颈时（如当测试用例保持给定状态的时间过长），追踪报告可能是最有价值的报告。追踪和配置文件报告显示低级信息，该信息包括测试用例与测试对象之间的消息、执行流、数据访问以及函数和系统调用等详细信息。

6.4.5　测试总结报告

测试总结报告的目的是总结测试活动的结果，并根据这些结果对测试进行评价。这种报告是测试人员对测试工作进行总结，并识别出软件的局限性和发生失效的可能性。在测试执行阶段的末期，应该为每个测试计划准备一份相应的测试总结报告。从本质上讲，测试总结报告是测试计划的扩展，起着对测试计划“封闭回路"的作用。

如图 6-21 所示的是符合 IEEE 829—1998 软件测试文档编制标准的测试总结报告模板。

IEEE 829—1998 软件测试文档编制标准

测试总结报告模板

目录

1. 测试总结报告标识符

2. 概述

3. 差异

4. 综合评估

5. 结果总结

5.1 已解决的意外事件

5.2 未解决的意外事件

6. 评价

7. 建议

8. 活动总结

9. 审批

图 6-21 测试总结报告模板

(1)测试总结报告标识符

报告标识符是标识报告的唯一 ID,用来方便测试总结报告的管理、定位和引用。

(2)概述

这部分内容概要说明发生了哪些测试活动,包括软件的版本发布及环境等。这部分内容通常还包括测试计划、测试设计规格说明、测试规程和测试用例提供的参考信息等。

(3)差异

这部分内容主要描述计划的测试工作与真实发生的测试之间存在的所有差异。对于测试人员来说,这部分内容相当重要,因为它有助于测试人员掌握各种变更情况,并加深测试人员对今后如何改进测试计划过程的认识。

(4)综合评估

在这一部分中,应该对照在测试计划中规定的准则,对测试过程的全面性进行评价。这些准则是建立在测试清单、需求、设计、代码覆盖或这些因素的综合结果基础之上的。在这里,需要指出那些覆盖不充分的特征或者特征集合,也可以对任何新出现的风险进行讨论。在这部分内容,还需要对所采用的测试有效性的所有度量进行报告和说明。

(5)结果总结

这部分内容用于总结测试结果。应该标识出所有已经解决的软件缺陷,并总结这些软件缺陷的解决方法;还要标识出所有未解决的软件缺陷。这部分内容还包括与缺陷及其分布相关的度量。

(6)评价

在这一部分中,应该对每个测试项,包括各个测试项的局限性进行总体评价。例如,对于可能存在的局限性,可以用这样一些语句来描述:“系统不能同时支持 100 名以上的用户”,或者“如果吞吐量超出一定的范围,性能将会降至……”。这部分内容可能还会包括根据系统在测试期间所表现出的稳定性、可靠性或对测试期间观察到的失效的分析,以及对失效可能性进行的讨论等。

(7)建议

针对本次测试工作，提出自己的意见或建议。没有可填写“无”。

(8)活动总结

总结主要的测试活动和事件。总结资源消耗数据，如人员配置的总体水平、总的机器时间以及花在每一项主要测试活动上的时间等。这部分内容对于测试人员来说十分重要，因为这里记录的数据，可提供估计今后的测试工作所需的信息。

(9)审批

在这一部分，列出对这个报告享有审批权的所有人员的名字和职务。留出用于署名和填写日期的空间。理想情况下，我们希望审批这个报告的人员与审批相应的测试计划的人员相同，因为测试总结报告是对相应的计划所勾勒的所有活动的总结。通过签署这份文档，这些审批人员表明自己对报告中所陈述的结果持肯定态度，这份报告代表所有审批人的一致意见。如果有些评审人对这份报告的看法存有细微的分歧，他们也会签署这份文档，并可在文档中注明自己与他人存在的分歧意见。

思考及作业题

1. 什么是软件缺陷？如何描述软件缺陷？
2. 简述软件缺陷的来源与影响。
3. 缺陷的分类有哪些？如何预防缺陷？
4. 软件测试人员应该如何正确面对软件缺陷？
5. 什么是软件缺陷的生命周期？分析缺陷都是软件开发生命周期的哪个阶段产生的？
6. 根据自己的理解，画出缺陷管理流程图。
7. 简述缺陷跟踪管理的实现原理。
8. 软件缺陷报告的项目及其描述有哪些？
9. 一个好的缺陷报告应该注意哪些事项？
10. 对于缺陷分析，常用的主要缺陷参数有哪几个？
11. 缺陷分析通常以哪些形式的度量提供缺陷评测？
12. 什么是覆盖评测？覆盖评测类型有哪些？
13. 基于需求的测试覆盖率如何计算？基于代码的测试覆盖率如何计算？两者中哪一种方法更有效？
14. 对于软件测试质量的评估的要求和内容是什么？
15. 什么是缺陷发现率？
16. 什么是缺陷潜伏期？
17. 什么是缺陷密度？如何计算缺陷密度？
18. 如何计算整体软件缺陷清除率？
19. 主要的性能评测有哪些？分别详细予以说明。
20. 测试总结报告的目的是什么？一般测试总结报告包括哪些内容？

第7章 软件测试管理

软件测试管理是以测试项目为管理对象，通过一个临时性的专门的测试组织发挥项目团队的作用，运用专门的软件测试知识、技能、工具和方法，对测试项目进行计划、组织、执行和控制，并在时间成本、软件测试质量等方面进行分析和管理活动。测试管理贯穿整个测试项目的生命周期，强调以人为本对测试项目的全过程进行管理。测试管理是一个很重要的环节，对测试工作相当重要。

本章主要知识点

1. 测试管理概述。
2. 测试项目管理。
3. 测试过程管理。
4. 软件测试的组织和人员管理。
5. 测试配置管理。
6. 软件缺陷管理。
7. 变更请求管理。
8. 测试项目的进度管理。
9. 软件测试的风险管理。
10. 软件测试的成本管理。

7.1 测试管理概述

测试管理的目的是通过对产品的整个测试流程进行控制和管理，从而提高企业软件测试的管理水平，灌输和强化企业的管理理念，确保开发产品的质量，进一步提高企业的市场竞争能力。

7.1.1 测试管理的特点

(1)测试管理的全局性

从测试跟踪和管理的角度来看，虽然关注被跟踪的对象有轻有重(如测试用例是重点关注的对象，对测试用例设计和评审的管理是非常重要的)，但测试过程的每一个环节都不能错过，包括同项目没有直接关系的内容，如测试工程师的培训，知识的横向传递，问题的跟踪，承诺，沟通等。测试作为质量保证的重要手段之一，自身应该形成一个较完善的体系，以强调测试管理的全局性，不要忽视任何一个环节，不要轻视任何一个细节，让大家把每件事都做好，达到很高的质量水准。

从产品需求文档(PRD)审查开始到产品发布，我们要实施对测试全过程的跟踪和管理，涉

及的内容非常广泛。在这过程中,其主要的管理活动有下列这些,

在敏捷开发或其他的开发模式下,可以从中选择必要的几项。

①产品需求文档的审查活动和签发。

②产品规格说明书(Spec)的审查和签发。

③测试计划书的审查和签发。

④测试策略有效实施的跟踪。

⑤测试用例的审查和签发。

⑥测试环境的审查。

⑦单元测试报告的审查。

⑧功能测试执行的跟踪。

⑨系统测试执行的跟踪。

⑩回归测试的风险管理。

⑪验收测试的管理。

⑫测试结束的评估。

⑬测试人员的培训和教育。

⑭测试和其他部门之间的沟通。

⑮测试项目的分析和总结,以及改进计划和措施。

(2)测试管理的层次性

测试管理的内容很多,可以分为多个层次——团队、过程、方法、项目和执行,如图 7-1 所示,简单说明如下。

图 7-1　测试管理的层次性

①人是决定的因素,团队是基础,应在招聘、培训、组织架构和绩效评估等各个方面造就一流的团队。

②基于什么样的团队,就建立什么样的过程,过程质量决定产品质量。为了保证过程质量,需要建立一套质量保证体系、定义测试计划、设计和执行流程、缺陷生命周期。

方法建立于过程之上,包括测试自动化方法及其工具、用例设计方法、测试策略、白盒/黑盒测试方法和各类测试模板等。

①有了团队、流程和方法,项目管理就水到渠成了。现在可以分配项目的任务和角色,确定项目的资源和进度,不断对测试风险进行评估以降低风险。

②执行是测试过程的具体化和测试方法的应用,执行还是项目计划的具体实施,也需要细致的管理,如检查测试环境的正确性,了解任务执行的状态,对缺陷进行评审并要求得到及时的清理,通过日报、周报全面掌握测试的进展情况和当前状态,发现问题、跟踪和解决问题等。

7.1.2 测试管理系统的构成

对测试输入、执行过程和测试结果等进行管理,除了对和手工测试共性的东西,如测试计划、测试用例、测试套件、缺陷、产品功能和特性、需求变化等实施管理之外,还要对自动化测试中特有的东西进行跟踪、控制和管理,主要有测试数据文件、测试脚本代码、预期输出结果、测试日志、测试自动比较结果等。由于是进行自动化管理,文档性管理已不能满足需要,应该使用数据库技术、XML 技术或其他有效的数据格式等进行管理。

因为测试脚本由源代码配置管理系统控制,所以测试管理系统不包括测试脚本的管理。其次,资源、需求、变更控制等项目方面的管理,属于整个软件过程管理,不属于测试管理系统,虽然它们之间有关系。所以测试管理系统是以测试用例库、缺陷库为核心,覆盖整个测试过程的组成部分,如图 7-2 所示。

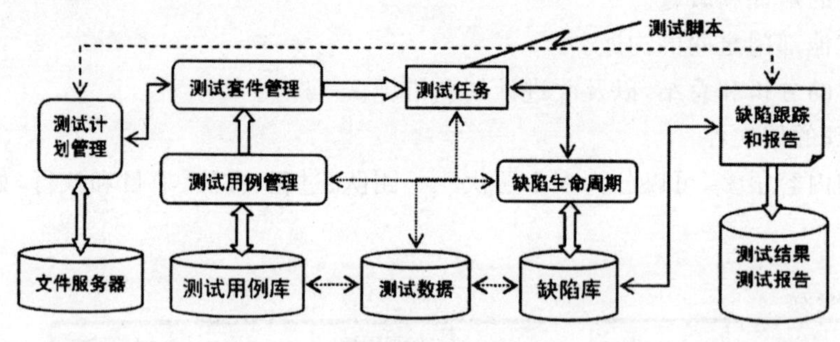

图 7-2 测试管理系统的构成示意图

7.1.3 测试管理的原则

测试管理具有如下原则。

①始终能够把质量放在第一位。

②可靠的需求。

③尽量留出足够的时间。

④足够重视测试计划。

⑤要适当地引入测试自动化或测试工具。

⑥建立独立的测试环境。

7.2 测试项目管理

7.2.1 软件测试项目与软件测试项目管理

1. 测试项目

测试项目是在一定的组织机构内,利用有限的人力和财力等资源,在指定的环境和要求下,对特定软件完成特定测试目标的阶段性任务,该任务应满足一定质量、数量和技术指标等要求。测试项目一般具有如下一些基本特性。

(1)项目的独特性

每个测试项目都有属于自己的一个或几个预定的、明确的目标,都有明确的时间期限、费用、质量和技术指标等方面的要求。

(2)项目的组织性

测试项目的完成需要一定数量的人员参与。在测试项目过程中,参与的人员可以有多种类型,但必须按照一定的规律进行组织和分工。在测试项目完成后,该项目的组织将会自动解散。

(3)测试项目的生命期

测试项目存在一个从开始到结束的过程,称为测试项目的生命周期。通常将项目的生命周期分成若干阶段,即测试项目启动阶段、计划阶段、实施阶段和收尾阶段。

(4)测试项目的资源消耗特性

测试项目的完成需要一定的资源,这些资源的类型是多种多样的,包括人力资源、经费、硬件设施、软件工具以及执行项目过程中所需要使用的其他资源。

(5)测试项目的目标冲突性

每个测试项目都会在实施的范围、时间、成本等方面受到一定的制约,这种制约被称为三约束。为了取得测试项目的成功,必须同时考虑范围、时间、成本等三个主要因素。而这些目标并不总是一致的,往往会出现冲突,如何取得彼此之间的平衡,也是影响测试是否能成功完成的重要要求。

(6)具有智力密集、劳动密集的特点

软件测试项目具有智力密集、劳动密集的特点,受人力资源影响最大,项目成员的结构、责任心、能力和稳定性对测试执行和产品质量有很大的影响。

(7)测试项目结果的不确定因素

每个测试项目都是唯一的,但有时很难确切定义测试项目的目标、准确的质量标准、任务的边界以及如何确定什么时候软件测试可以结束等。对于软件测试所需要的时间和经费也很难准确地作出估算。还有在测试项目过程中遇见的技术、规模等方面的因素,这些都会给测试项目实施带来一定的风险,使测试项目存在失败的可能。

由于测试项目存在以上这些特点,尤其是存在失败的风险,因此,优秀的测试人员和科学的管理是测试项日成功的关键。

2. 测试项目管理

测试项目管理就是以测试项目为管理对象,通过一个临时性的专门的测试组织,运用专门的软件测试知识、技能、工具和方法,对测试项目进行计划、组织、执行和控制,并在时间成本、软件测试质量等方面进行分析和管理活动。测试项目管理贯穿整个测试项目的生命周期,是对测试项目的全过程进行管理。

测试项目管理有以下基本特征。

(1)系统工程思想的贯穿性

测试项目管理将测试项目看成一个完整的有生命周期的系统,可以将软件系统测试分散为几个阶段,每个阶段有不同的任务、特点和方法,分别按要求完成,任何阶段或部分任务的失败可能会对整个测试项目的结果产生影响。为此,测试管理需有相应的管理策略。

(2)测试项目管理的组织有一定的特殊性

测试组是围绕测试项目本身来组织人力资源的,测试组是临时性的,是直接为该测试项目的执行服务的,测试项目的结束即意味着测试组的终结。另外,测试组又是柔性的,可以根据测试项目生命周期中各阶段的需要而重组和调配。测试组强调协调控制和沟通的职能,以保证测试项目目标的实现。

(3)创造和保持一个使测试工作顺利进行的环境

测试项目管理的要点是创造和保持一个使测试工作顺利进行的环境,使置身于这个环境中的人员能在集体中协调工作以完成预定的目标。软件测试项目管理能否成功,受到三个核心层面的影响,即项目组内环境、项目所处的组织环境、整个开发流程所控制的全局环境。这三个环境要素直接关系到软件项目的可控性。项目组管理与项目过程模型、组织支撑环境和项目管理接口是上述三个环境中各自的核心要素。

(4)测试项目管理的方法、工具和技术手段具有先进性

测试项目管理采用科学的、先进的管理理论和方法,如采用目标管理、全面质量管理、技术经济分析、先进的测试工具、测试综合跟踪数据库系统等方法进行目标和成本控制。

3. 测试项目管理的基本原则

软件测试项目管理应先于任何测试活动之前开始,且持续贯穿于整个测试项目的定义、计划和测试之中。为了保证测试项目过程的成功管理,坚持下列的测试项目管理的基本原则是非常必要的。

(1)始终能够把质量放在第一位

测试工作的根本目标在于保证产品的质量,应该在测试小组中建立起“质量是生存之本”的观念,建立一套与之相适应的质量责任制度。

(2)可靠的需求

做好测试工作的根本就是要正确理解需求定义,所以应当有一个经各方一致同意的、清楚的、完整的、详细的和切实可行的需求定义。测试人员充分理解了软件的需求定义之后,包括纸面上的或者默认的规范,才能够制订好测试策略、有计划地安排工作、制订系统的解决方案、制订合理的时间表。

(3)尽量留出足够的时间

经验表明,随着系统分析、设计和实施的进展,客户的需求不断地被激发,需求不断变化,导致项目进度、系统设计、程序代码和相关文档的变化和修改。而且在修改过程中又可能产生新的问题,结果受影响最大的是软件测试。因为程序设计和实现被拖延,同时最后的时间期限又被控制很严,结果造成测试时间被严重挤压。所以,应当为测试计划、测试用例设计、测试执行(特别

是系统测试)以及它们的评审等留出足够的时间,不应使用突击的办法来完成项目的测试工作。

(4)足够重视测试计划

在测试计划里应该清楚地描述测试目标、测试范围、测试风险、测试手段和测试环境等。项目计划中要为改错、再测试、变更留出足够时间。

(5)要适当地引入测试自动化或测试工具

现代项目管理工具提供了项目管理理念和方法,可以使测试人员方便地完成项目管理的过程控制以及进度、费用跟踪。软件测试工具在适合的项目中,可以大大减小工作量,并保证测试结果的准确性。测试工作有一个特点,就是“重复”。前期准备工作要充分,不能盲目,要为测试工作建立一个支撑平台。首先起码应当有一个测试用例管理工具,用来存储测试用例以及执行信息。其次,应当有一个软件缺陷管理工具,全程跟踪缺陷状态,及时对缺陷状态进行分析、清理。最后,应当有一个测试报告工具,用来统计、分析测试数据。

(6)建立独立的测试环境

对测试环境不能掉以轻心,要和有关人员审查环境的软、硬件配置。环境有大有小,财力不足的,几台计算机也是一个测试环境,但是重要的是“独立”,在这个测试环境只做测试,不做其他任何工作。不能拿开发人员的计算机来做测试工作,否则测试环境的混乱必然会影响测试结果。

(7)通用项目管理原则

通用项目管理原则包括流畅的有效沟通、文档的一致性和及时性、项目的风险管理等。对测试的风险需要细心对待,需要有及时的应对措施。在软件测试项目中,最大的威胁就是沟通的失败。软件测试项目成功的三个主要因素是用户的积极参与、与开发项目组的协调配合和管理层的大力支持。三要素全部依赖于良好的沟通技巧。沟通管理的目标是及时并适当地创建、收集、发送、储存和处理项目的信息。有效的沟通管理能够创建一个良好的风气,让项目成员对准确的报告项目的状态感到安全,让项目在准确的、基于数据的事实基础上运行。

7.2.2　软件测试项目的范围管理

测试项目范围管理就是界定项目所必须包含且只需要包含的全部工作,并对其他的测试项目管理工作起指导作用,以确保测试工作顺利完成。这里的“必须包含且只需要包含”意味着在项目中有最基本的工作,但也不做额外的工作。这样的策略才能确保测试耗费最低的成本和最短的时间。

项目目标确定后,下一步过程就是确定需要执行哪些工作或者活动来完成项目的目标,这就是要确定一个包含项目所有活动在内的一览表。准备这样的一览表通常有两种方法:一种是让测试小组利用“头脑风暴法”根据经验总结并集思广益来形成,这种方法比较适合小型测试项目;另一种是对更大更复杂的项目建立一个工作分解结构(WBS)和任务一览表。

工作分解结构是将一个软件测试项目分解成易于管理的更多部分或细目,所有这些细目构成了整个软件测试项目的工作范围。工作分解结构是进行范围规划时所使用的重要工具和技术之一,它是测试项目团队在项目期间要完成或生产出的最终细目的等级树,它组织并定义了整个测试项目的范围,未列入工作分解结构的工作将排除在项目范围之外。进行工作分解是非常重要的工作,它在很大程度上决定了项目能否成功。对于细分的所有项目要素需要统一编码,并按规范化进行要求。这样,WBS 的应用将给所有的项目管理人员提供一个一致的基准,即使项目人员变动时,也有一个互相可以理解和交流沟通的平台。

7.3 测试过程管理

软件测试过程与软件开发过程一样,是一种抽象的模型,用于定义软件测试的流程和方法,指导测试团队按照承担软件测试项目所要求的进度、成本和质量,开展测试任务必需覆盖整个软件测试生命周期的一组有序的软件测试活动。众所周知,软件开发过程的质量决定了软件的质量。同样,软件测试过程的质量将直接影响测试结果的准确性和有效性。软件测试过程和软件开发过程一样,都遵循软件工程原理,遵循管理学原理。因此,一般意义上的软件测试过程包括:测试需求分析、测试计划制定、测试用例设计、测试工具开发、测试环境构建、测试实施及测试评估等阶段。

7.3.1 软件测试过程模型

软件测试是与软件开发紧密相关的一系列有计划、系统性的活动,显然软件测试也需要测试模型去指导实践。下面对主要的模型做一些简单的介绍。

1. V 模型

V 模型是最具有代表性的测试模型。V 模型最早是由 Paul Rook 在 20 世纪 80 年代后期提出的,V 模型在英国国家计算中心文献中发布,旨在改进软件开发的效率和效果。

在传统的开发模型中,比如瀑布模型,通常把测试过程作为在需求分析、概要设计、详细设计和编码全部完成之后的一个阶段,尽管有时测试工作会占用整个项目周期一半的时间,但是有人仍认为测试只是一个收尾工作,而不是主要的工程。V 模型是软件开发瀑布模型的变种,它反映了测试活动与分析和设计的关系,从左到右,描述了基本的开发过程和测试行为,明确地标明了测试工程中存在的不同级别,清楚地描述了这些测试阶段和开发过程期间各阶段的对应关系。如图 7-3 所示。

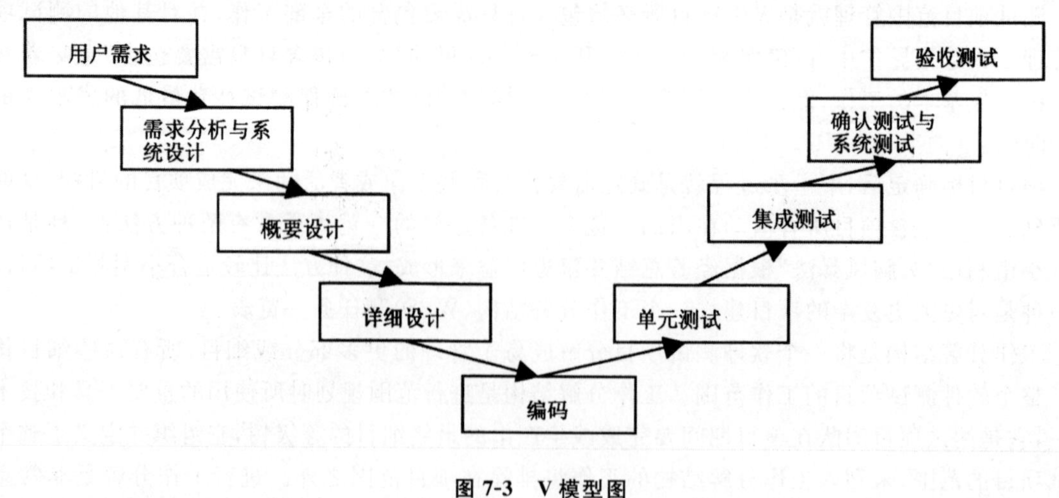

图 7-3 V 模型图

图 7-3 中箭头代表了时间方向,左边下降的是开发过程各阶段,与此相对应的是右边上升的部分,即测试过程的各个阶段。

V 模型的软件测试策略既包括低层测试又包括了高层测试，低层测试是为了确保源代码的正确性，高层测试是为了使整个系统满足用户的需求。

V 模型指出，单元和集成测试是验证程序设计。开发人员和测试组应检测程序的执行是否满足软件设计的要求；系统测试应当验证系统设计，检测系统功能、性能的质量特性是否达到系统设计的指标；由测试人员和用户进行软件的确认测试和验收测试，追溯软件需求说明书进行测试，以确定软件的实现是否满足用户需求或合同的要求。

V 模型存在一定的局限性，它仅仅把测试过程作为在需求分析、概要设计、详细设计及编码之后的一个阶段。容易使人理解为测试是软件开发的最后一个阶段，主要是针对程序进行测试寻找错误，而需求分析阶段隐藏的问题一直到后期的验收测试才被发现。

2. W 模型

V 模型的局限性在于没有明确地说明早期的测试，不能体现“尽早地和不断地进行软件测试”的原则。在 V 模型中增加软件各开发阶段应同步进行的测试，被演化为一种 W 模型，因为实际上开发是 V，测试也是与此相并行的 V。基于“尽早地和不断地进行软件测试”的原则，在软件的需求和设计阶段的测试活动应遵循 IEEE std1012—1998《软件验证和确认（V&V）》的原则。

一个基于 V&V 原理的 W 模型示意图如图 7-4 所示。

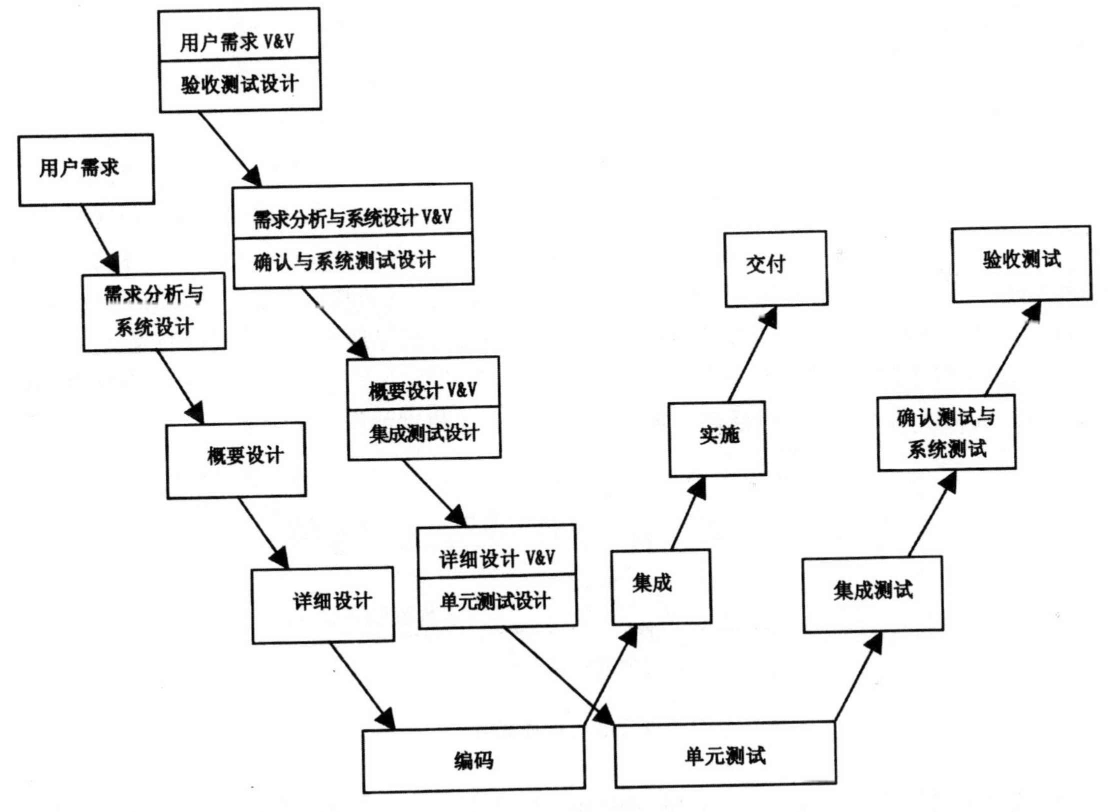

图 7-4　W 模型图

相对于 V 模型，W 模型更科学。W 模型可以说是 V 模型自然而然的发展。它强调测试伴随着整个软件开发周期，而且测试的对象不仅仅是程序，需求、功能和设计同样要测试。这样，只要相应地开发活动完成，我们就可以开始执行测试，可以说，测试与开发是同步进行的，从而有利于尽早地发现问题。以需求为例，需求分析一完成，就可以对需求进行测试，而不是等到最后才进行针对需求的验收测试。

如果测试文档能尽早提交，那么就有了更多的检查和检阅的时间，这些文档还可用于评估开发文档。另外还有一个很大的益处是，测试者可以在项目中尽可能早地面对规格说明书中的挑战。这意味着测试不仅仅是评定软件的质量，还可以尽可能早地找出缺陷所在，从而帮助改进项目内部的质量。参与前期工作的测试者可以预先估计问题和难度，这将可以显著地减少总体测试时间，加快项目进度。

根据 W 模型的要求，一旦有文档提供，就要及时确定测试条件，以及编写测试用例，这些工作对测试的各级别都有意义。当需求被提交后，就需要确定高级别的测试用例来测试这些需求。当概要设计编写完成后，就需要确定测试条件来查找该阶段的设计缺陷。

W 模型也是有局限性的。W 模型和 V 模型都把软件的开发视为需求、设计、编码等一系列串行的活动。同样，软件开发和测试保持一种线性的前后关系，需要有严格的指令表示上一阶段完全结束，才可以正式开始下一个阶段。这样就无法支持迭代、自发性以及变更调整。对于当前很多文档需要事后补充，或者根本没有文档的做法(这已成为一种开发的文化)，使开发人员和测试人员都面临同样的困惑。

3. H 模型

V 模型和 W 模型均存在一些不妥之处。首先，如前所述，它们都把软件的开发视为需求、设计、编码等一系列串行的活动，而事实上，虽然这些活动之间存在相互牵制的关系，但在大部分时间内，它们是可以交叉进行的。虽然软件开发期望有清晰的需求、设计和编码阶段，但实践告诉我们，严格的阶段划分只是一种理想状况。试问，有几个软件项目是在有了明确的需求之后才开始设计的呢？所以，相应的测试之间也不存在严格的次序关系。同时，各层次之间的测试也存在反复触发、迭代和增量关系。其次，V 模型和 W 模型都没有很好地体现测试流程的完整性。

为了解决以上问题，提出了 H 模型。它将测试活动完全独立出来，形成一个完全独立的流程，将测试准备活动和测试执行活动清晰地体现出来。H 模型如图 7-5 所示。

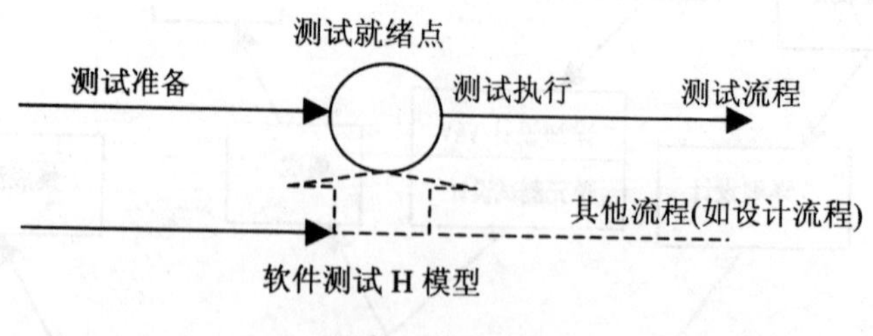

图 7-5　H 模型图

H 模型图仅仅演示了在整个生存周期中某个层次上的一次测试“微循环”。图中的其他流程可以是任意开发流程。例如，设计流程和编码流程。也可以是其他非开发流程，例如，SQA 流程，甚至是测试流程自身。也就是说，只要测试条件成熟了，测试准备活动完成了，测试执行活动就可以(或者说需要)进行了。

概括地说，H 模型揭示了：

①软件测试不仅仅指测试的执行，还包括很多其他的活动。

②软件测试是一个独立的流程，贯穿产品整个生命周期，与其他流程并发地进行。

③软件测试要尽早准备，尽早执行。

④软件测试是根据被测物的不同而分层次进行的。不同层次的测试活动可以是按照某个次序先后进行的，但也可能是反复的。

在 H 模型中，软件测试模型是一个独立的流程，贯穿于整个产品周期，与其他流程并发地进行。当某个测试时间点就绪时，软件测试即从测试准备阶段进入测试执行阶段。

4. 其他测试模型

除了上述三种常见模型外，还有其他几种模型，如 X 模型、前置测试模型等。X 模型提出针对单独的程序片段进行相互分离的编码和测试，然后经过频繁的交接，通过集成最终合成为可执行的程序。前置测试模型体现了开发与测试的结合，要求对每个交付的内容进行测试。这些模型都针对其他模型的缺点进行了一些修正，但本身仍然存在一些不足的地方。所以在软件测试过程中正确选取模型是一个很关键的问题。

5. 测试模型的使用

前面我们介绍了几种典型的测试模型，应该说这些模型对指导测试工作的进行具有重要的意义，但任何模型都不是完美的。我们应该尽可能地去应用模型中对项目有实用价值的方面，但不强行地为使用模型而使用模型，否则就没有实际意义。

在这些模型中，V 模型强调了在整个软件项目开发中需要经历的若干个测试级别，而且每一个级别都与一个开发级别相对应，但它忽略了测试的对象不应该仅仅包括程序，或者说它没有明确地指出应该对软件的需求、设计进行测试，而这一点在 W 模型中得到了补充。W 模型强调了测试计划等工作的先行和对系统需求和系统设计的测试，但 W 模型和 V 模型一样也没有专门对软件测试流程予以说明，因为事实上，随着软件质量要求越来越为大家所重视，软件测试也逐步发展成为一个独立于软件开发的一系列活动，就每一个软件测试的细节而言，它都有一个独立的操作流程。比如，现在的第三方测试，就包含了从测试计划和测试用例编写，到测试实施以及测试报告编写的全过程，这个过程在 H 模型中得到了相应的体现，表现为测试是独立的。也就是说，只要测试前提具备了，就可以开始进行测试了。

因此，在实际的工作中，我们要灵活地运用各种模型的优点，在 W 模型的框架下，运用 H 模型的思想进行独立的测试，并同时将测试与开发紧密结合，寻找恰当的就绪点开始测试并反复迭代测试，最终保证按期完成预定目标。

7.3.2　软件测试过程管理

现代软件测试过程管理不是仅锁定在测试阶段，软件测试过程管理在各个阶段的具体内容是不同的，但在每个阶段，测试任务的最终完成都要经过从计划、设计、执行到结果分析、总结等一系列相同步骤，这构成软件测试的一个基本过程。通过软件测试过程管理我们要尽量达到测试成本最小化、测试流程和测试内容完备化、测试手段可行化和测试结果实用化的理想目标。

软件测试是软件工程中的一个子过程，为使软件测试工作系统化、工程化，必须合理地进行测试过程管理，包括签订第三方独立测试合同、制订测试计划、组织项目人员、建立项目环境、监控项目进展等等。软件测试过程管理主要集中在软件测试项目启动、测试计划制定、测试用例设计、测试执行、测试结果审查和分析，以及如何开发或使用测试过程管理工具。概括起来包括如下基本内容。

(1)测试项目启动

首先要确定项目组长，只有把项目组长确定下来，就可以组建整个测试小组，并可以和开发等部门开展工作。接着参加有关项目计划、分析和设计的会议，获得必要的需求分析、系统设计文档，以及相关产品/技术知识的培训和转移。

(2)制定测试计划

确定测试范围、测试策略和测试方法，以及对风险、日程表、资源等进行分析和估计。

(3)测试设计和测试开发

制订测试的技术方案、设计测试用例、选择测试工具、写测试脚本等。测试用例设计要事先做好各项准备，才开始进行，最后还要让其他部门审查测试用例。

(4)测试实施和执行

建立或设置相关的测试环境，准备测试数据，执行测试用例，对发现的软件缺陷进行报告、分析、跟踪等。测试执行没有很高的技术性，但是测试的基础，直接关系到测试的可靠性、客观性和准确性。

(5)测试结果的审查和分析

当测试执行结束后，对测试结果要进行整体或综合分析，以确定软件产品质量的当前状态，为产品的改进或发布提供数据和依据。从管理来讲，要做好测试结果的审查和分析会议，以及做好测试报告或质量报告写作、审查。

测试管理流程如图 7-6 所示。

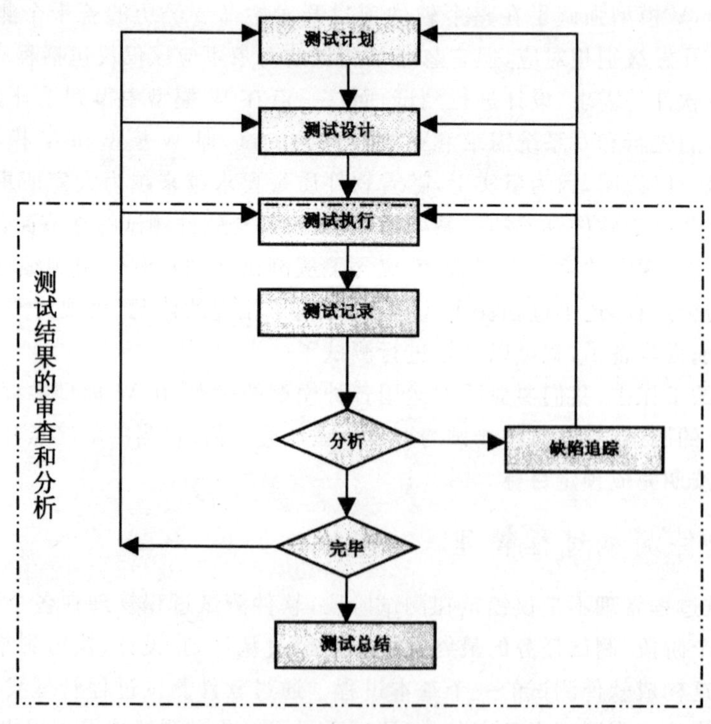

图 7-6 测试管理流程图

1. 测试计划阶段

测试计划是进行测试的路由图，在需求活动一开始就要着手编写测试计划，随着开发过程的逐步展开添加内容，在编程活动和单元测试活动之后完成测试计划的编写。测试计划按国家标准或行业标准规定的格式和内容编写。

测试计划要针对测试目的来规定测试的任务、所需的各种资源和投入、人员角色的安排、预见可能出现的问题和风险，以指导测试的执行，最终实现测试的目标，保证软件产品的质量。

测试计划是一个重要文档，因此在形成测试计划的过程中要对测试计划和测试用例进行检查，当发现错误和遗漏时能在开发过程的早期对测试计划进行必要的增加和修改，减少测试用例的错误。因此形成一份完整、精确和全面的测试计划需要经过计划、准备、检查、修改和继续 5 个步骤。

2. 软件测试设计和开发

当测试计划完成之后，测试过程就要进入软件测试设计和开发阶段。软件测试设计是建立在测试计划书的基础上，认真理解测试计划的测试大纲、测试内容及测试的通过准则，通过测试用例来完成测试内容与程序逻辑的转换，作为测试实施的依据，以实现所确定的测试目标。软件设计是将软件需求转换成为软件表示的过程，主要描绘出系统结构、详细的处理过程和数据库模式；软件测试开发则是将测试需求转换成测试用例的过程，它要描述测试环境、测试执行的范围、层次和用户的使用场景以及测试输入和预期的测试输出等。所以软件测试设计和开发是软件测试过程中一个技术深、要求高的关键阶段。

软件测试设计和开发主要内容有：

①制定测试的技术方案，确认各个测试阶段要采用的测试技术、测试环境和平台，以及选择什么样的测试工具。系统测试中的安全性、可靠性、稳定性、有效性等的测试技术方案是这部分工作内容的重点。

②设计测试用例，根据产品需求分析、系统设计等规格说明书，在测试技术选择的方案基础上，设计具体的测试用例。

③设计测试用例特定的集合，满足一些特定的测试目的和任务，即根据测试目标、测试用例的特性和属性(优先级、层次、模块等)来选择不同的测试用例，构成执行某个特定测试任务的测试用例集合(组)，如基本测试用例组、专用测试用例组、性能测试用例组、其他测试用例组等。

④测试开发。根据所选择的测试工具，将所有可以进行自动化测试的测试用例转换为测试脚本的过程。

⑤测试环境的设计，根据所选择的测试平台以及测试用例所要求的特定环境，进行服务器、网络等测试环境的设计。

软件测试设计中，要考虑的要点有：

①所设计的测试技术方案是否可行、是否有效、是否能达到预期的测试目标。

②所设计的测试用例是否完整、边界条件是否考虑、其覆盖率能达到的百分比。

③所设计的测试环境是否和用户的实际使用环境比较接近。

其关键是做好测试设计前的知识传递，将设计/开发人员已经掌握的技术、产品、设计等知识传递给测试人员；同时，要做好测试用例的审查工作，不仅要通过测试人员的审查，还要通过设计/开发人员的审查。

在软件测试设计和开发阶段,按国家标准 GB/T 9386-1988《计算机软件测试文件编制规范》的要求,要编写《测试设计说明》、《测试用例说明》、《测试规程说明》、《测试项传递报告》等文档。

3. 测试执行阶段

当测试用例的设计和测试脚本的开发完成之后,就开始执行测试。测试的执行有手工测试和自动化测试。手工测试在合适的测试环境上,按照测试用例的条件、步骤要求,准备测试数据,对系统进行操作,比较实际结果和测试用例所描述的期望结果,以确定系统是否正常运行或正常表现;自动化测试是通过测试工具,运行测试脚本,得到测试结果。自动化测试的管理相对比较容易,测试工具不会做小动作,会不打折扣地执行测试脚本,并能自动记录下测试结果。

在本阶段,要编写《测试日志》、《测试事件报告》文档。

(1)测试阶段目标的检查

要对每个测试阶段(代码审查、单元测试、集成测试、功能测试、系统测试和验收测试、安装测试等)的结果进行分析,保证每个阶段的测试任务得到执行,达到阶段性目标。

(2)测试用例执行的跟踪

测试用例执行直接关系到测试的效率、结果,不仅要做到测试效率高,而且要保证结果正确、准确、完整等,其管理关键是提高测试人员素质和责任心,树立良好的质量文化意识,其次要通过一定的跟踪手段从某些方面保证测试执行的质量。

①测试效率的跟踪比较容易,按照测试任务和测试周期,可以得到期望的曲线,然后每天检查测试结果,了解是否按预期进度进行,如图 7-7 所示为测试执行情况的跟踪曲线。

②测试结果的跟踪相对存在一些风险,但如果记录好每个人的执行测试情况,便知道哪个测试用例是谁执行的。一旦某个 bug 被漏掉,可以追溯到具体责任人。

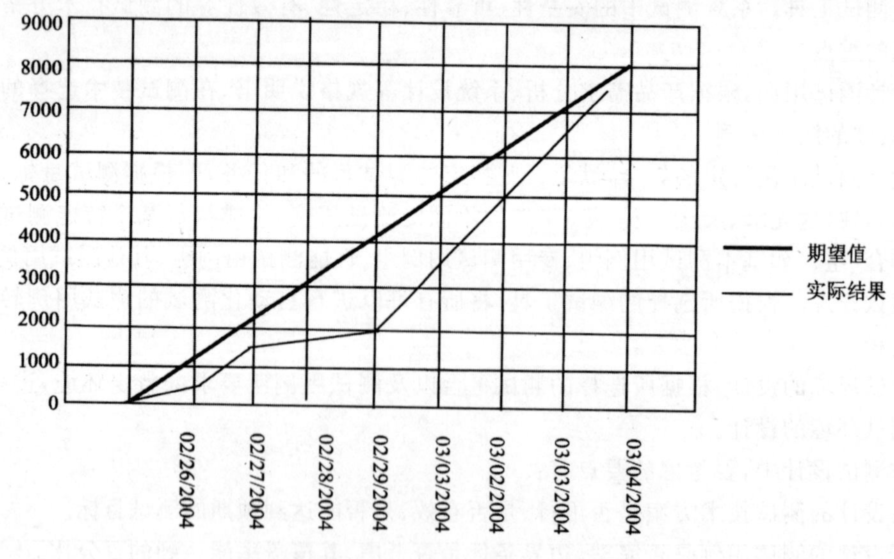

图 7-7 测试执行情况跟踪曲线图

4. 测试执行结束和测试总结

测试执行全部完成,并不意味着测试项目的结束。测试项目结束的阶段性标志是将测试报告或质量报告发出去后，得到测试经理或项目经理的认可。除了测试报告或质量报告的写作之外，还要对测试计划、测试设计和测试执行等进行检查、分析，完成项目的总结，编写《测试总结报告》。通常包括以下活动。

①审查测试全过程。在原来跟踪的基础上，要对测试项目进行全过程、全方位的审视，检查测试计划、测试用例是否得到执行，检查测试是否有漏洞。

②对当前状态的审查。包括产品 bug 和过程中没解决的各类问题。对产品目前存在的缺陷进行逐个的分析，了解对产品质量影响的程度，从而决定产品的测试能否告一段落。

③结束标志。根据上述两项的审查进行评估，如果所有测试内容完成、测试的覆盖率达到要求以及产品质量达到已定义的标准，就可以对测试报告定稿，并发送出去。

④项目总结。通过对项目中的问题分析，找出流程、技术或管理中所存在的问题根源，避免今后发生，并获得项目成功经验。

5. 测试文档与测试过程的关系

GB/T 9386—2008《计算机软件测试文档编制规范》对测试文档与测试过程关系有明确的图形表示，如图 7-8 所示。

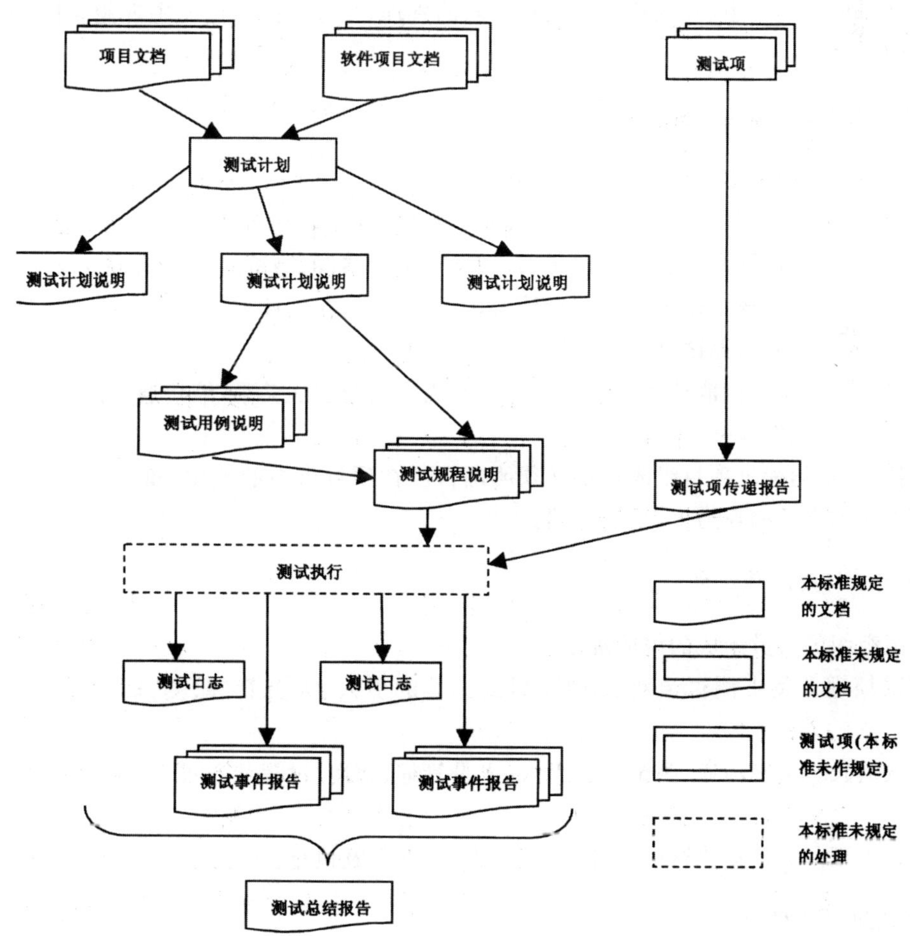

图 7-8　测试文档与测试过程关系示意图

7.4 组织和人员管理

软件测试的组织是将软件测试人员有效地组织起来、分工合作，形成一支精干的队伍，使他们发挥出最大的工作效率。组织职能是指为了实现组织的共同目标，而确定组织内各个要素及其相互关系的一系列活动的总称。简单来讲，组织职能就是设计一个组织结构并使之正常运转。

7.4.1 软件测试的组织

1. 测试组织的任务

测试组织的任务如下。

①为测试项目选择合适的组织结构模式。

②确定项目组内部的组织形式。

③合理配备人员，明确分工和责任。

④对项目成员的思想、心理和行为进行有效的管理，充分发挥他们的主观能动性，密切配合，实现项目的目标。

2. 测试组织的管理原则

测试组织管理的原则如下。

①尽快落实责任。从软件的生存周期来看，测试往往是指对程序的测试，但是，由于测试的依据是规格说明书、设计文档和使用说明书，如果设计有错误，测试的质量就难以保证。

实际上，测试的准备工作在分析和设计阶段就开始了，在软件项目的开始就要尽早指定专人负责，让其有权去落实与测试有关的各项事宜。

②减少接口。要尽可能地减少项目组内人与人之间的层次关系，缩短通信的路径，方便人员之间的沟通，提高工作效率。

③责任明确、均衡。项目组成员都必须明确自己在项目组中的地位、角色和职责，各成员所负的责任不应比委任的权力大，反之亦然。

3. 测试组织的人员组成

对测试组织的人员组成的说明如下。

①测试经理。负责测试流程、沟通、测试工具的引入、人员管理、测试计划/设计/开发及执行。

②测试组长。负责沟通、测试工具引入、人员管理、费用/过程状态报告、测试计划设计/开发及执行。

③测试工程师。负责执行测试计划、进行设计/开发及执行。

4. 测试组织的规模

测试组织规模的确定方法有开发比例法、百分比法、测试程序法、任务计划法。

(1)开发比例法

开发比例法是根据开发人员的数量并按照一定的比例来确定测试工程师的数量。开发人员是指进行设计、开发、编译以及进行单元测试的人员。

对开发比例法的说明如表 7-1 所示。

表 7-1　开发比例法

开发类型	开发人员	比例	测试组规模
商业产品(大型市场)	30 人	3∶2	20
商业产品(小型市场)	30 人	3∶1	10
单个客户端的应用开发	30 人	6∶1	15
单个客户端开发并与系统集成	30 人	4∶1	7
政府部门应用开发(内部)	30 人	5∶1	6
公司应用开发(内部)	30 人	4∶1	7

(2)百分比法

百分比法是根据测试人员应该占到项目组人员的百分比数量进行衡量,如表 7-2 所示。

表 7-2　百分比法

开发类型	项目人员数量	测试组规模比例	测试组规模
商业产品(大型市场)	50 人	27%	13
商业产品(小型市场)	50 人	16%	8
单个客户端的应用开发	50 人	10%	5
单个客户端开发并与系统集成	50 人	14%	7
政府部门应用开发(内部)	50 人	11%	5
公司应用开发(内部)	50 人	14%	7

(3)测试程序法

测试程序法是根据测试程序数量,以及每个程序可能的执行时间,计算出人小时,再根据完成周期计算测试组规模,如表 7-3 所示。

表 7-3　测试程序法

	测试过程数目	计算因子	人小时	完成周期	测试组规模
历史记录					
新项目评估					

(4)任务计划法

任务计划法是根据历史记录中类似项目工作量,比较新项目同历史项目的工作量,历史项目再乘以相应的因子。步骤是:先将任务分解,根据历史记录乘以一个因子计算出新项目的所有任务工作量,再根据该工作量和完成周期计算测试组规模。

7.4.2　软件测试组织的职能

对软件测试组织的职能的说明如下。

①按照组织目标和实施计划，建立合理的组织机构，包括各个管理层次和职能部门的建立。

②按照业务性质进行分工，确定各个部门的职责范围。

③按照所负责任给予各个部门、各管理人员相应的权利。

④明确各部门之间、上下级之间的领导和协作关系，建立通畅的信息沟通渠道。

⑤配备和使用适合工作要求的人员。

7.4.3 软件测试的组织结构

软件测试的组织结构可分为独立测试组和集中测试组。

1. 独立测试组

独立测试组的测试人员由临时人员组成，通常有 2～5 人，直接由项目经理负责管理。大型项目可以划分为几个小组，缺点是：企业没有正规的方法将测试程序、方法、相关的知识经验传递下去，测试质量难以保证。优点是：成本低，不需要对测试人员提供培训、生活保障等服务。

2. 集中测试组

企业成立专职、独立的测试部门，通常由 10～30 人组成。集中测试组为每个项目配备几个全职的测试人员。优点是：可以将相关的知识、经验传递下去。还可以由软件开发组织之外的人员或其中的独立人员组成，如转包商等。

7.4.4 软件测试组织结构的准则

软件测试组织结构的准则如下。

①提供软件测试的快速决策能力。

②利于合作，尤其是产品开发与测试开发之间的合作。

③能够独立、规范、不带偏见地运作并具有精干的人员配置。

④有利于满足软件测试与质量管理的关系。

⑤有利于满足软件测试过程管理要求。

⑥有利于为测试技术提供专有技术。

⑦充分利用现有测试资源，特别是人。

⑧对测试者的职业道德和事业产生积极的影响。

7.4.5 软件测试人员的能力要求

1. 普通测试人员的能力要求

普通测试人员的能力应包括以下几项。

①技术知识。包括表达、交流、协调、管理、质量意识、过程方法、软件工程等。

②测试技能及方法。包括测试基本概念及方法、测试工具及环境、专业测试标准、工作成绩评估、熟悉所测试的产品用到的技术，并掌握测试工具、方法等相关技术。

③测试规划能力。包括将业务任务和技术任务相互独立、能够适应不同的测试项目、风险分析及防范、软件放行/接收准则制定、测试目标及计划、测试计划和设计的评审方法。

④测试执行能力。包括有成熟的测试过程管理规范、测试数据/脚本/用例、测试比较及分析、缺陷记录及处理、自动化工具。

⑤测试分析、报告和改进能力:包括测试度量、统计技术、测试报告、过程监测及持续改进。

2. 测试组织管理者的能力要求

测试组织管理者的工作能力在很大程度上决定了测试工作的成功与否,测试管理是很困难的,测试组织的管理者必须具备如下能力。

①具有了解与评价软件测试政策、标准、过程、工具、培训和度量的能力。

②具有领导一个测试组织的能力,该组织必须坚强有力、独立自主、办事规范且没有偏见。

③具有吸引并留住杰出测试专业人才的能力。

④具有领导、沟通、支持和控制的能力。

⑤具有提出解决问题方案的能力。

⑥具有控制测试时间、质量和成本的能力。

7.5　软件配置管理

7.5.1　软件配置管理的概述

软件配置管理(SCM),简单来说就是管理软件的变化,它应用于软件工程过程,通常由相应的工具、过程和方法学组成。在整个软件的开发活动中占有很重要的位置。

IEEE“软件配置管理计划标准”关于 SCM 的论述如下。

“软件配置管理由适用于所有软件开发项目的最佳工程实践组成,无论是采用分阶段开发,还是采用快速原型进行开发,甚至包括对现有软件产品进行维护。”SCM 通过如下手段来提高软件的可靠性和质量。

①在整个软件的生命周期中提供标识和控制文档、源代码、接口定义和数据库等工作的机制。

②提供满足需求、符合标准、适合项目管理及其他组织策略的软件开发和维护的方法学。

③为管理和产品发布提供支持信息,如基线的状态,变更控制、测试、发布、审计等。

为了更好地理解软件配置管理,这里以组装计算机为例来说明。用户组装一台计算机,必须将鼠标、键盘、硬盘、CPU 等配件插入对应的接口才可以保证它们正常工作。硬件接口的匹配对于生产厂家来说无疑是很重要的,当需要改动这些零部件时要非常谨慎,他们会给出硬件的内容清单,清单中记录了所有部件及其版本,因此每种部件都需要有用于识别的编号,同时还要给出相应的版本号。版本号可以区别同类部件的不同设计。

与硬件类似,每个软件系统都由子系统、模块或者构件等“零部件”组成,这些“零部件”都有自己的接口,它们都具有标识并且具备相应的版本号。因此同硬件系统类似,软件系统同样需要内容清单,记录哪些版本和构件组成了整个软件系统。由于软件更容易发生变化,所以软件配置管理比硬件配置管理的难度更大。

7.5.2　实施配置管理的目的与益处

软件配置管理的目的是在项目软件生命周期中建立和维护软件产品的完整性,保证团队的有效协作，配置管理是实施软件工程的基础。它活动的目标就是为了标识变更、控制变更、确保变更正确实现并向其他有关人员报告变更。

对于一个软件企业来说，开发满足用户需求的、高质量的软件产品是其追求的目标。要实现这一目标的关键是建立起一个稳定、可控、可重用的软件流程。对于软件组织而言，要想永葆竞争优势并不断取得成功，就必须不断地改进它的软件流程。要进行软件流程改进就需要有明确的、量化的对现状的分析和对未来的预期，这些数据来源于对软件过程的度量，而进行度量的前提和基础就是软件配置管理。因此软件配置管理应以整个软件流程的改进为目标，为软件项目管理和软件工程的其他领域打好基础，以便于稳步推进整个软件组织的能力成熟度。

1. 有效的软件配置管理解决的常见问题

①多个开发人员同时修改程序或文档。
②人员流动造成企业的软件核心技术泄漏。
③无法重现历史版本，使维护工作十分困难。
④开发冻结，造成进度延误。
⑤软件系统复杂，编译速度慢，造成进度延误。
⑥因一些特殊情况无法按期完成而影响整个项目的进度或导致整个项目失败。
⑦已修复的 Bug 在新版本中出现。
⑧分处异地的开发团队难于协同，可能会造成重复工作并导致系统集成困难。

2. 有效软件配置管理的益处

实施有效的软件配置管理用户可以在资金、管理水平和保护知识财富等方面得到切实收益。

(1)节约用户资金

现代的软件配置管理自带存储库增量备份和恢复功能，节约用户在备份方面的支出；保存开发过程中的所有历史版本，极大地提高了代码的复用率，还便于同时维护多个版本和进行新版本的开发，最大限度地共享代码；通过与电子邮件系统的结合极大地增强了开发团体之间的沟通能力；避免了代码覆盖、沟通不够、开发无序的混乱局面，极大地缩短了产品的开发周期。

(2)提高软件开发管理的水平

使用软件配置管理，可以有效地改进用户的软件开发模式和过程，提高企业软件能力成熟度的级别；用户还可以有效地管理工作空间，建立分支，管理基线，完善发布管理，确保变更的一致性；能够客观地记录员工的工作内容和质量，作为工作量的衡量指标；有效地跟踪和处理软件的变更，完整地记录测试人员的工作内容；E-mail 自动通知功能，有效地加强了项目成员之间的沟通，做到有问题及时发现、及时修改、及时通知，却又不会额外增加很多的工作量，极大地提高了开发团队的协同工作效率。

(3)保护企业的知识财富

在技术日新月异、人员流动频繁的情况下，把个人的知识及经验转变为公司的知识和经验，对于提高工作效率、缩短产品周期以及提高公司的竞争力都具有至关重要的作用。软件配置管理工具，可以帮助用户在内部建立完善的知识管理体系：代码对象库、业务及经验库、安全性和可靠性。

7.5.3　软件配置管理的角色职责

在软件配置管理的过程中主要涉及以下的角色和分工。

1. 项目经理(Project Manager,PM)

项目经理是整个软件研发活动的负责人,他根据软件配置控制委员会的建议批准配置管理的各项活动并控制它们的进程。其具体职责为以下几项。

①制定和修改项目的组织结构和配置管理策略。

②批准、发布配置管理计划。

③决定项目起始基线和开发阶段。

④接受并审阅配置控制委员会的报告。

2. 配置控制委员会(Configuration Control Board,CCB)

配置控制委员会负责指导和控制配置管理的各项具体活动的进行,为项目经理的决策提供建议。其具体职责为以下几项。

①定制开发子系统。

②定制访问控制。

③制定常用策略。

④建立、更改基线的设置,审核变更申请。

⑤根据配置管理员的报告决定相应的对策。

3. 配置管理员(Configuration Management Officer,CMO)

配置管理员根据配置管理计划执行各项管理任务,定期向 CCB 提交报告,并列席 CCB 的例会。其具体职责为以下几项。

①软件配置管理工具的日常管理与维护。

②提交配置管理计划。

③负责各配置项的管理与维护。

④执行版本控制和变更控制方案。

⑤完成配置审计并提交报告。

⑥对开发人员进行相关的培训。

⑦识别软件开发过程中存在的问题并拟就解决方案。

4. 系统集成员(System Integration Officer,SIO)

系统集成员负责生成和管理项目的内部和外部发布版本,其具体职责为以下几项。

①集成修改。

②构建系统。

③完成对版本的日常维护。

④建立外部发布版本。

5. 开发人员(Developer)

开发人员的职责就是根据组织内确定的软件配置管理计划和相关规定,按照软件配置管理工具的使用模型来完成开发任务。

7.5.4 软件配置管理的过程

一个软件研发项目一般可以划分为三个阶段:计划阶段、开发阶段和维护阶段。而开发阶段和维护阶段从配置管理的角度来看所涉及的活动是一致的,所以统一称为“项目开发和维护”阶段。

1. 项目计划阶段

一个项目设立之初,首先需要制订整个项目的计划,它是项目研发工作的基础。在有了总体研发计划之后,软件配置管理的活动就可以展开了,因为如果不在项目开始之初制定软件配置管理计划,那么软件配置管理的许多关键活动就无法及时有效地进行,而它的直接后果就是造成了项目开发状况的混乱并注定软件配置管理活动成为一种“救火”的行为,所以及时制订一份软件配置管理计划在一定程度上是项目成功的重要保证。

在软件配置管理计划的制订过程中,它具有以下主要流程。

①CCB 根据项目的开发计划确定各个里程碑和开发策略。

②CMO 根据 CCB 的规划,制订详细的配置管理计划,交 CCB 审核。

③CCB 通过配置管理计划后交项目经理批准,发布实施。

2. 项目开发和维护阶段

这一阶段是项目研发的主要阶段。在这一阶段中软件配置管理活动主要分为三个层面。

①由 CMO 完成管理和维护工作。

②由 SIO 和 DEV 具体执行软件配置管理策略。

③变更流程。

这三个层面是彼此之间既独立又互相联系的有机整体。在这个软件配置管理过程中,它的核心流程应该是这样的。

①CCB 设定研发活动的初始基线。

②CMO 根据软件配置管理规划设立配置库和工作空间,为执行软件配置管理做好准备。

③开发人员按照统一的软件配置管理策略,根据获得的授权资源进行项目的研发工作。

④SIO 按照项目的进度集成组内开发人员的工作成果,并构建系统,推进版本的演进。

⑤CCB 根据项目的进展情况,审核各种变更请求,并适时地划定新的基线,保证开发和维护工作有序的进行。

整个流程就是如此循环往复,直到项目的结束。当然,在上述的核心过程之外,还涉及其他一些相关的活动和操作流程,下面按不同的角色分工予以列出。

①各开发人员按照项目经理发布的开发策略或模型进行工作。

②SIO 负责将各分项目的工作成果归并至集成分支,供测试或发布。

③SIO 可向 CCB 提出设立基线的要求,经批准后由 CMO 执行。

④CMO 定期向项目经理和 CCB 提交审计报告,并在 CCB 例会中报告项目在软件过程中可

能存在的问题和改进方案。

⑤在基线生效后，一切对基线和基线之前的开发成果的变更必须经 CCB 的批准。

⑥CCB 定期举行例会，根据成员所掌握的情况、CMO 的报告和开发人员的请求，对配置管理计划作出修改。

综上所述，配置管理的工作流程如图 7-9 所示。

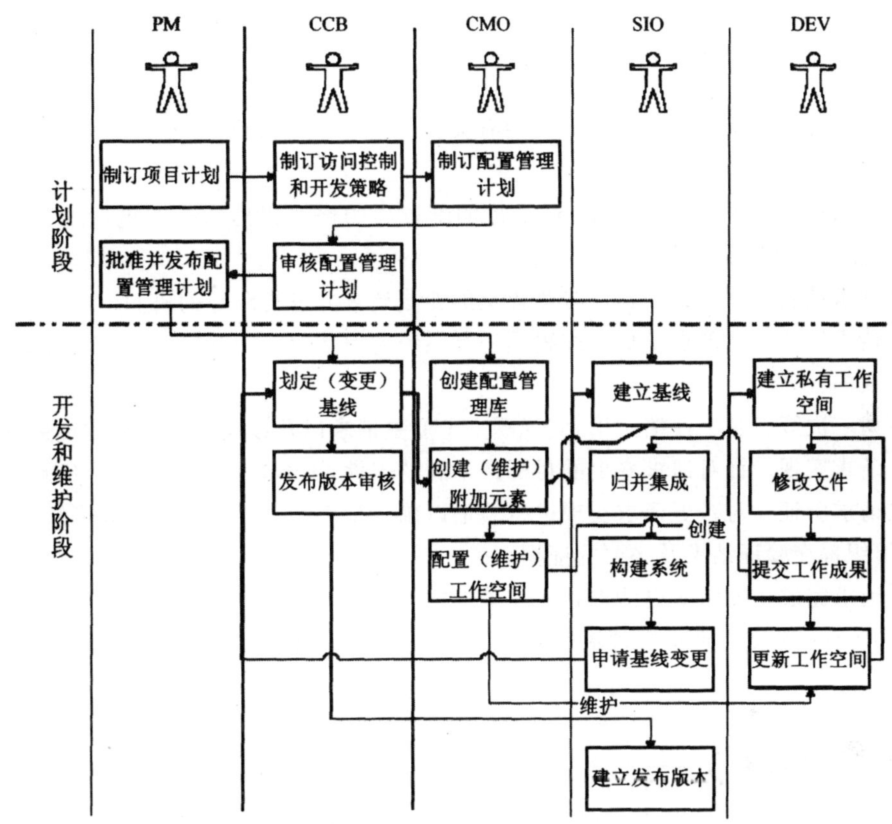

图 7-9　配置管理的工作流程图

7.6　变更请求管理

7.6.1　变更请求管理的概述

软件配置管理的另外一个方面是对变更请求的管理，这是变更活动的源头。根据变更的分类，变更请求通常也被分为两大类：增强请求（enhancements）和缺陷（defects）。

①增强请求指系统的新增特征或对系统“预定设计”行为的变更。

②缺陷指存在于一个已交付产品中的异常现象或缺陷。

导致软件开发困难的一个原因就是软件的可变性。如市场的变化、技术的进步、客户对于项目认识的深入等，都可能导致软件开发过程中的变更请求的提出。但是，如果缺乏对于变更请求的有效的管理能力，纷至沓来的变更就会成为开发团队的噩梦。缺乏有效的变更请求管理会导致如下问题。

①软件产品质量低，对一些缺陷的修正被遗漏。

②项目经理不了解开发人员的工作进展，缺乏对项目现状进行客观评估的能力。

③开发人员不了解手头工作的优先级别，可能出现将紧急的事情放下而处理一般优先级任务的情况。

7.6.2 变更请求管理的过程

变更请求管理的复杂程度与变更的类型有关。但是，几乎所有的变更请求管理过程都包括下面七个阶段。

①变更请求提交。识别变更需要，对受控的配置项的修改提出一个变更请求(Change Request,CR)，记录(提交)变更请求。

②变更请求接收。项目必须建立接收提交的变更请求并进行跟踪的机制。

③变更请求评估。对请求变更的配置项进行系统的评估、分类和确定优先级；确定变更影响的范围和修改的程度。

④变更请求决策。基于评估结果，实现哪一个变更请求以及以何种顺序来实现进行决策。

⑤变更请求实现。针对请求变更的目标产生新的工件，更新软件系统文档以反映这一变更。

⑥变更请求验证。对变更请求实现进行验证以确定是否满足了需求或修复了缺陷。验证实施后，验证组织提交验证结果及必要的证据。

⑦变更请求完成。关闭变更请求并通知请求提出人。

如图 7-10 所示是变更请求管理流程图，通过此图能更形象地了解变更请求管理的每个阶段的细节。

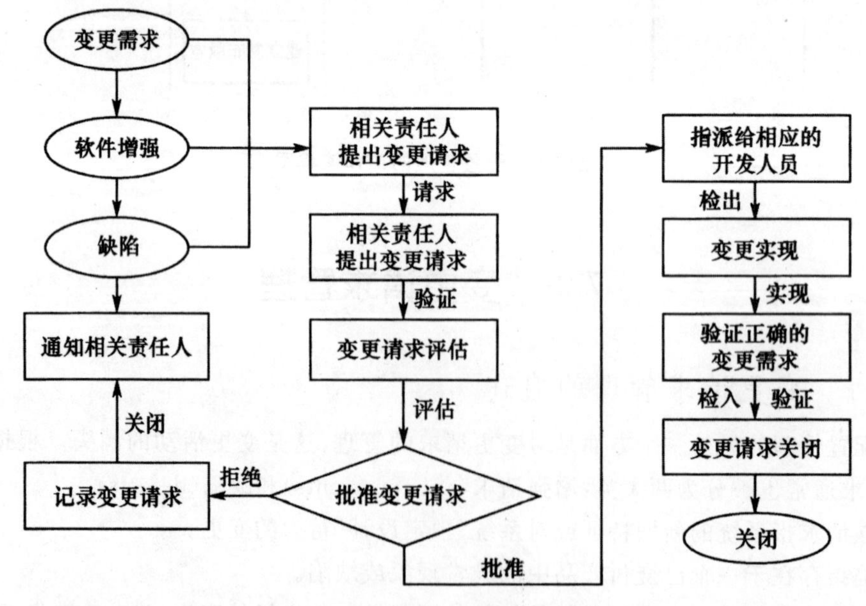

图 7-10 变更请求管理流程

7.6.3　变更管理的实施步骤

变更请求管理的复杂程度与变更的类型有关。下面从变更请求管理的 7 个阶段来了解变更管理的实施步骤。

1. 变更请求提交

在提交阶段，将对变更软件系统的请求进行记录。缺陷和增强请求通常在请求起源和收集信息类型上不同。

增强请求来源较广，在许多情况下，它们来自客户并直接通过市场部门或客户支持到达工程部门。对增强请求而言所需捕捉的关键数据是请求对客户的重要性、关于请求尽可能详细的细节以及请求提出人的标识。在一些情况下，增强请求来自内部的测试或使用。

缺陷的来源也很广泛。通常大多数缺陷在内部测试时被发现、记录并解决。在提交期间所记录的关键数据包括如何发现缺陷、如何重现缺陷、缺陷的严重程度以及谁发现了缺陷。同增强请求一样，缺陷也可以由客户来发现。客户提交的缺陷报告通常通过销售人员、市场部门或客户支持部门间接到达工程部门。这些缺陷需要记录的关键数据包括遇到问题的客户的标识、对该客户所认识到的严重程度以及客户在使用哪一个版本的软件系统。这些都是处理流程过程中第 3 个步骤——评估所需要的。

2. 变更请求接收

项目必须建立接收提交的变更请求并进行跟踪的机制。指定接收和处理变更请求的责任人，确认变更请求。变更接收需要检查变更请求的内容是否清晰、完整、正确，具体包括如下工作。

①是否已存在重复请求或误解。

②确定请求是缺陷还是增强请求。

③对变更请求赋予唯一的标识符。

④建立变更跟踪记录。

在请求接收后，由请求评估对这些请求进行评估。

3. 变更请求评估

在评估期间必须浏览所有新提交的变更请求并对每个请求的特征做出决定，确定变更影响的范围和修改的程度，为确定是否有必要进行变更提供参考依据。

大多数机构根据请求的类型是缺陷还是增强请求而使用不同的评估过程。如缺陷必须是可重现的和可加以确认的。一般缺陷的优先级会根据缺陷的严重程度和修复缺陷的重要性来确定。通常缺陷由工程部门来评估。

增强请求不需要进行确认，但需要同其他的增强请求和产品需求相比较以确定优先级。在增强请求评估期间，要记录有多少用户提出了相同的请求、提出请求的客户的相对重要性、在市场份额和产品利润上的可能影响以及对销售人员和客户支持的影响。通常增强请求由产品管理部门进行评估。

4. 变更请求决策

决策阶段是当选择实现一个变更请求时所做出的决定,如推迟此次实施或者永远不进行实施等。缺陷和增强请求几乎总是以不同方式进行处理。

对于增强请求,有多种因素影响是否实施一个软件产品,这些因素包括产品销售的容易程度、怎样经得起竞争、客户的需要是什么、需要进行什么变更以进入新市场等。所有的增强请求在一起进行权衡,要对是否在一个给定的发布版本中实现一个请求、推迟一个请求的实现,或者根据在评估期间收集的信息永远不实现一个请求等进行决策。

对于缺陷的决策过程根据两个因素不同而有所不同。这两个因素是开发生命周期中所处阶段和开发工作量的大小。在开发生命周期早期,一般缺陷会分配给某个开发人员,由开发人员决定做什么。如果缺陷是可重现的,开发人员会尝试在当前发布的软件版本中修复该缺陷。在开发生命周期后期,多数公司为所有缺陷建立正式的复审过程。例如,开发人员可以进行评估,但是他们不能对是否实现做出决策。这一重审过程可以非常复杂或非常简单,需要得到项目领导人或测试组织的批准。其指导思想是确保在代码稳定期间以及最终的回归测试阶段仅解决致命的缺陷。

通常较大规模的组织都具有一个正式的变更重审过程,这一过程涉及一个正式的重审委员会。这个重审委员会通常被称为变更控制委员会。在非常大的组织中可能存在一个以上的变更控制委员会,变更控制委员的功能通常是交叉的,并且在最后阶段关心在产品质量和项目进度之间的平衡。尽管在最后阶段偶尔也会有增强请求出现,但变更管理委员会通常只关注缺陷。

5. 变更请求实现

在实现期间,对系统工作进行修改或者根据需要创建新的工作。在实现过程中,缺陷修复和增强请求会变得更加细化。通常增强请求的实现比缺陷的实现需要进行更多的设计工作,这是因为增强请求经常涉及新特性、新功能。另一方面,缺陷修复需要建立一个环境,在该环境中可以对缺陷进行重现并测试相应的解决方案。

一些缺陷和增强请求是根据文档进行提交的,在这种情况下在实现期间相应地可能会对文档进行变更。对于增强请求,意味着对加入系统的新特性、新功能进行文档化。而对于缺陷,则可能什么也不意味,如果对缺陷的修复影响了用户可见的行为,则变更文档,甚至删除文档。当缺陷根本没有得到修复时也有可能要求文档变更,也就是在决定不修复一个缺陷时需要将其变更方法文档化或者将该缺陷包含在版本发布说明中。

6. 变更请求验证

验证发生在最终测试及文档制作阶段。增强请求的测试通常涉及验证所做变更是否满足该增强请求的需要。

缺陷测试则简单地验证开发人员的修复是否真正消除了该缺陷,通常会使用一个正式的项目构建版本来重现该缺陷,以便检测是否仍有问题。

7. 变更请求完成

完成是变更请求的最终阶段,这可能是完成了一项请求或者决定不实现某一请求。在完成阶段的主要步骤是由提交请求的原有请求者中止这一循环过程。如果变更请求来自外部用户，那么这将是一个非常好的实践。

对于大的组织来说，变更请求可能会更加复杂并且会分为更多个层次。通过对上面变更请求管理过程的分析可以看出，实施有效的变更请求管理的优点如下。

①提高产品管理的透明度。

②提高软件产品质量。

③提高开发团队沟通效率。

④帮助项目管理人员对产品现状进行客观的评估。

7.7　进度管理

7.7.1　进度管理的概述

测试进度的管理是一门艺术，是一个动态平衡的管理过程，需要不断调度、协调和调整，以保证项目均衡而流畅的发展。在起草项目测试计划书时，对测试需求、测试范围以及测试工作量等有一个大体的认识，但深度不够。最初的测试进度表可能只是一个时间上的框架，一定程度上是靠计划制定者的经验来把握的。随着时间的推移，在通过不断地和各方讨论、交流后，对测试的需求、范围以及工作量等会有深刻的认识，对很多问题估算都不再停留在比较粗糙的层面上，可以越来越详细、越来越准确地制定项目进度表。这也就是为什么我们一直强调“测试计划”是计划的过程，而不仅仅是一个文档的原因。

测试的进度管理以质量为首要目标，要把握好进度与质量、成本的关系，需通过对里程碑、关键路径的控制并借助测试管理系统来实现。

7.7.2　影响测试项目进度的因素

(1)人员、预算变更对进度的影响

有时某方面的人员不够到位，或者在多个项目的情况下某方面的人员中途被抽到其他项目、身兼多个项目、在别的项目不能自拔无法投入本项目，从而对进度造成影响。预算的变更会影响某些资源的变更，从而对进度造成影响。

(2)低估环境因素对进度的影响

企业高级项目主管和项目经理也经常低估用户环境、行业环境、组织环境、社会环境、经济环境对进度的影响，既有主观的原因，也会有客观的原因。对项目环境的了解程度不够，造成没有做好充分的准备，从而对进度造成影响。

(3)项目状态信息收集对进度的影响

由于项目经理的经验或素质原因，对项目状态信息收集的掌握不足，及时性、准确性、完整性比较差，从而对进度造成影响。

(4)执行计划的严格程度对进度的影响

没有把计划作为项目过程行动的基础，而是把计划放在一边，比较随意去做，从而对进度造成影响。

(5)计划变更调整的及时性对进度的影响

计划的制订需要随着项目的进展进行不断细化、调整、修正、完善。防止计划变更调整不及时从而对进度造成影响。

7.7.3 测试项目的进度控制措施

(1)项目进度控制的前提

项目进度控制的前提是有效的项目计划和充分掌握第一手实际信息,在此前提下,通过实际值与计划值进行比较,检查、分析、评价项目进度。通过沟通、肯定、批评、奖励、惩罚、经济等不同手段,对项目进度进行监督、督促、影响、制约。及时发现偏差,及时予以纠正;提前预测偏差,提前予以预防。必须落实项目团队之内或之外进度控制人员的组成,明确具体的控制任务和管理职责。

(2)项目进度控制的主要手段

从进度控制内容上看,进度控制主要表现在组织管理、技术管理和信息管理等几个方面。

7.7.4 进度管理的实现

1. 里程碑进出标准的确认

对测试过程的每个里程碑都有明确的定义,其关键内容就是里程碑的结束标准,如测试计划和测试用例的评审结束标准可定义为:

①由项目组有关人员(产品、开发、测试等人员)集体从头到尾审查至少一遍。

②所有问题都被澄清或修正。

③大家对所有内容的理解完全一致。

最值得关注的里程碑是完成测试或测试结束,如何定义“测试结束”的标准呢?这实际上是一个很难的问题。即使在过去的一周内没有发现新的缺陷,也不能说明产品不存在缺陷,因为测试方法不正确、测试水平不够等都会限制测试的能力,从而导致始终不能发现某些缺陷或者不能覆盖某些测试范围。从一般意义看,测试结束的标准可定义为:

①所有计划的测试都已完成。

②测试的覆盖率达到要求(可以借助工具度量代码行/块、分支/条件的覆盖率)。

③发现的缺陷逐渐减少,直至有一段时间(一周左右)没有发现任何严重缺陷。

④所有严重缺陷已被修正,并得到验证。

⑤没有任何不清楚、不确定的问题。

2. 测试进度的管理方法

①随着测试时间的推移,缺陷发现的速率会降低。如果用新发现缺陷的累计曲线、实时周发现缺陷曲线等来进行跟踪,可以比较容易地控制测试进度。当累计曲线趋近于稳定时,也就预示着测试进入了尾声。

②尽量利用历史数据,可以与以前完成过的项目进行类比分析,以确定质量和进度所存在的某种数量关系,进而控制进度和管理质量。

③可以采用进度管理计划关联质量参数的方法,也就是通过参数调整进度和质量的关系。

④可以采用测试项目进度的度量方法:测试进度 S 曲线法和缺陷跟踪曲线法。测试进度 S 曲线法将一般的测试过程中分为 3 个阶段:初始阶段、紧张阶段和成熟阶段。第一个和第三个阶段所执行的测试数量(强度)远小于中间的第二个阶段,所以导致曲线的形状像一个扁扁的 S,如图 7-11 所示。

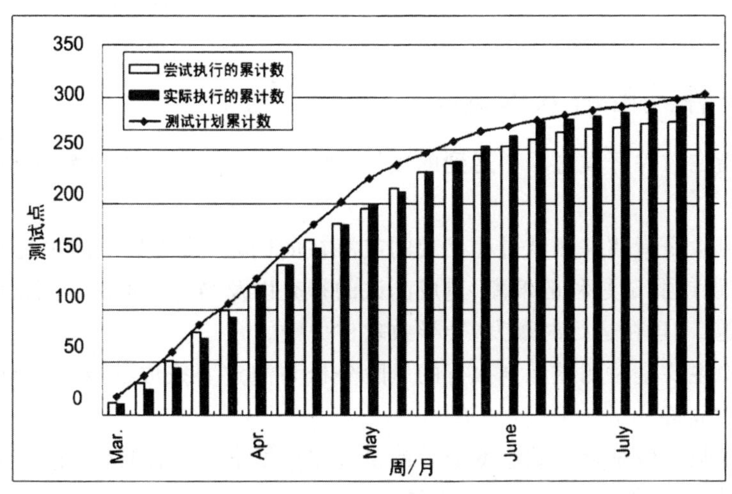

图 7-11　趋势曲线

在进度压力之下,被压缩的时间通常是测试时间,这导致实际的进度会随着时间的推移而推移,与最初制定的计划相差越来越远。而如果有了正式的度量方法,这种情况就很难出现,因为在其出现之前就有可能采取了行动。

3. 测试进度的管理重在前期

正如前面所述,测试受前期工作影响较大,要保证及时地完成测试任务,一定要把管理工作的重点放在前面,而不是在测试执行的后期。在测试执行阶段,测试团队掌握着较大的主动权,缺陷数据是量化的,比较容易推动开发修正缺陷的速度,而在前期,设计人员、编程人员占据着主动的地位,测试人员要影响或控制他们的工作进度是很难的,这时就需要有更好的办法来控制他们的进度和工作的质量。

①在公司层次上,建立"100%兑现承诺"的企业文化氛围,使每个人对里程碑都非常重视,让他们尽自己的努力及时地完成任务。

②在公司层次上,建立良好的质量文化,使每个人不仅能及时完成任务,而且能高质量地完成任务。从开发人员的角度来看,就是要做好代码检查,进行足够的测试。

③测试人员提供已设计好的测试用例和脚本给开发人员,帮助开发人员自我验证,进行更多的测试以提高交付内容的质量。

④测试人员应与开发人员保持良好的沟通,并及时地从开发人员那里拿到部分完成的代码包,阅读代码或进行 Ad. hoc 测试(随机测试)。了解代码质量和实际的开发进度,有助于及时发现进度滞后迹象。

7.8 风险管理

风险管理是指为了更好地达到项目的目标,识别、分配、应对项目生命周期内风险的科学与艺术。

7.8.1 软件风险的基本概念

软件风险是指在软件开发过程中遇到的预算、进度、开发不成功等方面的问题引起损失的可能性。

软件测试的风险是指软件测试过程出现的或潜在的问题,造成的原因主要是测试计划的不充分、测试方法有误或测试过程的偏离,造成测试的补充以及结果不准确。测试的不成功导致软件交付潜藏着问题,一旦在运行时爆发,会导致软件失败。

软件测试风险主要是对测试计划执行的风险分析与制定要采取的应急措施,降低软件测试产生的风险造成的危害。

测试计划的风险一般是指测试进度滞后或出现非计划事件,当测试计划风险发生时,可能采用的应急措施有:缩小范围、增加资源、减少过程等措施。

①缩小范围。决定在后续的发布中,实现较低优先级的特性。

②增加资源。请求用户团队为测试工作提供更多的用户支持。

③减少过程。在风险分析过程中,确定某些风险级别低的特征测试或少测试。

7.8.2 软件风险的表现

软件项目的风险一般体现在以下 5 个方面:需求、计划编制风险、组织和管理风险、开发环境风险、设计和实现风险。

1. 需求风险

需求风险包括如下内容。

①范围风险。与范围变更有关的风险。

②外部可预测风险。市场风险(原材料可利用性、需求)、日常运作(维修需求)、环境影响、社会影响、货币变动、通货膨胀、税收。

③外部不可预测风险。规章(不可预测的政府干预)、自然灾害。

④内部非技术风险。战略风险(公司的经营战略发生了变化)、管理风险(公司管理人员是否成熟等)。

⑤需求定义欠佳,而进一步的定义会扩展项目范畴。

⑥添加额外的需求。

⑦产品定义含混的部分比预期需要更多的时间。

⑧在做需求中用户参与不够。

⑨缺少有效的需求变化管理过程。

2. 计划编制风险

计划编制风险包括如下内容。

①计划、资源和产品定义全凭用户或上层领导口头指令，并且不完全一致。

②计划不能现实，只能算是期望状态。

③计划基于使用特定的小组成员，而那个特定的小组成员其实指望不上。

④产品规模(代码行数、功能点、与前一产品规模的百分比)比估计得要大。

⑤完成目标日期提前，但没有相应地调整产品范围或可用资源。

⑥涉足不熟悉的产品领域，花费在设计和实现上的时间比预期得要多。

⑦没有按照要求的技术性能和质量水平完成任务。

⑧没有在预算的时间范围内完成任务。

⑨没有在预算的成本范围内完成任务。

3. 组织和管理风险

组织和管理风险包括如下内容。

①仅由管理层或市场人员进行技术决策，导致计划进度缓慢，计划时间延长。

②员工离职。

③低效的项目组结构降低生产率。

④管理层审查决策的周期比预期的时间长。

⑤预算削减，打乱项目计划。

⑥缺乏必要的规范，导致工作失误与重复工作。

⑦非技术的第三方的工作(预算批准、设备采购批准、法律方面的审查、安全保证等)时间比预期得延长。

⑧作为先决条件的任务(如培训及其他项目)不能按时完成。

⑨开发人员和管理层之间关系不佳，导致决策缓慢，影响全局。

⑩缺乏激励措施，士气低下，降低了生产能力。

⑪某些人员不熟悉软件工具和环境。

⑫项目后期加入新的开发人员，需要进行培训并逐渐与现有成员沟通，从而使现有成员的工作效率降低。

⑬由于项目组成员之间发生冲突，导致沟通不畅、设计欠佳、接口出现错误和额外的重复工作。

⑭不适应工作的成员没有调离项目组，影响了项目组其他成员的积极性。

⑮没有找到项目急需的具有特定技能的人。

4. 开发环境风险

开发环境风险包括如下内容。

①设施未及时到位。

②开发工具未及时到位。

③开发工具不如期望得那样有效，开发人员需要时间创建工作环境或者切换新的工具。

④新的开发工具的学习期比预期得长，内容繁多。

5. 设计和实现风险

设计和实现风险包括如下内容。

①设计质量低下，导致重复设计。

②用户对于最后交付的产品不满意，要求重新设计和重做。

③用户的意见未被采纳，造成产品最终无法满足用户要求，因而必须重做。

④用户提供的组件质量欠佳，导致额外的测试、设计和集成工作，以及额外的用户关系管理工作。

⑤用户没有或不能参与规划、原型和规格阶段的审核，导致需求不稳定和产品生产周期的变更。

⑥一些必要的功能无法使用现有的代码和库实现，开发人员必须使用新的库或者自行开发新的功能。

⑦代码和库质量低下，导致需要进行额外的测试、修正错误或重新制作。

⑧过高估计了增强型工具对计划进度的节省量。

⑨分别开发的模块无法有效集成，需要重新设计或制作。

⑩没有严格要求与现有系统兼容，需要进行比预期更多的测试、设计和实现工作。

⑪要求与其他系统或不受本项目组控制的系统相连，导致无法预料的设计、实现和测试工作。

⑫在不熟悉或未经检验的软件和硬件环境中运行所产生的未预料到的问题。

⑬开发一种全新的模块将比预期花费更长的时间。

⑭依赖正在开发中的技术将延长计划进度。

7.8.3 风险管理的步骤

风险管理，一般可以分成5个步骤，即风险识别、风险分析、风险计划、风险控制以及风险跟踪。

(1)风险识别

风险识别是试图用系统化的方法来确定威胁项目计划的因素。识别方法包括风险检查表、头脑风暴会议、流以及与项目人员面谈等。

①风险检查列表。对照表的每一项进行判断，逐个检查风险。

②头脑风暴。组织测试组成员识别可能出现的风险。

③面谈。找内部或外部资深专家访谈。

(2)风险分析

风险分析可以分为定性风险分析和定量风险分析。定性风险分析是评估已识别风险的影响和可能性的过程，以根据风险对项目目标可能的影响(包括风险的性质、范围和时间)对风险进行排序。定量风险分析用于量化分析每一种风险的概率及其对项目目标造成的后果(加权系数或损失代价)，同时也要分析项目总体风险的程度。

(3)风险计划

制定风险计划，包括参考计划、基准计划和应急计划等不同类型的风险防范计划，着重考虑风险责任、可用资源、时间、活动、应对措施等。建立示警的阈值是风险计划过程中的主要活动之一，阈值与项目中的量化目标紧密结合，并定义该目标的警告级别。

(4)风险控制方法

风险控制的方法主要有风险避免、风险弱化、风险承担和风险转移等。

①风险避免。通过变更软件项目计划消除风险或风险的触发条件，使目标免受影响。这是一种事前的风险应对策略。例如，采用更熟悉、更成熟的技术，澄清不明确的需求，增加测试的资源和时间，减少新功能等。

②风险弱化。将风险事件的概率或结果降低到一个可以接受的程度，当然降低概率更为有效。例如，选择更简单的开发流程，进行更多的系统测试等。

③风险承担。其表示接受风险，不改变项目计划(或没有合适的策略应付风险)，而是考虑当风险发生时如何应对。例如制订应急计划，编写风险应变程序，甚至仅仅进行应急储备和监控，在发生紧急情况时随机应变。可以事先制订应急计划，保障有后备人员可用(如软件项目正在进行中，以避免有人要离开测试组)，同时可确定项目组成员离开时交接的程序。

④风险转移。其不去消除风险，而是将软件项目风险的结果连同应对的权力转移给第三方。这也是一种事前的应对策略，属于下策。

(5)风险跟踪

在风险受到控制以后，要及时进行跟踪，监视风险的状况，例如，风险是已经发生还是仍然存在或已经消失。如果风险存在，则检查风险的对策或措施是否有效。可以通过以下几种方法进行有效地风险跟踪。

①风险审计，检查监控机制是否得到执行，尤其对项目关键处的事件进行跟踪，对主要风险因素进行跟踪。

②风险的再评估是指对没有预计到的风险制定新的应对计划。

③偏差分析是指将应定期与基准计划进行比较，分析质量、成本和时间上的偏差。

④技术指标分析是指比较原定技术指标和实际技术指标差异，例如测试未能达到性能要求等。

7.9 成本管理

7.9.1 成本管理的概述

成本管理是为了保证项目能够在核定的预算下完成。成本管理包括资源计划、成本估计、成本预算核定和成本控制。成本管理的每一部分都有输入、工具技术和输出。成本管理的主要内容有:资源计划、成本估算、成本预算、成本控制。

(1)资源计划

资源计划是根据 WBS(工作任务分解结构)、历史信息、范围陈述、资源池描述、组织方针和活动持续期预计，利用专家判断、选择性鉴定和项目管理软件，得到资源需求文档。确定完成项目各个活动中需要资源(人、设备、材料)的种类，以及每种资源的需要量。

(2)成本估算

成本估算是根据 WBS、资源需求说明、资源费用、活动持续期估计、估计发布和历史信息及账目表、风险,利用成本估计方法,得出完成各项任务所需要的资源成本的近似估算。

(3)成本预算

成本预算是根据成本估计、WBS、项目进度和风险管理计划,利用成本预算工具和技术,得到项目成本基线。成本预算是进行项目成本控制的基础,它是将项目的成本估算分配到项目的各项具体工作上,以确定项目各项工作活动的成本定额。

(4)成本控制

成本控制是根据成本基线、性能报告、需求变化和风险管理计划,采用成本变化管理系统、性能测量、增值管理、附加计划和计算机化工具,得到修正的成本估计、预算变动、纠正活动和完成估计(EAC)。

7.9.2 成本控制的原则

(1)投资最优化原则

信息工程项目投资控制的根本目的在于通过各种成本管理手段,在保证项目进度和质量的前提下不断降低信息工程的项目成本,从而实现目标成本最优化的要求。在实行成本最优化原则时,应注意降低成本的可能性和合理的成本最优化。一方面挖掘各种降低成本的能力,使可能性变为现实;另一方面要从实际出发,制定通过主观努力可能达到合理的最优成本水平。

(2)全面成本控制原则

全面成本管理是所有承建单位、项目参与人员和全过程的管理,亦称"三全"管理。项目成本的全员控制有一个系统的实质性内容,包括各承建单位、建设单位、监理单位等的责任,应防止成本控制人人有责、人人不管。项目成本的全过程控制要求成本控制工作要随着项目实施进展的各个阶段连续进行,既不能疏漏,又不能时紧时松,应使信息工程项目成本自始至终置于有效的控制之下。

(3)动态控制原则

信息工程项目是一次性的,成本控制应强调项目的中间控制,即动态控制,因此实施准备阶段的成本控制是根据实施组织设计的具体内容确定成本目标、编制成本计划、制订成本控制的方案,为今后的成本控制作好准备;在实施阶段,根据已经制订的成本控制方案进行动态纠偏,并根据项目的实施情况调整成本控制方案;而竣工阶段的成本控制,由于成本盈亏已基本定局,即使发生了纠差,也已来不及纠正。

在管理过程中,不能简单地把成本控制仅仅理解为将信息工程项目实际发生的成本控制在计划投资的范围内,而应当认识到,成本控制是与质量控制和进度控制同时进行的,它是针对整个信息工程项目目标系统所实施的控制活动的一个组成部分,在实现成本控制的同时需要兼顾质量和进度目标。

(4)目标管理原则

目标管理的内容包括:目标的设定和分解,目标的责任到位和执行,检查目标的执行结果,评价目标和修正目标,形成目标管理的计划、实施、检查、处理循环,即 PDCA 循环。

在项目实施过程中,承建单位、建设单位在肩负成本监督控制责任的同时,享有成本监督控制的权力,同时承建单位的项目经理要对各小组在成本控制中的业绩进行定期的检查和考评,实行有奖有罚。只有真正做好责、权、利相结合的成本控制，才能收到预期的效果。

7.9.3　成本管理要点

工程项目成本的构成一般可以划分为：工程前期费用、咨询/设计费用、工程费用、第三方工程测试费用、工程验收费用、系统运行维护费用、风险费用、其他费用。成本管理的要点如下。

①项目实际成本不超过项目计划投资。

②应十分重视项目前期（设计开始前）和设计阶段的投资控制工作。

③以动态控制原理为指导进行投资计划值与实际值的比较。

④可采取组织、技术、经济、合同措施。

⑤有必要进行计算机辅助投资控制。

7.9.4　成本管理注意事项

(1)成本估算的结果

成本估算涉及的是对可能数量结果的估计，即承建单位为提供产品或服务的花费是多少。而定价是一个商业决策，即承建单位为它提供的产品或服务索取多少费用，成本估算只是定价要考虑的因素之一。在进行估算时应注意以下几点。

①当项目在一定的约束条件下实施时，价格的估算是一项重要的因素。

②费用估算应该与工作质量的结果相联系。

③费用估算过程中，也应该考虑各种形式的费用交换，如在多数情况下，延长工作的延续时间通常是与减少工作的直接费用联系在一起的，相反，追加费用将缩短项目工作的延续时间。因此，在费用估计的过程中必须考虑附加的工作对期望工期缩短的影响。

(2)成本预算的控制

成本预算编制是一项十分细致复杂的工作，计算中难免出现一些疏漏和错误，为此必须搞好审核工作，审核的重点是：

①编制依据是否符合规定。

②造价及各项经济指标是否合理、单位工程有无漏项、说明是否全面。

③监控费用的执行情况以确定与计划的偏差。

④确使所有发生的变化都被准确记录在费用线上。

⑤避免不正确的、不合适的或者无效的变更反映在费用线上。

⑥建设单位权益改变的各种信息。

(3)成本控制的管理工作

成本控制的管理工作主要注意如下方面。

①参与项目总投资目标的分析、论证、审核要先在可行性研究的基础上，再作详细的分析、论证。

② 对项目总投资切块、分解规划结果要进行审核并确认；在项目实施过程中注意监督其执行，若有必要，及时提出调整总投资切块、分解规划的建议。

③审核承建单位编制的项目实施各阶段、各年、季度等阶段性资金使用计划，并控制其执行，必要时，对上述计划提出调整建议。

④注意审核工程估算、预算、标底等。

⑤在项目实施过程中,要按阶段(月、季)对投资计划值与实际值进行比较,并按阶段(每月、季、年)提交各种投资控制报表和报告。

⑥对设计、实施、开发方法、器材和设备等多个方面作必要的技术经济比较,以能够提出有效的建议,从而挖掘出节约投资、提高项目经济效益的潜力。

⑦要对招/投标文件和合同文件中有关投资的条款进行审核。

⑧要对各类工程付款单进行审核。

⑨注意对测试费用的控制。

思考及作业题

1. 什么是测试管理？测试管理的系统有哪几部分？
2. 测试项目管理有哪些方面？
3. 软件测试过程模型主要有哪些？它们之间有什么关系？各表明什么意思？
4. 软件测试过程管理包括哪些基本内容？
5. 制订测试计划的目的是什么？
6. 制订测试计划时要面对哪些问题？
7. 测试的组织与人员管理的任务是什么？
8. 测试的组织与人员管理应注意的原则是什么？
9. 测试的组织结构的应注意的准则是什么？
10. 测试人员的能力应包括哪些？
11. 什么是测试的配置管理？
12. 软件测试配置管理包括哪些最基本的活动？
13. 变更请求管理的阶段过程是什么？
14. 变更请求管理是怎样进行实施的？
15. 影响测试项目进度的因素有哪些？
16. 对测试项目的进度可以采取哪些控制措施？
17. 软件风险表现在哪些方面？
18. 怎样进行软件风险的管理？
19. 什么是测试成本控制？
20. 成本管理时需要遵循哪些原则？
21. 进行成本管理时需要注意哪些问题？

第8章　面向对象软件测试

面向对象技术是一种软件开发技术，正逐渐被广泛使用。面向对象技术能产生更好的系统结构，更规范的编程风格，极大地优化了数据使用的安全性，提高了程序代码的重用，尽管面向对象技术的基本思想保证了软件应该有更高的质量，但无论采用什么样的编程技术，编程人员的错误都是不可避免的，而且由于面向对象技术开发的软件代码重用率高，更需要严格测试，从而避免错误的繁衍。

本章主要知识点

1. 面向对象的测试概述。
2. 面向对象的测试模型。
3. 面向对象的测试用例设计。
4. 面向对象测试的策略。

8.1　面向对象技术简介

8.1.1　面向对象的基本概念

面向对象OO(Object Oriented)的基本思想是使用对象、类、继承、封装、消息、抽象等基本概念来进行程序设计。它是从现实世界中客观存在的事物(对象)出发来构造软件系统，并在系统构造中尽可能运用人类的自然思维方式，强调直接以问题域(现实世界)中的事物为中心来思考问题、认识问题，并根据这些事物的本质特点，把具有相似内部状态和运动规律的实体(事物、对象)综合在一起称为类，类是具有相似内部状态和运动规律的实体的抽象，按人们认识客观世界的系统思维方式，采用基于对象(实体)的概念建立模型，模拟客观世界分析、设计、实现软件的办法。

1. 对象(Object)

对象是人们要进行研究的任何事物，是指现实世界中各种各样的实体。每个对象皆有自己的内部状态和行为规律。

①对象具有状态，可用数据值来描述它的状态。

②对象具有操作，用于改变对象的状态，对象及其操作就是对象的行为。

③对象实现了数据和操作的结合，使数据和操作封装于对象的统一体中。

2. 类(Class)

类是具有相似内部状态和运动规律的实体的集合。类的概念来自于人们认识自然、认识社会的过程,因此,对象的抽象是类,类的具体化就是对象。

①类具有属性,它是对象的状态的抽象,用数据结构来描述类的属性。

②类具有操作,它是对象的行为的抽象,用操作名和实现该操作的方法来描述。

③类具有结构,类通常有两种主要的结构关系,即一般和整体结构关系。

一般结构也称为分类结构,也可以说是"或"关系,或者是"is a"关系。整体结构是相对部分结构而言,它们之间的关系是一种"与"关系,或者是"has a"关系。

3. 消息(Message)

消息是指对象之间进行通信的结构叫做消息。当一个消息发送给某个对象时,消息包含 5 部分。

①发送消息的对象。

②接收消息的对象。

③消息传递的办法。

④消息内容(该消息的对象所知道的变量名)。

⑤反馈。

8.1.2 类的特性

类具有以下 6 个特性:唯一性、分层性、继承性、封装性、多态性、重载性、共享性。

1. 唯一性

每个对象都有自身唯一的标识,通过这种标识,可找到相应的对象。在对象的整个生命期中,它的标识都不改变,不同的对象不能有相同的标识。

2. 分层性

类可分为以下三个层次。

①概念层。概念层是一个较高的层次,通常在进行领域分析时,为了建立概念模型时使用。在这个层次中,类只是一个概念。

②规格层。在规格层,类已经是属于软件开发范畴了,但主要关注的是类的接口,而不是类的实现。

③实现层。在实现层关注类的实现,如利用某种语言写成的函数体、定义的成员变量等。

3. 继承性

继承性是面向对象程序设计语言不同于其他语言的最重要的特点,是其他语言所没有的。继承描述的是一种抽象到具体的关系。继承不但利用了抽象的力量来降低系统的复杂性,它还提供了一种重用的方式。类可以分为父类和子类,继承可以分为单重继承和多重继承。

①子类只继承一个父类的数据结构和方法,则称为单重继承。

②子类继承了多个父类的数据结构和方法，则称为多重继承。

类的继承性使所建立的软件具有开放性、可扩充性，这是信息组织与分类的行之有效的方法，它简化了对象、类的创建工作量，增加了代码的可重用性。

由于继承的作业，一个函数可能被封装在多个类中，子类还可以对从父类继承而来的方法进行重新定义，由此可见继承未能简化测试问题，反而将测试问题变得更加复杂。

4. 封装性

对象间的相互联系和相互作用过程主要通过消息机制得以实现。对象之间不需要了解对方内部的具体状态或运动规律。面向对象的类是封装良好的模块，类定义将其说明（用户可见的外部接口）与实现（用户不可见的内部实现）显式地分开，其内部实现按其具体定义的作用域提供保护。

类是封装的最基本单位。封装防止了程序相互依赖性而带来的变动影响。在类中定义，接收对方消息的方法称为类的接口。

5. 多态性（覆盖）

多态性是指同名的方法可在不同的类中具有不同的运动规律。多态性是指相同的操作或函数、过程可作用于多种类型的对象上并获得不同的结果。不同的对象，收到同一消息可以产生不同的结果，这种现象称为多态性。

在父类演绎为子类时，类的运动规律也同样可以演绎，演绎使子类的同名运动规律或运动形式更具体，甚至子类可以有不同于父类的运动规律或运动形式。不同的子类可以演绎出不同的运动规律。

在测试时必须为每一个分支生成测试用例，以覆盖所有的分支和所有的程序代码，因而多态性增加了系统运行中的可能路径，加大了测试用例选取的难度和数量。

6. 重载性

重载是指类的同名方法在传递不同的参数时可以有不同的运动规律。在对象间相互作用时，即使接收消息对象采用相同的接收办法，但消息内容的详细程度不同，接收消息对象内部的运动规律也可能不同。

7. 共享性

面向对象技术在不同级别上促进了共享。

①同一类中的共享。同一类中的对象有着相同的数据结构，这些对象之间是结构、行为特征的共享关系。

②在同一应用中共享。在同一应用的类层次结构内存在继承关系的各相似子类中，存在数据结构和行为的继承，使各相似子类共享共同的结构和行为。使用继承来实现代码的共享。

③在不同应用中共享。面向对象不仅允许在同一应用中共享信息，而且为未来目标的可重用设计准备了条件。通过类库这种机制和结构来实现不同应用中的信息共享。

8.1.3 面向对象的开发方法

面向对象技术出现了几十种支持软件开发的面向对象方法，其中 Booch、Coad、OMT、UML 和 Jacobson 的方法在面向对象软件开发界得到了广泛认可。

1. Booch 方法

Booch 最先描述了面向对象的软件开发方法的基础问题，指出面向对象开发是一种根本不同于传统的功能分解的设计方法。面向对象的软件分解更接近于人对客观事务的理解，而功能分解只遁过问题空间的转换来获得。

Booch 方法的过程包括以下步骤。

①在给定的抽象层次上识别类和对象。

②识别这些对象和类的语义。

③识别这些类和对象之间的关系。

④实现类和对象。

这 4 种活动不仅仅是一个简单的步骤序列，而是对系统的逻辑和物理视图不断细化的迭代和渐增的开发过程。

Booch 方法的符号体系如下。

①类图(类结构—静态视图)。

②对象图(对象结构—静态视图)。

③状态转移图(类结构—动态视图)。

④时态图(对象结构—动态视图)。

⑤模块图(模块体系结构)。

⑥进程图(进程体系结构)。

用于类和对象建模的符号体系使用注释和不同的图符(如不同的箭头)表达详细的信息。Booch 建议在设计的初期可以用符号体系的一个子集，随后不断添加细节。对每一个符号体系还有一个文本的形式，由每一个主要结构的描述模板组成。符号体系由大量的图符定义，但是，其语法和语义并没有严格地定义。

2. Coad 方法

Coad 方法是 1989 年由 Coad 和 Yourdon 提出的面向对象开发方法。该方法的主要优点是通过大系统开发的经验与面向对象概念的有机结合，在对象、结构、属性和操作的认定方面，提出了一套系统的原则。

Coad 方法完成了从需求角度进一步进行类和类层次结构的认定。Coad 方法将开发分为面向对象分析(OOA)、面向对象设计(OOD)和面向对象编程(OOP)三个阶段。

(1)面向对象分析(OOA)阶段

面向对象分析(OOA)阶段的活动主要包括发现类及对象、识别结构、定义主题、定义属性、定义服务等。

①发现类及对象。发现类及对象是描述如何发现类及对象。从应用领域开始识别类及对象，形成整个应用的基础，然后据此分析系统的责任。

②识别结构。识别结构分为两个步骤：a. 识别一般—特殊结构，该结构捕获了识别出的类的层次结构；b. 识别整体—部分结构，该结构用来表示一个对象如何成为另一个对象的一部分，以及多个对象如何组装成更大的对象。

③定义主题。主题由一组类及对象组成，用于将类及对象模型划分为更大的单位，便于理解。

④定义属性。定义属性包括定义类的实例（对象）之间的实例连接。

⑤定义服务。定义服务包括定义对象之间的消息连接。

在面向对象分析阶段产生整个问题空间的抽象描述，在此基础上，进一步归纳出适用于面向对象编程语言的类和类结构，最后形成代码。由于面向对象的特点，采用这种开发模型能有效地将分析设计的文本或图表代码化。

（2）面向对象设计（OOD）阶段

面向对象设计（OOD）采用“造型的观点”，以 OOA 为基础归纳出类，并建立类结构或进一步构造成类库，实现分析结果对问题空间的抽象。OOD 确定类和类结构不仅是满足当前需求分析的要求，更重要的是通过重新组合或加以适当的补充，能方便实现功能的重用和扩增，以不断适应用户的要求。

面向对象设计模型主要分为 4 个部分。

①问题域部分（PDC）。面向对象分析的结果直接放入该部分。

②人机交互部分（HIC）。这部分的活动包括对用户分类、描述人机交互的脚本、设计命令层次结构、设计详细的交互、生成用户界面的原型、定义 HIC 类。

③任务管理部分（TMC）。这部分的活动包括识别任务（进程）、任务所提供的服务、任务的优先级、进程是事件驱动还是时钟驱动以及任务与其他进程和外界如何通信。

④数据管理部分（DMC）。这一部分依赖于存储技术，是文件系统、关系数据库管理系统还是面向对象数据库管理系统。

（3）面向对象编程（OOP）阶段

面向对象程序具有继承、封装和多态的新特性。继承是面向对象程序的重要特点，继承使得代码的重用率提高，同时也使错误传播的概率提高。

面向对象程序是把功能的实现分布在类中。能正确实现功能的类，通过消息传递来协同实现设计要求的功能。正是这种面向对象程序风格，将出现的错误能精确地确定在某一具体的类，因此，在面向对象编程（OOP）阶段，忽略类功能实现的细则，主要体现为以下两个方面。

①数据成员是否满足数据封装。数据封装是数据和数据有关的操作的集合。检查数据成员是否满足数据封装的要求，基本原则是数据成员是否被外界直接调用。当改变数据成员的结构时，是否影响了类的对外接口，是否会导致相应外界必须改动。有时强制的类型转换会破坏数据的封装特性。

②类是否实现了要求的功能。类所实现的功能，都是通过类的成员函数执行的。在功能实现时，应该首先保证类成员函数的正确性；单独的看待类的成员函数与面向过程程序中的函数或过程没有本质的区别。类函数成员的正确行为只是类能够实现要求的功能的基础。

3. OMT 方法

OMT 方法是 1991 年由 James Rumbaugh 等 5 人提出的，该方法是一种新兴的面向对象的开发方法，开发工作的基础是对真实世界的对象建模，然后围绕这些对象使用分析模型来进行独立于语言的设计,面向对象的建模和设计促进了对需求的理解,有利于开发出更清晰、更容易维护的软件系统。该方法为大多数应用领域的软件开发提供了一种实际的、高效的保证,努力寻求一种问题求解的实际方法。

OMT 方法提供了三种模型,即对象模型、动态模型和功能模型。

①对象模型主要描述对象的静态结构和它们之间的关系,对象模型的主要概念包括类、属性、操作、继承、关联(即关系)、聚集等。

②动态模型主要描述系统中随时间变化的方面,动态模型的主要概念包括状态、子状态、超状态、事件、行为、活动。

③功能模型主要描述系统内部数据值的转换,功能模型的主要概念有加工、数据存储、数据流、控制流、角色。

OMT 方法将开发过程分为 4 个阶段,即分析阶段、系统设计阶段、对象设计阶段、实现阶段。

①分析阶段。基于问题和用户需求的描述,建立现实世界的模型。分析阶段的主要产物有问题描述;对象模型:对象图+数据词典;动态模型=状态图+全局事件流图;功能模型:数据流图+约束。

②系统设计阶段。结合问题域的知识和目标系统的体系结构(求解域),将目标系统分解为子系统。

③对象设计阶段。基于分析模型和求解域中的体系结构等添加的实现细节,完成系统设计。主要产物包括:细化的对象模型、细化的动态模型、细化的功能模型。

④实现阶段。将设计转换为特定的编程语言或硬件,同时保持可追踪性、灵活性和可扩展性。

4. UML 建模语言

UML(Unified Modeling Language,统一建模语言或标准建模语言)始于 1997 年一个 OMG 标准,它是一个支持模型化和软件系统开发的图形化语言,为软件开发的所有阶段提供模型化和可视化支持。

UML 建模语言将是面向对象技术领域内占主导地位的标准建模语言。UML 结合了 Booch 方法、OMT 方法、和 Jacobson 方法的优点,统一了符号体系,并从其他的方法和工程实践中吸收了许多经过实际检验的概念和技术. 而且对其作了进一步的发展,最终统一。为大众接受的标准建模语言。UML 是一种定义良好、易于表达、功能强大且普遍适用的建模语言。它融入了软件工程领域的新思想、新方法和新技术。它的作用域不限于支持面向对象的分析与设计,还支持从需求分析开始的软件开发全过程。

面向对象的分析与设计方法的发展在 20 世纪 80 年代末至 90 年代中出现了一个高潮,UML 是这个高潮的产物。它不仅统一了 Booch、Rumbaugh 和 Jacobson 的表示方法,而且对其作了进一步的发展,并最终统一为大众所接受的标准建模语言。UML 是一种定义良好、易于表达、功能强大且普遍适用的建模语言。它融入了软件工程领域的新思想、新方法和新技术。它的作用域不限于支持面向对象的分析与设计,还支持从需求分析开始的软件开发的全过程。

作为一种建模语言,UML 的定义包括 UML 语义和 UML 表示法两个部分。

①UML 语义是描述基于 UML 的精确元模型定义。元模型为 UML 的所有元素在语法和语义上提供了简单、一致、通用的定义性说明,使开发者能在语义上取得一致,消除了因人而异的

最佳表达方法所造成的影响。此外，UML 还支持对元模型的扩展定义。

②UML 表示法是定义 UML 符号的表示法，为开发者或开发工具使用这些图形符号和文本语法、为系统建模提供了标准。这些图形符号和文字所表达的是应用级的模型，在语义上它是 UML 元模型的实例。

UML 的主要内容可以由下列 5 类图（共 9 种图形）来定义。

• 用例图（Use Case Diagram）。从用户角度描述系统功能，并指出各功能的操作者。

• 静态图（Static Diagram）。包括类图、对象图和包图。其中类图描述系统中类的静态结构。不仅定义系统中的类，表示类之间的联系如关联、依赖、聚合等，也包括类的内部结构（类的属性和操作）。类图描述的是一种静态关系，在系统的整个生命周期都是有效的。对象图是类图的实例，几乎使用与类图完全相同的标识。它们的不同点在于对象图显示类的多个对象实例，而不是实际的类。一个对象图是类图的一个实例。由于对象存在生命周期，因此对象图只能在系统某一时间段存在。包图由包或类组成，表示包与包之间的关系。包图用于描述系统的分层结构。

• 行为图（Behavior Diagram）。描述系统的动态模型和组成对象间的交互关系。其中状态图描述类的对象所有可能的状态，以及事件发生时状态的转移条件。通常，状态图是对类图的补充。实用上并不需要为所有的类画状态图，仅为那些有多个状态、其行为受外界环境的影响并且发生改变的类画状态图。而活动图描述了满足用例要求所要进行的活动，以及活动间的约束关系，有利于识别并行活动。

• 交互图（Interactive Diagram）。描述对象间的交互关系。其中顺序图显示对象之间的动态合作关系，它强调对象之间消息发送的顺序，同时显示对象之间的交互。合作图描述对象间的协作关系，合作图和顺序图相似，显示对象间的动态合作关系。除显示信息交换外，合作图还显示对象，以及它们之间的关系。如果强调时间和顺序，则使用顺序图；如果强调上下级关系，则选择合作图。这两种图合称为交互图。

• 实现图（Implementation Diagram）。其中构件图描述代码部件的物理结构及各部件之间的依赖关系。一个部件可能是一个资源代码部件、一个二进制部件或一个可执行部件。它包含逻辑类或实现类的有关信息。部件图有助于分析和理解部件之间的相互影响程度。配置图定义系统中软硬件的物理体系结构。它可以显示实际的计算机和设备（用节点表示），以及它们之间的连接关系，也可显示连接的类型及部件之间的依赖性。在节点内部，放置可执行部件和对象以显示节点和执行软件单元的对应关系。

当采用面向对象技术设计系统时，第一步是描述需求；第二步是根据需求建立系统的静态模型，以构造系统的结构；第三步是描述系统的行为。其中在第一步与第二步中所建立的模型都是静态的，包括用例图、类图（包含包）、对象图、组件图和配置图 5 个图形，是 UMI 的静态建模机制。其中第三步所建立的模型或者可以执行，或者表示执行时的时序状态或交互关系，包括状态图、活动图、顺序图和合作图 4 个图形，是 UML 的动态建模机制。因此，UML 的主要内容也可以归纳为静态建模机制和动态建模机制两大类。

UML 的目标是以面向对象图的方式来描述任何类型的系统，具有很宽的应用领域。其中最常用的是建立软件系统的模型，但它同样可以用于描述非软件领域的系统，如机械系统、企业机构或业务过程，以及处理复杂数据的信息系统、具有实时要求的工业系统或工业过程等。总之，UML 是一个通用的标准建模语言，可以对任何具有静态结构和动态行为的系统进行建模。此外，UML 适用于系统开发过程中从需求规格描述到系统完成后测试的不同阶段。在需求分析阶段,可以用用例来捕获用户需求。通过用例建模,描述对系统感兴趣的外部角色及其对系统(用例)的功能要求。分析阶段主要关心问题域中的主要概念(如抽象、类和对象等)和机制,需要识别这些类以及它们相互间的关系,并用UML类图来描述。为实现用例,类之间的协作,可以用UML动态模型来描述。在分析阶段,只对问题域的对象(现实世界的概念)建模,而不考虑定义软件系统中技术细节的类(如处理用户接口、数据库、通信和并行性等问题的类)。这些技术细节将在设计阶段引入,因此设计阶段为构造阶段提供更详细的规格说明。

编程(构造)是一个独立的阶段,其任务是用面向对象编程语言将来自设计阶段的类转换成实际的代码。在用UML建立分析和设计模型时,应尽量避免考虑把模型转换成某种特定的编程语言。因为在早期阶段,模型仅仅是理解和分析系统结构的工具,过早考虑编码问题十分不利于建立简单正确的模型。

UML模型还可作为测试阶段的依据。系统通常需要经过单元测试、集成测试、系统测试和验收测试。不同的测试阶段使用不同的UML图作为测试依据:单元测试使用类图和类规格说明;集成测试使用部件图、(协作图)合作图或序列图;系统测试使用用例图来验证系统的行为;验收测试由用户进行,以验证系统测试的结果是否满足在需求阶段确定的需求。

5. Jacobson方法

Jacobson方法与上述4种方法有所不同,它涉及到整个软件生命周期,包括需求分析、设计、实现和测试等4个阶段。

需求分析阶段的活动包括定义潜在的角色(角色是指使用系统的人和与系统互相作用的软、硬件环境),识别问题域中的对象和关系,基于需求规范说明和角色的需要发现use case,并详细描述use case。

设计阶段主要包括两个活动,从需求分析模型中发现设计对象,以及针对实现环境调整设计模型:第一个活动包括从use case的描述发现设计对象,并描述对象的属性、行为和关联。在这里还要把use case的行为分派给对象。

在需求分析阶段的识别领域对象和关系的活动中,开发人员识别类、属性和关系。关系包括继承、组成(聚集)和通信关联。定义use case的活动和识别设计对象的活动,两个活动共同完成行为的描述。Jacobson方法还将对象区分为语义对象(领域对象)、界面对象(如用户界面对象)和控制对象(处理界面对象和领域对象之间的控制)。

在该方法中的一个关键概念就是use case。use case是指与行为相关的事务序列,该序列将由j用户在与系统对话中执行,因此,每一个use case就是一个使用系统的方式,当用户给定一个输入,就执行一个use case的实例并引发执行属于该use case的一个事务。

8.1.4 面向对象的模型

面向对象的模型主要可分为对象模型、动态模型、功能模型。

1. 对象模型

对象模型用于表示静态的、结构化的系统数据性质,描述了系统的静态结构,它是从客观世界实体的对象关系角度来描述,表现了对象的相互关系。对象模型主要关心系统中对象的结构、属性和操作。

对象模型是由一个或若干个模板组成。模板将模型分为若干个便于管理的子块，在整个对象模型、类及关联的构造块之间，模板提供了一种集成的中间单元，模板中的类名及关联名是唯一的。

(1)对象和类

对象建模的目的就是描述对象。通过将对象抽象成类，使问题抽象化，从而增强模型的归纳能力。属性指的是类中对象所具有的性质(数据值)。

操作是类中对象所使用的一种功能或变换。类中的各对象可以共享操作，每个操作都有一个目标对象作为其隐含参数。方法是类的操作的实现步骤。

(2)关联和链

关联是建立类之间关系的一种手段，而链则是建立对象之间关系的一种手段。

①关联和链的含义。链表示对象间的物理与概念联结，关联表示类之间的一种关系，链是关联的实例，关联是链的抽象。

②角色。角色说明类在关联中的作用，它位于关联的端点。

③受限关联。受限关联由两个类及一个限定词组成，限定词是一种特定的属性，用来有效地减少关联的重数，限定词在关联的终端对象集中说明。限定提高了语义的精确性，增强了查询能力，在现实世界中，常常出现限定词。

④关联的多重性。关联的多重性是指类中有多少个对象与关联的类的一个对象相关。

(3)类的层次结构

聚集是一种“整体一部分”关系。在这种关系中，有整体类和部分类之分。聚集最重要的性质是传递性，也具有逆对称性。聚集可以有不同的层次，可以把不同分类聚集起来。一般化关系是在保留对象差异的同时共享对象相似性的一种高度抽象方式。

(4)对象模型

模板是类、关联、一般化结构的逻辑组成。对象模型是由一个或若干个模板组成。模板将模型分为若干个便于管理的子块，在整个对象模型、类及关联的构造块之间，模板提供了一种集成的中间单元，模板中的类名及关联名是唯一的。

2. 动态模型

动态模型是与时间和变化有关的系统性质。该模型描述了系统的控制结构，表示了瞬间的、行为化的系统控制性质，它关心的是系统的控制、操作的执行顺序，表示从对象的事件和状态的角度出发，表现了对象的相互行为。

动态模型描述的系统属性是触发事件、事件序列、状态、事件与状态的组织。使用状态图作为描述工具，涉及事件、状态、操作等重要概念。

(1)事件

事件是指定时刻发生的某件事。

(2)状态

状态是对象属性值的抽象。对象的属性值按照影响对象显著行为的性质将其归并到一个状态中去。状态指明了对象对输入事件的响应。

(3)状态图

状态图反映了状态与事件的关系。当接收一事件时，下一状态就取决于当前状态和所接收的该事件，由该事件引起的状态变化称为转换。

状态图是一种图，用节点表示状态，节点用圆圈表示。圆圈内有状态名，用箭头连线表示状态的转换，上面标记事件名，箭头方向表示转换的方向。

3. 功能模型

功能模型描述了系统的所有计算。功能模型指出发生了什么，动态模型确定什么时候发生，而对象模型确定发生的客体。功能模型表明一个计算如何从输入值得到输出值，它不考虑计算的次序。功能模型由多张数据流图组成。数据流图用来表示从源对象到目标对象的数据值的流向，它不包含控制信息，控制信息在动态模型中表示，同时数据流图也不表示对象中值的组织，值的组织在对象模型中表示。

数据流图中包含有处理、数据流、动作对象和数据存储对象。

(1)处理

数据流图中的处理用来改变数据值。最低层处理是纯粹的函数，一张完整的数据流图是一个高层处理。

(2)数据流

数据流图中的数据流将对象的输出与处理、处理与对象的输入、处理与处理联系起来。用数据流来表示中间数据值，数据流不能改变数据值。

(3)动作对象

动作对象是一种主动对象，它通过生成或者使用数据值来驱动数据流图。

(4)数据存储对象

数据流图中的数据存储是被动对象，它用来存储数据。它与动作对象不一样，数据存储本身不产生任何操作，它只响应存储和访问的要求。

8.1.5 面向对象的设计

面向对象设计是把分析阶段得到的需求转变成符合成本和质量要求的、抽象的系统实现方案的过程。设计应注意以下几点。

1. 面向对象设计的准则

(1)模块化

面向对象开发方法把系统分解成模块。

(2)抽象

面向对象方法不仅支持过程抽象，而且支持数据抽象。

(3)信息隐藏

在面向对象方法中，信息隐藏通过对象的封装性来实现。

(4)低耦合

耦合主要指不同对象之间相互关联的紧密程度，低耦合是设计的一个重要标准，因为这有助于使得系统中某一部分的变化对其他部分的影响降到最低程度。

(5)高内聚

高内聚具有以下三重含义。

①操作内聚。

②类内聚。
③一般具体结构的内聚。

2. 面向对象设计的规则

(1)设计结果
设计结果应该清晰易懂,需要做到如下几点。
①用词一致。
②使用已有的协议。
③减少消息模式的数量。
④避免模糊的定义。
(2)设计简单类
设计简单类时应该注意以下几点。
①避免包含过多的属性。
②有明确的定义。
③尽量简化对象之间的合作关系。
④不要提供太多的操作。
(3)使用简单的协议
一般来说,消息中参数不要超过 3 个。
(4)使用简单的操作
面向对象设计出来的类中的操作通常都很小,一般只有 3～5 行源程序语句,可以用仅含一个动词和一个宾语的简单句子描述它的功能。
(5)把设计变动减至最小
通常,设计的质量越高,设计结果保持不变的时间也越长,即使出现必须修改设计的情况,也应该使修改的范围尽可能小。

8.1.6　面向对象的测试内容

面向对象的测试与传统测试的目标是一致的,面向对象把测试扩大到分析和设计模型的评审,面向对象测试的不是模块,而是类。

1. 传统测试模式与面向对象测试模式的主要区别

传统测试模式与面向对象测试模式的最主要区别在于:面向对象的测试更关注对象,而不是完成输入/输出的单一功能,这样的话测试可以在分析与设计阶段就先行介入,使得测试更好地配合软件生产过程并为之服务。

2. 面向对象测试的主要内容

面向对象测试的主要内容如下。
①面向对象分析的测试(OOATest)。
②面向对象设计的测试(OOD Test)。
③面向对象编程的测试(OOP Test)。

④面向对象单元测试(OO UnitTest)。

⑤面向对象集成测试(OO Integration Test)。

⑥面向对象系统测试(OO SystemTest)。

面向对象测试的另一种划分:模型测试、类测试(用于代替单元测试)、交互测试(用于代替集成测试)、系统(包括子系统)测试、接收测试、部署测试。

3. 面向对象的测试过程

面向对象的测试过程如下。

①指定范围。

②指定深度。

③指定已创建的被测试模块的基本要求(上一个阶段需要提供的接口)。

④以基本模型的内容为输入来设计测试用例作为评估标准。

⑤生成测试覆盖度量标准。

⑥试用测试清单执行静态分析,确保被测模块与基本模型的一致性。

⑦执行测试用例。

⑧如果覆盖不足以检测所有的活动,就需要分解测试工作,并且使用传统测试用例的方式来警醒,或者中断测试,重新测试传统测试用例。

4. 面向对象的测试方法

面向对象的测试方法主要有如下 5 种。

(1)基于故障的测试

基于故障的测试包括如下内容。

①发现可能故障的能力。

②从分析模型开始,考察可能发生的故障,设计用例去执行设计和代码。

③从客户对象(主动)上发现错误。

④不能发现的错误包括不正确的规格说明、用户不需要的功能或缺少用户需要的功能、没有考虑子系统间的交互作用。

(2)基于场景的测试

基于场景的测试主要关注用户需要做什么,从用户任务(使用用例)中找出用户要做什么及如何去执行。

(3)OO 类的随机测试

如果一个类有多个操作(功能),这些操作(功能)序列有多种排列,这种不变化的操作序列可随机产生,利用这种可随机排列来检查不同类实例的生存史,称为随机测试。

(4)类层次的分割测试

类层次的分割测试可以减少用完全相同的方式检查类测试用例的数目;分类可分为基于状态的分割、基于属性的分割、基于类型的分割。

①基于状态的分割。按类操作是否会改变类的状态进行分割(归类)。

②基于属性的分割。按类操作所得到的属性来分割(归类)。

③基于类型的分割。按完成的功能分割(分类),如初始操作、计算操作、查询操作。

(5)由行为模型(状态、活动、顺序)导出的测试

行为模型可以用来帮助导出类的动态行为的测试序列,以及这些类与之合作的类的动态行为测试用例,设计出最小测试用例,保证类的所有行为被充分检查。

5. 面向对象的测试优点

面向对象测试的优点如下。

①更早地定义出测试用例。

②早期介入可以降低成本。

③尽早地编写系统测试用例,以便于开发人员与测试人员对系统需求的理解保持一致。

④面向对象的测试模式更注重于软件的实质。

8.2　面向对象测试模型

面向对象将开发分为面向对象分析(OOA)、面向对象设计(OOD)和面向对象编程(OOP)三个阶段。分析阶段产生整个问题空间的抽象描述,在此基础上,进一步归纳出适用于面向对象编程语言的类和类结构,最后形成代码。由于这种开发特点,面向对象测试结合传统的测试步骤的划分,测试模型如图 8-1 所示。

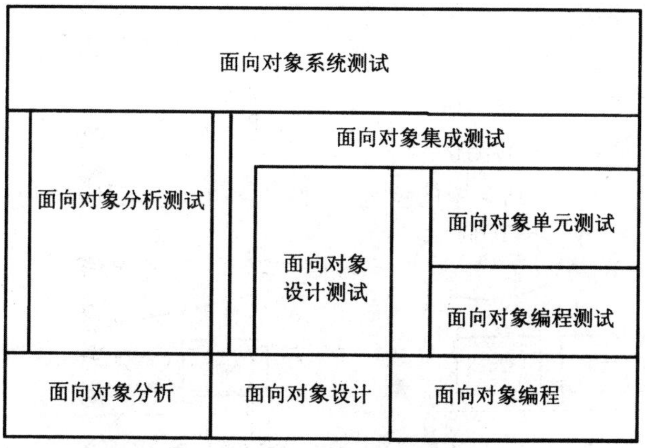

面向对象系统测试
面向对象集成测试
面向对象分析测试
面向对象单元测试
面向对象设计测试
面向对象编程测试
面向对象分析
面向对象设计
面向对象编程

图 8-1　面向对象测试模型

面向对象分析测试和面向对象设计测试是对分析结果和设计结果的测试,主要是对分析设计产生的文本进行的,是软件开发前期的关键性测试。重点如下。

①表示分析模型和设计模型的符号体系和语法检查。

②专家评审类定义符合现实问题的表示程度,有无遗漏和歧义性的检查。

③面向对象分析和面向对象设计模型的表示一致性。

面向对象编程测试主要针对编程风格和程序代码的实现进行测试,其主要的测试内容在面向对象单元测试和面向对象集成测试中体现。

8.2.1 面对对象的分析测试(OOA Test)

传统的面向过程分析是一个功能分解的过程,是把一个系统看成可以分解的功能的集合。这种传统的功能分解分析法的着眼点在于一个系统需要什么样的信息处理方法和过程,以过程的抽象来对待系统的需要。而面向对象分析(OOA)是把 E-R 图和语义网络模型,即信息造型中的概念,与面向对象程序设计语言中的重要概念结合在一起而形成的分析方法,最后通常是得到问题空间的图表的形式描述。

OOA 直接映射问题空间,全面地将问题空间中实现功能的现实抽象化。将问题空间中的实例抽象为对象(不同于 C++中的对象概念),用对象的结构反映问题空间的复杂实例和复杂关系,用属性和服务表示实例的特性和行为。对于一个系统而言,与传统分析方法产生的结果相反,行为是相对稳定的,结构是相对不稳定的,这更充分反映了现实的特性。

OOA 的结果是为后面阶段类的选定和实现,类层次结构的组织和实现提供平台。因此,OOA 对问题空间分析抽象的不完整,最终会影响软件的功能实现,导致软件开发后期大量可避免的修补工作;而一些冗余的对象或结构会影响类的选定、程序的整体结构或增加程序员不必要的工作量。因此,我们对 OOA 的测试重点在于其完整性和冗余性。

尽管 OOA 的测试是一个不可分割的系统过程,但是为了叙述方便,我们将 OOA 阶段的测试划分为以下 5 个方面。

①对认定的对象的测试。

②对认定的结构的测试。

③对认定的主题的测试。

④对定义的属性和实力关联的测试。

⑤对定义的服务和消息关联的测试。

对象、结构、主题等在 OOA 结果中的位置,可按如图 8-2 所示的模型参考。

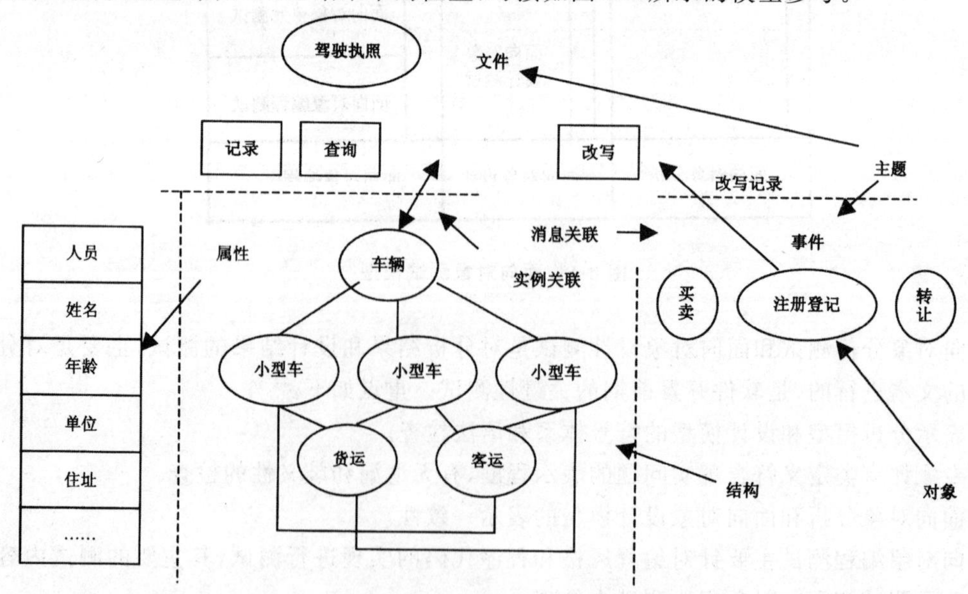

图 8-2 车辆管理系统部分 OOA 分析结构示意图

1. 对认定的对象的测试

OOA 中认定的对象是对问题空间中的结构、其他系统、设备、被记忆的事件、系统设计的人员等实际实例的抽象。对它的测试可以从如下方面考虑。

①认定的对象是否全面，是否问题空间中所有涉及的实例都反映在认定的抽象对象中。

②认定的对象是否具有多个属性。只有一个属性的对象通常应看成其他对象的属性，而不是抽象为独立的对象。

③对认定为同一对象的实例是否有共同的区别于其他实例的共同属性。

④对认定为同一对象的实例是否提供或需要相同的服务，如果服务随着不同的实例而变化，则认定的对象就需要分解或利用继承性来分类表示。

⑤如果系统没有必要始终保持对象代表的实例的信息，提供或者得到关于它的服务，则认定的对象也无必要。

⑥认定的对象的名称应该尽量准确、适用。

2. 对认定的结构的测试

认定的结构指的是多种对象的组织方式，用来反映问题空间中的复杂实例和复杂关系。认定的结构分为两种：分类结构和组装结构。分类结构体现了问题空间中实例的一般与特殊的关系，组装结构体现了问题空间中实例整体与局部的关系。

(1)对认定的分类结构的测试

①对于结构中的一种对象，尤其是处于高层的对象，是否在问题空间中含有不同于下一层对象的特殊可能性，即是否能派生出下一层对象。

②对于结构中的一种对象，尤其是处于同一低层的对象，是否能抽象出在现实中有意义的更一般的上层对象。

③对于所有认定的对象，是否能在问题空间内向上层抽象出在现实中有意义的对象。

④高层的对象的特性是否完全体现下层的共性。

⑤低层的对象是否有高层特性基础上的特殊性。

(2)对认定的组装结构的测试

①整体(对象)和部件(对象)的组装关系是否符合现实的关系。

②整体(对象)的部件(对象)是否在考虑的问题空间中有实际应用。

③整体(对象)中是否遗漏了反映在问题空间中有用的部件(对象)。

④部件(对象)是否能够在问题空间中组装新的有现实意义的整体(对象)。

3. 对认定的主题的测试

主题是在对象和结构的基础上更高一层的抽象，是为了提供 OOA 分析结构的可见性，如同文章对各部分内容的概要。对主题层的测试应该考虑以下方面。

①贯彻 Gcorgc Millcr 的“7＋2”原则，如果主题个数超过 7 个，就要求对有较密切属性和服务的主题进行归并。

②主题所反映的一组对象和结构是否具有相同和相近的属性和服务。

③认定的主题是否是对象和结构更高层的抽象，是否便于理解 OOA 结果的概貌(尤其是对

非技术人员的 OOA 结果读者)。

④主题间的消息联系(抽象)是否代表了主题所反映的对象和结构之间的所有关联。

4. 对定义的属性和实例关联的测试

属性是用来描述对象或结构所反映的实例的特性。而实例关联是用来反映实例集合间的映射关系。对属性和实例关联的测试可从如下方面考虑。

①定义的属性是否对相应的对象和分类结构的每个现实实例都适用。

②定义的属性在现实世界是否与这种实例关系密切。

③定义的属性是否能够不依赖于其他属性被独立理解。

④定义的属性在问题空间是否与这种实例关系密切。

⑤定义的属性在分类结构中的位置是否恰当,底层对象的共有属性是否在上层对象属性体现。

⑥在问题空间中每个对象的属性是否定义完整。

⑦定义的实例关联是否符合现实。

⑧在问题空间中实例关联是否定义完整,特别需要注意一对多和多对多的实例关联。

5. 对定义的服务和消息关联的测试

定义的服务,就是定义的每一种对象和结构在问题空间所要求的行为。由于问题空间中实例间必要的通信,在 OOA 中相应需要定义消息关联。对定义的服务和消息关联的测试可从如下方面进行。

①对象和结构在问题空间的不同状态是否定义了相应的服务。

②对象或结构所需要的服务是否都定义了相应的消息关联。

③定义的消息关联所指引的服务提供是否正确。

④沿着消息关联执行的线程是否合理,是否符合现实过程。

⑤定义的服务是否重复,是否定义了能够得到服务。

6. 面向对象分析的缺点

①对问题空间分析抽象的不完整,会影响软件功能的功能的实现,导致软件开发后期产生大量原本可以避免的修补工作。

②一些冗余的对象或结构类的选定,将增加程序员不必要的工作量。

8.2.2 面向对象设计的测试(OOD Test)

通常的结构化设计方法,用的是“面向作业的设计方法,它把系统分解以后,提出一组作业,这些作业是以过程实现系统的基础构造,把问题域的分析转化为求解域的设计,分析的结果是设计阶段的输入”。而面向对象设计(OOD)采用“造型的观点”,以 OOA 为基础归纳出类,并建立类结构或进一步构造成类库,实现分析结果对问题空间的抽象。OOD 归纳的类,可以是对象简单的延续,可以是不同对象的相同或相似的服务。由此可见,OOD 不是在 OOA 上的另一思维方式的大动干戈,而是 OOA 的进一步细化和更高层的抽象。所以,OOD 与 OOA 的界限通常是难以严格区分的。OOD 确定类和类结构不仅满足当前需求分析的要求,更重要的是通过重新组合或加以适当的补充，能方便实现功能的重用和扩增，以不断适应用户的要求。因此，对 OOD 的测试，建议针对功能的实现和重用，以及对 OOA 结果的拓展，从如下三方面考虑。

①对认定的类的测试。

②对构造的类层次结构的测试。

③对类库的支持的测试。

1. 对认定的类的测试

OOD 认定的类可以是 OOA 中认定的对象，也可以是对象所需要的服务的抽象，对象所具有的属性的抽象。认定的类原则上应该尽量基础性，这样才便于维护和重用。测试认定的类。

①是否涵盖了 OOA 中所有认定的对象。

②是否能体现 OOA 中定义的属性。

③是否能实现 OOA 中定义的服务。

④是否对应着一个含义明确的数据抽象。

⑤是否尽可能少地依赖其他类。

⑥类中的方法(C++:类的成员函数)是否单用途。

2. 对构造的类层次结构的测试

为能充分发挥面向对象的继承共享特性，OOD 的类层次结构通常基于 OOA 中产生的分类结构的原则来组织，着重体现父类和子类间的一般性和特殊性。在当前的问题空间，对类层次结构的主要要求是能在解空间构造实现全部功能的结构框架。为此，测试如下方面。

①类层次结构是否涵盖了所有定义的类。

②是否能体现 OOA 中所定义的实例关联。

③是否能实现 OOA 中所定义的消息关联。

④子类是否具有父类中没有的新特性。

⑤子类间的共同特性是否完全在父类中得以体现。

3. 对类库支持的测试

对类库的支持虽然也属于类层次结构的组织问题，但其强调的重点是再次软件开发的重用。由于它并不直接影响当前软件的开发和功能实现，因此，将其单独提出来测试，也可作为对高质量类层次结构的评估。拟订测试点如下。

①一组子类中关于某种含义相同或基本相同的操作，是否有相同的接口(包括名字和参数表)。

②类中方法(C++:类的成员函数)功能是否较单纯，相应的代码行是否较少(建议不超过 30 行)。

③类的层次结构是否是深度大，宽度小。

8.2.3　面向对象编程的测试(OOP Test)

典型的面向对象程序具有继承、封装和多态的新特性，这使得传统的测试策略必须有所改变。封装是对数据的隐藏，外界只能通过被提供的操作来访问或修改数据，这样降低了数据被任意修改和读写的可能性，降低了传统程序中对数据非法操作的测试。继承是面向对象程序的重要特点，继承使得代码的重用率提高，同时也使错误传播的概率提高。对继承内的代码传统测试手段无法实现。多态使得面向对象程序对外呈现出强大的处理能力，但同时却使得程序内同一函数的行为复杂化，测试时不得不考虑不同类型具体执行的代码和产生的行为。

面向对象程序是把功能的实现分布在类中。能正确实现功能的类，通过消息传递来协同实现设计要求的功能。正是这种面向对象程序风格，将出现的错误精确地确定在某一具体的类。因此，在面向对象编程(OOP)阶段，忽略类功能实现的细则，将测试的目光集中在类功能的实现和相应的面向对象程序风格，主要体现在以下两个方面(假设编程使用C++语言)。

①数据成员是否满足数据封装的要求。

②类是否实现了要求的功能。

1. 数据成员是否满足数据封装的要求

数据封装是数据和数据有关的操作的集合。检查数据成员是否满足数据封装的要求，基本原则是数据成员是否被外界(数据成员所属的类或子类以外的调用)直接调用。更直观地说，当改变数据成员的结构时，是否影响了类的对外接口，是否会导致相应外界必须改动。值得注意的是，有时强制的类型转换会破坏数据的封装特性。例如：

```
Class Hiden
{
    Private:
    int a=1;
      char *p=&quot;hidden&quot;;
)
Class Visible
{
    Public:
    int b=2;
    char *s=&quot;visible&quot;;
}
…
…
Hiden pp;
Visible *qq=(Visible *)&amp;#38;pp;
```

在上面的程序段中，pp的数据成员可以通过qq被随意访问。

2. 类是否实现了要求的功能

类所实现的功能，都是通过类的成员函数执行。在测试类的功能实现时，应该首先保证类成员函数的正确性。单独看待类的成员函数，与面向过程程序中的函数或过程没有本质的区别，几乎所有传统的单元测试中所使用的方法，都可在面向对象的单元测试中使用。类函数成员的正确行为只是类能够实现要求的功能的基础，类成员函数间的作用和类之间的服务调用是单元测试无法确定的。因此，需要进行面向对象的类测试。测试类的功能，不能仅满足于代码能无错运行或被测试类能提供的功能无错，应该以所做的 OOD 结果为依据，检测类提供的功能是否满足设计的要求，是否有缺陷。必要时(如通过 OOD 结果仍不清楚明确的地方)还应该参照 OOA 的结果，以之为最终标准。

8.4.4　面向对象的单元测试

传统单元测试的对象是模块。单元测试应对模块功能、模块内所有重要的控制路径设计测试用例，以便发现模块内部的错误，主要是以功能性测试为主。单元测试可采用黑盒或白盒测试技术。在面向对象软件测试中，可以把类或方法作为单元，这就要求读者根据具体情况来确定其测试单元，也就是测试的最小粒度。下面对分别以方法和类作为单元的测试进行简单的介绍和比较。

①以方法为单元。这种方法可以将面向对象单元测试归结为传统的(过程的)单元测试。方法几乎等价于过程，所以可以使用所有传统功能性测试和结构性测试技术。过程代码的单元测试需要桩和驱动器测试程序，用来运行测试用例并记录测试结果，同样把方法看做是面向对象单元，也必须开发能够实例化的桩类，以及起驱动作用的“主程序”类，以便能够运行测试用例和分析测试结果。相对于类来说，方法一般很简单，因此以方法为单元的单元测试就相对容易，但是很多测试的负担都转移到了后续的测试工作中，也就是类内集成测试工作中。这也意味着单元测试结束后，要进行两级集成测试：类内集成测试和类间集成测试。

②以类为单元。以类为单元可以解决类内集成测试问题，但是会产生其他问题。例如，因为抽象类不能被实例化，因此不能被测试，这就需要关注应用程序中各类之间的相互关系(如继承)，以便科学地确定各个类测试的先后顺序。

面向对象测试的层次取决于单元的构成，如果把单个操作或方法看成单元，则有操作/方法测试、类内集成测试、类间集成测试和系统测试。如果把单个类看成单元，则有类测试、类间集成测试和系统测试。另外，对类的继承关系要做测试。在实际的测试中更多的将类作为单元进行测试，下面的单元测试以类作为单元进行分析。

一般类测试：类的测试包含一系列的校验活动，其主要目的是校验类是否按照其规格说明正确实现了。如果实现是正确的，那么所有类的实例也应该是正确的。通过执行测试用例或者走查都可以有效地对类的代码进行测试。代码走查在某种意义上来说可以代替基于执行的测试，但它有一定的局限性：走查会有人为错误的影响，并且需要考虑花更多的精力在回归测试上。因此，对类的测试的主要方式是基于执行的测试。

类的测试一般是由开发人员完成的，类的测试代码一般被看做是程序的一部分。这样可以降低测试成本，开发人员在对类进行测试的同时也有助于理解类的定义，并且测试驱动也可以用来对所写代码进行调试，有效的测试类组件同样能够也有助于定位错误。开发人员做类测试也有不足的一面，开发人员对设计的错误理解可能会因为得不到监控而扩散，这些潜在的错误会因为不能及时发现而造成很大的影响。因此，在时间允许的情况下，测试人员也需要尽可能地参与类的测试。

在进行类测试时，数据设计主要有以下原则：

①程序是否能处理输入范围以外的数据。

②程序是否有未考虑到的处理结果。

③是否造成系统不可预知的错误，下面是一个例子代码。

```
public class Test{
```

```
public static void main(String[]args){
  new Test();
  }
  Test(){
  Test alias 1=this;
   Test alias 2=this;
   synchroniTested(aliasl){
   try{
   alias 2. wait();
   System. out. println("DONE WAITING");
   }
   catch(Interrupt cExcept ion e){
   System. out. println("INTERR UPDATED");
   }
   catch(Exception e){
   System. out. println("OTHER EXCEPTION");
     }
   finaliy{
   System. out. println("FINALLY");
  }
  }
System. out. println("ALL DONE");
  }
  }
```

在代码中 alias 1 与 alias 2 指向同一对象，在线程获取了 Test 的锁后虽然释放，但在等待池中没有通知 Test 对象，从而造成系统长时间的等待。这种错误在多线程应用中非常常见，对这种模型的应用应该重点检查系统锁的机制。

类测试可以采用黑盒测试和白盒测试的方法，可以考虑对类的功能覆盖或达到某种要求的代码覆盖指标。由于每个类均具有状态图，因此基于状态图的类测试是一种很有效的方法。下面重点分析。

为了能有效地测试所有的类，根据类的不同行为分成 4 种类型，并可以用 ADT(Ab stract Data Type)图和状态图(State Transition Graph)来加以描述。

非模态类(non-modale)：非模态类不受它的状态的限制，也与方法(Method)调用的顺序无关。

[例 8-1]　臭氧层密度的采集作为类。

此类带有如下的方法：

- m1：采集当前值。
- m2：采集与边界值的差值。
- m3：采集最近 24 小时的最高值。

• m4:采集本月的最高值。

每个方法在任何时候都可以被调用,也不受状态和调用顺序的影响,如图 8-3 所示。

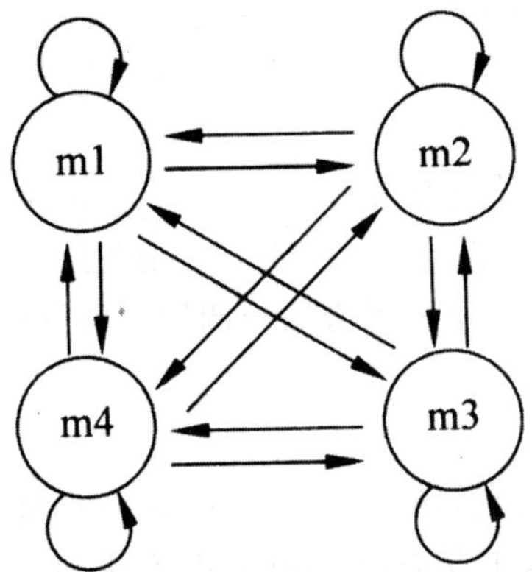

图 8-3　非模态类 ADT 例

基本测试原则:

①所有的方法(所有的节点)覆盖:m1,m2,m3,m4。

②所有可能的方法调用顺序(所有的边,下面是一种覆盖所有边的情况)覆盖:

• m1,m1,m2,m2,m3,m3,m4,m4,m1;

• m1, m3, m1;

• m2,m4,m2;

• m1,m4,m3,m2,m1。

③所有的路径覆盖。

单模态类(uni-modale):单模态类与它的状态无关,但与调用方法的先后顺序有关。

[例 8-2]　一个模拟三人(player1、player2 和 player3)打牌的系统,每一轮都是严格按照顺序出牌,如图 8-4 所示。

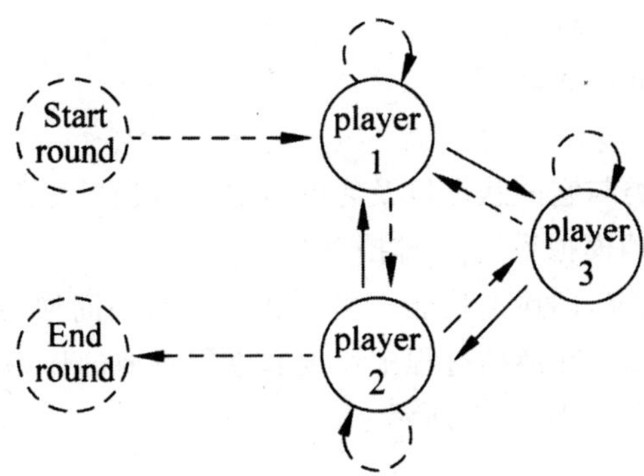

图 8-4　单模态类 ADT 例

基本测试原则:

①所有的方法(所有的节点)覆盖:player1,player2, player3。

②所有可能的方法调用顺序(所有的边)覆盖:

• playerl,player2,player3,playerl;

• playerl,playerl(异常);

• playerl,player3(异常);

...

③所有的路径覆盖。

准模态类(quasi-modale):准模态类与它的状态有关,但与它的方法的调用顺序无关。

[例 8-3] 一个容量无限大的队作为一个类,它有“空”和“非空”两个状态(empty 和 not empty)并带有 remove 和 add 两个方法,对方法盼调用顺序没有任何限制,但方法的调用必须考虑当前的状态。

基本测试原则:

①所有的方法覆盖有 empty,add,not empty,remove, empty。

在 empty 状态下调用方法 add,状态由 empty 转换成 not empty,然后再调用方法 remove,状态又从 not empty 转换成 empty(见图 8-5)。

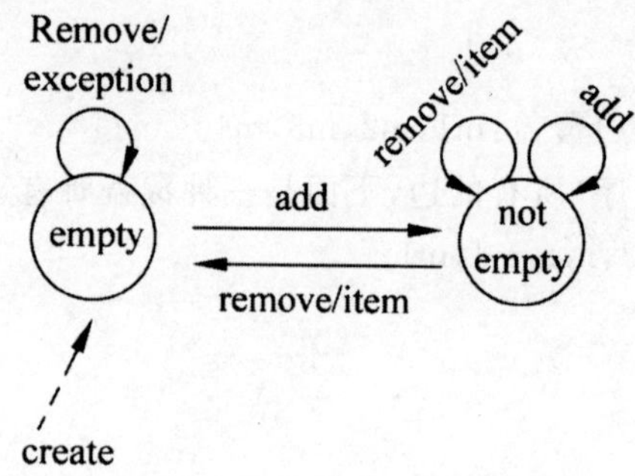

图 8-5 准模态类 ADT 例

②所有的状态(所有的节点)覆盖有 empty,add,not empty。

所有的状态转换(所有的边):

• empty,remove,empty(异常);

• not empty,remove,not empty 等。

③所有的路径覆盖。

模态类(modale):模态类与它的状态以及它的方法的调用顺序都有关。

[例 8-4] 一个汽车排挡模拟系统(4 排挡车)。

排挡的换挡有明确的规定,即换挡只能一挡一挡地在邻挡间换,而且先到达空挡,然后再进入实挡。这里以速度作为状态,在换挡过程中速度起着很重要的作用,例如只有当车在停止的状态下(速度为 0)才能换倒挡等,如图 8-6 所示。

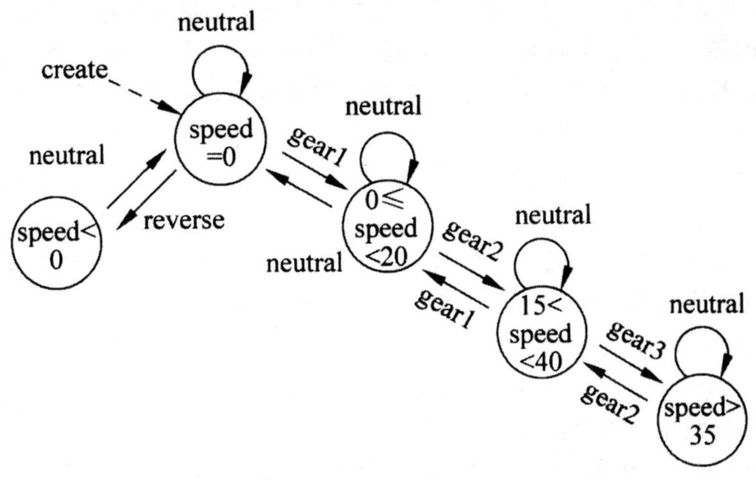

图 8-6 模态类 ADT 例

基本测试原则：

①所有的方法覆盖。

②所有的状态(所有的节点)覆盖。

③所有的状态转换(所有的边)覆盖。

④所有的路径覆盖。

一个类的属性和方法越多，它的状态也就越庞大，针对一个类的完整测试，覆盖所有状态的组合一般是不太可能的，也是不经济的，因为它的测试用例很快就会达到天文数字。

为了有效地对类进行测试，针对以上 4 种类型的类制定了如下一般的覆盖原则：

- 非模态类：在 ADT 图内覆盖所有的节点。
- 单模态类：在 ADT 图内覆盖所有的边(包括所有的节点)。
- 准模态类和模态类：在状态转换图内覆盖所有的状态转换(包括所有的节点)。

特殊类测试：下面主要讨论面向对象的两个特殊类的测试：抽象类的测试和泛型类的测试。

①抽象类的测试。在面向对象的概念中，我们知道所有的对象都是通过类来描绘的，但是反过来却并不是所有的类都是用来描绘对象的，如果一个类中没有包含足够的信息来描绘一个具体的对象，这样的类就是抽象类。抽象类往往用来表征我们在对问题领域进行分析、设计中得出的抽象概念，是对一系列看上去不同，但是本质上相同的具体概念的抽象。例如，如果进行一个图形编辑软件的开发，就会发现问题领域存在着圆、三角形这样一些具体概念，它们是不同的，但是它们又都属于形状这样一个概念，形状这个概念在问题领域是不存在的，它就是一个抽象概念。正是因为抽象的概念在问题领域没有对应的具体概念，所以用以表征抽象概念的抽象类是不能够实例化的。

在面向对象领域，抽象类主要用来进行类型隐藏。用它可以构造出一个固定的一组行为的抽象描述，但是这组行为却能够有任意个可能的具体实现方式。这个抽象描述就是抽象类，而这一组任意个可能的具体实现则表现为所有可能的派生类。

由于一个抽象类没有具体的实现，因此也就没法具体地进行测试。但可以用已经测试过的类作为它的具体实现，或创建一些简单、经济的，又能符合规约(specification)的桩(stubs)来具体实现。这样，抽象类就能像一般的其他类一样使用不同的测试方法进行测试。

②泛型类的测试。泛型类封装了不针对任何特定数据类型的操作。泛型类常用于容器类，如链表、哈希表、栈、队列、树等。这些类中的操作，如对容器添加、删除元素，不论所存储的数据是何种类型，都执行几乎同样的操作。

泛型类和泛型方法集复用性、类型安全和高效率于一身，是与之对应的非泛型的类和方法所不及的。

在泛型中有个重要的概念就是泛型的类型参数(type parameters)，类型参数使得设计类和方法时不必确定一个或多个具体参数，它的具体参数可延迟到客户代码中声明、实现。这意味着使用泛型的类型参数 T，写一个类 MyList＜T＞，客户代码可以这样调用：MyList＜int＞，MyList ＜string＞或 MyList＜MyClass＞。这避免了运行时类型转换或装箱操作的代价和风险。

在泛型类型或泛型方法的定义中，类型参数仅仅只是一个占位符(placeholder)，一般用一个大写字母来表示，如 T。在客户代码声明、实例化该类型的变量时，把 T 替换为客户代码所指定 1 的数据类型。泛型类不是一个真正的类型，而更像是一个类型的蓝图。要使用 MyList＜T＞，客户代码必须在尖括号内指定一个类型参数来声明并实例化一个已构造类型(constructed type)。这个特定类的类型参数可以是编译器识别的任何类型。可以创建任意数量的已构造类型实例，每个使用不同的类型参数，如下：

MyList＜MyClass＞list1＝new MyList＜MyClass＞()；

MyList＜float＞list2＝new MyList＜float＞()；

MyList＜SomeStruct＞list3＝new MyList＜SomeStruct＞()；

在这些 MyList＜T＞的实例中，类中出现的每个 T 都将在运行的时候被类型参数所取代。依靠这样的替换，仅用定义类的代码就创建了三个独立的类型安全且高效的对象。

但是为了测试这些泛型类，又必须在对象实例化前赋予具体的参数，问题是采用什么样的参数？对于泛型类的测试，一般建议先用一个简单的、经典的类型参数，以便于一个泛型类能像其他一般的类一样测试。

如果泛型类带有多个类型参数，类型参数间还会相互作用和相互影响，一个参数的行为可能会影响到另一个参数的控制流和数据流，所以必须尽可能测试各种类型参数的组合，这里还要考虑参数的顺序变换以及用多个有相同类型的参数构建的实例。

一般泛型类的测试驱动器也建议采用泛型类，这样，同一个测试驱动器可重复测试不同的参数类型。

穷举测试一个可参数化的类一般是不太可能实现的，因为会有无限多个具有不同行为的参数组合类型。

类测试的建议：Robert V. Binder(Testing Object－Oriented System－Models，patters，and Tools. Addison－Wesley，2000)提出了一个经典的针对类的测试的建议：

・执行被测类内的所有方法。

・检查所有的异常情况，包括引发每个输出的异常情况和对异常输入的处理情况。

・检查被测类是否能到达所有可到达的状态。

・每个方法都要在对象的每个状态内被调用(如在一个正确的状态，则具有正确的行为。如在一个非正确的状态，则调用应该被拒绝)。

・保证每个状态的转换是正确的。

· 适度地加载测试、性能测试和错误推测或怀疑测试(suspicion tests)。

· 用划分等价类和检查边界值法检查所有的输入参数和输出值。

由于类的继承性,对类的测试不能仅仅只局限于单个的类,必须同时要考虑到与此类相关的类以及它们的父类。如果被测类是一个子类,则可以部分利用其父类的测试用例。

由于类的继承性的特点,在测试父类导出的子类时必须注意如下几点:

· 做扁平化,即将父类的方法和属性加入到子类中,子类测试完后删除。

· 对于所有重新定义的方法必须设计新的测试用例并执行这些用例。

· 对于所有导出的子类必须重新执行父类的所有测试用例,因为子类的上下环境不同,对这些不同环境需要分别设计测试用例进行测试。

单元测试的测试力度通常要取决于软件项目本身,在面向对象的软件测试中,由于单元的概念有了拓展,单元测试并不局限于针对单个类或方法的测试,测试的可能是整个对象,也可能是一个子系统。这样对于测试类的设计也就相对复杂。

由于单元测试工作量非常大,而且测试结果不像代码覆盖的标准那样易于度量,一些组织或公司纷纷推出各自的单元测试工具。单元测试工具本身无法完全代替测试人员的角色,它的好处在于规范单元测试过程,约束测试人员使用同样的单元测试方法,便于收集测试结果。单元测试工具比较有代表性的有 JUnit、Python 和 Cppunit 等。

虽然单元自动化测试工具给我们带来了很大的便利,但是执行单元测试很重要的一个前提仍然是测试人员必须对软件足够熟悉,了解软件的相关业务背景知识,不能只是为了测试软件的流程而测试。

8.4.5 面向对象的集成测试

集成测试的主要目的是检查两个或两个以上的模块或对象接口的数据正确性。传统的集成测试是通过各种集成策略集成各功能模块进行测试,一般可以在部分程序编译完成的情况下进行。而对于面向对象程序,相互调用的功能是散布在程序的不同类中,类通过消息相互作用申请和提供服务。类的行为与它的状态密切相关,状态不仅仅是体现在类数据成员的值,也许还包括其他类中的状态信息。由此可见,类的相互依赖极其紧密,根本无法在编译不完全的程序上对类进行测试。所以,面向对象的集成测试通常需要在整个程序编译完成后进行。此外,面向对象程序具有动态特性,程序的控制流往往无法确定,因此一般也只能对整个编译后的程序做基于黑盒子的集成测试。

在集成测试中,一个关键的问题是怎样进行集成?好的集成方法可以避免写大量的测试驱动器和桩,节约各种资源。本节不涉及讨论类内方法的集成。

面向对象的集成在不同的阶段可分成三个不同的集成类型:

· 类的集成:将有关的类集成为一个子系统或组件。

· 子系统或组件的集成:将子系统集成为一个应用层。

· 层的集成:不同的层,可以是描述层、工作层、存取层或客户器/服务器(Client/Server)层的集成。

图 8-7 所示为集成示意图。

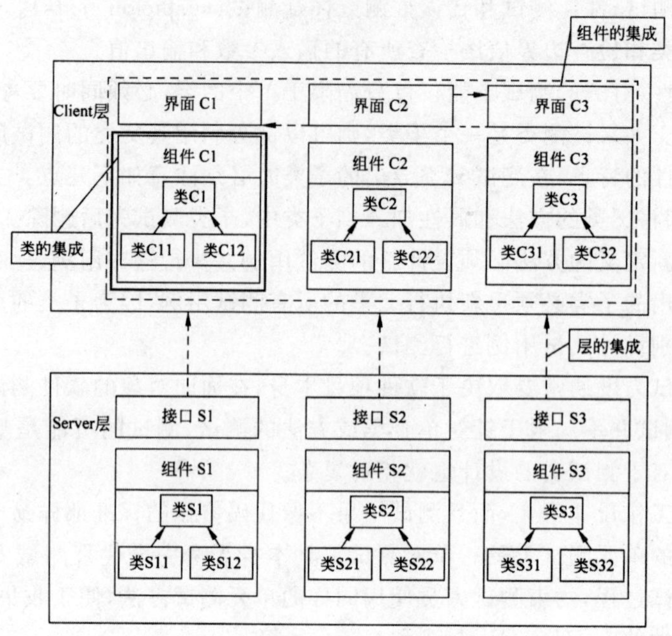

图 8-7 集成示意图

在面向对象的集成测试过程中要考虑到面向对象系统是由事件操纵的特点，在集成测试时一般推荐考虑如下 5 个层次：

- 类的测试(method testing)。
- 消息序列(message sequences)。
- 事件序列(event sequenees)。
- 线程测试(thread testing)。
- 交互测试(thread interaction testing)。

在线程测试中主要是应用了方法/消息路径(Method-Message-Paths，MM-Paths)。所谓的方法/消息路径就是一个运行的方法(Method)通过消息(Message)的传递调用另一个方法，最后到不能再产生消息的方法为止，即处于一种相对静止状态。在一个调用中可能会存在多个方法/消息路径，在线程测试中就是要覆盖这些方法/消息路径。

事件控制的测试过程中引入了原子系统功能(Atomic Systern Function，ASF)的概念。原子系统功能是由外部的事件(input port event)激活系统，导致系统有所反应(output port event)，这样的一个过程称为原子系统功能。在面向对象的集成测试中还应覆盖子系统内的原子系统功能。

图 8-8 所示为 MM-Paths/ASF 示意图。

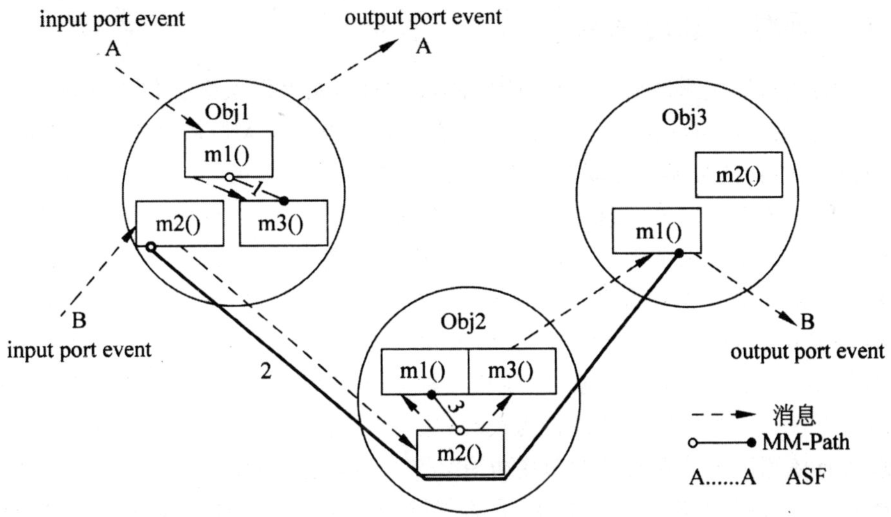

图 8-8　MM-Paths/ASF 示意图

面向对象的集成测试能够检测出相对独立的单元测试无法检测出的那些类相互作用时才会产生的错误或缺陷。基于单元测试对成员函数行为正确性的保证,集成测试只关注于系统的结构和内部的相互作用。

UML 中的协作图是基于时间先后顺序表达对象的交互,而序列图则是通过对象的交互顺序来表达同样事件或操作,这些也是集成测试的很好依据。

集成测试所要达到的覆盖指标可以是:

- 所有类的所有方法至少覆盖一次。
- 协助图(合作图)或序列图中的所有消息至少覆盖一次。
- 依据类间传递的消息达到对所有执行线程至少覆盖一次。
- 子系统内所有 ASF 至少覆盖一次。
- 所有类的所有状态至少覆盖一次。
- 对象之间的调用关系图中的边(消息)或节点(方法)至少覆盖一次。

同时也可以考虑使用现有的一些测试工具来得到集成测试接口(消息)的覆盖率。

在进行具体的分析和用例设计时,可参考下列步骤:

①先选定检测的类,参考面向对象设计分析结果及协助图、顺序图、状态图等,仔细分析出类的状态和相应的行为,类或成员函数间传递的消息,输入或输出的界定等。

②确定覆盖指标。

③利用类图(E－R 图)确定待测类的所有关联。

④根据程序中类的对象构造测试用例,确认使用什么输入激发类的状态、使用类的服务和期望产生什么行为等。

值得注意,设计测试用例时,不但要设计类功能满足的输入,还应该有意识地设计一些异常输入的例子,类是否有不合法的行为产生,如发送与类状态不相适应的消息,要求有不相适应的服务等。

所设计的测试用例必须进行评审。

8.4.6 面向对象的系统测试

经过单元测试和集成测试后,系统仅能保证软件的功能得以实现。但不能确认在实际运行时,它是否真正满足了用户的需要,在实际使用条件下是否存在大量被诱发产生的错误或缺陷。为此,对完成开发的软件必须经过规范的系统测试。换个角度来说,开发完成的软件仅仅是实际投入使用系统的一个组成部分,需要测试它与系统其他部分配套运行的表现,以保证在系统各部分协调工作的环境下也能正常工作。在系统测试中是从用户的角度来对整个系统进行测试。

系统测试应该尽量搭建与用户实际使用环境相同的测试平台,应该保证被测系统的完整性,对临时没有的系统设备部件,也应有相应的模拟手段。系统测试时,应该参考面向对象分析(OOA)的分析结果,对应描述的对象、属性和各种服务,检测软件是否能够完全"再现"问题空间。系统测试不仅是检测软件的整体行为表现,从另一个侧面来看,也是对软件开发设计的再确认。它体现的具体测试内容在其他章节中也有详细分析,这里简单描述:

· 功能测试:测试是否满足开发要求,是否能够提供设计所描述的功能,是否用户的需求都得到满足。功能测试是系统测试最常用和必须的测试,通常还会以正式的软件需求说明书为测试标准。

· 强度(压力)测试:测试系统的实际最大承受能力,即软件在一些超负荷的情况,功能实现情况。如要求软件对某一行为的大量重复、输入大量的数据或大数值数据、对数据库大量复杂的查询等。

· 性能测试:测试软件的运行性能。这种测试常常与强度(压力)测试结合进行,需要事先对被测软件提出性能指标,如传输连接的最长时限、传输的错误率、计算的精度、记录的精度、响应的时限和恢复时限等。

· 安全测试:验证安装在系统内的保护设施确实能够对系统进行保护,使之不受各种情况的干扰。安全测试时需要设计一些测试用例试图突破系统的安全保密措施,检验系统是否有安全保密的漏洞。

· 恢复测试:采用人工的干扰使软件出错,中断使用,检测系统的恢复能力,特别是通信系统。恢复测试时,应该参考性能测试的相关测试指标。

· 可用性测试:测试用户对系统的使用是否满意,具体体现为操作是否方便,用户界面是否友好等。

· 安装/卸载测试(install/uninstall test)。

· 用户界面测试:在确保用户界面能够通过测试对象或控件得到相应访问的情况下,测试用户界面的风格是否满足用户要求,例如界面是否美观、界面是否直观、操作是否友好、是否人性化、易操作性等。

· 可维护性测试:可维护性是指系统软、硬件实施和维护方面的方便程度,目的是降低维护对系统正常运行带来的影响,例如对支持远程维护的系统的功能或工具进行测试。

· 系统可靠性、稳定性测试:在具有一定负荷并长期使用的环境下,系统的可靠性、稳定性。

· 系统兼容性测试:即系统的软件与各种硬件设备兼容性,与操作系统兼容性,与支撑软件的兼容性。

· 系统组网测试:在组网环境下,系统软件对接入设备的支持情况,包括功能实现及群集性能。

・系统安装升级测试：安装测试的目的是确保该软件在正常和异常的情况下均能正常安装或有详细的安装错误提示。例如正常情况下，用户能选择默认安装、升级安装、完整安装或自定义安装等。异常情况可能包括磁盘空间不足、缺少目录创建权限等。另外，需要确保软件安装后能正常运行，同时对安装手册、安装脚本等也需要关注。

・协议一致性测试等。

与传统系统测试不同的是，面向对象的系统测试还需要验证 OOA 分析的结果，也需要对软件的架构设计部分进行验证，确保软件可以顺利实现用户需求。

在面向对象的系统测试中通常是使用基于需求的覆盖策略对测试结果进行度量。基于需求的测试覆盖在测试生命周期中需要进行多次评测，并在测试生命周期的里程碑点提供测试覆盖的标识（如已计划的、已实施的、已执行的和成功的测试覆盖）。

8.3　面向对象测试的用例设计

8.3.1　面向对象软件测试用例设计原则

面向对象软件测试用例着眼于适当的操作序列，以实现对类的说明。面向对象软件的测试用例设计原则主要有如下 4 点内容。

①关注于设计合适的操作序列以测试类的状态。

②对每个测试用例应当给予特殊的标识，并且还应当与测试的类有明确的联系。

③测试目的应当明确。

④应当为每个测试用例开发一个测试步骤列表，列表包含以下内容：列出所要测试对象的说明；列出将要作为测试结果的消息和操作；列出测试对象可能发生的例外情况；列出外部条件，为了正确对软件进行测试所必须有的外部环境的变化；列出为了帮助理解和实现测试所需要的附加信息。

8.3.2　面向对象软件测试用例设计要求

每个测试用例应被唯一标识，并被显式地和将被测试的类相关联；测试的目的应被陈述；对每个测试应开发一组测试步骤，应包含如下内容。

①被测试的对象的一组特定状态。

②被作为测试的结果使用的一组消息和操作。

③当对象被测试时可能产生的一组异常。

④一组外部条件。

⑤将辅助理解或实现测试的补充信息。

8.3.3　面向对象软件测试用例设计方法

1. 基于故障的测试

在面向对象软件测试中，由于系统必须满足用户的需求，因此，基于故障的测试要从分析模型开始，考察可能发生的故障。为了确定这些故障是否存在，可设计用例去执行设计或代码。基于故障测试的重点如下。

①具有较高的发现可能故障的能力。

②从分析模型开始，考察可能发生的故障，设计用例去执行设计和代码。

③发现消息联系中“可能的故障”。“可能的故障”一般为意料之外的结果、错误地使用了操作/消息、不正确引用等。为了确定由操作(功能)引起的可能故障必须检查操作的行为。

④除用于操作测试外，还可用于属性测试，用以确定其对于不同类型的对象行为是否赋予了正确的属性值。

⑤从客户对象(主动)上发现错误。

⑥基于故障的测试发现不正确的规格说明、用户不需要的功能或缺少用户需要的功能。

⑦发现没有考虑的子系统间的交互作用。

基于故障测试的关键取决于测试设计者如何理解“可能的故障”。而在实际中，要求设计者做到这点是不可能的。

故障测试方法除用于操作测试外，还可用于属性测试，用以确定其对于不同类型的对象行为是否赋予了正确的属性值。因为一个对象的“属性”是由其赋予属性的值定义的。

看一个简单的例子。软件开发人员经常忽略问题的边界，例如，当测试 divide 操作(该操作对负数和 0 返回错误)时，我们考虑边界，“零本身”是否用于检查，程序员犯了如下错误：

```
if(x>0)divide();
```

而不是正确的：

```
if(x>=0)divide();
```

当然，这种方法的有效性依赖于测试人员如何感觉“似乎可能的缺陷”，如果 OO 系统中的真实缺陷被感觉为“难以置信的”，则本方法实质上不比任何随机测试技术好。但是，如果可以从分析和设计模型进行深入的检查，那么基于缺陷的测试则可以用相当低的工作量来发现大量的错误。

基于缺陷测试也可以用于集成测试，集成测试可以发现消息之间“可能的缺陷”。“可能的缺陷”一般为意料之外的结果、错误地使用了操作/消息、不正确的引用等。为了确定由操作(功能)引起的可能缺陷，必须检查操作的行为。

这种方法除用于操作测试外，还可用于属性测试，用以确定其对于不同类型的对象行为是否赋予了正确的属性值。因为一个对象的“属性”是由其赋予属性的值定义的。

应当指出，集成测试是从客户对象(主动)，而不是从服务器对象(被动)上发现错误。正如传统的软件集成测试是把注意力集中在调用代码，而不是被调用代码一样，即发现客户对象中“可能的缺陷”。

2. 基于场景(脚本)的测试

基于场景的测试关心用户做什么，而不是产品做什么。它意味着捕获用户必须完成的任务，然后在测试时应用它们或它们的变体。它往往在单个测试中处理多个子系统。这种基于场景的测试有助于在一个单元测试情况下检查多重系统，所以基于场景测试用例相比基于故障测试不仅更实际(接近用户)，而且更复杂一点。

例如：考察一个文本编辑器的打印场景测试的用例设计。

Use Case1：打印最终的文档。

测试案例。

①打印完整的文档。

②在文档中修改某些页的内容。

③再次打印完整文档或某些页。

Use Case2：打印复制的新页。

测试案例。

①打开文档。

②选择菜单中的 print 选项。

③设定打印(还是完整文档)。

④单击 print 开始打印。

⑤关闭文档。

其执行事件序列是：打印整个文件；移动文件，修改某些页；当某页被修改，就打印某页；有时要打印许多页。

显然，测试者希望发现打印和编辑两个软件功能是否能够相互依赖，否则就会产生错误。

3. 面向对象类的随机测试

如果一个类有多个操作(功能)，这些操作(功能)序列有多种排列，而这种不变化的操作序列可随机产生，用这种可随机排列的序列来检查不同类实例的生存史就叫随机测试。

为了简要地说明本方法，考虑一个记事本的应用软件。在这个应用中，类 text 有以下操作：open(打开)，new(新建)，read(读取)，write(写入)，copy(复制)，paste(粘贴)，view(查看)，save(保存)和 close(关闭)。这些操作的每一个都能应用于类 text，但是由于这个问题的本质具有某些约束条件，例如在其他操作执行之前，必须首先执行 open 操作，并且在所有其他操作执行完成后，最后必须执行 close 操作。对于约束，还存在这些操作的许多不同的排列。text 的一个最小操作序列为 open＋new＋write＋save＋close。

另外，有其他很多行为可以出现在这个序列中：open＋new＋write＋[read| write | copy | paste] ＋save＋close，这样可以随机地生成一系列不同的操作序列作为测试用例，测试类实例的不同生存历史。

再如，一个银行信用卡的应用，其中有一个类——账户(account)。该 account 的操作有 open、setup、deposit、withdraw、balance、summarize、creditlimit 和 close。这些操作中的每一项都可用于计算，但 open、close 必须在其他计算的任何一个操作前后执行，即使 open 和 close 有这种限制，这些操作仍有多种排列，所以一个不同变化的操作序列可由于应用不同而随机产生。如一个 account 实例的最小行为转换期可包括以下操作：

open＋setup＋deposit＋withdraw＋close

这表示了对 account 的最小测试序列。然而，在下面序列中可能发生大量的其他行为：

open＋setup＋deposit＋[deposit |withdraw | balance|summarize|creditlimit] ＋withdraw ＋close

由此可以随机产生一系列不同的操作序列。

测试用例 1：

open+setup+deposit+deposit+balance+summarize+withdraw+close

测试用例 2:

open+setup+deposit+withdraw+deposit+balance+creditlimit+withdraw+close

可以执行这些测试和其他的随机顺序测试,以测试不同的类实例生命历史。

4. 类层次的分割测试

类层次的分割测试可以减少利用完全相同的方式检查类测试用例的数目,类似于等价类别。类层次的分割测试可分为基于状态的分割、基于属性的分割、基于类型的分割。

(1)基于状态的分割

基于状态的分割是指按类操作是否改变类的状态来分割(归类)。这里仍以 account 类为例,改变状态的操作有 deposit、withdraw,不改变状态的操作有 balance、summarize、creditlimit。如果测试按检查类操作是否改变类的状态来设计,则结果如下。

用例 1:执行操作改变状态。

open+setup+deposit+deposit+withdraw+withdraw+close

用例 2:执行操作不改变状态。

open+setup+deposit+summarize+creditlimit+withdraw+close

(2)基于属性的分割

基于属性的分割是指按类操作所用到的属性来分割(归类),如果仍以一个 account 类为例,其属性 creditlimit 能被分割为三种操作:用 creditlimit 的操作、修改 creditlimit 的操作、不用也不修改 creditlimit 的操作。这样,测试序列就可按每种分割来设计。

(3)基于类型的分割

基于类型的分割是指按完成的功能分割(归类),例如,在 account 类的操作中,可以分割为:初始操作 open、setup;计算操作 deposit、withdraw;查询操作 balance、summarize、creditlimit;终止操作 close。

5. 状态机模型导出的测试

状态机是一个系统,它的输出是由当前的输入和过去的输入决定的。状态机模型导出的测试由状态、转换、事件和动作构成。状态机的机制由如下 5 点构成。

①机器开始于初态。

②机器在一个不确定的时间间隔内等待一个事件。

③如果一个事件在当前状态没有被接受,则被忽略。

④如果事件在当前状态被接受,则说明指定的转换被触发。

⑤从第②步开始重复这个周期,直到结果状态变成终止状态。

状态机的测试设计主要是:实现必须符合指定的状态机的约束;了解实现如何与观察到的约束不相符合,为测试设计提供了重点,也为评估测试设计策略提供了基准。

一个控制错误允许一个不正确的事件序列被接受或产生一个不正确的输出动作序列。控制错误的类型主要有如下几点。

①丢失的或不正确的转换。

②丢失的或不正确的事件。

③丢失的或不正确的动作。

④多余的、丢失的或讹误状态。

⑤潜行路径(一个不应被接受的消息被接受)。

⑥非法消息的失效(一个不期望的消息引起的失效)。

⑦陷阱门(实现了没有定义的消息)。

状态模型检查表的主要内容包括:结构、状态名称、受监视转换、好的子类行为、健壮性等。模型在结构上是完全且一致的,具有如下重点。

①一个状态被指定为初态并且只有一个离开的转换。

②至少有一个终止状态并且只有一个进入转换。

③没有等价状态。

④每一个状态都可以从初态到达。

⑤从任何一个状态都可以到达终止状态。

⑥每一个被定义的事件和动作至少出现在一个转换上。

⑦除了初态和终态外,每个状态至少有一个输入转换和输出转换。

⑧对任一给定状态,同样的事件不能出现在多个转换上。

⑨状态机是完全确定的。

不好的状态名经常是不完全和不正确设计的征兆,设计状态名称时的主要内容如下。

①状态名称在应用领域中是有意义的。

②当怀疑一个状态名时,就把它删掉。

③不要用“等待的 x”或“等待 x”作为状态名。

④状态名没有表达不相关的信息,没有名称描述和动作相关的过程;没有名称用于输入描述。

对于条件转换的主要注意事项如下。

①在状态转换的条件集中,条件表达式产生的真值的全部范围必须被覆盖。

②对一个转换,每一个条件都和其他的条件相互排斥。

③一个抽象状态模型的条件变量是被测类的客户提供的输入。

④一个具体类状态模型的条件变量是由被测类的实现定义的——例如 self 或 this。

⑤条件表达式的计算对被测类不会产生任何副作用。

好的子类的行为是指以下情况。

①子类没有删除任何超类状态,在超类中接受的转换也被子类接受。

②子类不会减弱任何超类状态的状态不变量。

③子类不会破坏任何超类状态的状态不变量。

④子类或者加强超类状态不变量,也可能仅仅继承它。

⑤子类可以添加由子类引入的实例变量定义的正交状态。

⑥超类转换中所有的条件和子类转换相同或弱于子类。

⑦所有被继承的输出动作和子类的责任一致。

⑧发送到对象的消息不会对被测类产生副作用。

模型规定了如下健壮行为。

①对没有被明确拒绝的事件,有一个明确规定的错误处理和异常处理机制。

②对于一个非法消息的结果，实现的状态不会被错误地改变、被讹误或没有被定义。

③对每一个动作，没有与这个动作相关的结果状态的副作用或异常。

④对前置/后置条件、不变式的冲突，规定了明确的异常、错误注册和恢复机制。

⑤对丢失或延迟的事件规定了明确的异常、错误注册和恢复机制。

⑥对每一个超时，规定了明确的异常、错误注册和恢复机制。

⑦被测系统的目标环境的主要和不重要的失败模式被分类，对每个失败模式，规定了一个明确的异常机制。

⑧对每一失败模式，指定了结果状态或硬性的终止状态。

⑨重新开始机制被建模并定义了一个到正常状态的路径。

6. 类行为模型测试

状态转换图(STD)可以用来帮助导出类的动态行为的测试序列，以及这些类与之合作的类的动态行为测试序列。

为了说明问题，仍使用前面讨论过的 account 类。开始由 empty acct 状态转换为 setup acct 状态。类实例的大多数行为发生在 working acct 状态中。而最后，取款和关闭分别使 account 类转换到 non-working acct 和 dead acct 状态。图 8-9 所示为状态转换图。

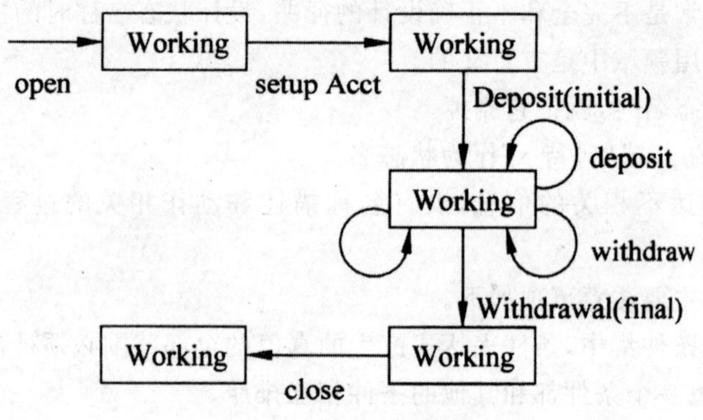

图 8-9 状态转换图

这样，设计的测试用例应当是完成所有的状态转换。换句话说，操作序列应当能导致 account 类所有允许的状态至少进行一次转换。

测试用例 1：

open＋setupAcct＋deposit(initial) ＋withdraw(final) ＋close 应该注意，该序列等同于一个最小测试序列，加入其他测试序列到最小序列中。

测试用例 2：

open＋setupAcct＋deposit(initial) ＋deposit＋balance＋credit＋withdraw(final) ＋close

测试用例 3：

open＋etupAcct＋deposit(initial) ＋deposit＋withdraw＋accntlnfo＋withdraw(final) ＋close

还可以导出更多的测试用例，以保证该类所有行为被充分检查。在类行为导致与一个或多个类协作的情况下，可使用多个 STD 去跟踪系统的行为流。

面向对象测试的整体目标是以最小的工作量发现最多的错误，和传统软件测试的目标是一致的，但是由于 OO 具有的特殊性质，在测试的策略和战术上有很大不同。测试的视角扩大到包括复审分析和设计模型，此外，测试的焦点从过程构件（模块）移向了类。

- OOA（Object-Oriented Analysis）和 OOD（Object-Oriented Design）的评审与传统软件的分析和设计相同，应给出相应的评审检查表。
- OOP（Object-Oriented Programming）后，单元和组装测试策略必须作相应的改变。
- 测试用例设计必须说明 OO 软件特有的性质。

8.4　面向对象测试的层次

8.4.1　面向对象测试的层次的简介

在面向对象测试中，通常分为三个层次，把类看做单元，分成类测试、集成测试和系统测试。其中面向对象单元测试主要对类中的成员函数及成员函数间的交互进行测试，还包括验证类的实现是否与该类说明完全一致，面向对象单元测试是进行面向对象集成测试的基础；面向对象集成测试主要对系统内部的相互服务进行测试，如成员函数间的相互作用、类间的消息传递等；面向对象系统测试是基于面向对象集成测试的最后阶段的测试，主要以用户需求为测试标准。

1. 测试流程

面向对象的测试整体流程如图 8-10 所示。

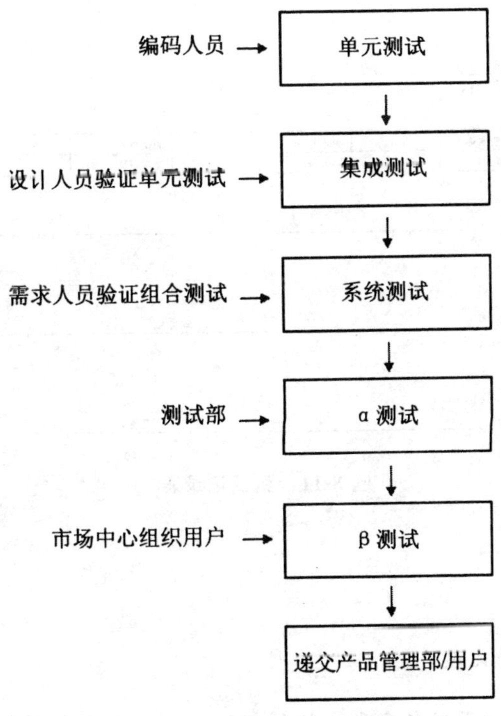

图 8-10　面向对象的测试整体流程图

对图 8-3 的说明如下。

①编码人员进行单元测试工作，以规范的格式提交可运行的程序模块。

②单元测试结果由设计人员进行核实和验证。

③设计人员确认移交产品各项功能完备和稳定性之后，进行集成测试。

④集成测试结果提交需求人员进行核实和验证。

⑤需求人员确认移交产品各项功能完备和稳定性之后，进行系统测试。

⑥系统测试结果经产品/项目经理核实和验证后，提交测试部进行 α 测试。

⑦市场中心组织用户进行 β 测试。

2. 测试重点

测试的重点是：测试工作的工期、人员安排、设备和测试环境的建立、测试记录统计、问题反馈、纠错处理、接口状态描述、测试用例及其数据描述、测试计划、需求说明书、OOA 文档、OOD 文档、测试记录、用户反馈意见记录等。

3. 测试记录

测试记录时具有如下要求。

①问题描述正确。

②错误过程记录完整。

③界面提示记录完整易懂。

④错误出现操作步骤详细。

4. 测试记录表

测试记录表如图 8-11 所示。

编号

<table>
<tr><td>产品/模块名称:</td><td></td><td>版本号:</td><td></td><td>测试时间:</td><td></td></tr>
<tr><td>错误种类:</td><td></td><td>功能号:</td><td></td><td>发现日期:</td><td></td></tr>
<tr><td colspan="6">现象:

备注说明:</td></tr>
<tr><td colspan="6">开发人员反馈:

解决日期: 解决人:</td></tr>
<tr><td colspan="6">备注说明:

测试人员: 负责人:</td></tr>
</table>

图 8-11 测试记录表

8.4.2 类测试

1. 类测试与单元测试的比较

面向对象软件从宏观上来看是各个类之间的相互作用。在面向对象系统中，系统的基本构造模块是封装了数据和方法的类和对象，而不再是一个个能完成特定功能的功能模块。每个对象有自己的生存周期，有自己的状态。消息是对象之间相互请求或协作的途径，是外界使用对象方法及获取对象状态的唯一方式。对象的功能是在消息的触发下，由对象所属类中定义的方法与相关对象的合作共同完成，且在不同状态下对消息的响应可能完全不同。工作过程中对象的状态可能被改变，产生新的状态。对象中的数据和方法是一个有机的整体，测试过程中不能仅仅检查输入数据产生的输出结果是否与预期的一致，还要考虑对象的状态。模块测试的概念已不适用于对象的测试。类测试将是整个测试过程的一个重要步骤，它与传统测试方法的区别如图 8-12 所示。

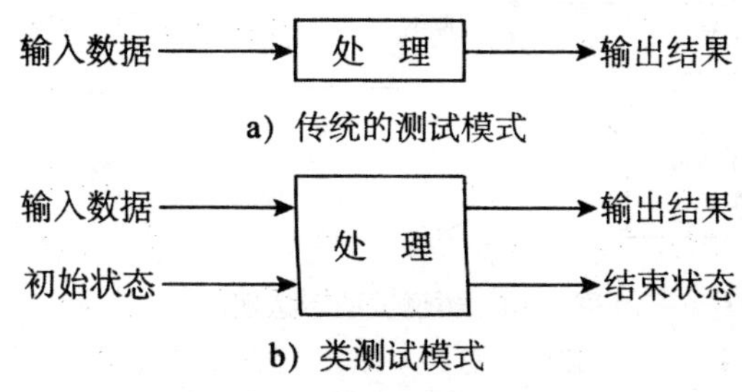

图 8-12　类测试与传统测试的区别

面向对象软件的类测试与传统软件的单元测试相对应，但不完全一样。传统单元测试注重单元之间的接口测试，每个单元都有自己的输入输出接口，如果在调用中出现了严重错误，这是因为单元之间接口的实现引起的，与单元本身没有什么直接关系。而在面向对象中，每一个类就是一组最小的交互单元，其内部封装了各种属性和消息传递方式。类被实例化后产生了对象，每个对象都有相对的生命周期和活动范围，在这个范围内，对象和对象本身、对象和对象之间都可以通过已定义的消息传递方式进行交互。所以，一个对象有它自己的状态和依赖于状态的行为，对象操作既与对象的状态有关，但也可能改变对象的状态。因此，类测试时不仅要将操作作为类的一部分，同时要把对象与其状态结合起来，进行对象状态行为的测试。也就是说，类测试除了需要测试类中包含的类方法，还需要测试类的状态，这是传统单元所没有的。

2. 类测试概述

(1)类测试的概念

类测试由类和测试体构成，测试时通过运行测试体来验证类的实现和类的描述是否一致，如果类的实现正确，那么表示该类的所有实例行为也正确。因此，被测试的类必须有正确而且完整的描述，也就是说测试的类在设计阶段产生的所有要素正确而且完整。

(2)类测试的顺序

类是构成面向对象软件的基本单元，类测试是面向对象软件测试的关键。类测试时不仅要将操作作为类的一部分，同时要把对象与其状态结合起来，进行对象状态行为的测试。类的测试按顺序分为以下三个部分。

①基于服务的测试。测试类中的每一个方法。

②基于状态的测试。考察类的实例在其生命周期各个状态下的情况。

③基于响应状态的测试。从类和对象的责任出发，以外界向对象发送特定的消息序列的方法来测试对象的各个响应状态。

类测试的示意图如图 8-13 所示。

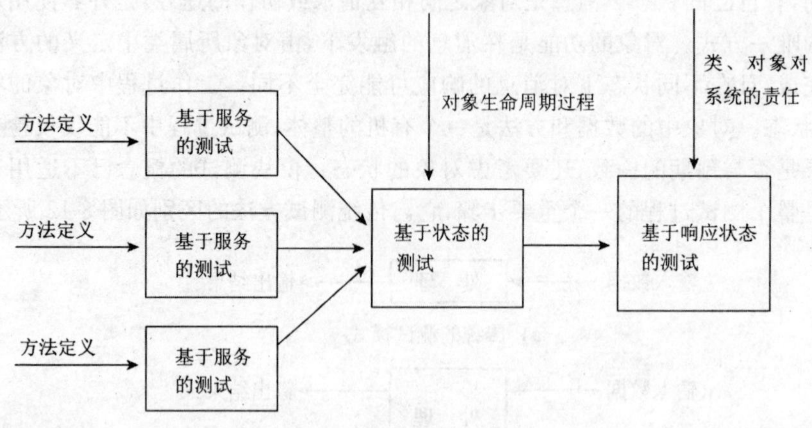

图 8-13 类测试的示意图

(3)类测试的组成

将为了实现类测试而构造的可执行程序分为测试用例和测试驱动两部分。测试用例是静态的,包含了一个或多个需验证的单元;测试驱动是动态的,可将一个或多个测试用例运行起来。

一个测试用例可以由 1～n 个测试描述组合而成,一个测试用例又可以由 1～n 个测试用例聚合而成,这就是测试组成的框架。

在类测试时先确定类的测试用例,然后加载类的测试驱动来运行这些测试用例,同时给出运行测试用例后的结果。在进行类测试时,要考虑测试人员、测试内容、测试时间、测试程度和测试过程等内容。

(4)类测试的过程

类测试的过程如下。

①用测试驱动来驱动该类的测试用例,根据测试用例的指定情况生成用例所需要的测试环境。

②在这个测试环境中,测试驱动向被测实例发送一个或多个需要验证的消息。

③然后根据被测实例的状态变化、响应值、返回参数和结果,判断验证消息是否通过。

④在所有测试用例验证执行后,释放所有已生成的实例和值域。

如果类包含了静态属性或者静态方法,同样需要对其进行测试。这些静态属性和方法属于类本身,表明该类本身就是一个对象,无须实例化就可以直接调用这些属性和方法。

(5)类测试的程度

类的测试程度取决于测试了多少类实现和类描述,由于每个类被实例化后都有自己的状态,状态的不同影响着操作的具体含义,对于任何一个类进行测试都需要进行综合考虑,所以不可能采取穷举的方法来进行测试,从而使对不同类的测试程度估算比较困难。例如接口类中包含了一组方法,有个具体类实现了它,在具体类测试用例中加入了对该接口方法的测试,如果该具体类的其他实例方法没有和任何类交互,那么该类的测试覆盖率就是百分之百的。可以采取组合测试或者在多个测试用例中抽取重要的、覆盖最大的测试用例来进行测试。

(6)类测试人员

类测试人员可由类设计员和类实现员组成,类设计员在设计类的过程中了解了类的所有实现细节，从而可以设计出更具有针对性和高覆盖率的类测试用例；类设计员对类的说明准确，可以通过测试复审排除任何误解或者在设计中引入同行评审制度，通过互相检查来避免测试缺陷发生。具体的测试活动一般由类实现员操作，因为类实现员极其熟悉该类代码，但是如果类测试都是由独立的测试员来做，那么就需要类测试员有很好的类描述技巧。

(7)类测试的时机

类测试可以在软件开发过程的不同位置进行，但目前各种软件开发模型的显著特点是循环递增，这种方式决定了一个类的描述和实现可能会发生变化，所以应该在软件的其他部分使用被测类之前对类进行测试。在测试过程中每当类的实现发生变化时，需要采用回归测试，也就是说，类测试应该与类的设计、开发保持同步关系。

(8)类测试的充分性

穷举测试一般不可能实现，但如果不使用穷举测试就不能保证一个类的每一方面都符合它的说明。可以采用折中的方法，即利用充分性的标准来衡量测试结果。充分性的标准如下所述。

①基于状态的覆盖率。这是以测试覆盖了多少状态转换作为类测试充分性的根据，如果测试没有覆盖状态转换，表明测试不充分。但是即使测试用例对所有状态都覆盖了一次，由于状态通常包含了各种对象属性的值域，测试的充分性应不能保证。

②基于约束的覆盖率。这是根据有多少前置条件和后置条件被覆盖来表示充分性，如果测试用例包含了所有前置条件和后置条件的组合情况，那么就符合充分性标准。

③基于代码的覆盖率。是指当所有的测试用例都执行结束时，确定实现一个类的每一行代码，或代码通过的每一条路径至少执行过一次。

在上述标准中，即使基于代码的覆盖率达到了 100%，但也不能保证基于约束的覆盖率和基于状态的覆盖率达到 100%，所以，对于具体问题，充分性度量标准的选择异常重要。

3. 类测试技术

类测试可以使用多种方法，例如随机测试、划分测试以及基于故障、规约、流图、状态的类测试技术等，这里仅介绍基于服务的和基于状态的两种类测试方法。

(1)基于服务的类测试技术

基于服务的类测试主要检测封装在类中的方法对数据进行的操作，可以采用传统的白盒测试方法，如控制流测试、数据流测试、循环测试、排错测试、分域测试等。尽管人们对类的测试内容的认识比较一致，但由于受面向对象软件测试技术发展水平的限制，测试员在选择测试用例时往往都是根据直觉和经验来进行，给测试带来很大的随机性，并且由于测试员的个性及局限性也使得选择的测试用例仅能测试出其所熟悉的某一方面的错误，许多隐含的其他错误不能被检测出来，降低了软件的可靠性。为了克服软件测试的随机性和局限性，保证测试的质量，提高软件的可靠性，有必要寻找好的测试模型。

1)基于服务的类测试模型

块分支图(Block Branch Diagram，BBD)是一种比较好的基于服务的类测试模型。如图 8-14 所示，服务 f 的 BBD 是一个五元组：

$$\text{BBD}\quad f=(D_u, D_d, \text{P}, F_e, \text{G})$$

式中，$D_u=\{d_i \mid d_i$ 是 f 引用的全局数据或类数据$\}$

$D_d=\{d_i \mid d_i$ 是修改了的全局数据或类数据$\}$

$P=X_1\theta_1,X_2\theta_2,\cdots,X_n\theta_n;X_{n+1}\theta_{n+1}$是 f 的参数表和函数返回值，θ_i 为↓（表示输入）、↑（表示输出）或↓（表示输入/输出）。若 X_{n+1} 缺省，则无返回值。

$F_e=\{f_i|\ f_i$ 是被 f 调用的其他服务$\}$

G 为一个有向图（即块体），是按照控制流图的思想通过修改 f 的程序流图而得来，表示了 f 的控制结构。f 中的复合条件判断被分解，每个判断框只有单个的条件。

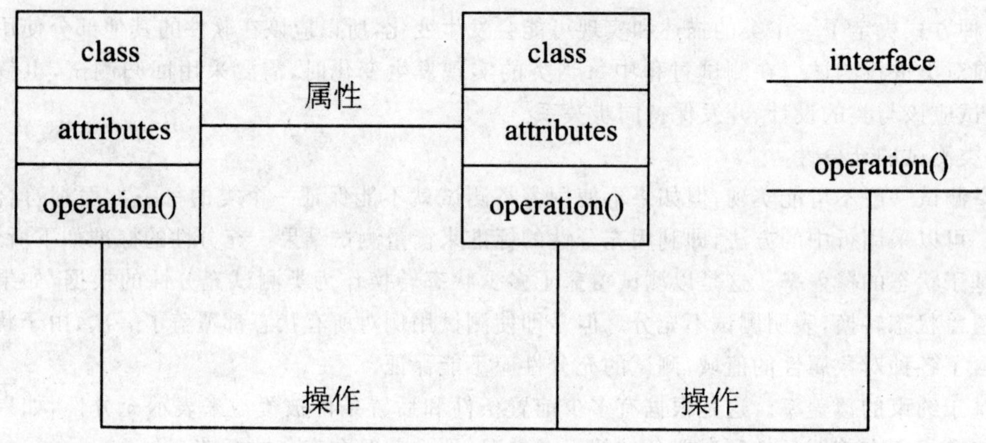

图 8-14　服务 f 的 BBD 的五元组

［例 8-5］　对于类 matri x 的服务 add if，其 BBD 如图 8-15 所示。matrix：：add if(…)的源程序为：

```
class matri x
{
public:
int row,col;
\unsigned add if(int row1,col1,row2,col2)
{
if((row1==row2)&&(col1==col2) )
{
row=row1;
col=col1;
return 1;
}
else
    return 0;
}
}
```

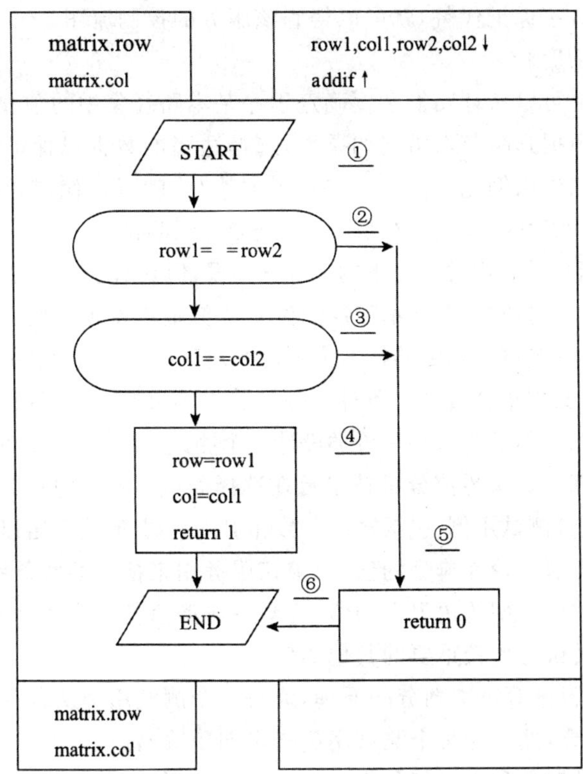

图 8-15　[例 8-1]图

BBD 通常有两种获取途径：一种是采用逆向工程的方法根据源程序画出流程图，然后构造出 BBD，但这毕竟是在缺少软件开发前期的分析、设计文档不齐全的情况下退而求其次的办法，当源程序不正确时构造出来的 BBD 就是错误的；另一种途径就是追根溯源，在软件的分析、设计阶段就根据测试的需要构造出相应的 BBD。这样就能从根本上解决问题，止确地指导类的服务的测试。

借助 BBD，可以对服务进行白盒测试和黑盒测试。前者主要进行基本路径测试，此项测试包含了语句覆盖测试和分支覆盖测试。

2）基于服务的类测试策略

基于服务的类测试主要有白盒测试和黑盒测试。

白盒测试主要是进行基本路径测试。路径测试是一种理想的测试方法，但是在实际问题中因为路径的组合爆炸使得该方法不可能真正实现。语句覆盖、分支覆盖测试则又太弱，只能检查出有限的错误。基本路径测试正好介于它们之间，此项测试包含了语句覆盖测试和分支覆盖测试。它既可以检查程序主要的执行路径，又可以覆盖所有的分支，而且还能够满足语句覆盖的要求，这是一种较为实用的测试方法。因此，白盒测试主要进行基本路径测试。

基本路径测试是根据软件过程性描述（详细设计或代码），在程序控制流图的基础上确定复杂性度量，通过分析控制结构的环路复杂度，导出基本可执行路径集合，从而设计出测试用例的方法：通过基本路径测试设计出的测试用例要保证在测试中程序的每一个可执行语句至少执行一次。其具体实施步骤如下。

①绘制服务的控制流图。只要把 BBD 中块体部分的起始节点、结束节点和每个矩形框、判

断框分别用它们旁边的数字标记代替，就可以得到该服务的控制流图。

②计算程序环路复杂度。

③确定基本路径集。可以从环路复杂度确定程序基本路径集中的独立路径条数。

④生成测试用例。根据判断节点给出的条件，选择适当的数据以保证每一条基本路径都可被测试。只要设计出的测试用例能够保证这些路径的执行，就可以使得程序中的每个可执行语句至少执行一次，每个条件的取“真”和取“假”分支也能得到测试。

基本路径测试方法可以检查出源程序中的大部分错误，但是对于一些程序的书写错误，比如在编写源程序的时候错把“<”写成“≤”，基本路径测试方法就很难发现。黑盒测试方法则可以有效地检查出这一类错误。黑盒测试中用到的技术为等价类划分和边界值分析技术等。等价类划分的主要思想是把程序的输入数据集合按输入条件划分为若干等价类，每一等价类相对于输入条件表示为一组有效或无效的输入，然后为每一等价类设计一个测试用例，这样既可以大大减少测试的次数，又不丢失发现错误的机会。边界值分析技术旨在选择测试用例强迫程序在边界值上执行。因此，在进行黑盒测试时，设计测试用例(包括输入参数和引用数据)时应指定以下值。

①典型值。即数据类型中较为典型的值，或被该服务用来检查某些条件出现的值。

②边界值。即位于数据类型的边界上的值，比某一典型值稍大或稍小的值。

③其他值。即测试员认为比较重要的其他的值。

在设计测试用例时，根据等价类划分的原理，为每一个测试用例从各自取值集合中选择一个值，并排除掉不可能的组合，然后为每个测试用例指定期望输出。

黑盒测试中的等价类划分和边界值分析是行之有效的测试方法。基于服务的类测试模型较好地支持了基本路径测试和等价类划分、边界值分析的测试方法，可以帮助测试员比较全面地、有针对性地构造测试用例，从而有效地克服了软件测试的盲目性和局限性，保证了测试的质量，提高了软件的可靠性。

(2)基于状态的类测试

1)基于状态的类测试概念

类测试主要考察封装在类中的方法和属性的相互作用。对象具有自己的状态，对对象的操作很可能改变对象的状态，因此，类测试时要把对象与其状态结合起来进行对象状态行为的测试。

基于状态的测试是通过检查对象的状态在执行某个方法后是否会转移到预期状态的一种测试技术，它是面向对象软件测试的重要部分，同传统的控制流和数据流测试相比，它侧重于对象的动态行为，这种动态行为依赖于对象的状态。测试对象动态行为能检测出对象成员函数之间通过对象状态进行交互时产生的错误。因为对象的状态是通过对象的数据成员的值反映出来的，所以检查对象的状态实际上就是跟踪监视对象数据成员的值的变化。如果某个方法执行后对象的状态未能按预期的方式改变，则说明该方法含有错误。

2)基于状态的类测试步骤为。

①根据设计文档或分析数据成员取值情况，导出对象逻辑空间，得到被测类的状态转移图。

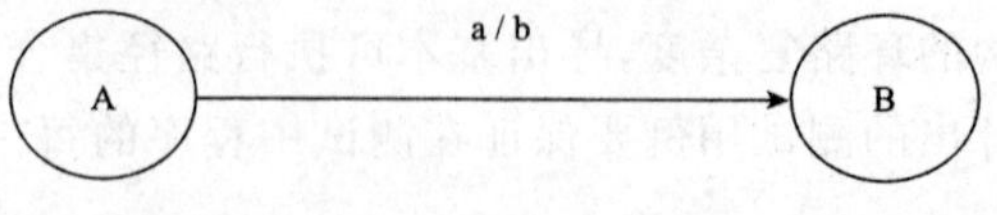

图 8-16 状态转移图

状态转移如图 8-16 所示。其中，A、B 表示两种状态，a 表示输入，b 表示输出。

②对受测类增加一些用于设置和检查对象状态的方法。

③对于每个状态，确定是哪些方法的合法起始状态(即允许何种操作)。

④从类中方法的调用关系图最下层开始，逐一测试类中方法。测试每个方法时，根据对象当前状态确定出对该方法的执行路径有特殊影响的参数。

3)基于状态的类测试的优点及不足

基于状态的类测试方法的优势是可以充分借鉴成熟的有限状态机理论，但状态空间很大，执行起来还很难，不得不用自动化测试，而且测试覆盖率的计算不十分明确。使用基于状态的测试，主要检查行为和状态的改变，而不是内在逻辑，因此可能遗漏数据错误，尤其是没有定义对象状态的数据成员容易被忽略。而且，基于状态的类测试技术难于描述以下方面：继承的对象动态行为；并发的动态行为；由数据成员和成员函数构成的对象状态和对象状态转移。

4. UML 在类测试中的应用

(1)UML 图形与类的测试

1)类图

类图展现了一组对象、接口、写作和它们之间的关系。类图是面向对象建模中最为常见的图形。如图 8-17 所示，类图给出了系统的静态设计视图(包含主动类的类图)以及静态进程图。好的类图不仅能够描述系统中的类和这些类之间的关系，而且可以针对方法层的类和对象来引入附加的属性和关系。由于类图是对面向对象系统中类的最为详尽和全面的描述方式，因而能够帮助测试者全面掌握系统中的类结构，这对于类的测试有很大的帮助。

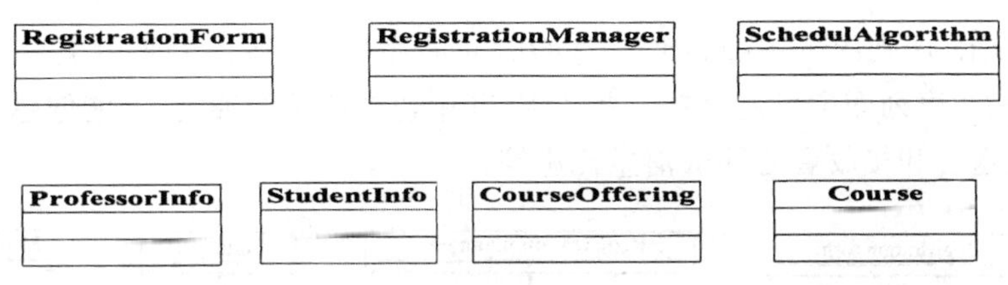

图 8-17 类图

2)用例图

如图 8-18 所示，用例图展现了一组用例、参与者以及它们之间的关系。它给出了系统的静态用例视图。用例图往往是在一个较高的抽象层次上描述系统的行为和各个组件之间的关系，所以能够帮助测试者全面把握系统的运行情况，是集成测试和系统测试的重要参考工具。

3)状态图

如图 8-19 所示，状态图展现了一个状态机，它由状态、转换、事件和活动组成，是专注于系统的动态视图。由于状态图强调对象行为的事件顺序，因而它对于接口、类和协作的测试都有很重要的作用。由于建立在状态机的基础上，所以很多已有的对于状态机测试的有效方法都能很容易地被移植到对应状态图的测试中去。通常是采用 W 方法构造所需的测试用例，或者将状态机转换为数据流图，依据数据流分析方法构造测试用例。

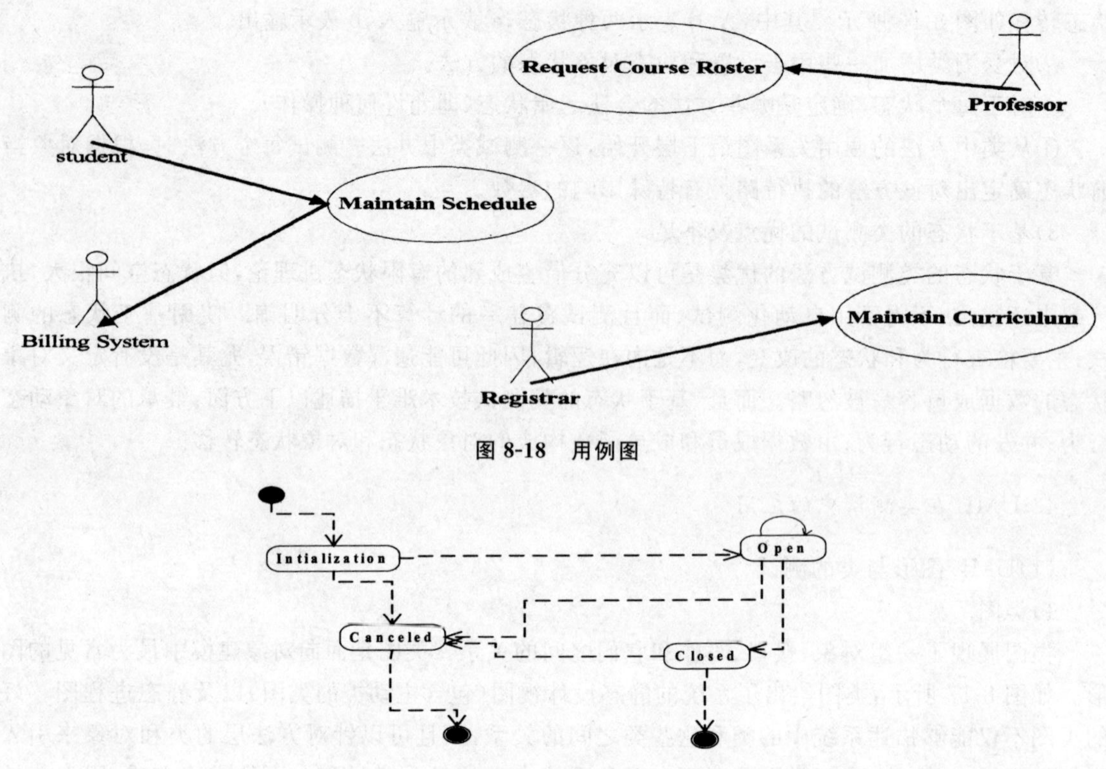

图 8-18　用例图

图 8-19　状态图

4)序列图

如图 8-20 所示,序列图是一种强调消息的时间顺序的交互图,主要用来设计和描述算法。从测试的角度来看,序列图中可能存在一些错误,其中包括约定的冲突、不能创建正确的对象、图中没有关系的发送者和接收者之间的消息传递等。

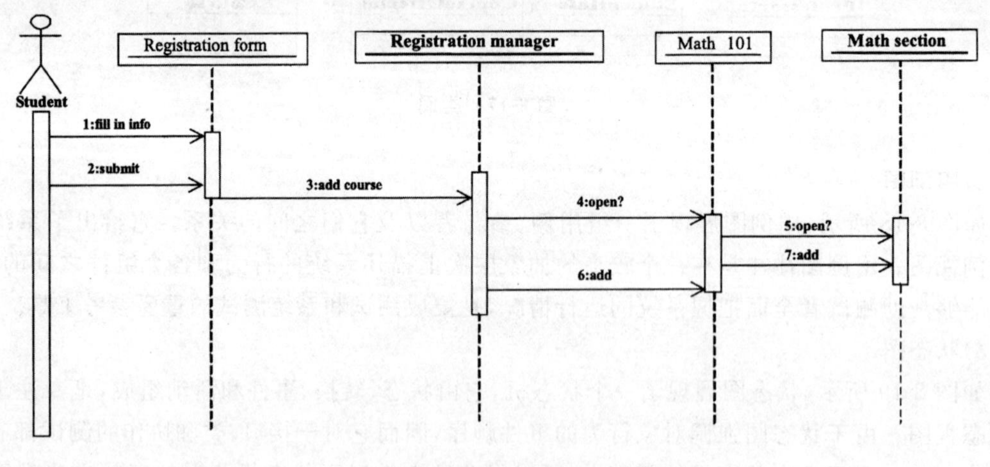

图 8-20　序列图

5)结构图

在 9 种 UML 图中,把用于对系统的静态方面进行可视化、详述、构造和文档化的 UML 图称为结构图(参见表 8-1)。

表 8- 1　结构图的名称和描述对象

名称	描述对象
类图	类、接口、协作
对象图	对象
构建图	构建
实施图	节点

6)行为图

同样,可以把用于对系统的动态方面进行可视化、详述、构造和文档化的 UML 图称为行为图(参见表 8-2)。

表 8-2　行为图的名称和描述对象

名称	描述对象
用例图	组织系统的行为
序列图	消息的时间顺序
协作图	收发消息的对象的结构组织
状态图	有事件驱动和系统的变化状况
活动图	从活动到活动的控制流

根据 UML 图的不同抽象层次,在软件开发和测试的不同阶段使用的 UML 图也各不相同(参见表 8-3)。

表 8-3　UML 图与软件设计和测试的对应关系

软件设计	UML　图	软件测试
需求分析	用例图　实施图	确认测试
功能划分	活动图　构建图	系统测试
系统设计	状态图　对象图　协作图	集成测试
编码实现	状态图　对象图　协作图　序列图　类图	单元测试

(2)类在 UML 中的描述

UML 中的类表示为矩形框,主要由三部分组成,自上而下分别是:类标题(class),如果是抽象类,这里的类标题用斜体字表示;类属性(attribute);操作(operation),操作也称为方法,如果是抽象方法,操作名用斜体字表示,如图 8-21 所示。

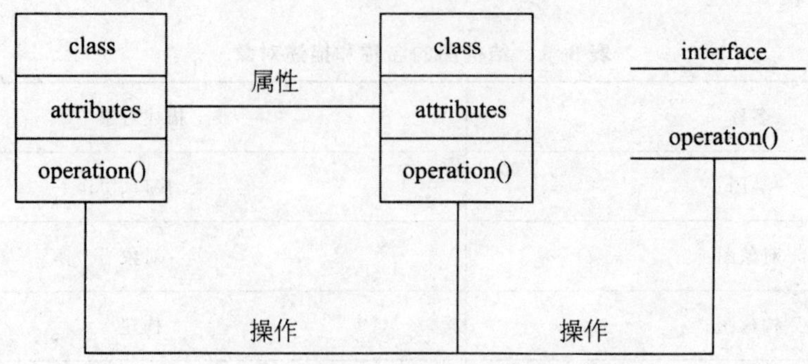

图 8-21　类的表述

(3)类的测试

下面通过一个例子来说明 UML 在类测试中的应用,如图 8-22 所示。

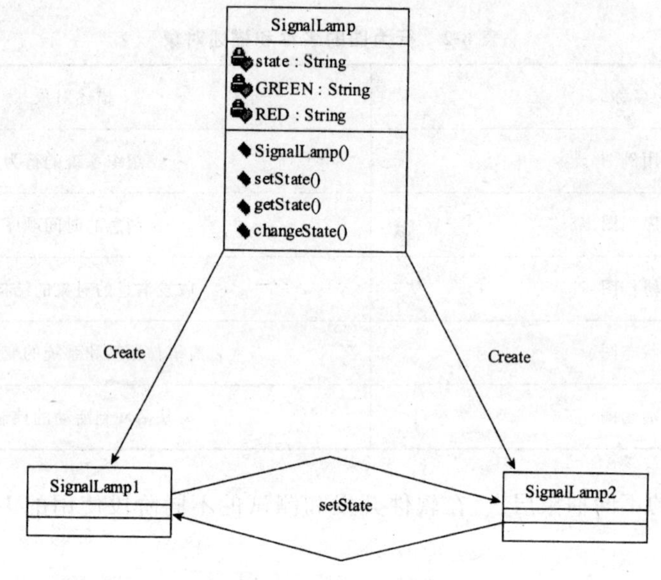

图 8-22　面向对象的实例

1)UML 中类的描述

SignalLamp 是一个简单的信号灯类,包含了一个 String 类型的私有属性 state,用来存储信号灯的状态,3 个公共类方法分别是 getState()、setState()、changeState(),它们的具体功能如下。

getState():用来取信号灯的当前状态。

setState():用来刷新信号灯的当前状态。

changeState():用来验证输入的信号灯实例的状态。

构建一个抽象类 TestCase,其行为类模型如图 8-23 所示。

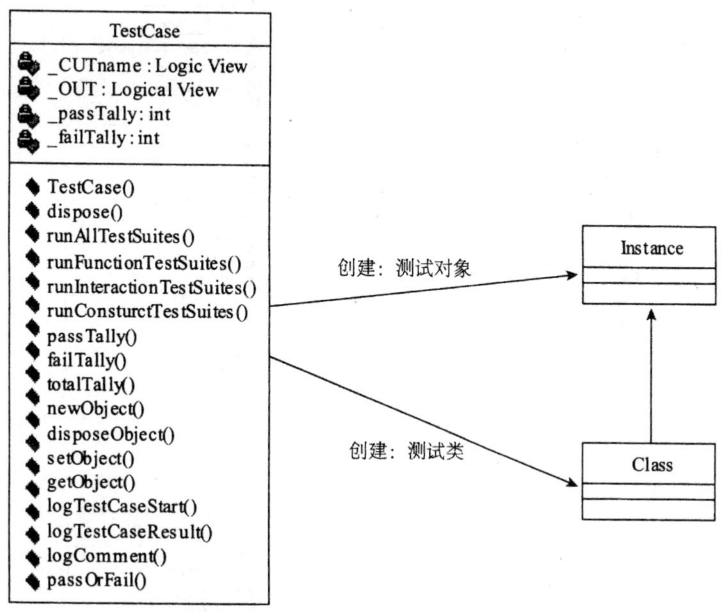

图 8-23　TestCase 类的行为模型

它定义了三种测试接口来分别运行不同的测试方式。

①功能测试接口。如果测试用例根据类描述确定，那么这就是功能测试用例。

②构造测试接口：如果测试用例着重测试类的构造（类可能包含多条构造方法），那么这就是构造测试用例。

③交互测试接口：如果测试用例测试发送消息对一个对象的操作是否正确，那么这就是交互测试用例。

确定这些接口是为了后续维护的方便，体现了遵循何种规则来确定测试用例并且关系到类的变化对测试用例的影响，表现了使用 TestCase 的行为实现。

2）类测试的实现图

Lamp 类是一个接口类，定义了所有灯饰的最高抽象描述，它拥有两个接口方法 setState() 和 getState()。不管什么类只要实现了 Lamp 接口，就表明 Lamp 的具体可实现子类，拥有了两个共有的可视行为“设置信号灯状态”和“取信号灯状态”。SignalLamp 是一个简单的信号灯类，并且该类在无参数构造时会产一个 GREENSignallamp 实例，它实现了 Lamp 接口，并且在 setState() 和 getState() 方法中具体实现方法代码，SignalLamp 类作为被测试对象，测试类关系图如图 8-24 所示。

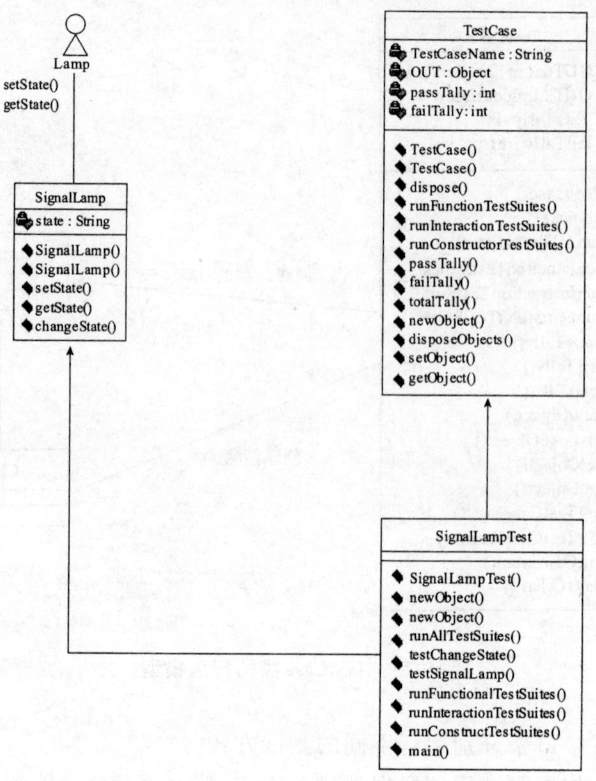

图 8-24　SignalLamp 类的测试类图

8.4.3　面向对象的集成测试

面向对象的程序是由若干对象组成的，这些对象互相协作以解决某些问题。对象的协作方式决定了程序能做什么，从而决定了这个程序执行的正确性。例如，可信任的原始类实例可能不包含任何错误。因此，一个程序中对象的正确协作即交互对于程序的正确性是非常关键的。

交互测试的重点是确保对象（这些对象的类已被单独测试过）的消息传送能够正确进行。交互测试的执行可以使用嵌入到应用程序中的交互对象，或者在独立测试工具（例如一个 Tester 类）提供的环境中，交互测试通过使得该环境中的对象相互交互而执行。

1. 对象交互

对象交互只不过是一个对象（发送者）对另一个对象（接收者）的请求，发送者请求接收者执行接收者的一个操作，而接收者进行的所有处理工作就是完成这个请求。在大多数面向对象的语言中，对象交互涵盖了程序中的绝大部分活动。它包含了对象及其组件的消息，还包含了对象和与之相关的其他对象之间的消息。假设这些其他对象是一些类的实例，这些类已经被独立测试过了，并且它们的实现已被证明是完整的。因为在处理接收对象上任意某个方法的调用期间都可能发生多重的对象交互，所以希望考虑一下这些交互对接收对象内部状态的影响，还有对那些与接收对象相关联的对象的影响。

对象交互的测试方法，按原始类、汇集类和协作类来进行讨论。原始类的测试使用类的单元测试方法，前面已经介绍。

(1)汇集类测试

有些类在它们的说明中使用对象，但是实际上从不和这些对象中的任何一个进行协作，也就是说，它们从来不请求这些对象的任何服务。相反，它们会表现出以下的一个或多个行为。

①存放这些对象的引用(或指针)，程序中常表现为对象之间一对多的关系。

②创建这些对象的实例。

③删除这些对象的实例。

可以使用测试原始类的方法来测试汇集类，测试驱动程序要创建一些实例，这些实例作为消息中的参数被传递给一个正在测试的集合。测试的目的主要是保证那些实例被正确从集合中移出。有些测试用例会说明集合对其容量所做的限制。假如在实际应用中可能要加入40或50条信息，那么生成的测试用例至少要增加50条信息。如果无法估算出一个有代表性的上限，那么就使用集合中的大量对象进行测试。

(2)协作类测试

凡不是汇集类的非原始类就是协作类，该类的一个或多个操作中使用其他的对象并将其作为它们的实现中不可缺少的一部分。当类接口中的一个操作的某个后置条件引用了一对象的实例状态，并且(或者)说明那个对象的某个属性被使用或修改了，那么这个类就是一个协作类。协作类测试的复杂性远远高于汇集类或原始类的测试。

2. 面向对象集成测试的常用方法

面向对象集成测试除了要考虑对象交互特征而进行分类之外，还需要一些具体的测试技术去实现测试的要求。在测试中，希望运行所有可能出现的组合情况，而达到100%的覆盖率，这就是穷举测试法。穷举测试法是一种可靠的测试方法，然而在许多情况下，却没有办法实施，因为对象交互作用的组合数量太多了，没有足够的时间去构建和执行这些测试。所以人们希望使用更有效的测试方法，主要有：抽样测试、正交阵列测试。

(1)抽样测试

抽样测试提供了一种运算法则，它使我们能够从一组可能的测试用例中选择一个测试系列。但并不要求一定要首先明确如何来确定测试用例的总体。测试过程的目的在于定义感兴趣的测试总体，然后定义一种方法，以便在这些测试用例中选择哪些被构建、哪些被执行。

(2)正交阵列测试

正交阵列测试提供了一种特殊的抽样方法：通过定义一组交互对象的配对方式组合，以尽力限制测试配置的组合数目激增。由交互所产生的大多数错误要归咎于双向交互。挑选某个样本的一种特定测试技术就是正交阵列测试系统(Orthogonal Array Testing System，OATS)。正交阵列(orthogonal array)是一个数值矩阵，其中的每一列代表一个因素(factor)，即实验中的一个变量。在一个正交阵列中，将各个因素组合成配对情况。例如，假设有3个因素——A、B、C，每个因素有3个级别——1、2和3，那么这些值就有27种可能的组合情况——A的3种组合情况×B的3种组合情况×C的3种组合情况。如果使用配对方式的组合，也就是说，如果仅仅考虑这些组合情况：一个给定级别仅出现两次，那么就只有表8-4所示的9种情况。

表 8-4 3个因素(每个因素有3个层次)配对方式的组合情况

	1	2	3	4	5	6	7	8	9
A	1	1	1	2	2	2	3	3	3
B	1	2	3	1	2	3	1	2	3
C	3	2	1	2	1	3	1	3	2

3. 分布式对象测试

如今很少有设计单个进程在单个处理机上执行的系统,为了获得灵活性和伸展性,许多系统都被设计成多个充分独立的部件,每个部件可以存在于一个独立的进程中,而整个系统的运行会根据需要启动多个进程。如果这些进程不是分布在一台机器上,而是分布在多台机器上,借助于计算机通信或网络实现它们相互之间的协作,从而构成一个分布式的系统。客户机/服务器模型是一种简单的分布式系统,在这种模型中,客户机和服务器部件被设计成存在于独立的进程中,服务器提供数据计算、处理、存储等管理工作,客户端接受用户的输入、请求、显示结果等工作,两者分工不同。随着计算机技术的发展,现在可以构造一个分布式的服务器集群,通过并行技术实现复杂的或巨量的计算;也可以构造没有服务器的、分布式的、由客户端构成的对等网络(P2P)系统。

(1)分布式对象的概念和特点

线程是一个操作系统进程内能够独立运行的内容,它拥有自己的计数器和本地数据。线程是能够被调度执行的最小单位。面向对象语言通过隐藏接口的属性或在某些情况下使线程对对象做出反应,以此提供一些简单的同步手段。这就意味着在对象接口中同步是可见的(如 Java 的 synchomize 关键字),而传递消息是同步中最关键的一环。在这种情况下,类测试并不能发现很多同步错误,只有当一系列对象交互作用时才真正有机会发现错误。

当软件包含多个并发进程时,其特点是不确定性,完全地重复运行一个测试是很困难的。线程准确的执行是由操作系统安排的,与系统测试无关的程序变化可能会影响测试中的系统线程执行顺序。这就意味着如果出现失败,缺陷就必须被隔离并修复,并重新测试。不能因为在一个特定执行中没有发生错误就肯定缺陷被消除了,我们必须使用下列技术之一来进行测试。

①在类的层次上进行更彻底的测试。对用来产生分布式对象的类进行设计检查,应该确定类设计中是否提供了恰当的同步机制。动态类测试应该确定在受控制的测试环境中同步是否正常。

②在记录事件发生顺序的同时,执行大量的测试用例。这就增大了执行所有顺序的可能性。而努力想发现的问题正是来源于事件执行的顺序。如果一一执行所有的顺序,就能找到这些问题。

③指定标准的测试环境。从一台尽可能简单的机器开始,包括尽可能少的网络、调制解调器或其他共享设备互联,并确定应用程序能够在这个平台上运行。然后安装一套基本的应用程序,它将一直在此机器上运行。每个测试用例都应该描述在标准环境下所做的任何修改,还要包括进程开始的顺序。标准环境下的程序调试应允许测试者控制线程的创建、执行和删除的顺序。环境越大,共享和网络化的程度越高,要保持环境的一致性就更难。不论在哪我们都应该有测试实验室,并把测试机器与公共网络的其他部分隔离,这些机器专用于测试进程。

(2)测试中需要注意的情况

①局部故障。由于以分布式系统为主的机器上的软件或硬件可能出错,分布式系统的部分代码也许就不能执行,而运行在单一机器上的应用程序是不会遇到这类问题的。局部出错的可能性使我们应考虑针对网络连接的断开、失灵或关闭网络上的一个节点而发生故障的这类测试。这一点可以在前面提到的实验室进行实现。

②超时。当一个请求发送到另一个系统时,网络系统通过设置定时器来避免死锁。如果在指定的时间内没有得到任何的回应,系统就放弃这个请求。这可能是由于系统的死锁,或是网络上的机器太忙以致反映的时间比规定的时间要长。当出现请求被回答或未被回答时,软件应该能够做出正确的反映。当然在这两种情况下,反映是不同的。在网络机器上运行测试时,测试必须加载多种配置。

③结构的动态性。分布式系统通常具有依靠多种机器的加载来改变自身配置的能力,比如特定请求的动态定向。系统的设计要允许多种机器参与进来,而且系统也需要根据大量的配置来重复测试。如果存在一组大量配置,对这些配置进行全部测试是可行的。另外,可以使用比如正交阵列测试系统这样的技术来选择一套特殊的测试配置。

④线程。作为时间调度的计算单元,引进了线程的概念。在设计中,基本的权衡是以线程的数量为中心。增加线程的数量可以简化一定的算法和技术,但线程执行的顺序出现风险的机会更大。减少线程的数量可以减少这种顺序问题,但会使软件更为刻板而且通常效率会更低。

⑤同步。当两个或两个以上的线程都必须访问一个存储空间时,就需要一定的机制来避免两个线程相互冲突。而且两个线程可能会同时对数据进行修改。一些语言(如 Java)提供了语言关键字来自动添加避免同时访问的机制。而其他语言,如 C++,则要求每个开发者必须自行构造以达到这一目的。在面向对象的语言中同步会显得更为简单,因为这种机制局限于一般数据属性的修改方法,而且有不止一个特定的方法来避免实际数据的直接存取。

8.4.4　面向对象的系统测试(OO System Test)

通过单元测试和集成测试,仅能保证软件开发的功能得以实现,而不能确认在实际运行时,它是否满足用户的需要,是否大量存在实际使用条件下会被诱发产生错误的隐患。为此,对完成开发的软件必须进行规范的系统测试。换个角度说,开发完成的软件仅仅是实际投入使用系统的一个组成部分,需要测试它与系统其他部分配套运行的表现,以保证在系统各部分协调工作的环境下也能正常工作。系统测试应该尽量搭建与用户实际使用环境相同的测试平台,应该保证被测系统的完整性,对临时没有的系统设备部件,也应有相应的模拟手段。系统测试时,应该参考 OOA 分析的结果,对应描述的对象、属性和各种服务,检测软件是否能够完全“再现”问题空间。系统测试不仅是检测软件的整体行为表现,从另一个侧面看,也是对软件开发设计的再确认。系统测试是对所有类和主程序构成的整个系统进行整体测试,以验证软件系统的正确性和性能指标等满足需求规格说明书和任务书所指定的要求。

它体现的具体测试内容包括:

①功能测试。测试是否满足开发要求,是否能够提供设计所描述的功能,用户的需求是否都得到满足。功能测试是系统测试最常用和必须的测试,通常还会以正式的软件说明书为测试标准。

②强度测试。测试系统的能力最高实际限度,即软件在一些超负荷情况下的功能实现情况。

如要求软件某一行为的大量重复、输入大量的数据或大数值数据、对数据库大量复杂的查询等。

③性能测试。测试软件的运行性能。这种测试常常与强度测试结合进行,需要事先对被测软件提出性能指标,如传输连接的最长时限、传输的错误率、计算的精度、记录的精度、响应的时限和恢复时限等。

④安全测试。验证安装在系统内的保护机制确实能够对系统进行保护,使之不受各种干扰。安全测试时需要设计一些测试用例试图突破系统的安全保密措施,检验系统是否存在安全保密漏洞。

⑤恢复测试。采用人工的干扰使软件出错,中断使用,检测系统的恢复能力,特别是通信系统。恢复测试时,应该参考性能测试的相关测试指标。

⑥可用性测试。测试用户是否能够满意使用。具体体现为操作是否方便,用户界面是否友好等。

⑦安装/卸载测试(install/uninstall test)等等。

系统测试需要对被测的软件结合需求分析做仔细的测试分析,建立测试用例。测试用例可从对象—行为模型和作为面向对象分析的事件流图中导出。

思考及作业题

1. 面向对象技术包括哪几个方面的内容?
2. 类的特性是什么?
3. 面向对象测试的模型分为哪几个阶段?
4. 如何确定面向对象的测试层次?
5. 面向对象的用例进行设计时需要注意哪几方面的问题?有什么要求?
6. 什么是类?
7. 创建一个类,并分别用类图和用例图来描述。
8. 试解释面向对象程序具有的封装性、继承性、多态性等几大特性。
9. 类测试有哪些方法?
10. 什么是面向对象的集成测试?
11. 面向对象的集成测试常用哪些测试技术?
12. 什么是对象交互?
13. 什么是汇集类测试?
14. 什么是协作类的测试?
15. 什么是面向对象的系统测试?系统测试具体测试内容包括哪些?
16. 面向对象分析的测试可划分为哪几个方面?
17. 面向对象设计的测试从哪几个方面考虑?
18. 面向对象编程的测试主要体现哪几个方面?

第 9 章　国际化和本地化测试

随着全球软件国际市场的急剧扩大，软件的国际化和本地化测试的地位也越来越重要。软件国际化是软件工程技术的解决方案，是软件本地化的基础和前提。软件国际化理想水平是使软件本地化过程不需要改动任何源代码就能完成，只需要翻译资源库，进行特定的设置和定制就可以了。

本章主要知识点

1. 软件国际化测试概念及测试方法。
2. 软件本地化测试的概念。
3. 软件本地化的介绍及测试。
4. 软件国际化和本地化测试的工具。

9.1　国际化测试

9.1.1　国际化测试的概述

软件产品的国际化是赋予软件产品的一种能力，这种能力可以使软件产品的本地化非常容易。理想情况下，将国际化的软件本地化时，不需要修改源代码，只需要翻译资源库，进行特定的设置和定制就可以了。

软件本地化是一个将软件产品按特定国家或语言市场的需要进行全面定制的过程，包括翻译、界面设置、功能调整以及参数设置等，还要验证是否符合各个地方的习俗、文化背景、语言(包括方言)等。

在完成基本的语言版本(base code)测试之后，我们还要进行国际化、本地化的测试。通常情况下，国际化测试可以和基本语言版本测试同时进行，而本地化测试是在国际化版本测试完成之后进行的。

1. 概念

国际化(I18N，Internationalization 的简写)，由于首字母“I”和末尾字母“n”间有 18 个字符，所以简称 I18N。Internationalization 指为保证所开发的软件能适应全球市场的本地化工作，不需要对程序做任何系统性或结构性变化的特性，这种特性通过特定的系统设计、程序设计、编码方法来实现。

2. 国际化与本地化之间的关系

国际化(I18N)是将来本地化(L10N)的基础,即使现在还没有具体的本地化计划,软件产品也应该按照国际化要求去做,否则,将来需要本地化时工作量会很大,几乎所有的代码都要修改。所以国际化是核心工作,只有满足了国际化的要求之后才比较容易实现本地化,翻译只是本地化工作的一部分,全球化是一个产品市场的概念。如图 9-1 所示展示了翻译、本地化与国际化等之间的关系。

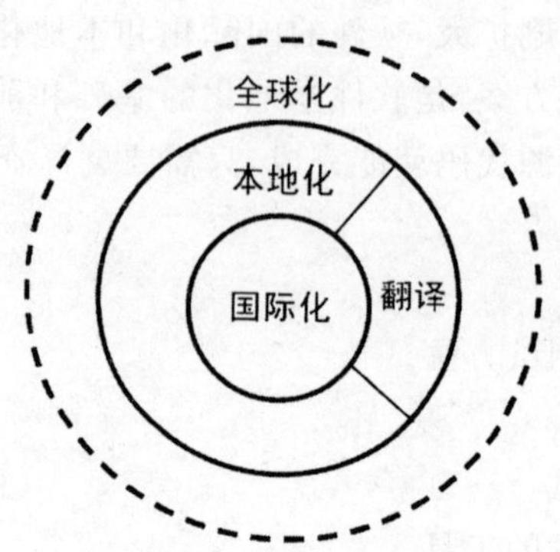

图 9-1　国际化、本地化以及翻译之间的关系

国际化与本地化是一个辩证的关系。国际化是为了解决软件在不同语言、不同风俗的国家和地区使用的问题,从而对计算机设计和编程做出的某些规定。简言之,国际化是本地化的基础和前提,为本地化做准备,使本地化过程不需要改动代码就能完成。另一方面,本地化是国际化向特定本地语言环境的转换,本地化要适应国际化的规定。

3. 存在的问题

目前全球化测试的问题主要有:

①在针对国际化测试技术和策略中实现自动化测试脚本的复用问题。

②测试环境的语言以及字符集设置的选择、如果缺乏这种选择或者错误地进行了选择,则可能在具体测试过程中带来系统由于码制切换错误而出现乱码问题。

③多种语言显示的测试问题,软件的翻译质量包括翻译的准确性、完整性、一致性,以及特定区域市场的文化、传统、习俗等内容。如果要实现对翻译的检查,需根据所测语言而准备相应的翻译文件进行对比。当测试多种语言时,会增加测试人员的负担。

④多语言和字符集的测试书库的自动生成,为了测试软件对接收、处理和发送不同字符集的能力,需要实现针对不同语言和字符集数据的自动产生功能。

9.1.2　软件国际化的基本要求

在介绍软件国际化之前,先列举几个例子简单的说明一下我国与外国日常生活习惯之间的差异。

(1)姓名

英文中一个人的名字为 3 部分——First Name(名)、Middle Name(字)和 Last Name(姓),在软件中显示时可以省去中间部分,即 First Name+空格+Last Name。

英文名和中文名在软件中的显示至少有两点不同。

①姓和名的次序正好相反。

②英文名在名和姓之间必须有一个空格。

在雅虎日历中文版上，用户登录后显示的只有名而没有姓，这不合乎中文的习惯。

(2)日期

美国表示日期的习惯是“月/日/年”，而英国人喜欢用“日/月/年”，如2015年4月23日，美语中表示为“4/23/2015”，而英语中表示为“23/4/2015”。

(3)时区

我国处在东8区，即北京时间比格林尼治时间早8个小时，而美国西海岸的时间比格林尼治时间迟8个小时，也就是比北京时间晚16个小时。在北京用户使用的软件上显示2015年4月23日上午9点，则在美国用户的计算机上应显示当地时间为“5：00pm 4/23/2015”。

通过这几个例子可以理解软件国际化可能要碰到的各种问题，而且这些问题需要解决掉。例如，在数据库中，不能用一个字段去存储人名，必须将“姓”和“名”分开存储；在取得“姓”和“名”后，也不能直接将“姓”和“名”两个字符串直接相加，而必须用单独的函数处理，即先判断这个用户处在什么地区，然后采用对应的字符串处理方法。对于时间，绝不能直接在数据库中存储各种不同时区的时间，而应该转化为格林威治标准时间(Greenwich Mean Time，GMT)后存储到数据库中，即在数据库中的所有时间都是零时区GMT时间，当客户端要显示时间时先把它转化为当地的时间，这样就不会把时间搞乱了。

从上面几个例子可以看出，国际化软件需要从设计、编程等多个方面来实现。从程序角度看，国际化软件的编程不能像一次性软件项目那样随意，许多东西都不能简单处理，也不能写“死”(Hard code)。例如，对于姓名处理、日期处理，不能仅仅通过一个简单的程序语句来处理，而需要通过一个函数处理，根据用户所处的时区、所用的语言和所在的国家，分别进行相应的处理。其次，软件处理和输出的文字、图片等数据，都应该从程序中分离出来，存储在单独的资源文件中，为以后软件本地化创造良好的条件。

国际化的软件，其用户的分布很广，用户的喜好和宗教等相差甚远。从设计角度看，系统首先要支持多字节字符的处理，支持UniCode字符集，然后设计出灵活的组件结构，使之能根据要求进行剪裁、定制等；客户端的时区和语言设置被抽象出来，融入到系统的整体设计中。如果是提供软件服务，则设计的系统架构和数据应具有很强的分布性，不仅可以在全球范围内构造分布式的网络传输系统，而且能很好地满足数据的异地备份，系统异地故障转移和用户就近访问系统的网络节点等一系列设计要求。

在软件国际化要确定软件国际化的实现时如何测试或验证下列特殊需求。

- 支持Unicode字符集。如建立用于本地字符编码(ANSI或OEM)和Unicode之间变换的字符映射表，既可以处理类似于英文的单字节语言，又能处理类似于中文、日文等双字节或多字节语言。
- 支持不同时区的设定、显示和切换。
- 分离程序代码和显示内容(文本、图片、对话框、信息框和按钮等)。如建立资源文件(*.rc)来存储这些内容。
- 消除硬代码(Hard code，指程序代码中所包含的一些特定的数据)，而尽量使用变量处理，将数据存储在数据库或初始化文件中。

· 使用 Header files 定义经常被调用的代码段。

· 弹出的窗口、按钮、菜单等的尺寸具有自动伸缩性或可灵活地调整，以适应不同语言显示文本的长度变化。

· 支持各个国家的键盘设置，但要统一热键。

· 支持文字排序和大小写转换。

· 支持各国家的度量衡、时间、货币单位等不同格式的显示方式。

· 支持颜色字体等自定义。

· 拥有国际化用户界面设计。

例如字符集是操作系统中所使用的字符映射表，是最早的字符集。为了满足所有语言的需要产生了 16bit 字符集(双字节、多字节或变数字节)——统一的字符编码标准 Unicode。

Unicode 是一个国际标准，采用双字节字符进行编码，提供了在世界主要语言中通用的字符，所以也称为基本多文种平面。Unicode 以明确的方式表述文本数据，简化了混合平台环境中的数据共享。目前，很多操作系统都支持 Unicode，包括 Windows 系统、Linux 系统和 Mac OS、Solaris、IBM－AIX、HP－UX 等。

9.1.3 国际化测试方法

软件国际化的测试就是验证软件产品是否支持上述特性，包括多字节字符集的支持、区域设置、时区设置、界面定制性、内嵌字符串编码和字符串扩展等。软件国际化的测试通常在本地化开始前进行，以识别潜在的不支持软件国际化特性的问题。理想的情况是，国际化测试在英文版本完成时就已结束。

实际上，设计评审和代码审查是国际化测试中最有效的方法，首先在设计上，要验证其是否遵守软件国际化的软件开发标准，是否具有国际化特性的一些基本功能——用户的时区、语言和地区等设置，然后审查程序代码和资源文件，确认源代码和显示内容是否被分离、是否使用各类正确的数据格式处理函数等。代码审查，可以采用走查的方法。先列出一个简单的检查列表(Checklist)，依据这个列表，从头到尾快速地浏览所有代码，确保在代码上对 I18N 的充分支持。通过代码审查，可以发现大部分有关 I18N 的问题。

除了设计评审和代码审查之外，I18N 测试有两种基本方法：一种是针对源语言的功能测试。在源语言版本中，直接检查某些功能特性是否符合要求，如不同的区域设置、不同的时区显示等；另一种是针对伪翻译(pseudocode，pseudo－translation)版本的测试，即文字、图片信息中的源语言被混合式的多种语言(如英文、中文、日文和德文等)替代，然后进行全面的 I18N 测试，包括相关的功能测试、界面测试，但不包括翻译验证等。

1. 针对源语言的功能测试

I18N 的测试不同于本地化的测试，其中部分测试工作可以在源语言中进行。假定源语言是英文，我们可以在英文版本中进行下列测试。

①时区的设置及其相应的时间显示。

②地区的设置及其相应的日期、货币显示。

③可以选择不同的语言。

④输入多字节字符串。

如图 9-2 和图 9-3 所示就是用户可以设置时区、地区和语言界面的两个例子。

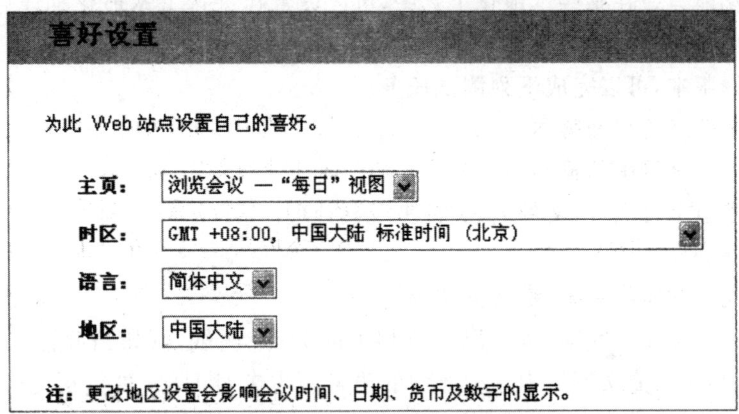

图 9-2　时区、地区和语言的设置界面

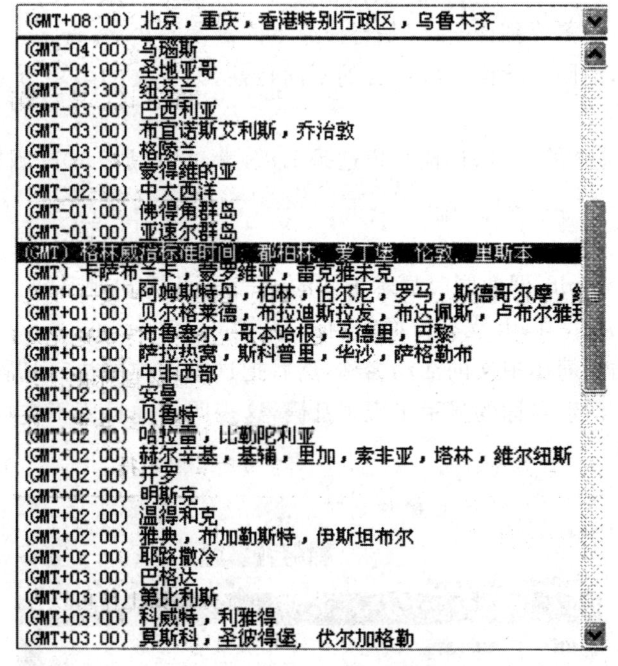

图 9-3　以 GMT 为中心的时区划分

2. 针对伪翻译版本的测试

源语言的测试具有局限性，不能完全验证软件产品是否能很好地支持多字节字符集，例如弹出的窗口是否可以根据显示内容的长度进行自我调整，窗口中显示的内容是否会出现乱码现象等。这时，可采用伪翻译(pseudo－translation 或 pseudocode)的版本，进一步完成 I18N 的测试。

伪翻译(Pseudo Translation)是软件国际化测试的重要手段之一，它可以选择一种以上的本地化语言模拟本地化处理的结果。可以在进行实际本地化处理之前预览和查看本地化的问题。

通过伪本地化翻译,可以发现源语言软件的国际化设计中的错误,方便后续本地化时处理,提高软件的可本地化能力。在某些本地化工具中,可以设置在进行了本地化翻译后字符长度的扩展比例,替换字符,前缀和后缀字符。

采用伪翻译版本,可以完成下列测试任务。

①测试多字节字符集和脚本。

②测试多字节字符串的输入显示是否正确。

③测试多字节字符文件、文件名、文件夹及其处理。

④测试索引和排序。

⑤测试本地化的操作系统、键盘支持等。

如果采用正式翻译的版本,也可以进行相关的 I18N 测试,例如当源语言是英文,可以采用繁体中文、日文和阿拉伯文等作为几种典型的语言版本来对 I18N 进行更充分的测试。I18N 测试的重点在功能上,但将 2～3 种语言的本地化测试和 I18N 测试结合起来也没有坏处。采用伪翻译版本的好处是:

①可更早地进行 I18N 测试,能够比较快也更容易在源语言版本之上构造伪翻译版本,因为不需要准确翻译,甚至不需要翻译,仅仅是替换成不同语言的文字。

②可以一举两得,即同时验证多种语言的不同特性,如中文的多字节文字精炼简短,德文的长度,以及中英文混合等。

③给测试者一个清晰的信号,让他知道这是 I18N 测试,不是 L10N 测试。

9.1.4 国际化测试实例

如果软件支持 Unicode,即使同时显示不同的语言,也不会出现乱码。据此可分别对雅虎日历进行 Unicode 和 Google Talk 支持方面的测试。

在雅虎日历中,输入简体中文的活动名称,然后把这个用户的语言切换到繁体中文上,看其是否存在乱码。结果,活动名称的显示出现了乱码,这表明雅虎日历不支持 Unicode 和 UTF-8/UTF-16,如图 9-4 所示。

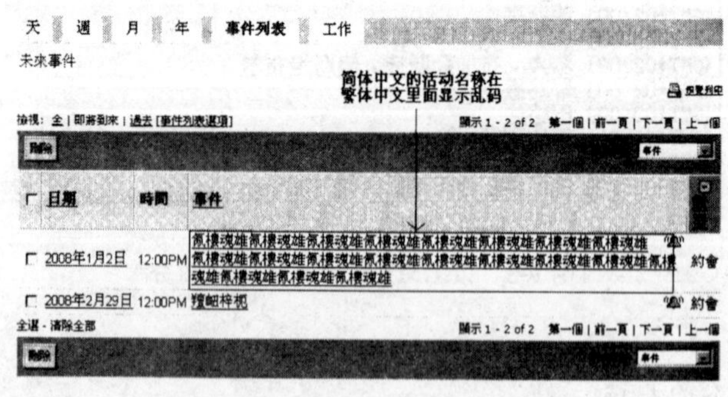

图 9-4 不支持 Unicode 出现乱码

Google Talk 的"Unicode 支持"的测试结果又是怎样呢? 为了验证这个问题,可先安装简体中文和日文的 Google Talk,然后在它们之间相互发送本语言文字的聊天内容。测试结果表明 Google Talk 支持 Unicode,中文和日文都可以正确地显示在对方的聊天对话框里面,没有任何乱码,如图 9-5 所示。

图 9-5　在客户端同时显示中文和日文

9.2　本地化测试

9.2.1　软件本地化的概述

软件本地化是一个将软件产品按特定国家或语言市场的需要进行全面定制的过程，包括翻译、界面设置、功能调整以及参数设置等，还要验证是否符合各个地方的习俗、文化背景、语言(包括方言)等。

软件本地化是建立在软件国际化的基础上的，也就是说，软件的国际化特性在源语言版本中获得了充分的支持后，源语言版本则容易转化为多种目标语言的版本。在向目标语言转化的过程中，需要完成翻译，其他本地化开发工作，测试等任务，最后发布多语言版本的产品，如图 9-6 所示。

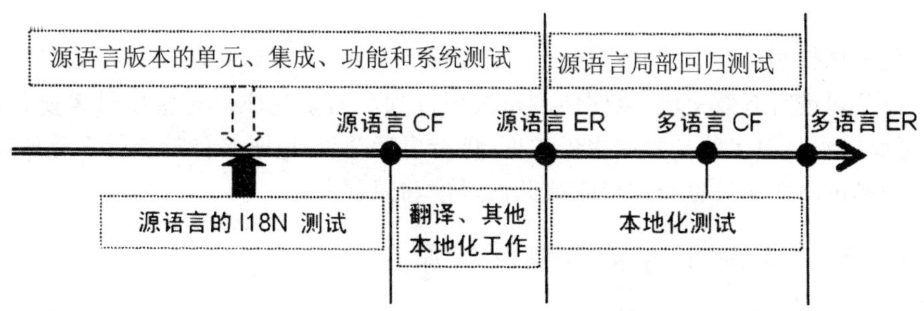

图 9-6　软件国际化、本地化过程示意图

9.2.2　软件本地化测试的目的及特点

1. 软件本地化测试的目的

软件本地化测试的目的是为了发现和报告本地化软件的错误和缺陷。通过对这些错误和缺陷的处理，确保本地化软件的语言质量、互操作性、功能等符合软件本地化的设计要求，满足当地

语言市场用户的使用要求。通过分析错误产生的原因和错误的分布特征,可以帮助项目管理者发现当前所采用的软件测试过程的缺陷,以便改进。同时这种分析也能帮助设计出有针对性地检测方法,改善测试的有效性。

软件本地化测试是对本地化软件质量控制的重要手段,是运行本地化软件程序寻找和发现错误的质量控制过程。更详细的定义可以描述为,软件本地化测试是根据软件本地化各阶段的测试计划和规格说明,精心设计一批测试用例(即输入数据及其输出结果),并利用这些测试用例去运行本地化软件,以发现程序错误和缺陷的过程。软件本地化测试的目标是以最少的时间、人力和软硬件资源,找出本地化软件中的各种类型的错误和缺陷。测试应该能验证本地化软件的功能和性能与源语言软件保持一致,本地化软件的语言质量、软件界面、文档内容等符合当地语言市场用户的使用要求,符合特定区域的文化传统和风俗习惯。

2. 软件本地化测试的特点

软件本地化测试除了具有一般软件测试的特征外,还有其特有的特征。

①本地化测试对语言的要求较高。不仅要准确理解英文(测试的全部文档,例如测试计划、测试用例、测试管理文档、工作邮件都是英文的),还要精通本地的语言。例如测试简体中文的本地化产品,我们完全胜任;而测试德语本地化软件,则需要母语是德语的测试人员。

②本地化测试以手工测试为主,但是经常使用许多定制的专用测试程序。手工测试是本地化测试的主要方法,但为了提高效率,满足特定测试需要,经常使用各种专门开发的测试工具。一般这些测试工具都是由开发英文软件的公司的开发人员或测试开发人员开发的。

③本地化测试通常采用外包测试进行。为了降低成本,保证测试质量,国外大的软件开发公司都把本地化的产品外包给各个不同的专业本地化服务公司,软件公司负责提供测试技术指导和测试进度管理。

④本地化测试的缺陷具有规律性特征。本地化缺陷主要包括语言质量缺陷、用户界面布局缺陷、本地化功能缺陷等,这些缺陷具有比较明显的特征,采用规范的测试流程,可以发现绝大多数缺陷。

⑤本地化测试特别强调交流和沟通。由于实行外包测试,本地化测试公司要经常与位于国外的软件开发公司进行有效交流,以便使测试按照计划和质量完成。有些项目需要每天与客户交流,发送进度报告。更多的是每周报告进度,进行电话会议,电子邮件等交流。此外,本地化测试公司内部的测试团队成员也经常交流彼此的进度和问题。

9.2.3 软件本地化错误类型及其原因

软件本地化的错误主要分为两大类:一类是由于源程序软件编码错误引起的,另一类是由软件本地化引起的。综合分析本地化软件的错误类型,可以分为 4 种:翻译错误、功能错误、国际化错误和本地化错误。

1. 翻译错误

翻译错误是指在软件本地化中由于翻译不当而引起的错误。这类错误产生的原因是:
①翻译人员不熟悉翻译要求。
②翻译人员的工作疏漏。

③用户界面的翻译与标准词汇表不一致。

主要有以下表现特点。

①应该翻译而没有翻译的英文字符。

②不应该翻译而翻译的本地化字词。

③错误翻译的字词。

④只在本地化版本中存在该类型错误。

⑤较多隐含在对话框各控件以及帮助文档中。

2. 功能错误

即软件中的某些功能无效。这类错误产生原因有：

①软件开发编程错误，引起的某些功能错误，这些功能错误在源语言软件和本地化软件中都存在。

②由于本地化过程产生的某些功能错误，这些错误仅出现在本地化软件中。

这类错误的特点主要有：

①经常出现在软件的菜单项、工具栏按钮和对话框的功能按钮中。

②不能实现设计要求的功能。绝大多数存在于源语言软件和本地化软件中，也有的仅出现在本地化软件中。

③产生与设计要求不符合的结果。

3. 国际化错误

即源语言软件在开发中没有正确地进行国际化设计而导致的错误：产生原因有。

①源程序在设计时没有正确进行国际化设计，例如，没有提供双字节字符集的支持。

②单字节字符向双字节字符转化过程中，单字节和双字节之间的差别，可能使得某些本地化后的双字节字符的显示乱码。

错误的特点主要表现在：

①出现在本地化后的版本中。

②不支持双字节字符的输入和输出，包括双字节的文件名和路径名。

③控件或对话框中显示不可辨识或无意义的明显错误的字符。

④本地化软件的列表项排序错误。

⑤某些没有本地化的字符串。

⑥与当地不符合的日期和时间格式。

4. 本地化错误

即本地化过程中引起的错误，与源语言功能不一致，本地化错误只存在于本地化软件中。这类错误是我们软件本地化测试的重点。产生原因有：

①软件本地化后，由于源语言和本地化语言的表达方式不同，本地化后的字符数与源语言不同，每个字符所占空间尺寸不同，使得在英文版本中正确显示的控件字符，可能在本地化版本中显示不正确。

②在编译本地化软件之前，没有对资源文件对话框及其控件调整大小。

③本地化人员调整软件资源文件不当引起。例如，对话框及其控件高度或宽度的不正确调整。

错误类型及特点。

①只在本地化版本中存在该类型错误。

②热键冲突或丢失或无效或错误。

③应该翻译而没有翻译，不该翻译但翻译了。

④控件中字符显示不完整，文字越界，出现垃圾字符。

⑤控件相互重叠或排列不均匀。

⑥应该显示的页面不能正常显示。

⑦链接出错。

⑧丢失行，丢失菜单项。

⑨较多隐含在本地化版本的对话框各控件及帮助文档中。

每种类型的错误的数量不同，这与源程序软件和本地化软件的质量有密切关系。如果源程序软件没有经过完整的测试，包括功能测试和本地化性能测试，那么本地化软件中就将存在很多功能错误、界面错误、双字节错误。如果本地化软件没有经过良好的本地化处理，将会产生很多翻译错误和界面错误。

9.2.4 软件本地化测试的类型

软件本地化测试是在本地化的操作系统上对本地化的软件版本进行测试。根据软件本地化项目的规模、测试阶段以及测试方法，本地化测试分为多种类型，每种类型都对软件本地化的质量进行了检测和保证。为了提高测试的质量，保证测试的效率，不同类型的本地化测试需要使用不同的方法，掌握必要的测试技巧。我们在这里主要对本地化测试中具有代表性的测试类型进行介绍。

1. 导航测试

导航测试(Pilot Testing)是为了降低软件本地化的风险而进行的一种本地化测试。大型的全球化软件在完成国际化设计后，通常选择少量的典型语言进行软件的本地化，以此测试软件的可本地化能力，降低多种语言同时本地化的风险。

导航测试尤其是用于数十种语言本地化的新开发的软件，导航测试版本的语言主要由语言市场的重要性和规模确定，也要考虑语言编码等的代表性。例如，德语市场是欧洲的重要市场，通常作为导航测试的首要单字节字符集语言。日语是亚洲重要的市场，可以作为双字节字符集语言代表。随着中国国内软件市场规模的增加，国际软件开发商逐渐对简体中文本地化提高重视程度，简体中文有望成为更多导航测试的首选语言。

导航测试是软件本地化项目早期进行的探索性测试，需要在本地化操作系统上进行，测试的重点是软件的国际化能力和可本地化能力，包括与区域相关的特性的处理能力，也包括测试是否可以容易地进行本地化，减少硬编码等缺陷。由于导航测试在整个软件本地化过程中意义重大，而且导航测试的持续时间通常较短，另外由于是新开发的软件的本地化测试，测试人员对软件的功能和使用操作了解不多；因此本地化公司通常需要在正式测试之前收集和学习软件的相关资料，做好测试环境和人员的配备，配置具有丰富测试经验的工程师执行测试。

2. 可接受性测试

本地化软件的可接受性测试(Build Acceptable Testing)也称作冒烟测试(SmokeTesting)，是指对编译的软件本地化版本的主要特征进行基本测试，从而确定版本是否满足详细测试的条件。理论上，每个编译的本地化新版本在进行详细测试之前，都需要进行可接受性测试，以便在早期发现软件版本的可测试性，避免不必要的时间浪费。

注意，软件本地化版本的可接受性测试与软件公司为特定客户定制开发的原始语言软件在交付客户前的验收测试完全不同。验收测试主要确定软件的功能和性能是否达到了客户的需求，如果一切顺利，只进行一次验收测试就可以结束。

本地化软件在编译后，编译工程师通常需要执行版本健全性检查(Build Sanity Check)，确定本地化版本的内容和主要功能可以用于测试。而编译的本地化版本是否真的满足测试条件则还要通过独立的测试人员进行可接受性测试，它要求测试人员在较短的时间内完成，确定本地化的软件版本是否满足全面测试的要求，是否正确包含了应该本地化的部分。如果版本通过了可接受性测试，则可以进入软件全面详细测试阶段；反之，则需要重新编译本地化软件版本，直到通过可接受性测试。

在进行本地化软件版本的可接受性测试时，需要配置正确的测试环境(软件和硬件)，在本地化的操作系统上安装软件，确定是否可以正确安装。运行软件，确定软件包含了应该本地化的全部内容，并且主要功能正确。然后卸载软件，保证软件可以彻底卸载。软件的完整性是需要注意的一个方面，通过使用文件和文件夹的比较工具软件，对比安装后的本地化软件和英文软件内容的异同，确定本地化的完整性。

3. 语言质量测试

语言质量测试是软件本地化测试的重要组成部分，贯穿于本地化项目的各个阶段。语言质量测试的主要内容是软件界面和联机帮助等文档的翻译质量，包括正确性、完整性、专业性和一致性。

为了保证语言测试的质量，应该安排本地化语言是母语的软件测试工程师进行测试，同时请本地化翻译工程师提供必要的帮助。在测试之前，必须阅读和熟悉软件开发商提供的软件术语表(Glossary)，了解软件翻译风格(Translation Style)的语言表达要求。

由于软件的用户界面总是首先进行本地化，因此，本地化测试初期的软件版本的语言质量测试主要以用户界面的语言质量为主，重点测试是否存在未翻译的内容，翻译的内容是否正确，是否符合软件术语表和翻译风格要求，是否符合母语表达方式，是否符合专业和行业的习惯用法。

本地化项目后期要对联机帮助和相关文档(各种用户使用手册等)进行本地化，这个阶段的语言质量测试，除了对翻译的表达正确性和专业性进行测试之外，还要注意联机帮助文件和软件用户界面的一致性。如果对于某些软件专业术语的翻译存在疑问，需要报告一个翻译问题，请软件开发商审阅，如果确认是翻译错误，需要修改术语表和软件的翻译。

关于本地化软件的语言质量测试，一个值得注意的问题是“过翻译”，就是软件中不应该翻译的内容(例如软件的名称等)如果进行了翻译，应该报告软件“过翻译”错误。

4. 用户界面测试

本地化软件的用户界面测试(UI Testing)也称作外观测试(Cosmetic Testing),主要对软件的界面文字和控件布局(大小和位置)进行测试。用户界面至少包括软件的安装和卸载界面、软件的运行界面和软件的联机帮助界面。软件界面的主要组成元素包括窗口、对话框、菜单、工具栏、状态栏、屏幕提示文字等内容。

用户界面的布局测试是本地化界面测试的重要内容。由于本地化的文字通常比原始开发语言长度长,所以一类常见的本地化错误是软件界面上的文字显示不完整,例如按钮文字只显示一部分;另一类常见的界面错误是对话框中的控件位置排列不整齐,大小不一致。

相对于其他类型的本地化测试,用户界面测试可能是最简单的测试类型,软件测试工程师不需要过多的语言翻译知识和测试工具。但是由于软件的界面众多,而且某些对话框可能隐藏比较深入,因此,软件测试工程师必须尽可能地熟悉被测试软件的使用方法,这样才能找出那些较为隐蔽的界面错误。另外,某些界面错误可能是一类错误,需要报告一个综合的错误。例如,软件安装界面的"上一步"或"下一步"按钮显示不完整,则可能所有安装对话框的同类按钮都存在相同的错误。

5. 功能测试

原始语言开发的软件的功能测试主要测试软件的各项功能是否实现以及是否正确,而本地化软件的功能测试主要测试软件经过本地化后,软件的功能是否与源软件一致,是否存在因软件本地化而产生的功能错误,例如,某些功能失效或功能错误。

本地化软件的功能测试相对于其他测试类型具有较大难度,由于大型软件的功能众多,而且有些功能不经常使用,可能需要多步组合操作才能完成,因此本地化软件的功能测试需要测试工程师熟悉软件的使用操作,对于容易产生本地化错误之处能够预测,以便减少软件测试的工作量,这就要求测试工程师具有丰富的本地化测试经验。

除了某些菜单和按钮的本地化功能失效错误外,本地化软件的功能错误还包括软件的热键和快捷键错误,例如,菜单和按钮的热键与源软件不一致或者丢失热键。另外一类是排序错误,例如,排序的结果不符合本地化语言的习惯。

发现本地化功能错误后,需要在源软件上进行相同的测试,如果源软件也存在相同的错误,则不属于本地化功能错误,而属于源软件的设计错误,需要报告源软件的功能错误。另外,如果同时进行多种本地化语言(例如简体中文、繁体中文、日文和韩文)的测试,在一种语言上的功能错误也需要在其他语言版本上进行相同的测试,以确定该错误是单一语言特有的,还是许多本地化版本共有的。

软件的测试类型数量众多,可谓五花八门,而软件本地化测试又具有其自身的特点,除以上常见的本地化测试类型外,还包括联机帮助测试、本地化能力测试等。不论何种类型的本地化测试,其最终测试目标都是尽早找出软件本地化错误,保证本地化软件与原始开发语言软件具有相同的功能。通过正确配置本地化测试环境,合理组织本地化测试人员,采用正确的本地化流程和测试工具,完善软件缺陷的报告和跟踪处理,来保证软件本地化测试的有效实现。

9.2.5 软件本地化测试的原则

测试原则规定了测试过程中应该遵循的基本思路，软件本地化测试的原则如下。

1. 在本地化软硬件环境中测试本地化软件

为了尽量符合本地化软件的使用环境和习惯，应该在本地化的操作系统上安装和测试本地化软件，使用当地语言市场的通用硬件，及当地布局的键盘等，这样可以发现更多的本地化软件的区域语言、操作系统和硬件的兼容性问题。为了便于参考和对比，必须将源语言（例如英语）软件安装在源语言操作系统上。

2. 尽早地和不断地进行软件测试

软件本地化测试不是软件本地化的一个独立阶段，它贯穿于软件本地化项目的各个阶段。测试计划、测试用例等测试要素要在测试本地化软件版本（Build）前准备好。一旦得到可以测试的软件本地化版本，就立刻组织测试。争取尽早发现更多的错误，把出现的错误在早期进行修复处理，减少后期修复错误时耗费过多的时间和人力。软件本地化测试工作强调的是发现软件因本地化产生的错误。不要过多地耗费时间测试软件的功能，因为本地化测试前，源语言软件已经进行过功能测试和国际化测试。所以，应该将本地化测试的重点放在本地化方面的错误，例如语言表达质量，软件界面布局，本地化字符的输入、输出和显示等。

软件错误报告、软件错误修复和软件错误修复验证应该由不同的软件工程师处理。为了保证软件测试效果，软件错误报告应该由测试工程师负责，软件错误修复应该由负责错误确认和处理的软件工程师负责，软件错误修复后的验证和关闭应该由软件错误报告者（测试工程师）负责。

9.2.6 软件本地化测试的技术问题

完成了语言的转换，对于整个本地化过程来说，才只是完成了第一阶段。要使该软件真正投入使用，还有很多技术方面的问题有待解决，主要有：

①字符集问题。

②数据格式。

③页面显示和布局。

④配置和兼容性问题。

1. 字符集问题

首先要讨论的问题就是不同字符集的使用。西方语言，如英语、法语和德语，使用不到256个字符，所以它们可以用单字节编码表示。可是亚洲语言，比如中文和日文，却有几万个字符，所以需要双字节编码。因此在做本地化测试的时候，应该检查开发人员是否使用了正确的字符编码。

不同的操作系统采用不同的方法输入和输出字节，这些不同的方法使字符的编码规范化从而代表不同的语言，这样我们就很容易看出在特定的编码中哪些字符是被支持的，哪些字符是不被支持的。比如，英文字符几乎被所有的编码作为子集而提供支持，但是某些重音字符（如 é,è）和所有其他的扩展符号却不一定被支持。

字符集是操作系统中所使用的字符映射表，例如，某些 UNIX 系统使用只包含128个字符的 7 位 ASCII 字符集(包括 Tab、空格、标点、符号、大小写字母、数字和回车键等)。

然而对于很多语言来说,7 位 ASCII 字符集远远不够,因为它不包含特殊字符(比如 é、å 或 â)。所以一个新的标准 8 位 ASCII 诞生了,它包含 256 个字符。微软的 Windows 使用的就是 8 位 ASCII 字符集,对于 UNIX 计算机,还有一个 ISO 标准(IS08859－X),微软和 ISO 标准极为相似。但是即使拥有 256 个字符,8 位 ASCII 还是无法满足所有语言的需求。汉语、日语和韩语这些语言的字符都很多,仍无法适用扩展后的 ASCII 字符集,对于这些语言,可以使用 16 位字符集(双字节、多字节或变数字节),这就是后来产生的统一的字符编码标准 Unicode,采用双字节对字符进行编码,几乎包含了所有语言的每个字符。目前,很多操作系统都支持 Unicode,如 Windows NT 4.0、Windows 2000、Windows XP 和 UNIX 系列。

2. 数据格式

数字、货币和日期的表达方法在不同的国家格式也不尽相同,所以在把软件本地化时,也应该特别注意这些方面的问题,考虑到本地化格式的要求,否则就有可能出现错误。幸运的是,今天可以使用标准 APIS(比如微软提供的)来处理这类转换的问题。如果是由自己设计的显示方式或模式,就必须设计好其变量含义和处理方式、数据存储方式等去适应这种显示的要求。

在程序设计、编程时,可以通过一些特殊的函数来处理不同语言的数据格式。例如,使用自定义函数 LocLongdate()、LocShortdate()、LocTime()、LocNumberFormat()等替换原来的 date()函数,来处理日期的完整显示、简写、数字等不同的显示格式。后面将会列举一些具体的例子做详细介绍。现在我们先来看看不同地方表达数字、货币和日期等的不同格式,以供本地化测试人员参考。

(1)数字

很多欧洲语言使用逗号而不是小数点来表示千位,有的则使用句号或空格代替逗号。所以,本地化的软件也必须注意这个问题,如若不然,有可能一个顾客存入 5000 欧元,而却只能取出 5 美元。比如,同一个数字 7582 在美国、意大利和瑞士有三种不同的表达方式。

美国:7,582

意大利:7.582

瑞士:7582

(2)货币

除了数字转换外,几乎每一个国家都有标志自己货币的特殊符号,这些符号出现在金额的前后也各不相同。比如:

美国 Dollar ＄或 US

英国 Pound £

日本 Yen ￥

(3)时间

各国时间的习惯表达方式也总是不一样的,美国习惯上使用 12 小时来表达时间,而欧洲国家使用 24 小时模式来表达时间。如,同样是晚上 10∶45,各国的表示方式分别如下。

美国:10∶45pm

德国:22∶45

加拿大法裔:22h45

(4)日期格式

同样,不同国家的日期显示格式也是不一致的。美国的标准是 MM/DD/YY 来显示月、日、年,也有很多不同的分割符号(如"/"和"—");欧洲(除少数例外)的标准是日、月、年(DD/MM/YY);中国的标准则是年、月、日。即使是一个星期的起始天各国也不相同,如美国一个星期的第一天是星期天,而法国旧历的第一天都以星期一开头。

现在来看一个具体的例子,一个英文日期,如 4/25,2015 或 4-25-2015,本地化为中文版本后,日期显示变为"4 月 . 25,2015",显然不正确,其正确的中文显示应该是"2015 年 4 月 25 日"。

现在让我们来了解一下正确的编码。从编码中可以看到在本地化的时候,有时必须应用自定义函数 LocLongDate() 来解决日期显示的问题。这就要求本地化测试人员不只是发现问题,还是站在更高的层次来分析问题,并提出解决问题的建议。

根据语言版本取完整日期格式的处理函数(以下程序设计语言为 PHP 语言)如下。

```
function LocLongDate($UNIXTime,$RegionID,$DisplayWeek="Yes")
{
global $glbRegion;
… …
InternationInit();
if(! IsExistRegionID($RegionID))
    $RegionID=$glbDefaultRegionID;                                  //取得本地区域代码
if("". $glbRegion[$RegionID][LONGDATEFORMAT]="")        //如果是长日期型
        $glbRegion[$RegionID][LONGDATEFORMAT]="WWW,MMM d,yyyy";
$strFormat = FormatLocToFormatPhp ($glbRegion[$RegionID][LONGDATEFOR-
MAT]);
if($DisplayWeek=="NoWeek")                                          //处理日期格式
{
    $strFormat=eregi_replace("l","",$strFormat);
    $strFormat=ereg_replace("^",",",$strFormat);
}
$LongDateString=date($strFormat,$UNIXTime);
if(strstr(strtolower($glbRegion[$RegionID][LONGDATEFORMAT]),"WWW"))
$LongDateString=str_replace(date("l",$UNIXTime),$ARR_FULLWEEKDAY[date("
w",$UNIXTime)],$LongDateString);                              //获得星期显示字符串
if(strstr(strtolower($glbRegion[$RegionID][LONGDATEFORMAT]),"mmm"))
   $LongDateString=str_replace(date("F",$UNIXTime),ARR_FULLMONTH[date("
n",$UNIXTime)—],$LongDateString);                              //获得日期显示字符串
return  $LongDateString;
}
```

一些国家和地区的日期、时间和货币格式见表 9-1。

表 9-1 一些国家和地区的日期、时间和货币格式

地区和国家	日期	日期格式	时间	货币	货币符号
Argentina	15/06/04	Martes,15de Junio de 2004	2：30 pm	1.234.56	Pesos
Australia	17/2/01	Tuesday,17 June 2001	2：30pm	1,234.56	Australian DO1lars
Canada	05/02/0 1	Monday,February 5,2001	2：30pm	1.234.56	Canadian D01lars
French Canada	17/02/03	17 juin2003	14：30	1 234.56	Canadian DOllars
Chile	17 - 06 - 03	Martes,17 de Junio de 2003	2：30pm	1.234.56	Pesos
China	15 - 4 - 25	2015 年 4 月 25 日	14：30	1.234.56	Yuan Renminbi
Columbia	15/06/03	Manes,15 de Junio de 2003	2：30pm	1.234.56	Pesos
France	15/02/01	mardi 15juin 2003	14：30	1 234.56	French Frants
Germanv	05.02.01	Mittwoch,5. Febmar 2001	14：30	1.234.56	Delltschmarks
Italy	05/02/01	undi 5 febbraio 2001	14：30	1.234.56	Lira
Japan	2001/05/02	2001 年 2 月 5 日	14：30	1.234.56	Yen
Korea	2002/01/05	2002 年 1 月 5 日	14：30	1.234.56	Won
Mexico	15/06/03	manes,15 dejunio de 2003	2：30pm	1,234.56	Pesos
New Zealand	5/02/01	Monday,5 February 2001	14：30	1.234.56	New Zealand D01lars
Spain	15/02/02	lunes,15 febrero 2002	14：30	1.234.56	Peseta
SwitZerland	15.2.2003	Montag,15. Februar 2003	14：30	1'234.56	Swiss Francs
U.S.	2/5/01	Monday,March 5.2001	2：30pm	1.234.56	US Dollars
U.K.	16/02/05	Monday,16 February 2005	14：30	1.234.56	British Pounds
Venezuela	17/06/03	Martes,17 de Junio de 2003	2：30 pm	1.234.56	BOlivares

(5)度量衡的单位

美国以外的很多国家使用公制度量系统，因此，国际化的软件必须能够解决公制度量单位的问题。度量衡的单位在工程和科学软件中尤为敏感，如果在转换的过程中出现错误，后果将不堪设想，所以在转换英式度量单位和公制度量单位时要倍加小心。这是本地化测试所不容忽略的问题。

(6)索引和排序

英文排序和索引习惯上按照字母的顺序来编排，但是对于一些非字母文字的国家，如亚洲很多国家来说，这种方法就不适用了，如汉字就有按拼音、部首和笔画等不同的索引方法。即使是使用字母文字的国家，它们的排序方法和英文也是有很大出入的，比如瑞典语，它的字母比英文字母多 3 个，在索引排序时也应加以考虑。所以，在本地化软件时，应该根据不同国家和地区的语言习惯分别加以考虑，在进行本地化测试的时候更应该仔细核对这些问题，如把英文软件本地化为瑞典版本，用来排序的有 29 个字母，在字母 A、B、C、…、X、Y、Z 后会增加几个特殊的字母——瑞典语中的 3 个字母，即 Ä、Ā、ö。从代码中我们可以看到，它分别用了($ Index==(RawUrlDecode("%C5"))、($ Index==(rawurldecode("%C4"))和($ Index==(rawurldecode("%D6"))来表示这几个字母，如下所示。

```
if(GetLanguageIDFromUrl(BrandName())==13)
{
```

```
    if($Index==(rawurldecode("%C5"))  )
        echo "<b>&Aring;</b>   ";
    else
        print("<A HREF=\"javascript:GetAddressByIndex(document.FormDeleteAd
              dress,". $strSortField." ', '". '&Aring;'." ')\">". '&Aring;'." </A
> \n");
    if($Index==(rawurldecode("%C4")))
        echo "<b>&Auml;</b>   ";
    else
        print("<A HREF=\"javascrlpt:GetAddressByIndex(document.FormDeleteAdd-
  ress,'". $strSortField." ', '". '&Auml;'." ')\”>“. '&Auml;'." </A> \n");
     if($Index:=(rawurldecode("%D6")))
        echo "<b>&Ouml;</b>   ";
     else
        print("<A HREF=\"javascript:GetAddressByIndex(document.FormDeleteAdd—
              ress," '. $strSortField." ', '”. '&Ouml;'." ')\”>". '&Ouml;'." </A
> \n");
    }
```

(7)姓名格式

英文的姓名格式是名在前,姓在后,姓名之间还需空一格,而东亚人的姓名格式通常是姓前名后,而且中间无须空格。由于这个区别,在做本地化测试的时候,一定要确保受影响的部分都做了相应的改动,否则会导致显示和查找的时候产生错误。在测试的时候如果发现此类错误,可以建议编码人员根据不同国家和地区的语言习惯考虑姓、名以及全名之间的关系,自定义一些函数来处理此类问题。

这里我们定义了函数 GetFullNameforMultipleLanguage 来帮助我们识别姓名的类型,从而选取正确的显示格式,如下所示。

```
function GetFullNameforMultipleLanguage($FirstName,$LastName="")
                                        //根据语言版本取得相应的姓名格式
{
  //如果全名中包含英文大写字符 A~Z 或小写字符 a~z,则保留名和姓之间的空格
   MYMstrFullName=trim($FirstName."". SLastName);
  if(eregi("[a—z]", $strFullName[0]))//如果姓名是英文字符,则立刻返回其值
     return $strFullName;
   //如果当前语言是繁体中文,则删除其中的空格
   $LanguageID=GetCookie("cK-LanguageID_". GetSiteConfig("SiteID"));
  if(intval($LanguageID)==0)
      $LanguageID=GetLanguageIDFromUrl(BrandName());
  if($LanguageID==4 || $LanguageID==5)          //针对繁体中文和日文
      return ereg_replace(" * ","…",MYMstrFullName);
```

```
  if(eregi("[a—z]",$strFullName))
      return trim($strFul lName);
  else
      return ereg_replace(" * ","",$strFullName);
}
```

(8)复数问题

生成复数的规则因语言的不同而有差异。即使在英语中,复数的规则也并不是始终如一的,如 bed 的复数是 beds,而 leaf 的复数却不是 leafs,以下例子说明了复数的问题。如:

"%d program%s searched"和"%d file%s searched"

如果%d 大于 1,%s 将把 s 插入到该单词中去,从而组成其复数形式,该信息显示格式如下:

"1 program searched"和"1 file searched"

或者

"3 programs searched"和"3 files searched."

在英语中,这样编码是没有问题的,但是对于德语和多数其他欧洲语言,它们的复数规则却不是这样的,如:

Program=programma

programs=programma's

file=bestand

files=bestanden

在做本地化测试的时候,一定要注意这些地方是否被充分地考虑并做了适当的修改。

3. 页面显示和布局

在有些本地化软件中,有时会发现乱码的问题,这是由于没有设置相应的本地化字符集或字符编码方式不支持本地化语言所致。不同的浏览器或邮件接收软件的编码解码方式不同,解决这类问题的方法是:

①开发本地化时应用自定义函数 GetCurCharset()。

```
function GetCurCharSet()//bind charset to language
  {
    $CharSet="iso - 8859 - 1";                          //标准字符集
    $LanguageID=GetCurLanguageID();
    if($LanguageID==3) $CharSet="gb2312";              //简体中文版
    if($LanguageID==4) $CharSet="big5";                //繁体中文版
    if($LanguageID==5) $CharSet="shift_jis";           //日文版
    if($LanguageID==6) $CharSet="euc - kr";            //韩文版
    returnMYMCharSet;
  }
```

我们可以看到在这个函数中调用了另一个自定义函数 GetCurLanguageID(),这个函数的值是通过本机的 cookies 取到的,这样可以通过在函数 GetCurCharset()中调用该函数来判断采用的字符集。

```
  function GetCurLanguageID()                           //取得相应的语言版本
```

```
{
    $LanguageID=GetCookie("cK_LanguageID_". GetSiteConfig("SiteID"));
    if(intval(SLanguageID)==0)
     $LanguageID=GetLanguageIDFromUrl(BrandName());
  return intval($LanguageID);
}
```

②针对不同的浏览器采取不同的解码方法。

```
Function Preview(form){
    var NS4=(document. layers && ! dom)? 1 : 0;
    var NS6=(navigator. vendor==("Netscape6")||navigator. product==("Gecko"));
    var message ;
    var re= /\ +/g;
    if(NS4>0)
          message=escape(form. welmsg. value);
    else if(NS6>0)
            message=form. welmsg. value;
        else
            message=form. welmsg. innerHTML;
    if(message. indexOf("+")! =-1)
    {
        var wmessage=message. replace(re,"%2B");
      }
    else wmessage=message;
    form. AT. value="Submit";
    form. preview. value="true";
    var sTemp;
    if(NS4>0 || NS6>0)
        sTemp=form. welmsg. value;
    else
        sTemp=form. welmsg. innerHTML;
    if(getStrLength(sTemp)>128)
    {
    alert("欢迎消息不能超过 128 个字符。");//给出警告提示
    form. welmsg. focus();
    }
    else
      window. open("/<? =PersonalLobbyPath()? >index. php? username=<? =rawurlen code(str_replace("&quot;","\"", $repinfo["UserName"]))? >&preview=
```

```
true&welmsg="+wmessage);
    )
}
```

由于源代码没有充分考虑到国际化(I18N)版本的要求，很多软件本地化之后在页面的外观上会出现一些不尽如人意的地方。例如，没有翻译的字段、对齐问题、大小写问题、文字遮挡图像问题、乱码显示问题等。这些有表格设置所产生的问题，也有未考虑翻译后的文字扩展而产生的设计问题。本地化测试工程师应该指出这些地方，让开发人员尽快修改。

测试本地化软件的时候，其配置和兼容性也是必须考虑的问题。配置性包括键盘布局设计，它是语言依赖性最大的硬件配置。软件可能会用到的任何外设都要在平台配置和兼容性测试的等价区间中考虑。兼容性包括与硬件的兼容性、与上一版本的数据兼容及与其他本地化软件的兼容性等。兼容不单单是同一版本向前或向后的兼容，同时还要考虑同其他软件的兼容，也要考虑同其他本地化软件的兼容。

4. 数据库问题

软件本地化同时也涉及数据库的改动，比如由于文本的 maxlen 属性只限制输入字符而非字节长度或非 ASCII 码，特别是多字节字符解析成 NCR 形式(&#dddd;)，导致输入的字符长度超出数据库字段宽度，这就是由数据库而产生的问题。

在本地化过程中，我们应视情况而定。比如我们可以在输入页面提交之前，检测输入字符的宽度是否超长或显示数据库操作错误，如下所示。

```
…
<form name=AddVis>
<input name="V_Name" type=text value="">
<input type=submit value="ok" onsubmit=""javascript:checkinput()">
……………
function getStrLength(StrTemp)//取字符长度
{
    var strInput=""+StrTemp;
    var i,sum;
    sum=0;
    //alert("string lengh="+strInput.length);
    for(i=0;i<strInput.length;i++)
    {
    if((strInput.charCodeAt(i)>=0)&&(strInput.charCodeAt(i)<=255))
            sum=sum+1;
    else
            sum=sum+2;
    }
    //alert("actual lengh="+sum);
    return sum;
```

```
}
function checkinput()//检查输入字符的长度
{
    if(getStrLength(document.AddVis.V_Name.value)>64)
        {
  alert("The input string must be less than 64.");//给出警告提示
            document.AddVis.V_Name.focus();
            return false;
            }
    }
```

5. 组合键问题

在做本地化测试的时候，还有一个不能忽略的问题——组合键问题。许多程序都为不同的命令设置了组合键(键盘快捷方式)。比如，在微软的 Word 中，可以同时按下 Ctrl 和 F 键打开“查找”对话框。组合键 Ctrl+F 就是代替鼠标选择 Word 编辑菜单中查找命令的快捷方式。通常，文字被翻译之后，原来的组合键很可能不再适用，我们需要为翻译过的文本设定新的组合键，比如，当 Close 被翻译成德语 SchlieBen 之后，原有的组合键 Alt+C 也应该相应地变为 Alt+S。新的组合键应该和本地操作系统环境相匹配，确保所有的组合键都是唯一的。不过中国、日本和韩国的版本，都沿用英文原有的组合键，所以本地化之后不存在这个问题。

此外，还有很多应该注意的技术问题，如对于欧洲语言的本地化，还有大小写字母转换的问题、连字符号连接规则、键盘的问题等。对于有些国家的本地化，例如希伯莱文和阿拉伯文还要考虑文字方向的问题等，这些都是在实际工作中会遇到的具体问题，这里就不一一详述了。

9.3　I18N 和 L10N 测试工具

在软件国际化和本地化中，依然离不开软件工具，其中多数工具用于本地化工作(包括翻译内容的管理)，测试工具并不多，这也许是由国际化和本地化的特点所决定的。在国际化和本地化测试中，设计评审和代码审查是最有效的手段，其次，手工测试也是不可缺少的，毕竟测试工具发挥的空间有限。

1. 国际化测试工具

OneRealm 的工具套件(http://www.onerealm.com)可以评估代码并识别国际化问题。

SeleniumRC—java 工具也可以对软件进行分析用以实现其对软件国际化测试的扩展。Selenium 是由 ThoughtWorks 团队开发的 Web 应用程序自动化测试的工具，适合进行功能测试、验收测试。SeleniumRC 基本测试流程如图 9-7 所示，它提供了一个 SeleniumServer，可以自动开始/关闭/控制所支持的浏览器。SeleniumServer 与浏览器使用 AJAX(XmlHttpRequest)直接通信，可以使用简单的 HTTPGET/POST 请求直接向服务器发送命令，即可以使用任何可以发出 HTTP 请求的编程语言在浏览器中自动执行 Selenium 测试。

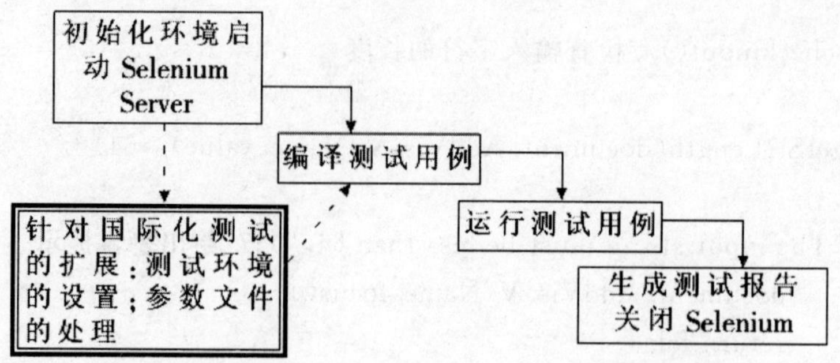

图 9-7　Selenium RC 基本测试流程及国际化测试扩展

SeleniumRC 和大多数的自动化测试工具一样，也在很多方面缺乏对国际化测试的支持。如在没有指定浏览器参数文件的情况下，Selenium Server 会启动一个系统默认设置的浏览器执行测试，默认设置语言为当前浏览器版本语言；操作函数直接使用大量页面元素作为参数，对这类数据取值存在依赖，使得 Selenium 测试变得脆弱且需要针对测试脚本中同一页面元素文本属性值进行重复修改；不能提供多语言和字符集的测试数据等。针对 Selenium 工具的不足，通过对测试脚本结构的设计，以及在 SeleniumRC 封装的 Java 工具包中添加对环境设置的选择和参数文件的处理等改进，实现针对国际化测试的扩展任务。

2. 本地化安装测试工具

①本地化安装/卸载测试工具：InCrl。
②MSI 文件测试辅助工具：Orca。
③ISO 文件测试辅助工具：Daemon Tools。

3. 用户界面测试工具

Alchemy 公司的 Catalyst(www.alchemysoflware.ie)是一款功能强大、可视化的软件本地化工具，它遵循 TMX 等本地化规范，具有自定义解析器的功能，支持多种资源文件格式，适用于软件资源(Resource)文件本地化翻译和工程处理。Catalyst 所提供的验证专家(Validate Expert)可用于本地化测试，以检查各种类型的本地化处理错误，例如，热键重复、热键不一致、控件重叠、控件截断、拼写错误等。Catalyst 还提供了如下一些其他功能。
①Leverage Expert——重用本地化翻译资源。
②Update Expert——更新资源文件。
③Translator Toolbar——本地化翻译。
④Pseudo Translate Expert——伪翻译专家。
⑤Generate Report——生成字数统计报告。
⑥QuickShip Expert——打包项目文件。
⑦Extract Terminology Expert——抽取本地化术语。

Tool Proof 是由 Translation Craft(http://www.tcraft.com)开发的本地化测试工具，与 Catalyst 类似，可以显示用户界面元素和对话框，可以查看控件尺寸是否正确以及检查其他本地化 UI 问题。

4. 在线文档测试工具

SDL International 公司(Translation Craft 被其收购)的 HelpQA 和 HtmlQA 是用于分析大型帮助系统的测试工具,可以检查链接和跳转,识别其他本地化问题。如果出现由于本地化引起的编译错误还会发出警告。

HtmlQA(http://www.sdl.com/products/htmlqa.htm)用于测试源语言和本地化语言项目文件的本地化质量。HtmlQA 可以执行一系列本地化 HTML 文件检查,以确定本地化的 HTML 文件与源语言对应的 HTML 文件具有一致的功能。

5. 翻译管理工具

翻译管理工具很多,主要有 TRADOS、SDLX、Wordfast、Catalyst、Passolo Software Localizer、LocStudio、Language Studio、Helium, RC－WinTrans、IBM Translation Manager、MultiTrans、Multilizer、Trans Suite 2000、Transit、Translator's Intuition、Visual Localize 等,国内的产品有雅信 CAT、华建 IAT 等。这些软件功能都比较强大,能满足软件本地化翻译工作的需要。例如,以 Passolo Software Localizer 为例,它的功能特性如下。

①可以直接将程序的 GUI(图形用户界面)本地化为用户需要的语言。

②在可视化环境下,可以对程序实行本地化处理。

③内置有翻译记忆技术,可以重复使用现有的译文。

④有模糊匹配技术,可搜索相似文本的译文,为翻译人员提供参考。

⑤还可以与其他软件本地化工具交换数据,方便用户协同工作。

⑥可以自动识别用户在本地化过程中出现的错误,并提出修复建议。

⑦提供脚本引擎和自动化对象的接口,通过编写宏来扩展现有功能。

国际化(I18N)是本地化(L10N)的基础和前提,本地化是国际化向特定语言环境的转换,其理想的状态是,源语言版本完全按照国际化版本的要求去做,本地化过程不需要修改源代码就能完成。然而,如果该软件不能允分地支持软件国际化特征,在本地化过程中就很有可能会产生新的功能方面的问题,包括功能调用出错、输入和输出等问题。

思考及作业题

1. 简述软件国际化测试概念,软件国际化测试的主要目的是什么?
2. 软件国际化测试的方法有哪些,我们如何进行测试?
3. 为什么要进行软件本地化?
4. 软件本地化和软件国际化有什么关系?
5. 软件本地化测试具有哪些特点以及容易出错的原因有哪些?
6. 软件本地化测试中应该着重于哪些方面?
7. 进行软件本地化测试的原则是什么?
8. 进行软件本地化测试时需要克服哪些问题?
9. 进行软件国际化和本地化测试的工具有哪些? 各自具有什么功能?
10. 假设需要测试某一软件的日语本地化版本,请问需要做哪些方面的准备? 请一一列举。

第10章 Web应用系统测试

Web应用测试是Web应用程序在开发过程中，以及开发完毕后进行的测试，测试的目标是：保证程序开发的正确性和有效性。本章主要对有关Web应用测试方面的内容进行介绍。

本章主要知识点

1. Web应用的功能测试。
2. Web应用的性能测试。
3. Web应用的界面测试。
4. Web应用的客户端兼容性测试。
5. Web应用的安全性测试。

10.1 Web应用测试概述

随着互联网技术的快速发展，Web应用越来越广泛，现在各种应用的架构都以B/S及Web应用为主，Web应用程序已经和我们的生活息息相关，小到我们的博客空间，大到各种大型网站，如电子商务中的C2C、B2B等网站，都给我们生活、工作带来了很大的方便。

Web全称为World Wide Web(又称为万维网、WWW或者3W)。Web是Intemet提供的一种服务，Web是由遍及全球的信息资源组成的系统，这些信息资源包含的内容可以是文本、表格、图像、视频、音频等。Web是一种超文本信息系统，Web是分布式的、具有新闻性、动态性、交互性等特点。

Web的工作基于客户机/服务器计算模型，由Web浏览器(客户机)和Web服务器(服务器)构成，采用Internet网络协议的体系结构，是一种基于Internet的超文本信息系统，它涉及Web的许多技术，包括客户端器技术和服务端技术。

Web浏览器(客户机)和Web服务器(服务器)两者之间采用超文本传送协议(HTTP)进行通信。HTTP协议是基于TCP/IP之上的协议，是Web浏览器和Web服务器之间的应用层协议，是通用的、无状态的、面向对象的协议。HTTP协议的作用原理包括四个步骤：连接，请求，应答，关闭。

①连接。Web浏览器与Web服务器建立连接，打开一个称为socket(套接字)的虚拟文件，此文件的建立标志着连接建立成功。

②请求。Web浏览器通过socket向Web服务器提交请求。HTTP的请求一般是GET或POST命令(POST用于FORM参数的传递)。

③应答。Web浏览器提交请求后，通过HTTP协议传送给Web服务器。Web服务器接到后，进行事务处理，处理结果又通过HTTP传回给Web浏览器，从而在Web浏览器上显示出所

请求的页面。

④关闭连接。当应答结束后,Web 浏览器与 Web 服务器必须断开,以保证其他 Web 浏览器能够与 Web 服务器建立连接。

由于 Web 应用越来越广泛,现在的 Web 应用系统必须能够安全及时地服务大量的客户端用户,又能够长时间安全稳定地运行,因此,Web 应用软件的正确性、有效性和对 Web 服务器等方面都提出了越来越高的性能要求,Web 项目的功能和性能都必须经过可靠的验证,这就要求对 Web 项目的全面测试。Web 应用程序测试流程与其他任何一种类型的应用程序测试相比没有太大差别,一般为:项目需求设计文档→明确测试任务→制定测试计划→设计测试用例→执行测试→提交缺陷报告→编制测试报告→测试评审。与一般软件测试一样,在 Web 应用程序测试过程中,测试人员应准确描述发现的问题,并具体阐明是在何种情况下测试发现的问题,包括测试的环境、输入的数据、发现问题的类型、问题的严重程度等情况。然后,测试人员协同开发人员一起去分析 Bug 产生的原因,找出软件的缺陷所在。最后,测试人员根据解决的情况进行分类汇总,以便日后进行 Web 应用程序设计的时候提供参考,避免以后出现类似软件缺陷。

但是,一般的 Web 测试和以往的应用程序的测试的侧重点不完全相同,它不但需要检查和验证是否按照设计的要求运行,而且还要测试系统在不同用户的浏览器端的显示是否合适。重要的是,还要从最终用户的角度进行安全性和可用性测试。然而,Internet 和 Web 媒体的不可预见性使得基于 Web 系统测试变得困难。

Web 应用测试基本包括以下几个方面:性能测试、功能测试、界面测试、兼容性及安全测试等。

10.2 Web 应用的性能测试

Web 应用的主要优点之一是:它允许多个用户同时访问系统资源,多个用户可以同时请求不同的服务,并获得不同特性的访问权。由于多用户支持几乎是每个应用取得最大成功的关键,因此必须评价系统在用户活动高峰期和正常时期执行重要功能的能力。

事实上,性能测试是软件测试的重中之重。性能测试报告包括三个方面:应用在客户端性能的测试、应用在网络上性能的测试和应用在服务器端性能的测试。应用在客户端性能测试的目的是考察客户端应用的性能,测试的入口是客户端。它主要包括并发性能测试、疲劳强度测试、大数据量测试和速度测试等,其中并发性能测试是重点。

10.2.1 Web 应用的性能测试的概述

性能测试的主要目标是增强预测未来怎样的负载会耗尽 Web 系统的能力,以便设计出有效的增强策略,维护可接受的用户经验。

对于可接受的用户经验,两个重要的维度是正确性和时效性。正确性即为客户所需要执行的操作在任何情况之下都能够得到准确的响应操纵。用来评价时效性的一个主要度量就是响应时间,响应时间在国际标准化组织的信息技术词汇中定义为:对计算机系统的一个查询或请求结束和一个响应开始之间所逝去的时间。本质上,响应时间是系统服务一个请求或一个订购所花费的时间。很明显,响应时间越短,用户就会越满意。因此,执行性能测试以便为管理层提供改进和防范风险问题做出正确决定所需的信息。

性能测试是一个收集和分析信息的过程,在这个过程中需要收集度量数据以预测负载耗尽系统资源的时间。正是在这个过程中收集基准值,使用这些数字来建立各种负载测试可接受的响应时间或者可接受的用户经验。而这些基准值取决于两个因素:业务活动所提供的产品和服务的质量,以及用户对价值系统的期望。如图 10-1 所示展示了一个理论模型,阐述了当系统负载增加时,响应时间也相应地随之增加。假定用户考虑为一个请求等待 8 秒钟是可以接受的,这意味着在 0 到 8 秒之间的响应时间是在可接受的用户经验区内。当响应时间大于 8 秒时(在本例中设定为 8 到 16 秒之间),用户会认为他们的用户经验为负数。某些用户可能决定离开去干别的事情,而另外一些有耐心的用户可能坚持等待,即使不太满意。这意味着如果系统负载受额外增加的影响,性能可能会继续退化,从而使响应时间达到不可接受的区域(在本例中大约为 1 6 秒)。当负载继续增加时,它会把系统推向停止边缘。此时,系统就不会工作了。

在 Web 应用系统中,响应时间可以度量在用户单击一个按钮或链接和浏览器开始显示导出页面之间的时间,图 10-1 从另外一个角度看就是:较短的响应时间=>更少的等待时间=>更好的用户经验。另一个常见的性能度量时间就是事务时间。事务时间是用户、网络和服务器完成一个事务所需要的时间总量。在 Web 应用系统中,事务时间可以度量为在用户单击一个按钮或链接和浏览器完成显示导出的页面之间的时间(包括任何客户端脚本、Java 小程序等的执行)。等待是完成一个请求所需要的时间。当涉及数据从一台计算机传到另外一台计算机所花的时间时,它被考虑为网络延迟。当涉及在一个服务器上完成一个请求所花的时间时,它被称之为服务器延迟。

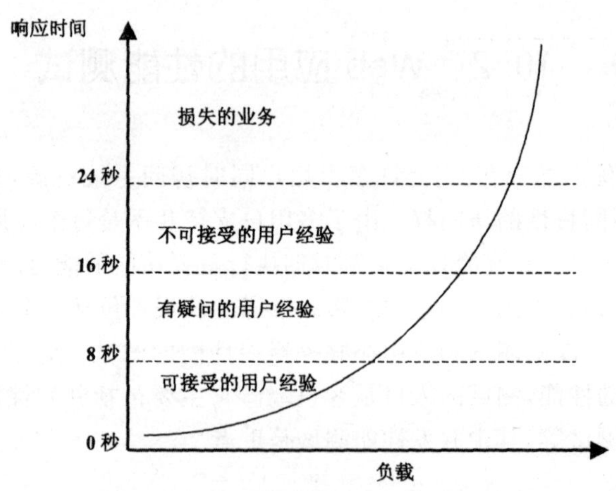

图 10-1 系统的负载与响应时间的关系

在一个连续不断的基础上使用基准度量作为帮助检测什么时候系统的性能改进或下降的基线。

并发性能测试的过程是一个负载测试和压力测试的过程,即逐渐增加负载,直到系统的瓶颈或者不能接收的性能点,通过综合分析交易执行指标和资源监控指标来确定系统并发性能的过程。

并发性能测试的目的主要体现在三个方面:以真实的业务为依据,选择有代表性的、关键的业务操作设计测试案例，以评价系统的当前性能；当扩展应用程序的功能或者新的应用程序将要被部署时，负载测试会帮助确定系统是否还能够处理期望的用户负载，以预测系统的未来性能；通过模拟成百上千个用户，重复执行和运行测试，可以确认性能瓶颈并优化和调整应用，目的在于寻找到瓶颈问题。当一家企业自己组织力量或委托软件公司代为开发一套应用系统的时候，尤其是以后在生产环境中实际使用起来，用户往往会产生疑问，这套系统能不能承受大量的并发用户同时访问？这类问题最常见于采用联机事务处理（OLTP）方式的数据库应用、Web浏览和视频点播等系统。这种问题的解决要借助于科学的软件测试手段和先进的测试工具。

10.2.2　Web应用的性能测试的种类

1. 压力测试

压力测试是测试系统的限制和故障恢复能力，也就是测试Web应用系统会不会崩溃，在什么情况下会崩溃。黑客常常提供错误的数据负载，直到Web应用系统崩溃，接着当系统重新启动时获得存取权。压力测试的区域包括表单、登录和其他信息传输页面等。进行压力测试是指实际破坏一个Web应用系统，测试系统的反应。

负载/压力测试应关注以下问题。

(1)验证系统能否在同一时间响应大量的用户

在用户传送大量数据的时候能否响应，系统能否长时间运行而不影响系统的性能。可访问性对用户来说是非常重要的。如果用户在使用系统时，总是得到“系统忙”的提示信息，那么他们可能放弃而转向竞争对手；另外，出于安全的原因，测试人员应该知道当系统过载时，需要采取哪些措施，而不是简单地提升系统性能。

(2)瞬间访问高峰

如果您的站点用于公布彩票的抽奖结果，则最好使系统在中奖号码公布后的一段时间内能够响应上百万的请求。负载测试工具能够模拟x个用户同时访问测试站点。

(3)每个用户传送大量数据

网上书店的多数用户可能只订购1到5本书，但是大学书店可能会订购5000本有关心理学介绍的课本，或者一个祖母为她的50个儿孙购买圣诞礼物（当然每个孩子都有自己的邮件地址），系统能处理单个用户的大量数据吗？

(4)长时间的使用

如果站点用于处理鲜花订单，那么至少希望它在母亲节前的一周内能持续运行。如果站点提供基于Web的E-mail服务，那么站点最好能持续运行几个月，甚至几年。可能需要使用自动测试工具来完成这种类型的测试，因为很难通过手工完成这些测试。你可以想象组织100个人同时访问某个站点，但是同时组织100000个人呢。通常，测试工具在第二次使用的时候，它创造的效益就足以支付成本。而且，测试工具安装完成之后，再次使用的时候，只要单击几下即可。

2. 负载测试

负载测试采用预定义的负载等级来评价系统性能。负载测试负责度量在通常情况下，或者在预定条件下，系统执行多个程序任务和功能要花费的时间。当任务不能在规定时间内完成时，它将生成程序Bug报告文件。因为负载测试的目标是判断系统性能是否满足它的负载需求，所以在开始测试前要先确定系统的最小配置和最大活动等级。负载测试既是容量测试，也是持久性测试。负载测试是确定在各种工作负载下系统的性能，目标是测试当负载逐渐增加时，系统组成部分的相应输出项，例如通过量、响应时间、CPU 负载、内存使用等来决定系统的性能。负载测试是一个分析软件应用程序和支撑架构、模拟真实环境的使用，从而来确定能够接受的性能的过程。

性能和负载这两个术语经常交替使用，但是它们并不是一样的。进行负载测试的目的是判断在预定义的负载等级上系统性能是否是可接受的，进行性能测试的目的是判断在多个负载等级上的系统性能。性能和负载测试的相似之处在于它们的执行策略。这两种测试都要进行统一的模拟：成百上千、甚至成千上万的用户在一定的时期内同时访问一个系统。由于时间和人力物力（例如，费用问题）的限制，如果没有自动化测试工具的辅助，仅仅依靠测试人员的手工劳动来进行这样的测试通常是行不通的。例如进行负载测试时都要使用模拟的用户，称之为“虚拟用户（Virtual Users，VU）”。大量的虚拟用户要运行在多个客户端，并由控制器管理、代理（agent）驱动。一般来说，一个客户端可以运行 10～100 个虚拟用户，如图 10-2 所示。

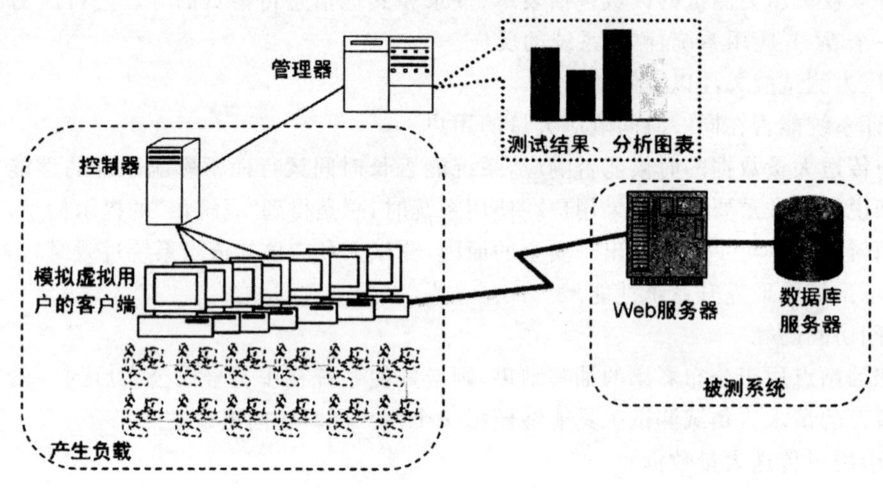

图 10-2　执行负载测试时环境示意图

负载测试应该安排在 Web 系统发布以后，在实际的网络环境中进行。因为一个企业内部员工，特别是项目组人员总是有限的，而一个 Web 系统能同时处理的请求数量将远远超出这个限度。所以，只有放在 Internet 上，接受负载测试，其结果才是正确可信的。

要高质量地完成负载测试，必须通过测试工具准确模拟被测系统实际运行时所受到的真实负载。虽然这种模拟不可能和现实完全吻合，但借助一些方法基本上能做到这一点。例如，以并发用户为例，最常见的加载方法有 4 种，如图 10-3 所示。

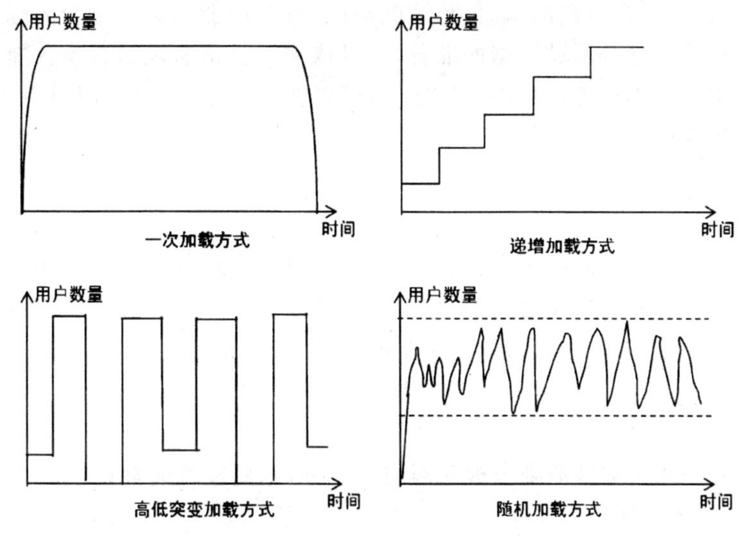

图 10-3　负载测试的加载方式

3. 强度测试

强度测试用来评价系统在超出自己规定的操作限制范围(可能大大宽于需求的范围)时的行为;评价发生超过系统限制范围的峰值活动时的系统响应。强度测试的首要目标是:判断系统是崩溃还是从这种状况下得到完全恢复。应该对强度测试进行这样的设计:它能将系统资源限制放置在出现薄弱链接的点。压力测试是通过确定一个系统的瓶颈或者不能接收的性能点,来获得系统能提供的最大服务级别的测试。

强度测试与性能和负载测试不同,它首先顺序检查系统的各个断点,随后对中断的系统组件进行检查和修补。性能和负载测试是模拟有规律的用户活动。这两种测试的结果为开发者提供了了解真实情况下的系统性能和响应时间的机会。

4. 疲劳强度测试

疲劳强度测试的主要目的是确定系统长时间处理较大业务量时的性能,通过疲劳强度测试基本可以判定系统运行一段时间后是否稳定。

疲劳强度测试是采用系统稳定运行情况下能够支持的最大并发用户数,持续执行一段时间业务,通过综合分析交易执行指标和资源监控指标来确定系统处理最大工作量强度性能的过程。疲劳强度测试可以采用工具自动化的方式进行测试,也可以手工编写程序测试,其中后者占的比例较大。一般情况下以服务器能够正常稳定响应请求的最大并发用户数进行一定时间的疲劳测试,获取交易执行指标数据和系统资源监控数据。如出现错误导致测试不能成功执行,则及时调整测试指标,例如降低用户数、缩短测试周期等。还有一种情况的疲劳测试是对当前系统性能的评估,以系统正常业务情况下并发用户数为基础,进行一定时间的疲劳测试。

5. 大数据量测试

大数据量测试可以分为两种类型:针对某些系统存储、传输、统计、查询等业务进行大数据量的独立数据量测试;与压力性能测试、负载性能测试、疲劳性能测试相结合的综合数据量测试方案。大数据量测试的关键是测试数据的准备,可以依靠工具准备测试数据。速度测试目前主要是针对有速度要求的关键业务进行手工测速度,可以在多次测试的基础上求平均值,可以和工具测得的响应时间等指标作对比分析。

6. 预期指标的性能测试

系统在需求分析和设计阶段都会提出一些性能指标,完成这些指标的相关的测试是性能测试的首要工作之一。这些指标主要如“系统可以支持并发用户 200 个”、“系统响应时间不得超过 20 秒”等。对这种预先确定的性能要求,需要首先进行测试验证。

7. 独立业务性能测试

独立业务实际是指一些核心业务模块对应的业务,这些模块通常具有功能比较复杂,使用比较频繁,属于核心业务等特点。

用户并发测试是核心业务模块的重点测试内容,并发的主要内容是指模拟一定数量的用户同时使用某一核心的相同或者不同的功能,并且持续一段时间。对相同的功能进行并发测试分为两种类型,一类是在同一时刻进行完全一样的操作。另外一类是在同一时刻使用完全一样的功能。用户并发性能测试分类如图 10-4 所示。

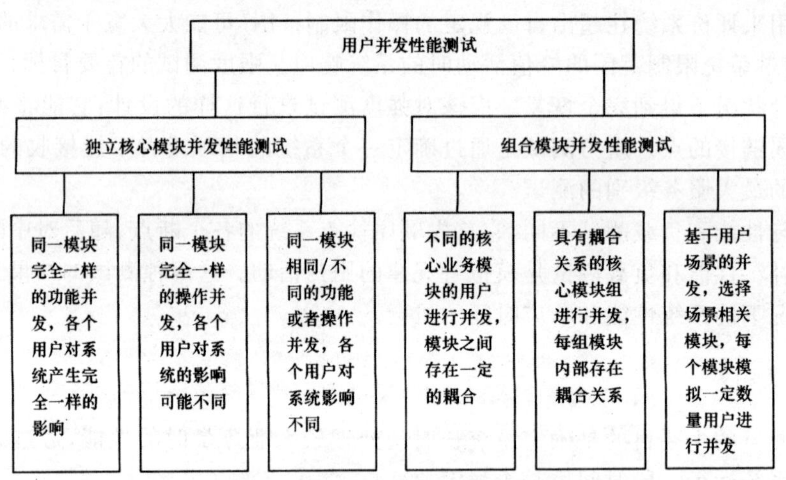

图 10-4　用户并发性能测试分类

8. 组合业务性能测试

通常不会所有的用户只使用一个或者几个核心业务模块,一个应用系统的每个功能模块都可能被使用到,所以 Web 性能测试既要模拟多用户的相同操作,又要模拟多用户的不同操作。组合业务性能测试是最接近用户实际使用情况的测试,是性能测试的核心内容。通常按照用户的实际使用人数比例来模拟各个模版的组合并发情况。组合性能测试往往和服务器性能测试结合起来,在通过工具模拟用户操作的同时,还通过测试工具的监控功能采集服务器的计数器信息,进而全面分析系统瓶颈。

用户并发测试是组合业务性能测试的核心内容。组合并发的突出特点是根据用户使用系统的情况分成不同的用户组进行并发,每组的用户比例要根据实际情况来匹配。

9. 网络性能测试

旨在准确展示带宽、延迟、负载和端口的变化是如何影响用户的响应时间的。主要是测试应用系统的用户数目与网络带宽的关系。调整性能最好的办法就是软硬件相结合。

10. 服务器性能测试

性能测试的主要目的是在软件功能良好的前提下,发现系统瓶颈并解决,而软件和服务器是产生瓶颈的两大来源,因此在进行用户并发性能测试,疲劳强度与大数据量性能测试时,完成对服务器性能的监控,并对服务器性能进行评估。服务器性能测试用例设计就是确定要采集的性能计数器,并将其与前面的测试关联起来。

10.3 Web 应用的功能测试

1. 链接测试

链接是 Web 应用系统的一个主要特征,它是在页面之间切换和指导用户去一些不知道地址的页面的主要手段。链接测试可分为三个方面:首先,测试所有链接是否按指示的那样确实链接到了该链接的页面;其次,测试所链接的页面是否存在;最后,保证 Web 应用系统上没有孤立的页面(所谓孤立页面,是指没有链接指向该页面,只有知道正确的 URL 地址才能访问)。链接测试可以自动进行,现在已经有许多工具可以采用。链接测试必须在集成测试阶段完成,也就是说,在整个 Web 应用系统的所有页面开发完成之后进行链接测试。

2. 表单测试

当用户给 Web 应用系统管理员提交信息时,就需要使用表单操作,例如用户注册、登录、信息提交等。从设计的角度来看,表单是在访问者和服务器之间建立了一个对话,允许使用文本框、单选按钮和选择菜单来获取信息,而不是用文本、图片来发送信息。在这种情况下,我们必须测试提交操作的完整性,以校验提交给服务器的信息的正确性。例如:用户填写的出生日期与职业是否恰当,填写的所属省份与所在城市是否匹配等。如果使用了默认值,还要检验默认值的正确性。如果表单只能接受指定的某些值,则也要进行测试。例如:只能接受某些字符,测试时可以跳过这些字符,看系统是否会报错。

举个例子,用户可以通过表单提交来实现联机注册,当注册完毕以后,应该从服务器上返回注册成功的消息。整个处理过程如图 10-5 所示。

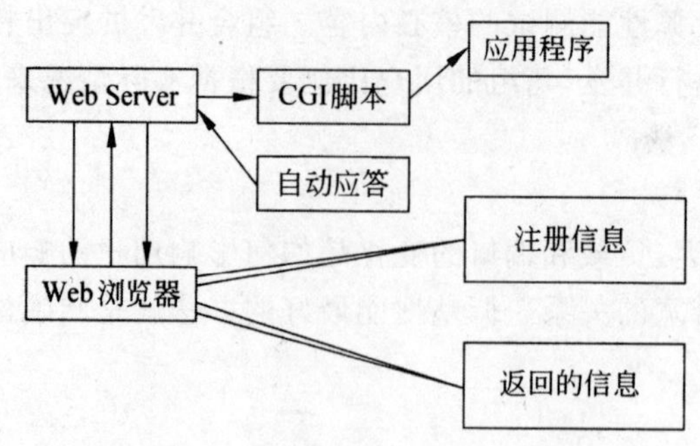

图 10-5 联机注册处理过程示意图

①Web 服务器将表单传送到 Web 浏览器。

②Web 浏览器显示需要访问者填写的注册信息表单。

③访问者将提交按钮和数据传送到 Web 服务器。

④Web 服务器将表单数据传送给 CGI 脚本。

⑤处理表单结果的 CGI 脚本将数据格式化并将其发送给相应应用程序处理。

⑥CGI 脚本产生一个验证消息并将其传送给 Web 服务器。

⑦Web 服务器将验证消息发送给 Web 浏览器,以便显示。

3. 数据校验

数据校验是指如果系统根据业务规则需要对用户输入进行校验,则需要保证这些校验功能能正常工作。例如,省份这个字段可以用一个有效列表进行校验。在这种情况下,需要验证列表完整并且保证程序正确调用了该列表(在列表中添加一个测试值,确定系统能够接受这个测试值)。在测试表单时,该项测试和表单测试可能会有一些重复。

4. Cookies 测试

Cookies 通常用来存储用户信息和用户在某应用系统的操作,当一个用户使用 Cookies 访问了某一个应用系统时,Web 服务器将发送关于用户的信息,把该信息以 Cookies 的形式存储在客户端计算机上,这可用来创建动态和自定义页面或者存储登录等信息。如果 Web 应用系统使用了 Cookies,就必须检查 Cookies 是否能正常工作。测试的内容可包括 Cookies 是否起作用,是否按预定的时间进行保存,刷新对 Cookies 有什么影响等。

5. 设计语言测试

Web 设计语言版本的差异可以引起客户端或服务器端严重的问题,例如使用哪种版本的 HTML 等。当在分布式环境中开发时,开发人员都不在一起,这个问题就显得尤为重要。除了 HTML 的版本问题外,不同的脚本语言,例如 Java、JavaScript、Active X、VBScript 或 Perl 等也要进行验证。

6. 数据库测试

在 Web 应用技术中,数据库起着重要的作用,数据库为 Web 应用系统的管理、运行、查询和实现用户对数据存储的请求等提供空间。在 Web 应用中，最常用的数据库类型是关系型数据库，可以使用 SQL 对信息进行处理。在使用了数据库的 Web 应用系统中，一般情况下，可能发生两种错误，分别是数据一致性错误和输出错误。数据一致性错误主要是由于用户提交的表单信息不正确而造成的，而输出错误主要是由于网络速度或程序设计问题等引起的，针对这两种情况，可分别进行测试。

7. Web 图形测试

Web 图形是一种常见的显示信息的手段，如 GIF 图片、Flash 等。很多时候，图形是和文本混合在一起使用的，因此，在 Web 图形测试的时候，不仅要确认文本是否正确，同时需要确认图片的内容和显示，如文字是否正确地环绕图片，图片的文字提示是否正确，图片所指向的链接是否正确等。当然，页面的负载测试中，图片显示也是一个重要因素，某些时候，在网络状态不好且图片文件比较大的时候，可能会遇到链接超时的错误，这些也需要被考虑在图形测试之内。图形测试还应当考虑显示问题，例如不同分辨率下的图形显示是否正确，需要浏览器附加程序支持的图形（如 Flash 动画）是否能正确加载等。

8. 应用程序特定的功能需求

除了以上基本的功能测试外，测试人员还需要对应用程序特定的功能需求进行验证。例如某企业的订单管理应用软件，应尝试用户可能进行的所有操作：下订单、更改订单、取消订单、核对订单状态、在货物发送之前更改送货信息、在线支付等等。

10.4　Web 应用的界面测试

现在每天上网都会接触各种各样的 Web 应用，从社交网络到博客、微博，从 OA 系统到信息管理系统，Web 页面正是构成这些应用的基本元素之一。一个好的 Web 界面不仅是让 Web 应用变得有个性有品味，还要让 Web 应用的操作变得舒适、简单、自由，充分体现 Web 应用的定位和特点，使 Web 页面不但增强了用户体验，更有利于信息的传递和表达。因此，Web 界面测试也有非常重要的意义。

每个 Web 系统的页面的组成部分基本相同，一般都包含 HTML 文件、JavaScript 文件、层叠样式表、图片等文件，而影响系统页面性能的正是这些文件或页面元素的编写不恰当、属性设置不正确、或使用方法有误造成的。因此，系统页面性能测试的内容与系统后台并发压力测试不一样，页面性能测试不是在多用户并发情况下去发现并定位系统的性能瓶颈，而是检查页面各文件或元素是否以最优的方式编写。

10.4.1　Web 界面测试的目标和主要元素

1. Web 界面测试的目标

Web 界面测试的目标如下。

①Web 界面的实现与设计需求、设计图保持一致，或者符合可接受标准。

②使用恰当的控件,各个控件及其属性符合标准。

③通过浏览测试对象可正确反映业务的功能和需求。

④如果有不同浏览器兼容性的需求,则需要满足在不同内核浏览器中实现效果相同的目标。

2. 界面测试主要元素

Web 用户界面主要讨论页面、页面元素以及容错性这三个方面。

(1)页面

页面应注意如下内容。

①页面清单是否完整(是否已经将所需要的页面全部列出来了)。

②页面是否显示(在不同分辨率下页面是否存在,在不同浏览器版本中页面是否显示)。

③页面在窗口中的显示是否正确、美观(在调整浏览器窗口大小时,屏幕刷新是否正确)。

④页面特殊效果(如特殊字体效果、动画效果)是否显示?

⑤页面特殊效果显示是否正确。

(2)页面元素

页面元素应注意如下内容。

①页面元素的容错性列表是否完整。包括输入框、时间列表或日历等。

②页面元素清单。为实现功能,是否将所需要的元素全部都列出来了,如按钮、单选框、复选框、列表框、超链接、输入框等。

③页面元素的容错性是否存在、正确。输入非要求数据,确认其反应是否正确,是否出现异常情况。

④页面元素基本功能是否实现。关注文字特效、动画特效、按钮、超链接等。

⑤页面元素的外形、摆放位置。关注按钮、列表框、核选框、输入框、超链接等。

⑥页面元素是否显示正确。主要针对文字、图形、签章等。

⑦页面元素是否存在容错性。确认是否存在。

(3)容错性

容错性应注意如下内容。

①数据内容为空、非空。

②数据是否具有唯一性。

③数据字长、格式是否符合要求。

④数字、邮政编码、金额、电话、电子邮件、ID 号、密码是否符合要求格式。

⑤日期、时间。特殊字符(对数据库)、英文单/双引号、"&"符号。

⑥页面元素的容错性是否正确。

10.4.2 Web 界面测试内容

针对 Web 应用的界面测试,可以从以下方面进行用户界面测试:整体界面测试、控件测试、多媒体测试、内容测试、容器测试、浏览器兼容性测试等,下面予以详细介绍。

1. 整体界面测试

整体界面是指整个 Web 应用系统的页面结构设计,是给用户的一个整体感。例如。

①当用户浏览 Web 应用系统时是否感到舒适。

②是否凭直觉就知道要找的信息在什么地方。

③整个 Web 应用系统的设计风格是否一致等。

对整体界面的测试过程,就是一个对最终用户进行调查的过程。整体界面要求舒适,整个设计风格应一致。

2. 控件测试

在 Web 界面上有许多用以实现各种功能或者操作的控件,比如常见的按钮、单选框、复选框、下拉列表框等。最基本测试当然是测试每一个控件其功能是否达到使用要求。

①是否合适的使用。

②有状态属性的控件在进行多种操作之后,控件状态是否依然能够保持正确。

③界面信息是否显示正常等。

3. 多媒体测试

如今的 Web 应用中,主流的一些多媒体内容包括图片、GIF 动画、Flash、Silverlight 等。可以通过以下方面进行测试。

①要确保图形有明确的用途,图片或动画排列有序并且目的明确。

②图片按钮链接有效,并且链接的属性正确(比如是新建窗口打开还是在当前页面打开)。

③背景图片应该与字体颜色和前景颜色相搭配。

④检查图片的大小和质量,一般采用 JPG、GIF、PNG 格式,并且在不影响图片质量的情况下能使图片的大小减小到 30KB 以下。

⑤GIF 动画是否设置了正确的循环模式,其颜色是否显示正常。

⑥Flash、Silveflight 元素是否显示正常。如果是控件类,功能是否能够实现。

4. 导航测试

导航是 WEB 应用系统描述用户在一个页面内操作的方式。导航用在不同的用户接口控制之间(如按钮、对话框、列表和窗口等)或不同的连接页面之间,主要测试站点地图和导航条位置等内容布局是否合理。在一个页面上放太多的信息往往起到与预期相反的效果。Web 应用系统的用户趋向于目的驱动,很快地扫描一个 Web 应用系统,看是否有满足自己需要的信息,如果没有,就会很快地离开。很少有用户愿意花时间去熟悉 Web 应用系统的结构,因此,Web 应用系统导航帮助要尽可能地准确。

导航的另一个重要方面是 Web 应用系统的页面结构、导航、菜单、连接的风格是否一致。确保用户凭直觉就知道 Web 应用系统里面是否还有内容,内容在什么地方。Web 应用系统的层次一旦决定,就要着手测试用户导航功能。

5. 内容测试

内容测试用来检验 Web 应用系统提供信息的正确性、准确性和相关性:信息的正确性是指信息是可靠的还是误传的;信息的准确性是指是否有语法或拼写错误;信息的相关性是指是否在当前页面中可以找到与当前浏览信息相关的信息列表或入口,也就是一般 Web 站点中的所谓

“相关文章列表”。内容测试的主要包括：

①验证所有页面字体的风格是否一致，包括字体、颜色、字号等方面。

②导航是否直观，Web应用的主要功能是否可通过主页索引。

③站点地图和导航功能、位置是否合理。

④Web页面结构、导航、菜单、超级链接的风格是否一致，比如指向超链接，单击超链接，访问后的超链接是否都进行了处理。

⑤背景颜色应该与字体颜色和前景颜色相搭配。

⑥验证文字段落、图文排版是否正确，文字内容是否完整显示，图片是否按原有比例显示。

⑦检查是否有语法或拼写错误，文字表达是否恰当，超级链接引用是否正确。

⑧链接的形式、位置是否易于理解。

6. 图形测试

在Web应用系统中，适当的图片和动画既能起到广告宣传的作用，又能起到美化页面的功能。一个Web应用系统的图形可以包括图片、动画、边框、颜色、字体、背景、按钮等。图形测试的内容如下。

①要确保图形有明确的用途，图片或动画不要胡乱地堆在一起，以免浪费传输时间。Web应用系统的图片尺寸要尽量地小，并且要能清楚地说明某件事情，一般都链接到某个具体的页面。

②验证所有页面字体的风格是否一致。

③背景颜色应该与字体颜色和前景颜色相搭配。

④图片的大小和质量也是一个很重要的因素，一般采用JPG或GIF压缩，最好能使图片的大小减小到30KB以下。

⑤文字回绕是否正确。

7. 容器测试

DIV和表格在页面布局上的基本作用都是作为一种容器。其中，表格测试分为两个方面：一方面是作为控件，需要检测其是否设置正确，每一栏的宽度是否足够宽，表格里的文字是否都有折行，是否有因为某一格的内容太多，而将整行的内容拉长等；另一方面，表格作为较早的网页布局方式，目前依然有很多的Web页使用该方式实现Web页设计，此时则需要考虑浏览器窗口尺寸变化、Web页内容动态增加或者删除对Web界面的影响。

DIV＋CSS(Web设计标准，一种网页布局方法)测试则需要界面符合W3C的Web标准，W3C提供了CSS验证服务，可以将用DIV＋CSS布局的网站提交至W3C，帮助Web设计者检查层叠样式表(CSS)。还需要测试调整浏览器窗口大小时，页面在窗口中的显示是否正确、美观，页面元素是否显示正确。

10.4.3 Web页面测试的基本准则

Web页面测试的基本准则是符合页面/界面设计的标准和规范，满足易用性、正确性、规范性、合理性、实用性、一致性等要求。

1. 易用性

易用性测试的基本准则为。

①按钮名称应该易懂，用词准确，一定不要使用模棱两可的词汇；要与同一界面上的其他按钮易于区分，能望文知意最好。理想的情况是用户不用查阅帮助文档就能知道该界面的功能并进行相关的正确操作。

②常用按钮要支持快捷方式。

③界面要支持键盘自动浏览按钮功能，即按 Tab 键的自动切换功能。Tab 键的顺序与控件排列顺序要一致，最好是总体从上到下，同时行间从左到右的方式。

④默认按钮要支持 Enter 键操作，即按 Enter 键后自动执行默认按钮对应操作。

⑤可写控件检测到非法输入后应给出说明并能自动获得焦点。

⑥复选框和单选框按选择几率的高低而先后排列。

⑦复选框和选项框根据需要设置默认选项，并支持 Tab 键选择。

⑧界面空间较小时使用下拉框而不用选项框；选项数较少时使用选项框，相反使用下拉列表框。

2. 规范性

通常界面设计都按 Windows 界面的规范来设计。界面遵循规范化的程度越高，则易用性随之就越好。规范性测试的基本准则为：

①常用菜单要有命令快捷方式。

②菜单前的图标能直观的代表要完成的操作。

③某一操作需要的时间较长，需显示进度条和进程提示。

④每一个功能按钮要有及时提示信息。

3. 合理性

合理性测试的基本准则为：

①屏幕对角线相交的位置是用户直视的地方，正上方四分之一处为易吸引用户注意力的位置，在测试窗体时要注意利用这两个位置。

②重要的命令按钮与使用较频繁的按钮要放在界面上醒目的位置。

③错误使用容易引起界面退出或关闭的按钮不应该放在鼠标易点位置，横排开头或最后与竖排最后为易点位置。

④与正在进行的操作无关的按钮应该加以屏蔽（比如用灰色显示）。

⑤对可能造成数据无法恢复的操作必须提供确认信息，给用户选择放弃的机会。

⑥非法的输入或操作应有足够的提示说明。

⑦对运行过程中出现问题而引起错误的地方要有提示，让用户明白错误出处，避免形成无限期的等待。

⑧提示、警告、或错误说明应该清楚、明了、恰当。

4. 美观与协调性

美观与协调性测试的基本准则为：

①界面大小应该适合美学观点，感觉协调舒适，能在有效的范围内吸引用户的注意力。

②布局合理，不宜过于密集，也不能过于空旷，合理的利用空间。

③按钮大小基本相近，忌用太长的名称，免得占用过多的界面位置。

④按钮的大小要与界面的大小和空间要协调，避免空旷的界面上放置很大的按钮。

⑤前景与背景色搭配合理协调，反差不宜太大，如果使用其他颜色，主色要柔和，具有亲和力与磁力。

⑥界面风格要保持一致，字的大小、颜色、字体要相同，除非是需要艺术处理或有特殊要求的地方。

5. 安全性

在界面上通过下列方式来控制出错几率，会大大减少系统因用户人为的错误引起的破坏。安全性测试的基本准则为：

①最重要的是排除可能会使应用程序非正常中止的一切错误。

②应当注意尽可能避免用户无意录入无效的数据。

③采用相关控件限制用户输入值的种类。

④对可能引起致命错误或系统出错的输入字符或动作要加限制或屏蔽。

⑤对可能发生严重后果的操作要有补救措施。通过补救用户可以回到原来的正确状态。

⑥对可能造成等待时间较长的操作应该提供取消功能。

⑦有些读入数据库的字段不支持中间有空格，但用户需要输入中间空格，这时要在程序中加以处理。

6. 帮助功能

Web 系统应该提供详尽而可靠的帮助文档，在用户使用产生问题时可以自己寻求解决方法。帮助功能测试的基本准则为：

①帮助文档中的性能介绍与说明要与系统性能配套一致。

②打包新系统时，对作了修改的地方在帮助文档中要做相应的修改。

③操作时要提供及时调用系统帮助的功能。常用 F1 键。

④在界面上调用帮助时应该能够及时定位到与该操作相对的帮助位置。也就是说帮助要有即时针对性。

⑤最好提供目前流行的联机帮助格式或 HTML 帮助格式。

⑥用户可以用关键词在帮助索引中搜索所要的帮助，当然也应该提供帮助主题词。

⑦如果没有提供书面的帮助文档的话，最好有打印帮助的功能。

⑧在帮助中应该提供我们的技术支持方式，一旦用户难以自己解决可以方便地寻求新的帮助方式。

7. 菜单

菜单是界面上最重要的元素，菜单的安排是按照按功能来组织的。菜单测试的基本准则为：

①菜单通常采用：常用→主要→次要→工具→帮助的位置排列，符合流行的 Windows 风格。

②下拉菜单要根据菜单选项的含义进行分组，并且按照一定的规则进行排列，用横线隔开。

③一组菜单的使用有先后要求或有向导作用时，应该按先后次序排列。

④没有顺序要求的菜单项按使用频率和重要性排列，常用的放在开头，不常用的靠后放置；重要的放在开头，次要的放在后边。

⑤如果菜单选项较多，应该采用加长菜单的长度而减少深度的原则排列。菜单深度一般要求最多控制在三层以内。

8. 快捷方式的组合

在菜单及按钮中使用快捷键可以让喜欢使用键盘的用户操作得更快一些，一般软件中快捷键的使用大多是一致的。快捷方式的组合测试的基本准则为：

①面向事务的快捷方式有：Ctrl＋D 删除；Ctrl＋F 寻找；Ctrl＋H 替换；Ctrl＋I 插入；Ctrl＋N 新记录；Ctrl＋S 保存；Ctrl＋O 打开。

②列表的快捷方式有：Ctrl＋R，Ctrl＋G 定位；Ctrl＋Tab 下一分页窗口或反序浏览同一页面控件。

③编辑的快捷方式有：Ctrl＋A 全选；Ctrl＋C 复制；Ctrl＋V 粘贴；Ctrl＋X 剪切；Ctrl＋Z 撤销操作；Ctrl＋Y 恢复操作。

④文件操作的快捷方式有：Ctrl＋P 打印；Ctrl＋W 关闭。

⑤系统菜单快捷方式有：Alt＋A 文件；Alt＋E 编辑；Alt＋T 工具；Alt＋W 窗口；Alt＋H 帮助。

9. 多窗口的应用与系统资源

设计良好的软件不仅要有完备的功能，而且要尽可能的占用最底限度的资源。多窗口的应用与系统资源测试的基本准则为：

①在多窗口系统中，有些界面要求必须保持在最顶层，避免用户在打开多个窗口时，不停的切换甚至最小化其他窗口来显示该窗口。

②在主界面载入完毕后自动卸出内存，让出所占用的 Windows 系统资源。

③关闭所有窗体，系统退出后要释放所占的所有系统资源，除非是需要后台运行的系统。

10.5　Web 应用的客户端兼容性测试

Web 的兼容性包括操作系统兼容和应用软件兼容，可能还包括硬件兼容。

Web 的兼容性测试主要讨论：系统平台测试、浏览器测试、分辨率测试。

1. 系统平台测试

最常见的系统平台有 Windows、UNIX、Macintosh、Linux 操作系统等。同一个应用可能在某些操作系统下能正常运行,但在另外的操作系统下不能运行,因此,Web 系统平台需要在各种操作系统下对 Web 系统进行系统平台兼容性测试。

2. 浏览器测试

浏览器是 Web 客户端最核心的构件,不同厂商的浏览器对 Java、HTML 规格有不同的支持,框架和层次结构风格在不同的浏览器中也有不同的显示,浏览器需要测试兼容性。

3. 分辨率测试

页面版式在 640×400 像素、600×800 像素或 1024×768 像素的分辨率模式下显示是否正常;字体大小是否正常;文本和图片是否对齐。

10.6 Web 应用的安全性测试

随着 Internet 的普及,网上购物、网上交易、电子银行等新的信息交易方式走进人们的生活,同时网络安全越来越不容忽视。在这些应用中,通常要使用 Web 页面来传送一些重要的信息,如信用卡信息、用户资料信息等,一旦这些信息被黑客捕获,后果将不堪设想。在 Web 的安全性测试中,通常需要考虑下列的情形。

10.6.1 应用级别的安全测试

1. 登录

一般的应用站点都会使用登录或者注册后使用的方式,因此,必须对用户名和匹配的密码进行校验,以阻止非法用户登录。在进行登录测试的时候,需要考虑输入的密码是否对大小写敏感、是否有长度和条件限制,最多可以尝试多少次登录,哪些页面或者文件需要登录后才能访问/下载等。

2. 超时限制

Web 应用系统需要有是否超时的限制,当用户长时间不作任何操作的时候,需要重新登录才能使用其功能。

3. 日志文件

为了保证 web 应用系统的安全性,日志文件是至关重要的。在服务器上,要验证服务器的日志是否正常工作,需要测试相关信息是否写进入了日志文件,是否可追踪例如 CPU 的占用率是否很高、是否有例外的进程占用、所有的事务处理是否被记录等。

4. 备份与恢复

为了防范系统的意外崩溃造成的数据丢失,备份与恢复手段是一个 Web 系统的必备功能。备份与恢复根据 Web 系统对安全性的要求可以采用多种手段,如数据库增量备份数据库完全备份、系统完全备份等。出于更高的安全性要求，某些实时系统经常会采用双机热备或多机热备。除了对于这些备份与恢复方式进行验证测试以外，还要评估这种备份与恢复方式是否满足 Web 系统的安全性需求。

10.6.2 输出级别的安全测试

1. 数据加密

某些数据需要进行信息加密和过滤后才能进行数据传输，例如用户信用卡信息、用户登录密码信息等。此时需要进行相应的其他操作，如存储到数据库、解密发送到用户电子邮箱或者客户浏览器。数据加密测试是对介入信息的传送，存取，处理人的身份和相关数据内容进行验证，检查达到保密的要求，数据加密在许多场合集中表现为密钥的应用，密钥测试包括密钥的产生，分配保存，更换销毁等各个环节上的测试。目前的加密算法越来越多，越来越复杂，但一般数据加密的过程是可逆的，也就是说能进行加密，同时需要能进行解密。

2. Cookie 和 Session

Cookie 和 Session 的安全性也是非常必要的，当一个站点或页面通过 Cookie 或者 Session 存储等安全性信息时，我们也需要对它进行测试。

3. SSL

越来越多的站点使用 SSL 安全协议进行传送。SSL 是 Security Socket Layer（安全套接字协议层）的缩写，是由 Netscape 首先发表的网络数据安全传输协议。SSL 是利用公开密钥/私有密钥的加密技术（RSA），在位于 HTTP 层和 TCP 层之间，建立用户与服务器之间的加密通信，确保所传递信息的安全性。SSL 是工作在公共密钥和私人密钥基础上的，任何用户都可以获得公共密钥来加密数据，但解密数据必须要通过相应的私人密钥。进入一个 SSL 站点后，可以看到浏览器出现警告信息，然后地址栏的 http 变成 https，在做 SSL 测试的时候，需要确认这些特点，以及是否有时间连接限制等一系列相关的安全保护。

4. 防火墙测试

防火墙是一种主要用于防护非法访问的路由器，在 Web 系统中是很常用的一种安全系统。防火墙测试是一个很大且专业的课题。这里所涉及的只是对防火墙功能、设置进行测试，以判断本 Web 系统的安全需求。

5. 服务器脚本语言

脚本语言是最常见的安全隐患，如有些脚本语言允许访问根目录，经验丰富的黑客可以通过这些缺陷来攻击和使用服务器系统，因此，脚本语言安全性在测试过程中也必须被考虑到。

6. 目录

Web 的目录安全是不容忽视的一个因素。如果 Web 程序或 Web 服务器的处理不适当，通过简单的 URL 替换和推测，会将整个 Web 目录完全暴露给用户，这样会造成很大的风险和安全性隐患。我们可以使用一定的解决方式，如在每个目录访问时有 index.htm，或者严格设定 Web 服务器的目录访问权限，将这种隐患降低到最小程度。

思考及作业题

1. Web 应用测试有哪些测试内容？我们怎样进行这些内容的测试？
2. 简述 Web 应用系统的性能测试过程。
3. 简述 Web 性能测试中包含的各测试类型。
4. 简述 Web 功能测试中包含的各测试类型。
5. 简述 Web 界面测试的目标和主要测试内容。
6. 简述 Web 页面测试的基本准则。
7. 如何对界面中各主要元素进行测试？
8. Web 应用的客户端兼容性测试有哪些？
9. 简述 Web 应用系统的安全性测试包括哪些内容。

第 11 章　软件自动化与可靠性测试

自动化测试就是希望能够通过自动化测试工具或其他手段，按照测试工程师的预定计划进行自动的测试，目的是减轻手工测试的工作量，从而达到提高软件质量的目标。而可靠性是决定软件质量的因素之一，经验告诉我们，可靠性是软件质量的一项重要指标。

本章主要知识点

1. 自动化测试的基础知识
2. 自动化测试的原理
3. 自动化测试的工具
4. 自动化测试的框架
5. 软件可靠性的概述
6. 软件可靠性模型
7. 软件可靠性分析方法
8. 软件可靠性的测试

11.1　自动化测试概述

11.1.1　自动化测试的概念

自动化的概念是人们在工业生产的过程中，为了提高工作效率，不断地对操作方法、技术或者工具进行改进，以期减少人的手工劳动，节省时间和成本而提出的。自动化测试是把以人为驱动的测试行为转化为机器执行的一种过程。通常，在设计测试用例并通过评审之后，由测试人员根据测试用例中描述的规程一步步执行测试，将得到的实际结果与期望结果进行比较。在此过程中，为了节省人力、时间或硬件资源和提高测试效率，便引入了自动化测试的概念，但是，自动化测试不能完全代替手工测试、也不能立即降低测试投入，提高测试效率、更不能保证 100％的测试覆盖率。

自动化测试是软件行业测试技术，Bret Pettichord 在《自动化测试的 7 个步骤》一书中讲到："我们对自动化测试充满了希望，然而，自动化测试却经常带给我们沮丧和失望；虽然，自动化测试可以把我们从困难的环境中解放出来，但在实施自动化测试解决问题的同时，又带来同样多的问题"。自动化测试可以节省人力、节省时间，得到的数据更精确些，而且操作的可重复性和 Bug 的可重现性更强一些，而软件行业的测试有节约成本、提高效率的需求，所以自动化测试需要考虑到成本的问题。若要理解自动化测试，需要从自动化测试的前提和成本两个方面进行考虑。

1. 自动化测试的前提

实施自动化测试之前需要对软件开发过程进行分析，以观察其是否适合使用自动化测试。通常需要同时满足以下条件。

① 产品本身特征具有长期可维护性。

②软件需求变动不频繁：项目中的某些模块相对稳定，而某些模块需求变动性很大时，便可对相对稳定的模块进行自动化测试，而变动较大的仍然使用手工测试。

③项目周期足够长：由于自动化测试需求的确定、自动化测试框架的设计、测试脚本的编写与调试均需要较长的时间来完成。如果项目的周期比较短，没有足够的时间去支持这样一个过程，那么不适合使用自动化测试。

④产品本身非紧迫的大项目。

⑤产品结构相对复杂。

⑥资源投入相对充裕。

⑦在手工测试无法完成、需要投入大量时间与人力时，也需要考虑引入自动化测试，如性能测试、配置测试、大数据量输入测试等。

2. 自动化测试的成本

有的人说："从管理的角度来说，100％的自动化目标只是一个从理论上可能达到的，但是实际上要达到100％的自动化的代价是十分昂贵的。一个40％～60％的自动化利用程度已经是非常高了，达到这个级别以上，需要增加测试相关的维护成本"。成本包括以下内容：

① 实现成本。

②人力成本。

③新技术的风险。

④大量的手工劳动。

11.1.2 自动化测试的过程

自动化测试无非是利用自动化测试工具，经过对测试需求的分析，设计出自动化测试用例，从而搭建自动化测试的框架、设计与编写自动化脚本、测试脚本的正确性，同样需要经历需求分析、制定测试计划、设计测试用例、执行测试、撰写测试报告、消除软件缺陷、评估测试结果等步骤，过程如图11-1所示。

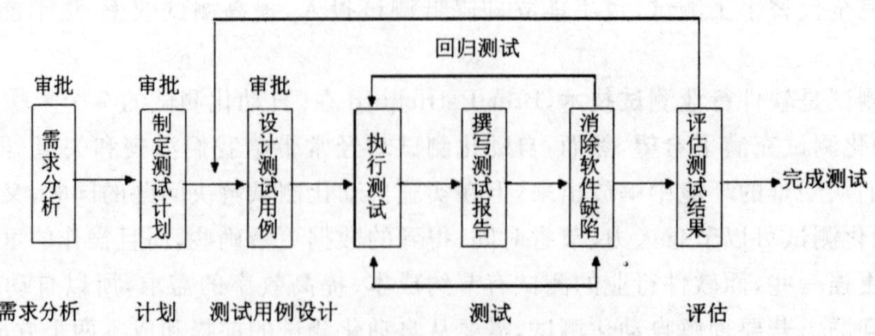

图11-1 自动化测试过程

(1)需求分析

当测试项目满足了自动化的前提条件,并确定在该项目中需要使用自动化测试时,便可开始进行自动化测试需求分析,可落实到《测试需求说明书》。

(2)制定测试计划

此过程需要确定自动化测试的范围以及相应的测试用例、测试数据,并形成详细的文档,以便于自动化测试框架的建立,包括定义测试活动模型(确定测试所使用的测试技术)、定义测试体系结构、完成测试程序的定义与映射(建立测试程序与测试需求之间的联系)、自动/手动测试映射(确定哪些测试使用自动测试)以及测试数据映射。该阶段决定如何测试、划分测试阶段、类型以及测试方法等。

(3)设计测试用例

自动化测试的框架可确定需要调用哪些文件、结构、调用过程、文件结构如何划分等内容。自动化测试框架的典型要素如下。

①公用的对象:不同的测试用例会有一些相同的对象被重复使用,这些公用的对象可被抽取出来,在编写脚本时随时调用。

②公用的环境。

③公用的方法。

(4)执行测试

以上准备工作均做好后,就可以执行测试。

(5)撰写测试报告

执行测试后,编写测试用例或开发测试脚本,并将其文档化。

(6)消除软件缺陷

调试测试(针对自动化测试脚本),并修改软件缺陷。

(7)评估测试结果

测试执行结束后,需要对测试结果进行比较、分析以及结果验证,得出测试报告。其中总结性报告是提供给被测方中高层管理者及客户的,而详细报告作为反馈文档提供给开发小组成员。评估过程如图 11-2 所示。

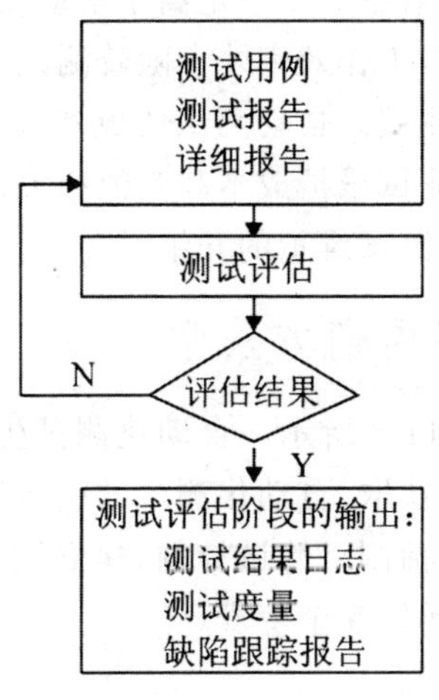

图 11-2　评估流程

这个阶段由测试设计工程师与测试工程师共同参与。在构建好的待测系统上，使用测试用例脚本执行测试数据，其中测试数据是被设计用于测试该应用程序各种特征的。可以使用 Excel、Word、ClearQuest 等工具得到测试结果日志、测试度量、缺陷报告及测试评估总结等。

测试执行结束后，需要对测试结果进行比较、分析以及结果验证，得出测试报告（包括总结性报告和详细报告）。

11.1.3 自动化测试的特点

1. 优点

自动化测试具有以下优点：

①能执行更多、更频繁的测试，使某些测试任务的执行比手动方式更高效，可以更快地将软件推向市场。

②能执行一些手动测试困难或不可能做的测试。

③更好地利用资源，利用整夜或周末空闲的设备执行自动化测试。

④ 将任务自动化，让测试人员投入更多的精力设计出更多、更好的测试用例，提高测试准确性和测试人员的积极性。

⑤自动测试具有一致性和可重复性的特点，而且测试更客观，提高了软件的信任度。

2. 缺点

但自动化测试仍然存在着一定的局限性，具有以下缺点：

①不能取代手工测试，不可能自动化所有的测试，假若测试只是偶尔执行，或待测系统经常变动、不稳定，测试需要大量的人工参与时，就不适宜采用自动测试。

②自动测试工具本身不具有想象力，只是按命令执行。而手工测试时测试执行者可以在测试中判断测试输出是否正确，以便改进测试，还可以处理意外事件。

③自动测试对测试质量的依赖性较大，在确保测试质量的前提下，实施自动化测试才有意义。

④自动测试在刚开始执行时，工作效率并不一定高于手动测试，只有当整个自动测试系统成熟，且测试工程师熟练掌握测试工具后，工作效率才会随着测试执行次数的增加而提高。

⑤自动测试的成本可能高于手工测试。自动测试的成本大致由以下几个部分组成：自动测试开发成本、自动测试运行成本、自动测试维护成本和其他相关任务带来的成本。软件的修改带来测试脚本部分或全部修改，就会增加测试维护的开销。

11.1.4 自动化测试生存周期方法学

自动化测试生存周期方法学如图 11-3 所示。自动化测试生存周期方法学经历了采用自动化测试方法的确认、自动化测试工具的获取、自动化测试的引入阶段（包括测试过程分析和测试工具的考查）、测试计划与测试设计（包括制订测试计划、建立测试环境、测试设计和设计开发）、测试执行与管理以及测试活动评审与评估 6 个阶段。

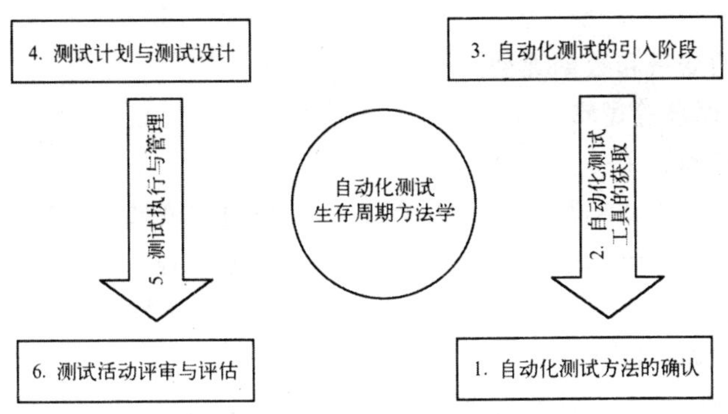

图 11-3　自动化测试生存周期方法学

11.2　自动化测试原理

自动化测试模拟人工对计算机的操作过程、操作行为，采用类似于编译系统的方法对程序代码进行检查。自动化测试原理包括对代码进行分析、对测试过程的捕获和回放、测试脚本技术和虚拟用户技术。

11.2.1　代码分析

代码分析是白盒测试的自动化方法，类似于高级编译，通过定义类、对象、函数、变量等定义规则、语法规则，对代码进行语法扫描，找出不符合编码规范的地方，根据某种质量模型评价代码质量和生成系统的调用关系图等。

11.2.2　录制回放

录制回放是黑盒测试的自动化方法，通过捕获用户的每一步操作，如用户界面的像素坐标或程序显示对象（窗口、按钮、滚动条等）的位置，以及相应操作、状态变化或属性变化，用一种脚本语言记录描述，模拟用户操作。回放时，将脚本语言转换为屏幕操作，比较被测系统的输出记录与预先给定的标准结果。

目前，自动化负载测试的解决方案几乎都采用“录制—回放”技术。所谓“录制—回放”技术，就是先由手工完成一遍测试流程，由计算机记录下这个流程期间客户端和服务器端之间的通信信息，这些信息通常是一些协议和数据，并形成特定的脚本程序。然后在系统的统一管理下同时生成多个虚拟用户，运行该脚本，监控硬件和软件平台的性能，提供分析报告或相关资料，通过模拟成百上千的并发用户对应用系统进行负载能力的测试。

11.2.3　脚本技术

1. 基本知识

脚本是一组测试工具执行的指令集合，也是计算机程序的另一种表现形式。脚本语言至少具有如下 3 项功能：

①支持多种常用的变量和数据类型。

②支持各种条件、循环等逻辑。

③支持函数的创建和调用。

脚本有两种。一种是手动编写或嵌入源代码；一种是通过测试工具提供的录制功能，运行程序自动录制生成脚本。由于录制生成脚本简单且智能化，容易操作，但仅靠自动录制脚本，无法满足用户的复杂要求。通常需要手工添加设置，增强脚本的实用性。

手工编写脚本具有如下优点：

①读性好，流程清晰，检查点截取含义明确。业务级的代码比协议级的代码容易理解，也更易于维护，而录制生成的代码维护性较差。

②手写脚本比录制脚本更能真实地模拟应用。录制脚本截获了网络包，生成协议级的代码，却忽略了客户端的处理逻辑，不能真实模拟应用程序的运行。

③手写脚本比录制脚本更能提高测试人员的技术水平。测试工具提供如 Java、VB、C 等高级程序设计语言的脚本，允许用户根据不同的测试要求定义开发各种语言类型的测试脚本。

总之，使用哪种方式生成脚本，应以脚本模拟程序的真实有效为准。例如，有些程序只需要执行迭代多次操作，没有特殊要求，选择自动生成的脚本就可以。但有些程序需要参数设置，则应使用手工脚本。

2. 脚本分类

脚本技术分为以下几种类型。

(1)线性脚本

录制手工执行的测试用例得到的线性脚本，包含用户键盘和鼠标输入，检查某个窗口是否弹出等操作。

线性脚本具有以下优点：不需要深入的工作或计划，对实际执行操作可以审计跟踪。线性脚本适用于演示、培训或执行较少且环境变化小的测试、数据转换的操作功能。但是，线性脚本具有以下缺点：过程较繁琐，过多依赖于每次捕获的内容，测试数据“捆绑”在脚本中，不能共享或重用脚本，容易受软件变化的影响。另外，线性脚本修改代价大，维护成本高，容易受意外事件的影响。

(2)结构化脚本

结构化脚本类似于结构化程序设计，包含控制脚本执行指令，具有顺序、循环和分支等结构。结构化脚本的优点是健壮性好，通过循环和调用可减少工作量；但结构化脚本较复杂，而且测试数据仍然与脚本“捆绑”在一起。

(3)共享脚本

共享脚本侧重描述脚本中共享的特性，脚本可以被多个测试用例使用，一个脚本可以被另一个脚本调用。当重复任务发生变化时，只需修改一个脚本，便可达到脚本共享的目的。

共享脚本具有以下优点：以较少的开销实现类似的测试，维护共享脚本的开销低于线性脚本。但是，共享脚本需要跟踪更多的脚本，给配置管理带来了一定困难，并且对于每个测试用例仍然需要特定的测试脚本。

(4)数据驱动脚本

数据驱动脚本将测试输入到独立的数据文件(数据库)中,而不是绑定在脚本中。执行时,是从数据文件中读数据,使得同一个脚本执行不同的测试,只需对数据进行修改,不必修改执行脚本。通过一个测试脚本指定不同的测试数据文件,实现较多的测试用例。

数据驱动脚本具有以下优点:快速增加类似的测试用例,新增加的测试也不必掌握工具脚本技术,对以后类似的测试无需额外的维护,有利于测试脚本和输入数据分离,减少编程和维护的工作量,有利于测试用例的扩充和完善。但是,数据驱动脚本的初始建立开销较大、需要专业人员的支持。

(5)关键字驱动脚本

关键字驱动脚本是比较复杂的数据驱动技术的逻辑扩展,是将数据文件变成测试用例的描述,用一系列关键字指定要执行的任务。关键字驱动技术假设测试者具有被测系统方面的知识和技术,不必告之如何进行详细动作,以及测试用例如何执行,只说明测试用例即可。关键字驱动脚本多使用说明性方法和描述性方法。

11.2.4　虚拟用户技术

虚拟用户技术通过模拟真实用户的行为对被测程序(Application UnderTest,AUT)施加负载,测量 AUT 的性能指标值,如事务的响应时间和服务器的吞吐量等。虚拟用户技术以真实用户的"商务处理(用户为完成一个商业业务而执行的一系列操作)"作为负载的基本组成单位,用"虚拟用户(模拟用户行为的测试脚本)"模拟真实用户。

负载需求(如并发虚拟用户数和处理的执行频率等)通过人工收集和分析系统使用信息来获得。负载测试工具模拟成千上万个虚拟用户同时访问 AUT,来自不同 IP 地址、不同浏览器类型以及不同网络连接方式的请求,并实时监视系统性能,帮助测试人员分析测试结果。虚拟用户技术具有成熟测试工具的支持,但确定负载的信息要依靠人工收集,准确性不高。

11.3　自动化测试工具

测试工具是自动化测试的一个重要组成部分,离开测试工具往往是谈不上自动化测试的。

11.3.1　应用自动化测试工具的目的

一般而言,在测试过程中应用自动化测试工具主要为了以下几个目的:

①提高测试质量。

②减少测试过程中重复的手工劳动,提高测试效率。

③实现测试自动化,充分利用测试资源。

11.3.2　测试工具分类

根据软件生命周期中的定义,可以把自动化测试工具分为功能测试工具、性能测试工具、白盒测试工具、黑盒测试工具和测试管理工具。这些工具和软件开发过程中相关活动的关系如图 11-4 所示。

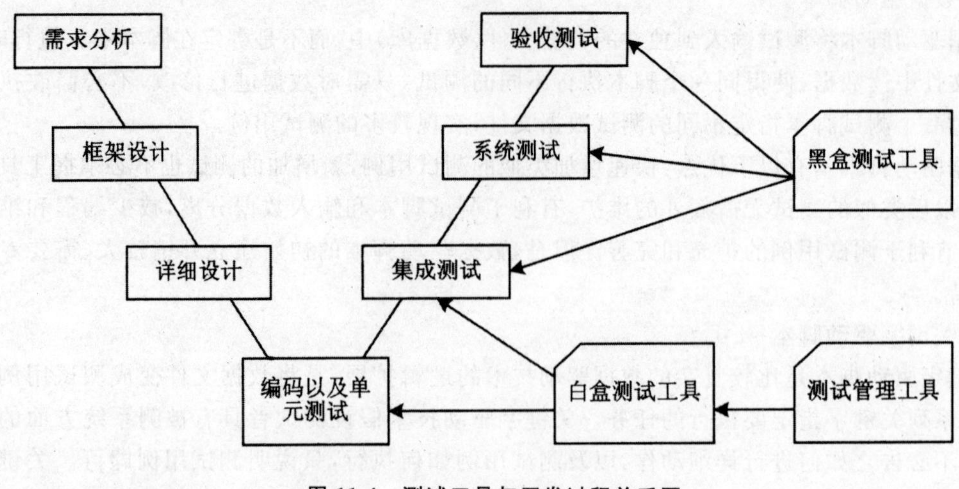

图 11-4 测试工具与开发过程关系图

1. 功能测试工具

功能测试工具主要用于回归测试中，用来检查被测软件系统是否能够完成用户要求的功能。测试方式一般是通过录制/回放方式来支持测试，即录制用户对被测软件的各种操作，通过测试脚本的编辑，插入各种检查点和数据，来驱动测试用例，以执行各种业务流程。当软件出现新的开发版本时，利用脚本的回放观察各种检查点是否存在失败的情况，观察在多个输入数据驱动下系统输出是否正常。

这类工具的代表产品包括 MI 公司的 WinRunner 和 QTP。

2. 性能测试工具

性能测试工具主要用于性能测试中，用来预测系统行为和性能，度量应用系统的可扩展性。测试方式一般是模拟多个用户(可以达到上万个用户的级别)并发执行关键业务，而完成对软件系统的测试。随着软件系统越来越复杂，缺少性能测试工具去谈性能测试，基本是天方夜谭。而能够使用性能测试工具来支持系统性能优化的测试工程师也要具有相当的技术水平，薪水也是很可观的。

这类工具的代表产品包括 MI 公司的 LoadRunner。

3. 白盒测试工具

白盒测试工具主要用于单元测试阶段，用来检查代码、程序结构、类等单元中是否存在缺陷。又可分为静态工具和动态工具。

静态工具仅对代码进行静态语法扫描，侧重于对代码规范、代码设计结构等的检查，不需要执行程序。其代表产品包括 Telelogic 公司的 Logiscope。

动态工具需要执行程序，测试方法是通过程序插桩来统计程序运行数据。

商业性的白盒测试工具，比较有代表性的如：Compuware 公司的 Numega 系列工具和 ParaSoft 的 JavaSolution，以及 C/C++Solution 系列。

非商业性的白盒测试工具，主要是以 Xunit 系列为代表的测试框架工具，此类软件很多，详细资料可以查看网站 http://xprogramming. corn/software. htm。

常见的白盒测试工具，如表 11-1、表 11-2 和表 11-3 所示。

表 11-1　Parasoft 白盒测试工具集

工具名	支持语言环境	简介
Jtest	Java	代码分析和动态类、组件测试
Jcontract	Java	实时性能监控以及分析优化
C++Test	C,C++	代码分析和动态测试
CodeWizard	C,C++	代码静态分析
Insure++	C,C++	实时性能监控以及分析优化
. test	. Net	代码分析和动态测试

表 11-2　Compuware 白盒测试工具集

工具名	支持语言环境	简介
BoundsChecker	C++,Delphi	API 和 OLE 错误检查、指针和泄露错误检查、内存错误检查
TrueTime	C++,Java,Visual Basic	代码运行效率检查、组件性能的分析
FailSafe	Visual Basic	自动错误处理和恢复系统
Jcheck	MS Visual J++	图形化的线程和事件分析工具
TrueCoverage	C++,Java,Visual Basic	函数调用次数、所占比率统计以及稳定性跟踪
SmartCheck	Visual Basic	函数调用次数、所占比率统计以及稳定性跟踪
CodeReview	VisualBasic	自动源代码分析工具

表 11-3　Xunit 白盒测试工具集

工具名	支持语言环境	官方站点
Aunit	Ada	http://www. 1ibre. act—europe. fr
CppUnit	C++	http://cppunit. sourceforge. net
ComUnit	VB. COM	http://cppunit. sourceforge. net
Dunit	Delphi	http://dunit. sourceforge. net
DOtUnit	. Net	http://dotunit. sourceforge. net
HttpUnit	Web	http://c2. com/cgi/wiki? HttpUnit
HtmlUnit	Web	http://htmlunit. sourceforge. net
Jtest	Java	http://wwwjunit. org
JsUnit(Hieatt)	JavaScript 1. 4 以上	http://wwwjsunit. net
PhpUnit	Php	http://phpanit. sourceforge. net
PerlUnit	Perl	http://perlanit. sourceforge. net
XmlUnit	Xml	http://xmlunit. sourceforge. net

4. 黑盒测试工具

黑盒测试工具包括功能测试工具和性能测试工具。一般原理是利用脚本的录制(Record),回放(Playback),模拟用户的操作,然后将被测系统的输出记录下来,同预先给定的标准结果比较。黑盒测试工具可以大大减轻黑盒测试的工作量,在迭代开发的过程中,能够很好地进行回归测试。

黑盒测试工具的代表有 Rational 公司的 TeamTest、Robot,Compuware 公司的 QACenter,另外,专用于性能测试的工具有 Radview 公司的 WebLoad、Microsoft 公司的 WebStress 等。主流黑盒功能测试工具集如表 11-4 所示。

表 11-4 主流黑盒功能测试工具集

工具名	公司名	官方站点
WinRunner	Mercurv	http://www.mercuryinteractive.com
Astra Quicktest	Mercurv	http://www.mercuryinteractive.com
Robot	IBM Rational	http://www.rational.com
QARun	Compuware	htlp://www.compuware.com
SilkTest	Segue	http://www.segue.com
e. Test	Empifix	http://www.empirix.com
WAS	MS	http://www.microMYMoR.com
LoadRuaner	Mercurv	http://www.mercuryimeractive.com
Astra Quicktest	Mercurv	http://www.mercuryimeractive.com
Qaload	CompUWare	http://www.empirix.com
TleamTest:SiteLoad	IBM Rational	http://www,rational.com
Webload	Radview	http://www.radview.com
Silkperformer	Segue	http://www.segue.com
e. Load	Empirix	http://www.empirix.com
OpenSTA	OpenSTA	http://www.opensta.com

5. 测试管理工具

测试管理工具主要用于对测试计划、测试需求、测试用例、测试实施、软件缺陷等进行管理。因为在工作中使用比较多的管理工具主要是缺陷跟踪工具,下面我们只对其进行主要介绍。

缺陷跟踪工具可以对产品在各个开发周期内产生的缺陷和变更请求进行有效管理。尤其在测试阶段,项目组的每个成员几乎都以该系统为中心来展开各自的工作,设计良好的管理系统可以简化和加速变更请求的协调过程,理顺项目团队间的沟通,使之协作自动化。这个系统可以说是产品质量控制的基础。

测试管理工具的代表有 Rational 公司的 Test Manager、Compuware 公司的 TrackRecord 等软件。

那么如何选择缺陷跟踪工具呢?大致有这样几种方法:

①使用 Word、Excel 等类型的平面文档。

②自行设计开发一套管理软件。

③购买商业性的软件。

④下载一套适合自己的开源软件，自行配置和维护。

这几种方法各有优缺点，如选择像 Word 这样的工具，虽然实施简单，但效率很差。自行设计开发一套管理软件，如果工程开发周期很短，那么就会耗费宝贵的项目开发时间。购买商业软件，可能会使公司的财政紧张，对中小型公司来说尤其如此。那么，最后一种方法无疑是一种好的选择。为了取得最佳的性价比，这里对几种主流产品做了一下比较，供读者将来参考，如表 11-5 所示。

表 11-5　测试管理工具典型产品的比较

工具名称	Testdirector	ClearQuest	BMS	Bugzilla
流程定制	Y	Y	N	Y
查询功能定制	Y	Y	Y	Y
功能域定制	Y	Y	Y	Y
用户权限分级管理	Y	Y	Y	Y
Email 通知	Y	Y	Y	Y
构架模式	B/S	C/S，B/S	B/S	B/S
报表定制功能	Y	强，集成 CrystalReport	有标准报表和高级报表，定制功能不够	Y
支持平台	Windows	Windows，UNIX	Windows	Linux，FreeBSD
支持数据库	Oracle，MS Access，SQL Server 等	Oracle，MS Access，SQL Server	SQL Server 等 MSDE	MySQL
安装配置的复杂度	简单	有些复杂	容易	不复杂
许可证费用	昂贵	昂贵	适中	免费
售后服务	国内有多家代理公司提供相关服务	在国内有分公司提供技术支持	技术支持和服务体系完备	可自行修改源代码
与其他工具集成	本身又是测试需求、测试案例管理工具，与 winRunner，LoadRunner 集成，并且具有多种主流 Case 工具接口 Add-In	与 Rational 公司的其他产品无缝集成，特别与 Clear Case 配合可以实现 UCM 的配置管理体系	MS VSS，Project	开源配置管理工具 CVS
公司背景	世界主流测试软件提供商	已被 IBM 合并，世界著名软件公司		

11.3.3　自动化测试工具的选择

总体而言，自动化测试工具可以提高测试的效率和软件产品的质量，然而，受到测试工具适用范围等因素的限制，并非随便引入一种工具就可以起到预期的效果。因此，选择自动化测试工具时应遵循一个基本原则:只买对的,不买贵的。具体的指导原则如下 。

1. 功能

首先应考虑测试工具的功能。但并非功能越多越好,在论坛上经常看到有人抱怨,某某工具功能虽然很强大,但华而不实,或者本公司根本用不到这么多功能,反而容易导致很多实施的不便。对于同类型工具而言,提供的基本功能都差不多,只不过使用方式、遵循的标准和规范、适用的环境等有差别。可从如下角度来考虑。

①操作系统和开发工具的兼容性:测试工具应能跨平台使用,应适合于公司当前的开发工具。

②测试工具的集成能力:对于实力雄厚的公司,其测试工具是一系列的,可以提供全方位的自动化测试支持,其最大的好处在于可以方便地实现数据共享。另外,测试工具也应和开发工具有良好的集成。这都是测试过程改进的方面。

③报表统计功能:测试工具本身不具有智能化,它只能机械地收集数据,最终还是要依赖人来分析这些结果。测试工具通过各种报表来展示简单的统计结果,才能更方便领导层来根据这些统计结果得到高层决策。

2. 连续性

测试工具的引入是个长期投资的过程,必须考虑工具的连续性和一致性,不可能一口吃成个胖子。因此,应分阶段逐步引入测试工具。

3. 价格

价格是引入测试工具时最需要考虑的问题了。像 MI 公司、Rational 公司的产品,虽然很不错,可是价格过于昂贵,对于中等规模的公司而言,可能在做工具上的投资时就显得捉襟见肘了。因此,应精打细算,在成本、效率上做到最佳化。

11.4 自动化测试框架

11.4.1 基于 STAF/STAX 的自动化测试框架

如今软件开发依赖于集体的开发和测试。对于部署和测试人员来说,如何从集中的代码管理工具获取源代码或者代码的编译包并且自动部署和测试变得非常重要。为此,我们有必要对自动化测试框架 STAF/STAX 进行简要的介绍。

Software Test Automation Framework(STAF),来源于 IBM,是开源、跨平台、支持多语言并且基于可重用的组件来构建的自动化测试框架。它为自动化测试建立了基础,并且提供了一种可插拔的机制,支持不同的平台和语言。STAF 采用点对点的实现机制,被用来减轻自动化测试的工作负担,加快自动化测试的进程。在 STAF 环境中,所有的机器都是对等的,没有客户端和服务器的区分。

简而言之,STAF 就是一个在不同机器、不同操作系统之间提供一个沟通通信的平台。

STAF 利用其开源的优势，经历了最近几年的发展，已经越来越成熟，其具有以下特点：

①简单易用，可快速搭建一个跨平台自动化测试环境。

②开源、易于扩展，用户可以方便地在 STAF 中创建一个新的服务。

③环境要求低。支持多种平台多种操作系统。

④支持多种语言，可以在 Java、Linux Shell、C/C++、Python，Perl 等各种语言中调用。

Software Test Automation eXecution Engine(STAX)是基于 STAF 的执行引擎。它在 STAF 的基础上，帮助用户实现测试用例的分发、部署、执行以及结果分析。STAX 使用了三种技术：STAF、XML 和 Python。简单来说，STAX 在 STAF 之上提供了一些接口，方便用户来操纵 STAF 进行自动化测试的实现。

下面就详细介绍下 STAF 的一些概念：

1. 原理

假设我们有两台机器 A 和 B、，A 是主控机，如图 11-5 和图 11-6 所示 .

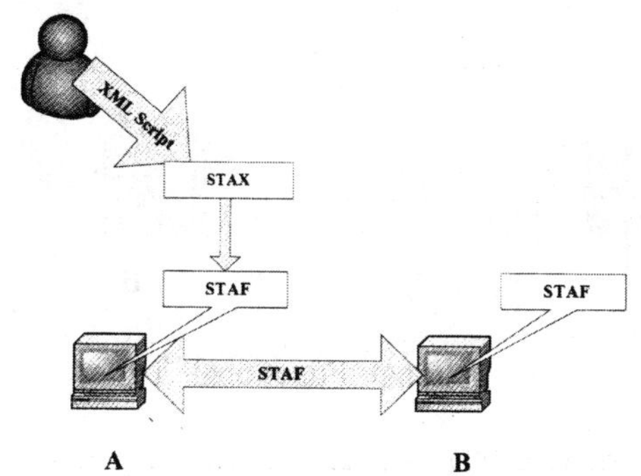

图 11-5　两台机器上 STAF 相互通信

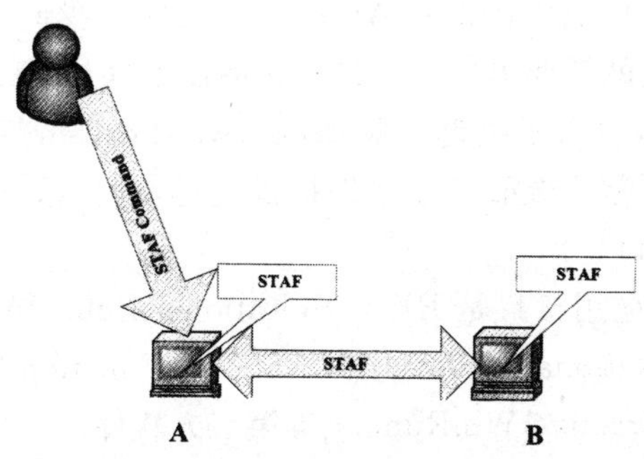

图 11-6　基于 STAF/STAX 的通信

由图 11-6 可以看出，机器 A 和 B 都安装了 STAF，并且相互配置了信任关系。那么用户就可以通过在机器 A 上调用 STAF 的 Service 来实现与机器 B 的相互通信，如传输文件、操作机器 B 等等。所以，STAF 的作用实际上就是提供机器之间的通信通道，并提供基于这个通道的基础服务。

2. 多层封装概念

通过上面的介绍,我们了解了 STAF 是一个可重用并对各种应用提供广泛支持的基础框架。于是,就有了根据不同应用产生的不同封装。比如我们构造了一个复杂的分布式测试环境,我们可以单独通过 STAF 将我们的测试任务分发到不同的测试环境去执行,但如果测试任务太多,并且是不断添加新的任务进来,那么单独依靠 STAF 就不利于测试任务的执行、管理与维护了。从而也就引入 STAX 的概念,如图 11-7 所示。

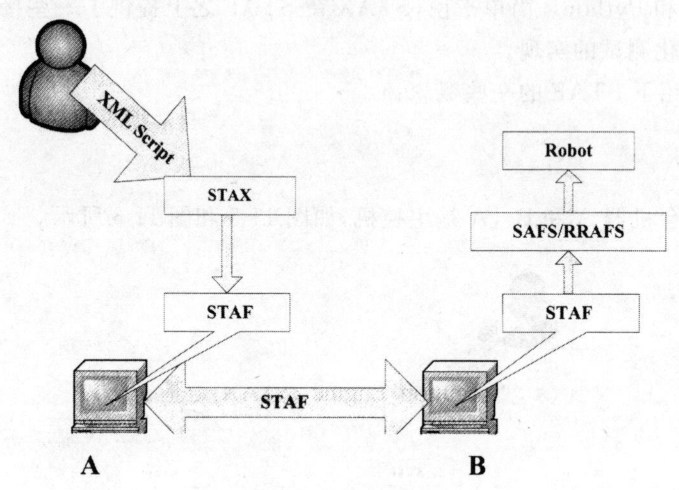

图 11-7 STAX 概念

由图 11-7 可以看出,机器 A 安装了 STAF/STAX,那么用户可以把一批 STAF Service 调用通过 XML 格式写在一个文档里,然后由 STAX 调用这个文档并翻译成 STAF Service,通过 STAF 传递给机器 B 执行。

另外,在实际测试中,有些工作光靠 STAF 是完不成的。我们往往需要利用一些工具来完成自动化测试,如 Robot。这就需要提供一个自动化测试工具与 STAF 框架之间的接口。SAFS 就是干这个的。在 SAFS 里,引入了关键字驱动(keyword-driven)和数据驱动(Dam-Driven)的概念。通俗点说,SAFS 就是为了给第三方软件提供支持,将一些常用动作(Action)进行封装,并提供对大量数据操作的接口。

目前基于 SAFS 的成熟应用接口是 RRAFS(Rational Robot Automation Framework Support)。现在已经支持 IBM Rational Robot、IBM Rational Functional Tester、SAFS Image-Based Testing 及 HP-Mercury Interactive WinRunner 等第三方软件。

3. Services(服务)

STAF 基于可重用的组件来构建自动化测试框架,这些可重用的组件就是 Services(服务)。STAF 中所有的组件都是服务。服务是一系列功能的集合。STAF 本身是一个后台程序(STAFProc),提供一种轻量级的分发机制,负责把请求转发给这些服务。

STAF 中的服务分为两种:internal(内部)服务和 external(外部)服务。内部服务被集成进 STAFProc 中,提供一些关键性的功能,比如数据管理和同步。外部服务由 STAFProc 动态装入，通过共享库(shared libraries)来访问。

STAF 提供了如下几种常用服务：

①程序调用服务(Process Service)：内部服务，利用此服务，STAF 可以调用外部程序。

②文件系统服务(File System Service)：内部服务，利用此服务，STAF 可以对文件系统进行操作，比如复制、删除、查看等操作。

③日志服务(Log Service)：外部服务，帮助用户进行日志的记录和查看。

④资源池服务(ResPool Service)：外部服务，提供了对资源池的管理和操作，如查看、创建和删除。

⑤监控服务(Monitor Service)：外部服务，提供对 STAF 运行时的监控功能。

⑥信号量服务(Sem Service)：内部服务，提供了两种信号量的操作，mutex 和 event。

⑦压缩服务(Zip Service)：外部服务，提供了压缩和解压功能。

⑧Ping 服务(Ping Service)：内部服务，类似于操作系统的 ping 功能，用于检测远程的 STAF 是否运行。

⑨变量服务(Var Service)：内部服务，提供对系统或者用户级别的环境变量的操作。

STAF 还提供了延迟(Delay Service)、帮助(Help Service)、跟踪(Trace Service)等服务。

4. 请求响应格式

每个服务都定义了它能接受的请求格式。STAF 通过请求来调用服务的功能，每个请求都以字符串的形式发送，这样可以保证 STAF 能够跨平台地运行。每个请求都有三个参数，以系统．服务．参数的形式出现。第一个参数表示此请求需要被发送到的 STAF 系统，这个参数被 STAFProc 解析以便确定请求应该被本地处理还是发送到其他的 STAF 系统。当这个请求被发送到需要处理的 STAF 系统后，STAFProc 解析第二个参数来判断哪个服务会被调用。最后，STAFProc 会把第三个参数转发给需要调用的服务，服务处理这个请求。

当处理完请求后，服务会返回两种数据：返回码和特定于请求的信息。返回码表示服务处理的结果。特定于请求的信息表示服务返回的具体数据，如果请求成功返回，这些信息将包括这次请求所请求的数据，如果请求出现错误，这些信息将包含额外的诊断信息。

完全使用字符串作为请求响应格式可以简化 STAF 的很多方面，包括与其他语言的接口，服务之间的通信，跨平台的操作等。其他语言只需要通过一个接 El STAFSubmit()来请求 STAF 的服务，并且只需传递三个字符串参数。服务之间也只需要通过字符串发送接收请求。

5. STAX

STAX 是基于 STAF 的执行引擎，它提供了一种 XML 格式的工作流语言。用户可以编写 XML 的脚本文件来通过 STAX 调用 STAF 服务完成自动化测试。用户可以不需要和编程语言打交道就可以开发出自己的自动化测试环境。STAX 提供如下功能：支持并行运行，用户自定义的运行控制粒度，嵌套测试用例，控制运行时间，支持现有的 Java 和 Python 模块等。STAX 还提供了一个图形化的监控工具，通过这个工具，用户可以清晰地看出测试运行的位置、状态和出错信息等。

11.4.2 自动化测试框架模型 SAFS

一个支持多平台的自动化测试框架模型 SAFS(Software Automation Framework Support)是一个开源的支持多平台的自动化测试框架，由 SAS Instimte 的 Carl Nagle 开发。支持多平台的自动化测试框架模型的结构如图 11-8 所示。

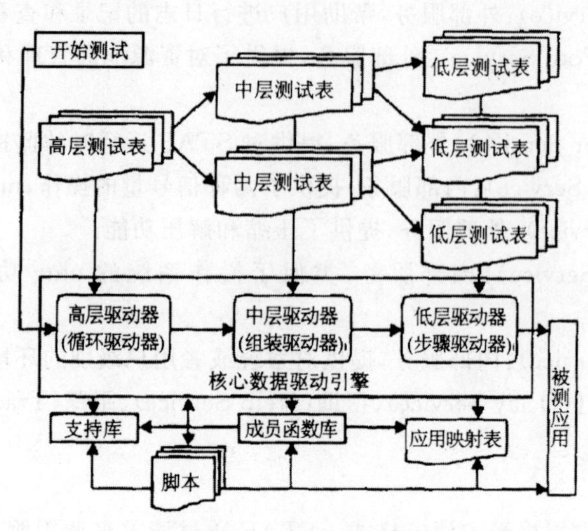

图 11-8 自动化测试框架

图 11-8 是由测试表、核心数据驱动引擎、成员函数库、支持库、应用映射表组成的。

1. 测试表

测试表(Test Tables)用于保存测试数据和关键字，分为高层测试表、中层测试表、低层测试表。其中，下层的测试表被上层的测试表所调用。

2. 核心数据驱动引擎

核心数据驱动引擎(Core Data Driven Engine)与测试表对应，分为高层驱动器(也叫循环驱动器)、中层驱动器(也叫组装驱动器)和低层驱动器(也叫步骤驱动器)。高层驱动器读取相应测试表的关键字逐级传递给下层的驱动器，最后由低层驱动器调用关键字库中的指令对应的组件函数来执行。

3. 成员函数库

成员函数库(Component Function)实现了用户对界面对象的各种操作指令，它在被测应用和自动化工具之间提供了一个隔离层。

4. 支持库

支持库(Support Libraries)是通用的程序和工具库，提供诸如数据库访问、字符串操作、文件访问、日志记录等基础性的支持功能。

5. 应用映射表

应用映射表(Application Map)是对应用中的对象定义一套命名规范,将这些实际对象的名字和自动化工具识别的对象名联系起来,形成映射表,从而使应用对象元素和测试对象名分离,提高了脚本的可维护性。

11.5　软件可靠性的概述

11.5.1　软件可靠性的概念

首先需要说明的是什么是可靠性。其实,可靠性(reliability)一词可以用在表示抽象的可靠性和用概率表示的可靠度两个方面。一般来说,系统或产品可靠与否是指系统或产品处于使用状态时,在所规定的时间内(这是指费用允许的条件下,用户所要求或希望的时间内),是否处于"完满状态"。

通常,可修复的系统或产品除去要考虑提高可靠度外,还要考虑如何提高维修度。所谓可靠度是指系统或产品在规定的条件下和规定的时间内完成规定功能(无故障)的概率。关于软件可靠度,结合这一定义,我们需要说明以下 4 个方面的问题。

1. 研究的对象

这里研究的对象指的是软件,而不是一般系统或产品,软件特有的一些性质应考虑在内。

2. 规定的功能和失效的含义

我们知道,任何软件开发出来都要求它履行某些特定的功能。这些功能通常在软件需求规格说明书(Requnment specmcations)中得到了充分而详尽的阐述。在某个软件开发完成,投入运行以后,如果出现了异常现象,例如实际得到的输出结果值严重偏离了预期允许值范围,那就是发生了故障(failure),或是说出现了失效。不过,严格地说,故障与失效略有不同。通常我们把不可修复的系统或产品或是不值得修复的系统或产品出现丧失规定功能的现象称为"失效",而不称"故障"。但为了方便,在一般性讨论中,也常常将这两个术语混用。

3. 规定的使用环境

这是指软件的工作环境。在不同的环境条件下和不同的应用领域中,对于什么是故障的定义常常有很大的差别。例如,在航空管制系统中,某一软件若出现 30 秒的应答时间,那将被当作严重的故障。但在航空公司订票服务系统中工作的软件,30 秒的应答时间是完全正常的。同时,规定使用环境和条件也常常是判定产生故障的责任在用户一方还是在软件开发者一方的关键问题。

4. 规定的时间

这既是泛指的广义时间,也是因对象不同而遇到的诸如次数、周期、距离等相当于时间的量。

此外，还有连续使用、间歇使用、放置、长时间、短时间、瞬间等各种时间概念。

与故障相关的另一重要概念是缺陷(fault)。缺陷是程序内部不合理的逻辑结构、不正确的语句或不适当的指令所引起的。换句话说，缺陷是故障的根源，故障是缺陷的体现。一旦程序出现了故障，其中必定隐藏着相应的缺陷。但另一方面，缺陷的存在可能并不引起程序故障。只要程序中的缺陷部分没有被执行，程序本身并不发生故障。

11.5.2 软件和硬件可靠性区别

硬件的可靠性研究已经相当成熟，软件的可靠性是从硬件的可靠性发展而来的，但是由于软件本身的特性导致软件可靠性与硬件可靠性存在较大的不同。业界关于软件可靠性的理论还在进一步完善当中。

如图 11-9，图 11-10 所示为软硬件在失效率曲线上的区别。

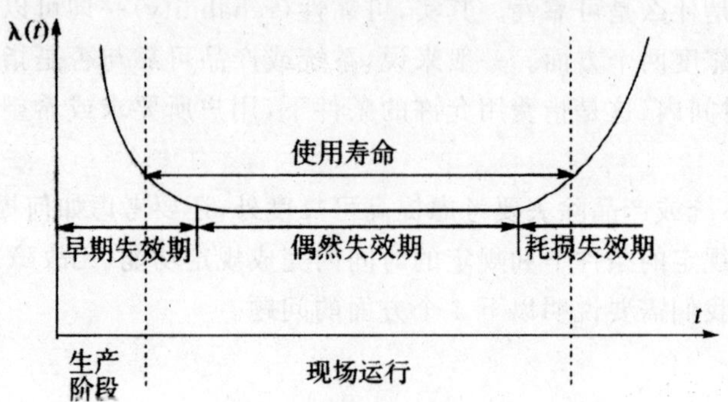

图 11-9 硬件失效曲线

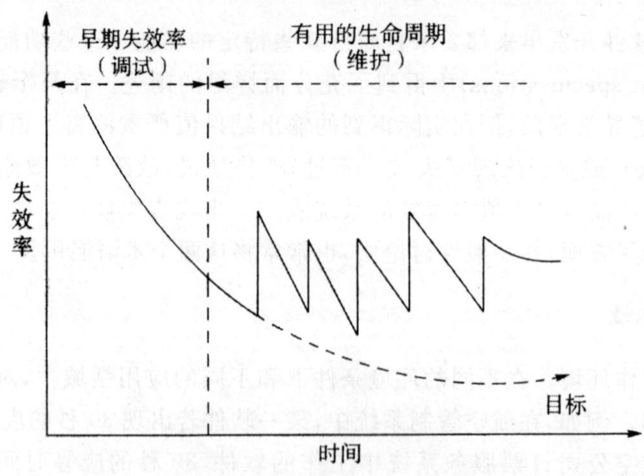

图 11-10 软件失效率曲线

11.5.3 错误、缺陷、故障和失效

在研究软件可靠性时，需要澄清几个容易混淆的概念，即：错误(Error)、缺陷(De fect)、故障

(Fault)和失效(Failure)。

①错误是指导致软件包含故障的人的行为【ISO 982.1】。

②缺陷是指产品的异常情况。

③故障是指引起一个功能部件不能完成所要求的功能的一种意外情况【ISO 729】。

④失效是指功能部件执行其规定功能的能力丧失【ISO 729】。

因此一个软件的失效过程可以描述如图 11-11 所示。

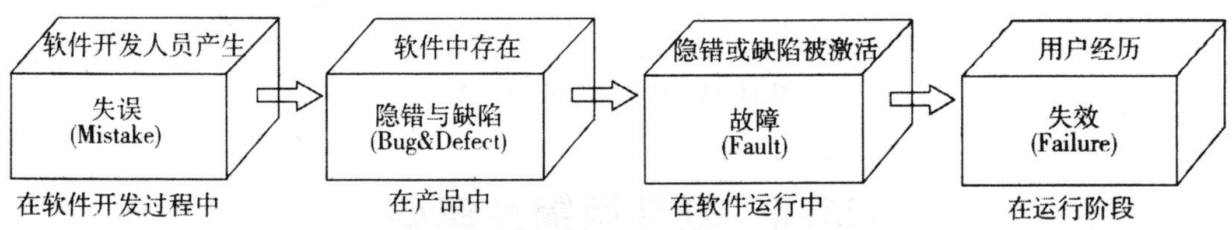

图 11-11　软件失效过程

在软件的失效过程中,其状态转移图可以描述为图 11-12 所示。从失效本身的类型来分,又可以分为以下几种。

①独立失效(Independent Failure):指不是由于另一个产品失效而引起的失效。

②从属失效(Dependent Failure):由于另一产品失效而引起的失效。

③系统性失效(Systematic Failure):由某一固有因素引起,以特定形式出现的失效。它只能通过修改设计、制造工艺、操作程序或其他关联因素来消除。

注:无改进措施的修复性维修通常不能消除其失效原因。系统性失效可以通过模拟失效原因来诱发。

④偶然失效(Random Failure):产品由于偶然因素引起的失效。只能通过概率或统计方法来预测。

⑤单点失效(Single-point Failure):引起产品失效的,且没有冗余或替代的工作程序作为补救的局部失效。

⑥间歇故障(Intermittent Failure):产品发生故障后,不经修理而在有限时间内自行恢复功能的故障。

⑦渐变失效(Gradual Failure):通过事前的检测或监测可以预测到的失效,它是由于产品的规定性能随寿命单位数增加而逐渐变化引起的。对电子产品也称漂移失效(Drift Failure)。

⑧致命性失效(Critical Failure):使产品不能完成规定任务的或可能导致人或物重大损失的失效或失效组合。

⑨灾难性失效(Catastrophic Failure):导致人员伤亡或系统毁坏的失效。

⑩非关联失效(Non-relevant Failure):已经证实是未按规定的条件使用而引起的失效,或已经证实仅属某项将不采用的设计所引起的失效。

⑪非责任失效(Non-chargeable Failure):非关联失效或事先已经规定不属某组织机构责任范围内的关联失效。

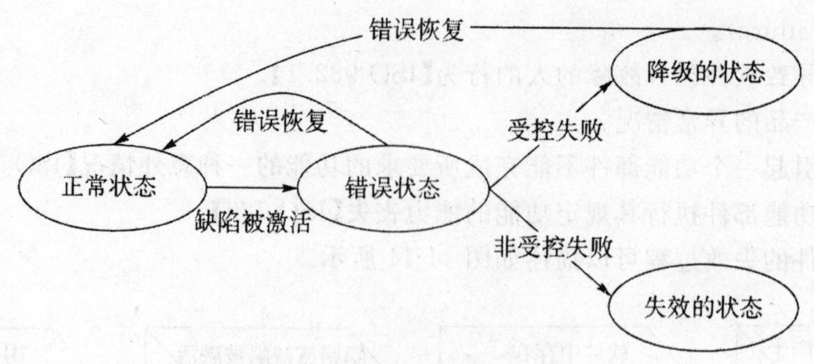

图 11-12　软件失效状态转移

11.6　软件可靠性模型

到目前为止已提出了上百个软件可靠性模型，有许多模型由于理论上的原因，作了不同程度的假设，可惜其中有不少与实际软件开发过程有较大出入。因此，在实际使用软件可靠性模型进行估测之前，一定要仔细地选择那些与开发实际相符合的或是相接近的模型。

关于模型的分类方法也有多种，在此我们不妨将模型粗略地分为随机过程模型及非随机过程模型两大类，如图 11-13 所示。

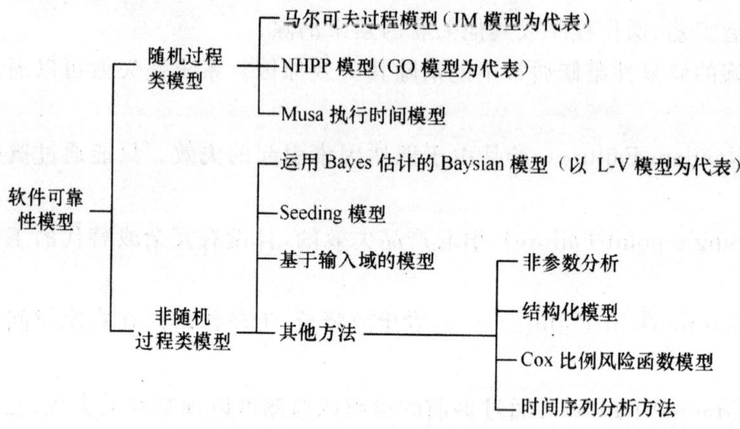

图 11-13　软件可靠性模型分类

下面我们选择其中有代表性的模型作些介绍。

11.6.1　JM 模型

JM 模型是 Z. Jelinski 和 P. Moranda 于 1972 年提出的，它的假设如下：

①软件中的初始错误个数为一个未知常数，用 N_0 表示。

②错误一旦被查出即被完全排除，于是每次排错之后，N_0 都要减 1。

③任何时刻的故障率都与软件中的剩余错误数成正比，正比例常数用中表示。

其实，一开始 Jelinski 和 Moranda 提出的模型假设只有③，假设①和②是后来人们根据 JM

模型中对问题的实际处理过程归纳出来加上的。

设 $t_1,t_2,\cdots,t_n$ 表示相继出现的错误之间的时间区间样本。由假设可知，在每两个错误之间只有唯一的故障率，于是

$$p(t_i)=\Phi[N_0-(i-1)]\exp\{-\Phi[N_0-(i-1)]t_i\} \tag{11-1}$$

其中含两个未知参数：N_0 和 Φ，$p(t_i)$表示关于 t 的密度函数。由 $p(t_i)$可得似然函数：

$$L(t_1,t_2,\cdots,t_n)=\prod_{i=1}^{n}\Phi[N_0-(i-1)]\exp\{-\Phi[N_0-(i-1)]t_i\} \tag{11-2}$$

式中，n 为样本大小，即到当前时刻为止排除的错误个数。进一步得对数似然函数：

$$\begin{aligned}\ln L &=\sum_{i=1}^{n}\ln\{[N_0-(i-1)]\Phi\}-\sum_{i=1}^{n}[N_0-(i-1)]\Phi t_i\\ &=\sum_{i=1}^{n}\ln[N_0-(i-1)]+n\ln\Phi-\sum_{i=1}^{n}[N_0-(i-1)]\Phi t_i\end{aligned}$$

对它分别对 N_0 和 Φ 求偏导，并令结果为零：

$$\frac{\partial \ln L}{\partial N_0}=\sum_{i=1}^{n}\frac{1}{N_0-(i-1)}-\sum_{i=1}^{n}\Phi t_i=0$$

$$\frac{\partial \ln L}{\partial \Phi}=\frac{n}{\Phi}-\sum_{i=1}^{n}N_0-(i-1)t_i=0$$

令 $[\sum_{i=1}^{n}t_i=T]$，于是可解出：

$$\Phi=\frac{n}{N_0T-\sum_{i=1}^{n}(i-1)t_i} \tag{11-3}$$

$$\sum_{i=1}^{n}\frac{1}{N_0-(i-1)}=\frac{nT}{N_0T-\sum_{i=1}^{n}(i-1)t_i}=\frac{n}{N_0-\frac{1}{T}\sum_{i=1}^{n}(i-1)t_i} \tag{11-4}$$

式(11-4)中不含 Φ，由测试收集的数据，可计算出 $T=\sum_{i=1}^{n}t_i$ 与 $\sum_{i=1}^{n}(i-1)t_i$ 的值。将它们代入式(11-4)，则可解出 N_0 的估计值 $\hat{N}_0$ ：

$$\frac{1}{\hat{N}_0}+\frac{1}{\hat{N}_0-1}+\cdots+\frac{1}{\hat{N}_0-(i-1)}=\frac{n}{\hat{N}_0-(\sum_{i=1}^{n}t_i)\sum_{i=1}^{n}(i-1)t_i}$$

再将 $\hat{N}_0$ 代入(11-3)式，可解出 Φ 的估计值 $\hat{\Phi}$ ：

$$\hat{\Phi}=\frac{n}{\hat{N}_0\sum_{i=1}^{n}t_i-\sum_{i=1}^{n}(i-1)t_i}$$

后来，GJ. Schick、R. W. Wolverton 等人都在 JM 模型的基础上，提出修改意见，对 JM 模型作了相应的改进和发展。

11.6.2　Yamada-Osski 关于查错的 Γ 类增长模型

Yamada 和 Osski 于 1983 年提出这一模型，他们认为查出错误数的增长曲线为 S 形：开始增长缓慢，然后快速增长，最后趋于饱和。在时刻 t，均值函数为：

$$m(t)=m_G(t)=a[1-(1+bt)e^{-bt}]\quad a>0\ ,b>0$$

式中,a 的意义是最终要下降的错误期望数,b 是在稳定状态下每个错误的查出率(见图 11-14)。

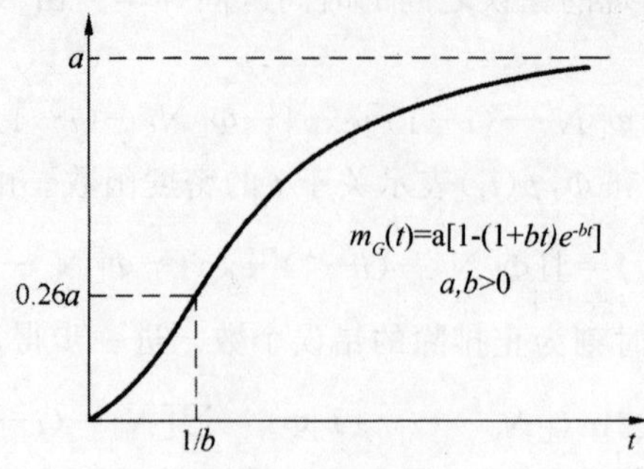

图 11-14 查出率

$$\lambda(t)=\lambda_G(t)=ab^2te^{-bt}$$

关于 $m_E(t)$、$m_G(t)$ 间的关系,我们有

$$\frac{\mathrm{d}m_G(t)}{\mathrm{d}t}=b[m_E(t)-m_G(t)]$$

$$\frac{\mathrm{d}m_E(t)}{\mathrm{d}t}=b[a-m_E(t)]$$

$$m_G(0)=m_E(0)=0$$

$$m_G(\infty)=m_E(\infty)=a$$

根据参数估计方法,解下列方程可得 a,b 的估计值 $\hat{a},\hat{b}$:

$$\frac{N}{\hat{a}}=1-(1+\hat{b}S_N)e^{-\hat{b}S_N}$$

$$\frac{2N}{\hat{b}}=\sum_{K=1}^{N}S_K+(1+\hat{a}\hat{b}S_N^2)e^{-\hat{b}S_N}$$

或解方程

$$\hat{a}[1-(1+\hat{b}t_N)e^{-\hat{b}t_N}]=y_N$$

$$\hat{a}t_N^2e^{-\hat{b}t_N}=\sum_{K=1}^{N}\frac{(y_K-y_{K-1})(t_K^2e^{-\hat{b}t_K}-t_{K-1}^2e^{-\hat{b}t_{K-1}})}{(1-\hat{b}t_{K-1})e^{-\hat{b}t_{K-1}}-(1+\hat{b}t_K)e^{-\hat{b}t_K}}$$

以求 a,b 的估计值 $\hat{a},\hat{b}$。

11.6.3 Shooman 和 Trividi 的马尔可夫模型

Shooman 和 Trividi 定义了软件的“Up”和“Down”状态。假定软件处于“Up”状态(正常工作状态),则软件具有状态系列 $N_0,N_0-1,N_0-2,\cdots$ 中之任一状态;否则处于“Down”状态(发生故障状态),则具有状态系列 $M,M-1,M-2,\cdots$ 中之任一状态。

软件系统状态间的转移如图 11-15 所示。

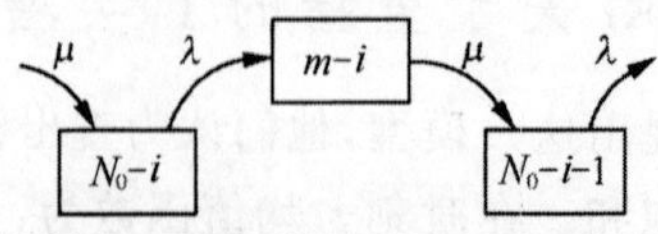

图 11-15 软件系统状态转移

假设观察到 i 个故障的概率是 P_{N_0-i}，则

$$P_{N_0-i}(t)=\left(\frac{\lambda\mu}{(\mu-\lambda)}\right)^i e^{-\lambda t}\sum_{j=0}^{i}\frac{t^{i-j}}{(\mu-\lambda)^j(i-j)!}\cdot\left[(-1)^{i+1}c_{ij}e-(\mu-\lambda)t+(-1)^i d_{ij}\right]$$

其中，

$$c_{ij}=\begin{cases}0 & \text{当 } j=0\\ 1 & \text{当 } j=1\\ \begin{pmatrix}i+j-1\\ j-1\end{pmatrix} & \text{当 } j>1\end{cases}$$

$$d_{ij}=\begin{cases}1 & \text{当 } j=0\\ \begin{pmatrix}i+j-1\\ j\end{pmatrix} & \text{当 } j>1\end{cases}$$

$$Pm-i(t)=\frac{1}{\mu}\left(\frac{\lambda\mu}{(\mu-\lambda)}\right)^{i+1}e^{-\lambda t}\sum_{j=0}^{i}\frac{t^{i-j}}{(\mu-\lambda)^j(i-j)!}c_{i,j+1}\cdot\left[(-1)^j+(-1)^{i+1}e^{-(\mu-\lambda)t}\right]$$

并且可以计算出软件系统的有效性 $A(t)$：

$$A(t)=\sum_{j=0}^{N(t)}P_{N_0-i}$$

此后，Goel 提出的包括不完全排错的马尔可夫模型，Kremer 给出的将软件可靠性作为生成过程的公式，都是 Shooman－Trividi 马尔可夫模型的推广和发展。Sumita 和 Shanthikumar 提出的多故障模型是一个新的马尔可夫过程型的模型，它允许在同一时刻查出、改正或引入的错误个数可以多于一个。

11.7　可靠性分析方法

可靠性分析方法其目的是为了通过对系统进行可靠性分析发现系统可能出现的可靠性故障，从而采取预防和改进措施，以提高系统的可靠性。常见的可靠性分析方法有：失效模式影响分析方法(FMEA：Failure Mode Effect Analysis)、严酷性分析(CA：Criticality A. nalysis)、故障树分析(FIA：Fault Tree Analysis)、事件树分析(ETA：Event Tree Analy. sis)、潜在电路分析(sCA：Sneak Circuit Analysis)等方法。

11.7.1　ETA

事件树分析(ETA)可以在 FTA 分析之后开始，它通过分析系统中的一个初始事件，然后考虑这个事件所有可能出现的后续事件，尤其是那些可能导致事故的事件。ETA 的起始点是那些扰乱正常系统操作的事件，接着它跟踪事件的传递，确定后继系统组件的失效，计算它们失效的可能性及可能的组合(与/或)。

ETA 的缺点是：

①一个事件的所有可能的后继考虑起来是有困难的。

②对于一个复杂的系统，事件树将变得非常复杂，这是因为正常和不正常的所有操作都会显示在事件树中。

如图 11-16 所示为一个事件树的例子。

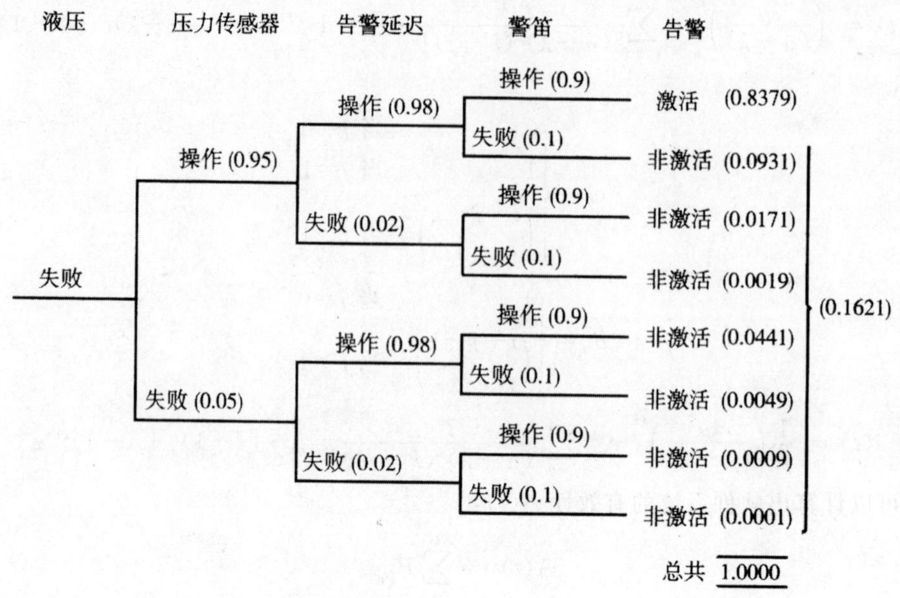

图 11-16　一个事件树的例子

11.7.2　FMEA

故障模式影响分析(FMEA)就是在产品设计过程中,通过对产品各组成单元潜在的各种故障模式及其对产品功能的影响进行分析,并把每一个潜在故障模式按它的严酷程度予以分类,提出可以采取的预防改进措施,以提高产品可靠性的一种设计分析方法索引。尽管预计每一个失效模式是不现实的,但是开发组应当尽可能广泛地制定潜在故障模式列表。

通过 FMEA 可以达到如下目的:

①能帮助设计者和决策者从各种方案中选择满足可靠性要求的最佳方案。

②保证所有元器件的各种故障模式及影响都经过周密考虑。

③能找出对系统故障有重大影响的元器件和故障模式,并分析其影响程度。

④有助于在设计审议中对有关措施(如冗余措施)、检测设备等作出客观的评价。

⑤能为进一步定量分析提供基础。

⑥能为进一步更改产品设计提供资料。

⑦在设计阶段评价来自客户或其他参与者的需求,避免引入潜在的故障。

⑧在设计阶段跟踪和管理潜在的风险。

⑨保证任何可能产生的失效不会伤害产品或过程的顾客。

⑩提高客户满意度。

⑪为测试和开发提供关注点。

存在多种 FEMA 方法,其中有些方法用得比别的方法更普遍。无论在什么时候,只要失效可能对终端用户产生潜在伤害,就应当进行 FEMA 分析。常见的 FEMA 方法有:

①针对系统级的 FEMA:关注于整个系统的功能。

②针对设计级的 FEMA：关注于组件或子系统。

③针对过程级的 FEMA：关注于制造和装配过程。

④针对服务级的 FEMA：关注于服务性功能。

⑤针对软件级的 FEMA：关注于软件功能。

FEMA 分析过程可以分为 4 个步骤，首先，需要根据产品的功能框图（见图 11-17）可得产品的可靠性框图（见图 11-18），描述系统各功能单元的工作情况、相互影响及相互依赖关系，以便可以逐层分析故障模式产生的影响。

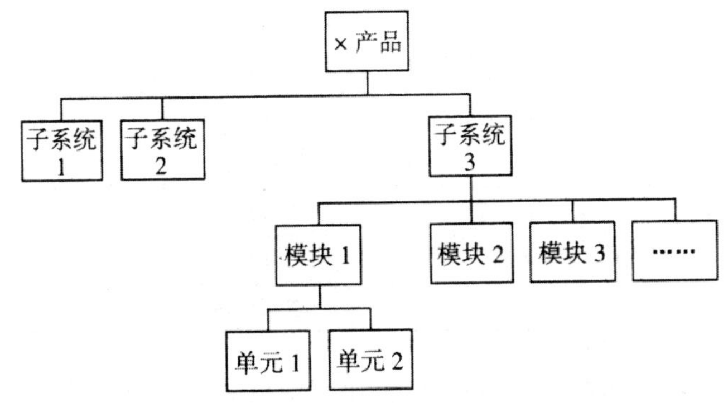

图 11-17　功能性框图

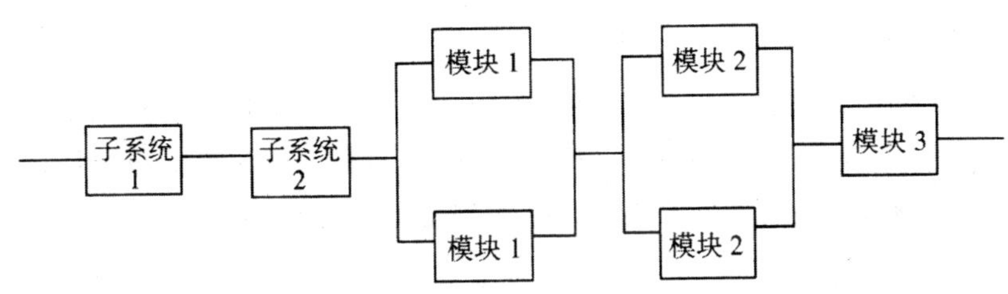

图 11-18　可靠性框图

其次，需要完成以下产品定义工作：

①对产品所使用的所有不同类型单元进行编号，这主要是为了跟踪故障模式，保证故障模式分析的完整性。

②对环境进行分析，明确系统使用的环境，以便确定对可靠性有影响的环境系数。

③进行严酷度定义。

一般我们把严酷度分为 4 级，分别是：

- 这种故障会导致整个系统崩溃或主要功能受到严重影响；
- 这种故障会导致系统主要功能受到影响、任务延误的系统轻度损坏或存在较大的故障隐患；
- 系统次要功能丧失或下降，须立即修理，但不影响系统主要功能的实现的故障；
- 部分功能下降，只需一般维护的，不对功能实现造成影响。

第三，进行 FEMA 分析，包括：

①确定故障模式和故障原因。例如,对于光信号有无光、光功率衰减过大、时序错误(包括时间和逻辑方面的错误等)等故障;对于电信号有常高、常低、开路、短路、时序错误等故障;如表11-6 所示为一个对于单元级故障分析的表格样例。

表 11-6　电容器故障模式分析

分类	类型	失效形式	百分比
电容器	纸/塑料薄膜电容器	短路	74
		开路	13
		参数漂移	13
	云母电容器	短路	83
		开路	10
		参数漂移	7
	玻璃釉电容器	短路	53
		开路	25
		参数漂移	22

②对故障模式进行分析,明确故障检测方法(如何发现故障),故障补偿方法(故障产生后如何处理),定义故障的严酷度级别等。

最后,对分析结果进行统计。

11.7.3　FTA

故障树分析(FTA)在产品设计过程中,通过对可能造成产品故障的各种因素(包括硬件、软件、环境、人为因素等)进行分析,画出逻辑框图(即故障树),从而确定产品故障原因的各种可能组合方式的一种可靠性分析技术。它是用于分析大型复杂系统可靠性、安全性以及故障诊断的一个有力工具。

该方法存在两个问题:

①不能表示实时问题。

②不能表示系统状态或操作模式。

在使用 FTA 时,需要注意以下问题:

①输入的可能性很小。

②被动的组件。

③对故障树进行定量分析(尽管可以对 FTA 进行量化,但 FTA 不是一个量化分析方法)。

④把故障树代替任何别的分析方法。

⑤小心使用布尔表达式。

⑥独立的失效模式与非独立的失效模式对应起来。

⑦确保顶部的事件具有高优先级。

如图 11-19 所示为 FTA 分析的一些符号,图 11-20 所示为一个病人监视系统故障树分析的一部分。

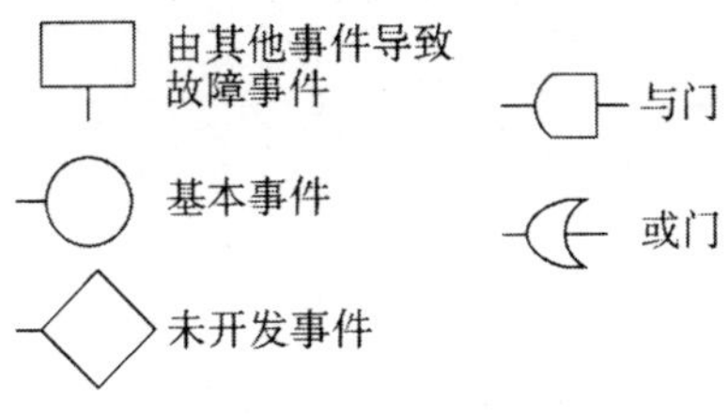

图 11-19　FTA 符号

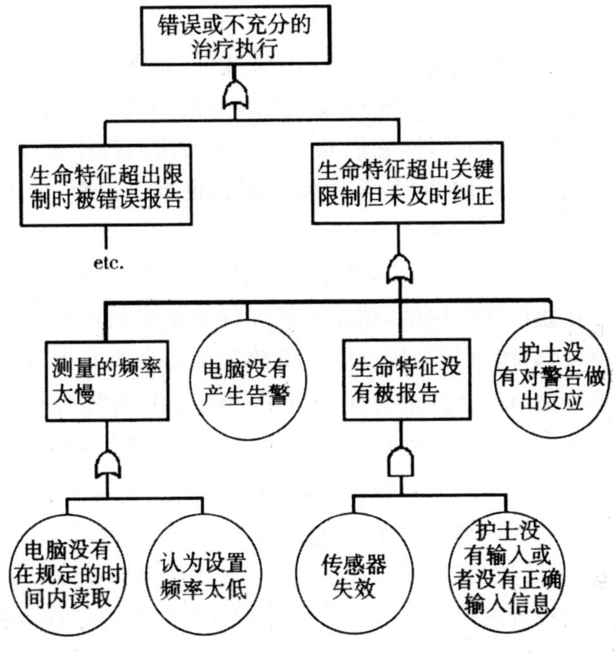

图 11-20　病人监视系统故障树分析

11.7.4　CA

严酷度分析(CA)是根据每一种故障模式的严酷度类别及故障模式发生概率所产生的影响对其分类,以便全面地评价各种可能的故障模式的影响。用 *RPN*(Risk Priority Number,风险优先数)来定量表示,其公式如下:

$$RPN=S\times P\times D$$

式中,S 为严重程度,对于Ⅰ～Ⅳ类故障分别选取值 100,5,1,0.2;P 为故障发生的概率;D 为客户发现故障的概率,很容易发现为 5,稍加注意可发现为 1,不会被发现为 0。一般不考虑该参数。

CA 是 FMEA 的补充和扩展,两者经常结合起来使用,形成一种新的分析方法 FMECA (Failure Mode Effect Criticality Analysis),该方法类似于 FEMA,不过却在 FEMA 分析表格上增加了两列：

①严酷度总的评价。

②降低严酷度可能的活动 。

11.7.5 SCA

潜在电路分析(SCA)最早是 Boeing 在 NASA 资助下开发出来的分析方法，主要用于评价电器元件 。之后 Boeing 把该方法进行了改进，扩展到了计算机软件以及包含软硬件的复杂设计中，经常称为 SA(Sneak Analysis)。Boeing 把该技术应用到了 250 多个项目当中，包括商业的、NASA 的、DoD 的以及其他的一些项目。在这些项目中被确认和纠正了超过 5000 个潜在条件，为系统节省了上百万美元的损失。

SA 通过软件问题的早期确认和纠正来提高软件的可靠性，它并不提供可靠性度量。通过 Boeing 的控制试验表明，不超过 40%的潜在条件可以通过别的分析方法发现。SA 发现的问题中有一些是非常隐蔽、潜藏很深的条件，它们只有在某些特定的操作条件下才能被发现。这些问题使用传统的分析方法是难以检测的，甚至即使检测到也难以诊断。SA 已经被证明能够发现程序员忽略的且测试难以捕捉的问题。

为了避免传统方法的陷进，在 SA 中，详细的、代码级的软件路径被跟踪并且使用网络树的方式图形化显示出来。在软件网络树中，顺序的软件行被相应的拓扑图形替换。对于一个给定的软件代码块，每个软件网络树显示了所有的逻辑路径和指令。对于有变量被引用的每个网络树与该变量被定义的那些网络树之间进行交叉引用。判定点、标签和标签使用之间的交叉引用以及子程序和子程序调用之间的交叉引用都被显示出来，这样程序流就可以很容易地被跟踪了。这些软件树彼此之间被集成在一起并且和硬件网络树一起组成网络森林。

SA 起始于一个输出，接着向后查询有什么样的输入(静态或动态)可能会引起输出成为一个潜在的值(不在预期之内的值)。有了 SA，在设计中只有一小部分可能的输入组合需要被详细检查。那些需要进一步检查的可以通过一个精确的基于规则的过程来确认。这些被称为是潜行线索(Sneak Clue)的规则是一些历史信息的组合，这些信息收集于设计逻辑和技术，包括软件语言中的缺点或不足。这些信息需要被不断地更新，以保持永远是最新的。

SCA/SA 在可靠性分析中有着重要使用，这方面详细的资料可以参考附录 E 的书目。如图 11-21 是一个基本拓扑图的例子。

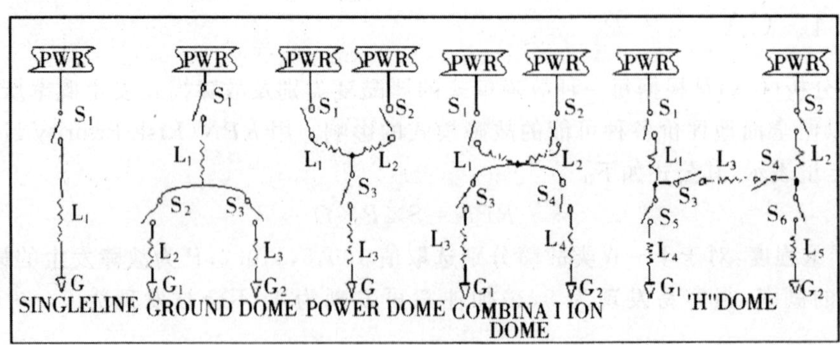

图 11-21 基本拓扑图例子

11.8　软件可靠性测试

软件可靠性测试(Software Reliability Testing)是为了达到或验证用户对软件的可靠性要求而对软件进行的测试;通过测试发现并纠正软件中的缺陷,提高其可靠性水平,并验证它是否达到了用户的可靠性要求。软件可靠性测试能有效地暴露在实际使用过程中影响可靠性要求的软件缺陷,最先暴露的是发生概率较高的缺陷,然后是发生概率较低的缺陷。软件可靠性测试的概念可以通过图 11-22 来表示。

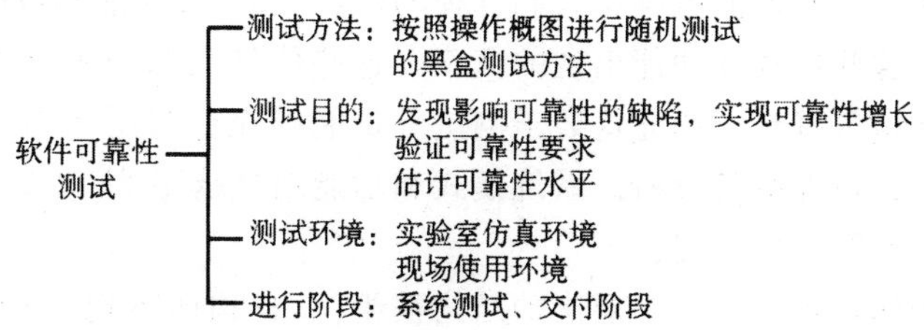

图 11-22　软件可靠性测试概念

测试并不能保证软件的可靠性,软件可靠性是设计出来的而不是测试出来的。软件可靠性测试的主要目的是验证软件可靠性指标是否被满足。它通过在测试过程中收集测试数据并使用可靠性模型来计算软件的可靠性指标。

软件可靠性测试是从硬件可靠性测试发展而来的。硬件可靠性测试的理论已经发展相当成熟,然而关于软件可靠性方面的测试理论还处在发展阶段。许多事实表明,在计算机系统中,软件可靠性水平一般要比硬件可靠性水平低。因此,为了保证系统的可靠性水平,不仅要对硬件可靠性提出要求,还必须相应地对软件可靠性提出要求。

软件可靠性测试流程可以通过图 11-23 所示。

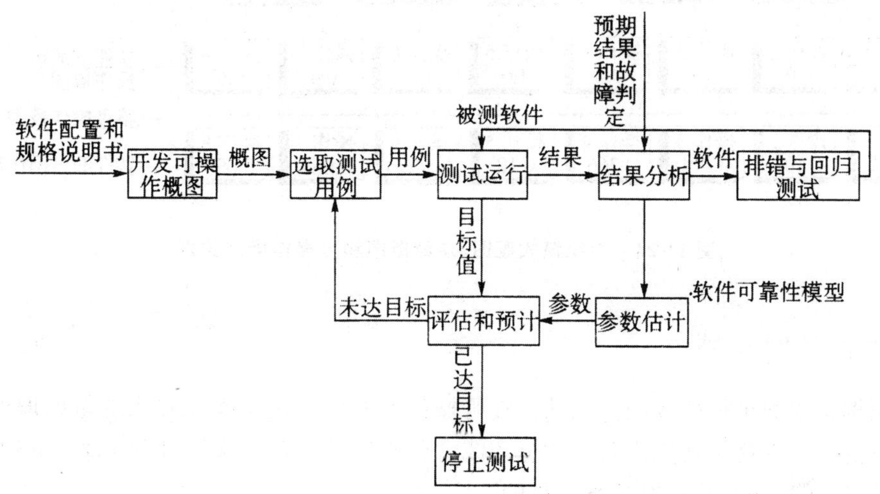

图 11-23　软件可靠性测试流程图

在软件可靠性测试中有 3 个主要的环节，它们分别是：

①根据用户实际使用软件的方式，开发软件可操作概图，生成测试用例。

②开发软件可靠性测试的环境，使得被测软件系统能够在该环境下被“控制”并测试。

③对测试的结果数据进行量化分析，并得出系统的可靠性验证结果或预计系统的可靠性指标。

1. 可操作概图

软件可靠性测试的一个主要特点是按照用户实际使用软件的方式来测试软件，软件的可操作概图(Operational Profile)是定量描述用户实际如何使用软件的一个方法。在该方法中除了要充分了解用户如何使用软件的各种模式和各种功能，完成这些功能相应的输入变量，还需要了解用户在使用软件时这些模式和功能出现的概率。这些信息大部分来自于软件开发文档、需求规格说明书和接口文档等资料。因此这要求测试人员能够充分与用户沟通，收集系统实际被使用的历史数据信息并进行充分的分析。系统模式和功能划分越完整，概率越准确，那么构造出来的这个视图就越接近实际使用情况。

一个软件的可操作概图按照一个层次的结构被组织，自顶向下把用户使用软件的输入空间划分为系统模式概图，再把系统模式概图划分为功能概图，最后划分到运行概图。如图 11-24 表示了这一划分关系。

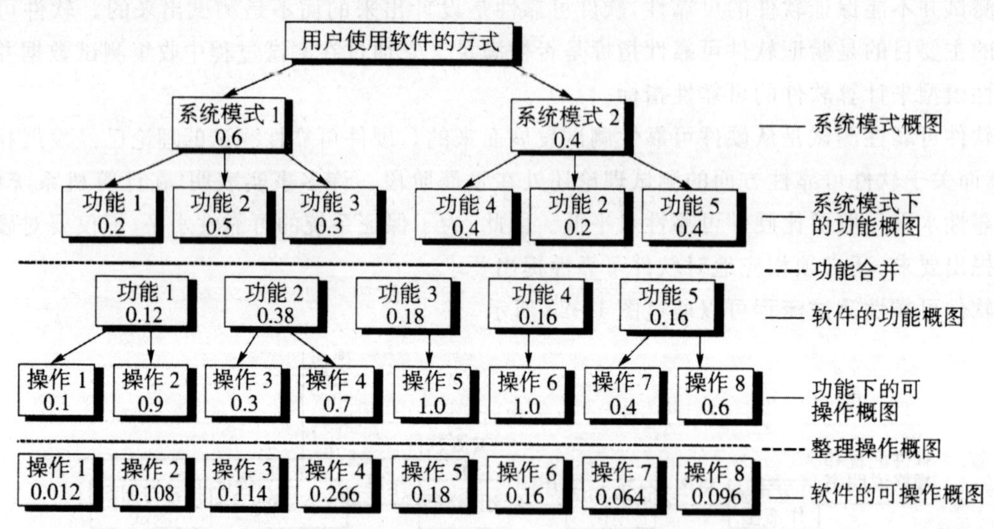

图 11-24　系统模式概图、功能概图和可操作概图关系

2. 测试用例生成

测试用例是根据可操作概图生成的。在可操作概图中规定了每个输入变量的取值范围，并且认为变量的取值在这个范围中是均匀分布或者分段均匀分布。这是因为软件可靠性测试是一种随机测试，测试用例的选取方式是随机的。

可靠性测试用例的准确性是基于对输入空间的正确分析及使用概率的合理判断。对于输入空间的分析包括了对输入变量取值范围的分析以及输入变量相互之间的约束关系分析。

根据用户需求，若一个软件功能由一个或多个软件基本功能组成，可单独完成一个完整的任务，并可进行单独的测试，那么称这个软件功能为一个约功能。所有约功能输入变量输入时刻的定义域和取值的定义域的直积构成了约功能的输入子空间，所有约功能的输入子空间构成了软件的输入空间。对于实时软件，输入变量的输入时刻可以是周期性变化的或非周期定时的，也可以是随机时刻输入的。输入变量的取值可以是确定的，也可以是随机的。输入变量的特性及其与之对应的取值区间和概率分布变化的规律分析可以参考表 11-7。对于输入变量之间的约束关系是错综复杂的，在此就不详细描述了，具体可以参考附录 E 中的资料。

表 11-7　输入变量特性分析

取值特性	输入时间要求	取值区间	概率分布
确定性	周期性	输入周期、各输入周期的具体取值或周期的函数关系	
	非周期定时	各给定输入时刻的具体取值	
	随机时刻	输入时刻的取值区间、在随机给定的输入时刻的具体取值	输入时刻的概率分布
非确定性	周期性	输入周期、各输入周期的取值区间	各输入周期内各取值区间上对应的概率分布
	非周期定时	各给定输入时刻的取值区间	在各给定输入时刻取值区间上对应的概率分布
	随机时刻	变量输入时刻的取值区间、变量在各输入时刻的取值区间	变量输入时刻的概率分布、交量在各输入时刻取值区间对应的概率分布

3. 测试环境

为了完成软件可靠性测试，一个完备的仿真测试环境应具备以下基本功能：

①初始化。包括自检、系统配置、确立测试方案等。

②测试准备。包括准备测试时需要的数据，预运行以保证定时器的启动和 I/O 服务的启动等。

③测试执行。包括测试数据仿真、产生激励信号、测试结果接受、测试过程监控以及测试结果处理。

④测试结果分析处理。包括回放显示测试数据和测试结果数据，包括确定显示内容、显示方式、回显时的缩放比例等；对测试结果数据进行比较和分析。

⑤测试文档管理。负责对测试的各类文档进行管理，生成测试报告等工作。

⑥系统维护管理。包括记录平台测试的配置和测试方案，生成带有时间标签的配置文件，记录工作日志，记录系统故障，修复系统故障，进行系统软件完好性检查等。

4. 量化分析

识别需要收集的数据并且建立确保收集数据完整准确的机制，是软件可靠性工程实施中最重要的环节之一。开发组织一般都具备收集软件可靠性工程应用中所需要数据的能力，所研究的每一项软件开发工作都有记录，并且跟踪在测试阶段及运行中观测到的失效数据的机制。大部分项目还要求测试人员在测试阶段做工作记录。如果运用得当,这些数据收集机制有益于当前通用的许多可靠性模型所使用的形式,并提供精确的失效数据。然而,这项工作将使产品开发花费一定的成本,因此国内很多公司基本上都没有把它做起来。

思考及作业题

1. 简述软件测试自动化和作用。

2. 简述自动化测试和手工测试有什么主要区别。

3. 自动化测试工具大致可以分为几类?举例说明几种与之相对应的测试工具。

4. 简述对常用自动化测试工具的认识。

5. 试从网络上免费下载自动化测试工具,并在客户机或服务器上安装和运行。

6. 什么是软件自动化测试框架?常用的自动化框架有哪些?我们如何应用这些框架?

7. 下载本章所介绍的白盒测试、黑盒测试等工具,学习其主要功能及使用方法,尝试进行实例测试。

8. 什么是软件可靠性?为什么要研究软件可靠性?

9. 软件可靠性与硬件可靠性有什么区别?

10. 了解常用的可靠性分析方法。

11. 了解常用的可靠性模型。

12. 什么是可靠性测试?

第 12 章　实用软件测试工具

软件测试工具对于软件测试工程师的重要性是毋庸置疑的，有人曾说过，“不会用软件测试工具，就不算是真正掌握软件测试”。较好地利用软件测试工具，可以使我们的测试工作事半功倍，达到出其不意的效果。

本章主要知识点

1. 了解如何进行测试工具的选择。
2. 了解 QC 工具的安装，掌握 QC 工具的管理过程。
3. 了解 QTP 工具的安装，掌握其使用方法。
4. 了解 LoadRunner 工具的使用。
5. 了解安全测试及单元测试工具 MSTest 的使用。

12.1　测试工具的需求分析

选择测试工具之前，肯定会问这样的问题——为什么要用测试工具？有了测试工具又能干什么？要回答这些问题，就要弄清楚测试对工具的需求。下面，就从 3 个方面来讨论测试工具的需求，为如何选择测试工具打下基础。

①分析测试工具的优势，测试工具能帮助解决什么样的问题和困难。

②测试工具的实现原理是什么，如何借助测试工具完成一项测试任务。

③基于上述两点，可以更清楚什么方面需要什么样的测试工具，不同的测试目标需要哪些不同的测试工具。

12.1.1　测试工具的优势

在测试过程中，测试工具是必需的，特别是在系统性能测试、压力测试和安全性测试等方面。例如，压力测试中，需要模拟大量数据（如每秒钟发送几十个数据包）或大量并发用户（如同时在线访问的用户有 5000 人）等各种应用场景，如果不借助于测试工具，是不可能完成这种测试任务的。

其次，软件测试具有一定的重复性，主要体现在回归测试中。任何一个软件测试项目后期都要进行回归测试，可能是由于修正缺陷，也可能是由于软件不断升级而新加功能、增强功能。回归测试就是要验证已经实现、原来正常工作的功能，发现由于代码改动对这些功能所造成的负面影响（回归缺陷）。如果用手工不断重复执行回归测试，会在很大程度上降低测试工作的趣味性，效率也很低。如果由测试工具自动完成回归测试，将会解放测试人员、缩短测试周期、加速产品的发布。

除此之外，手工测试还存在以下一些其他的限制。

①通过手工测试无法做到覆盖所有代码路径。

②许多与时序、死锁、资源冲突、多线程等有关的错误，通过手工测试很难捕捉到。

③在进行系统可靠性测试时，需要模拟系统运行十年或几十年的情景，以验证系统能否稳定运行，这也是手工测试无法模拟的。

④如果有大量的测试用例需要在短时间内完成，例如几千个测试用例需要是1天内完成，又不可能投入大量人力，则无法采用手工测试。

⑤测试可以发现错误，但并不能表明程序的正确性。因为不论黑盒、白盒都不能实现穷举测试。对一些关键程序，如导弹发射软件，则需要考虑利用数学归纳法或谓词演算等进行证明。

由于手工测试的局限性，软件测试借助测试工具已成为必要，并向全面自动化发展，以解决手工测试的局限性，带来以下这些收益。

①可缩短软件开发测试周期。对上千个测试用例来说，测试工具可以在很短时间内完成测试，而且测试工具不知劳累，可24小时不停地运行同样的测试用例10遍、100遍等。这些都说明了软件测试工具执行测试具有速度高、效率高的特点。

②脚本可以多次重复运行，降低成本。在回归测试中或在很多不同的测试环境(如不同的浏览器、不同的操作系统、不同的连接条件等)下，测试工具可以多次运行同样的测试用例，而测试脚本只要开发一次。

③可增强测试的稳定性和可靠性。通过测试工具运行测试脚本，能保证百分之百被执行，所有的测试结果都能客观地记录下来。

④可提高软件测试的准确度和精确度。软件测试自动化的结果都是数量化的，并且它能与所预期结果或规格说明书所规定的标准进行量化对比。

12.1.2 测试工具的实现原理

软件测试工具，就是一种特殊的程序，以模拟测试人员对计算机的操作过程和行为，包括数据请求和接收，或者类似于编译系统那样对计算机程序进行静态检查。测试工具应用很广，无处不在，可以根据其实现原理的不同分为白盒测试工具、黑盒测试工具。还可以根据测试的对象和目的，分为单元测试工具、功能测试工具、负载测试工具、性能测试工具、测试管理工具等。单元测试工具多数属于白盒测试工具，而系统功能测试、负载测试和性能测试等一般属于黑盒测试工具，或者是一种介于两者之间的灰盒测试工具。

1. 代码分析

代码分析类似于高级编译系统，一般是针对不同的高级语言去构造相应的分析工具。在工具中描述类/对象/函数/变量/运算等定义规则、语法规则等，在分析时，对代码进行语法扫描，找出不符合编码规范的地方，再根据某种质量模型评价代码的质量，生成系统的调用关系图等。为了更好地进行代码分析，可在代码中设置一些“断点”，在这些断点和其他地方插入一些监测代码，存储于构造的可执行文件中，以随时了解这些关键点/关键时刻的某个变量的值、内存/堆栈状态等。

2. 捕获和回放

除了代码分析,测试工具也可以模拟手工测试来完成测试工作,即首先设法记录操作软件的过程,包括操作、被操作的具体对象(如窗口、按钮、滚动条等)或者实际物理位置以及相应的软件元素的状态或属性变化等,这个过程是通过某种脚本语言来描述的,其生成的测试脚本能被工具执行,即捕获用户的操作过程,然后再回放之前的操作过程,这个回放过程就是回归测试过程。只是现实中,通过捕获过程直接生成的代码,是需要经过修改(如增加暂停时间、验证点等)之后才能成功回放,并达到测试目的的。

在捕获和回放中,关键一点就是对象的识别,对浏览器页面、客户端窗口中各种对象的识别。对象的识别,就是获得这个对象的类别、名称、属性的值。

常见的对象有弹出窗口、按钮、菜单、列表、编辑域等。

3. 脚本技术

脚本作为一种特殊的计算机程序,包含数据和指令。指令作为控制信息来操作软件中的对象,数据则主要是被操作对象属性的值。脚本技术,就是围绕着脚本程序结构而进行的设计,它可以实现测试用例所要求的输入、步骤和验证点,在创建脚本和维护脚本的两个不同成本中平衡,以获得测试自动化的最大收益。

脚本技术不仅能用在功能测试上模拟用户的操作然后进行比较,而且可以用在性能、负载测试上,构造一定数量的虚拟用户同时进行操作,以便给系统足够的负载,从而检验或获取系统的响应速度、数据吞吐能力等。如下脚本程序设置按钮单击事件,检验系统的响应速度。

```
Sub Main
Dim Result As Integer
Window SetContext," Class=Shell_TrayWnd",…
PushButton Click,"Text=开始"
window SetContext,"caption=[开始] 菜单",…
Listuiew Click,"ObjectIndex=2:\;ItemText=控制面板(c)","Coords=57,17"
Window SetContext,"Caption=控制面板",…
ListUiew DblClick,"Text=FoldevUiew;\;ItemText=显示","Coords=37,30"
Window setcontext,"Caption=显示 属性",…
TabContvol Click,"Object Index=1;\;ItemText=桌面",…
PushButton Click,"Object Index=2"
Window SetContext,"Class=#32770",…
GenericObject Click,"class=Static;class Index=1", "coords=77,58"
Window SetContext,"Caption=显示 属性",…
TabControl Click,"ObjectIndex=1;\;ItemText=屏幕保护程序",…
EditBox Click,"Label=等待(w):","Coords=23,9"
EditBox Left_Drag,"Label=等待(w):","coords=22,9,31,9"
InputKeys"6"
Comb080x Click,"ObjectIndex=1","Coords=160,11"
```

```
comboListBox Click,"ObjectIndex＝1","Text＝贝塞尔曲线"
PushButton Click,"Text＝设置(T)"
window setContext,"Caption＝贝塞尔曲线屏幕保护程序设置",…
MYMpinControl Click,"Object Index＝1" ,"Coords＝8,5"
Spincontrol DblClick,"Object Index＝2","coords＝9,7"
scroliBar HscrollTo,"{Object Index＝1","Position＝1 3"
PushButton Click,"Text＝确定"
End SUb
```

4. 自动比较

自动测试时，预期输出是事先定义的，然后在测试过程中运行脚本，将捕获的结果和预先准备的输出进行比较，从而确定测试用例是否通过。自动比较可以对比分析屏幕或屏幕区域图像，比较窗口或窗口上控件的数据或属性，比较网页，比较文件等。

12.2 测试工具的选择

除了特殊应用的测试工具以外，一般不建议自己开发测试工具，选用已有的、成熟的测试工具是一种比较明智的方法。选择测试工具，先是根据软件产品或项目的需要，确定要用哪一类的工具，是白盒测试工具还是黑盒测试工具？是功能测试工具还是负载测试工具？即使在特定的一类工具中，也要从众多不同的产品中做出选择。

12.2.1 测试工具选择的标准

选择测试工具，需要针对测试的实际需求，了解适合这一需求的各种产品，并做进一步的调查。然后从中选出3～4种成熟的、优秀的工具软件作为候选工具，通过使用、评估和分析，来做最终的决定。在选择的过程中，关键是如何判断测试工具须具备哪些必要的功能特性，优势是否突出，是否真正适合自己等，也就是说，需要确定工具的选择标准。虽然购买商业化测试工具软件时，应具有沟通和商业谈判的能力和技巧，并认真考察其价格、服务等，但随着开源测试工具越来越多，我们有了更大的选择范围，不再局限于昂贵的商业化的软件。

测试工具选择的客观标准——特有的功能特性要求，是选择测试工具最关注的内容。但并不是说，测试功能越强大越好，因为解决问题是前提，适用才是根本。功能强大的工具，暂且不论其价格高低，往往多数功能没有用到，而且使用复杂，甚至不够稳定。为不需要的功能花钱是不明智的，同样，仅仅为了省几个钱，忽略了产品的关键功能或服务质量，也不能说是明智的行为。

根据多年积累的这方面经验，测试工具选择的客观标准主要如下。

①跨平台和环境的兼容性。测试工具应支持不同的运行平台，如各种操作系统和浏览器。这一点，对于互联网应用的测试更重要。如果开发的一套测试脚本，可以在 Windows/Mac/So1aris/Linux 或 IE/FireFox/Mozilla 上运行，这意味着自动化执行的测试用例翻了几倍，测试工具的产出明显。

②易使用，例如界面简单、功能针对性强(而不是包罗万象)。

③支持国际化版本和多种语言，这对软件国际化测试和本地化测试是非常重要的，也能保证测试工具有很高的覆盖面和产出。

④支持脚本语言，可以构造类似编程语言的、简单的程序结构，如条件分支、循环结构等。并可以定义变量，实现参数的传递、多种组合数据的输入。这种脚本语言越接近熟悉的编程语言（如 C＋＋、VB 等）越容易被接受。

⑤脚本语言的简单性，可以推进测试自动化的普及。如脚本语言支持 HTML 或 XML 格式，就有可能使所有测试人员都投入到自动化测试中。

⑥面向数据驱动（Data-Driven oriented）的脚本，包括支持流行的数据库（Oracle、SQL Server、Access 等）、格式文件的数据存取操作。这有利于测试脚本的代码和数据输入分离，减少脚本维护的工作量，也有利于脚本的扩充和完善。

⑦对程序界面中对象的识别能力。这种能力能够识别用户界面的各种对象，记录对象的 ID（而不是记录其位置的像素坐标），确保录制的测试脚本具有良好的可读性、修改的灵活性和维护的方便性。否则，只要程序界面稍做改变，在不同的屏幕分辨率下和不同的操作系统或测试环境下，原有的测试脚本就不能用了。

⑧具有脚本开发良好的环境，能提供较强的脚本调试功能，而且支持脚本单步运行、设置断点等，可更有效地对测试脚本的执行进行跟踪、错误定位。

⑨测试工具的集成能力包括和正在使用的开发工具、其他测试工具进行良好的集成，拥有良好的集成能力，可让它们互为受益。

⑩图表功能。测试结果可以通过一些统计图表来表示，结果显示直观，一目了然，容易完成对测试结果的分析和解释。

脚本语言的功能性和简单性存在一个平衡的问题。脚本语言的功能越强大，就越能够为测试开发人员提供更灵活的使用空间，例如类似于 C 语言。但越强大的脚本语言，就显得越复杂，掌握起来要更困难些。

具体问题具体对待，选择标准也不是一成不变的，它需要灵活的政策。由于客户端和服务端有不同的特点和测试需求，测试工具的选择标准也不同。如对 Web 客户端来说，由于 Web 的链接、快速变化的 UI 和复杂的逻辑，使得工具的录制功能更强、更稳定，而且能适应不同的平台（Windows、Linux、Mac OS）和浏览器（IE、FireFox、NS、…）。而服务器一般不存在 UI 界面，主要是对不同协议的支持。

依据上面讨论的测试工具的评选标准对软件测试工具进行评估时，主要考察测试工具所具有的特性，特别是这类工具的关键特性。对工具的评估，需要针对需要考察的特性论述各自的优缺点，甚至给出分数，最后提交报告。根据评估报告，特别是根据比较分析对照表，就比较容易做出决策。

12.2.2　测试工具选择的误区

不同的测试工具面向不同的测试目的，它们具有各自的特点和适用范围，所以任何一个优秀的测试工具不是都能适应不同公司的需求。某个公司怀着美好的愿望，花了不小的代价引入世界数一数二的软件测试工具。一年以后，这个测试工具却成了摆设。究其原因，就是没有充分考虑公司的现实情况，不切实际地期望通过测试工具来改变公司的现状，从而导致了失败。

测试工具毕竟是工具，不会改变一个公司的现状。影响软件开发效率和质量的关键因素是人,是人文环境(软件质量文化、流程),绝不是工具。测试工具在很大程度上依赖于软件的可测试性、测试流程和软件产品/项目的自身特性。可测试性是在软件设计、编程中形成的,测试流程要根据测试自动化的需要进行改进,甚至变革。过分强调测试工具的作用,极力追求各种软件测试工具,是软件测试本末倒置的表现。实际上,测试过程中80%以上的缺陷是手工测试发现的,仅有不到20%的缺陷是靠工具测试发现的,而且这还得要求测试人员合理地使用工具。

许多厂商在宣传自己的测试工具时,总是强调或放大工具的优势,而对工具所受到的限制、所存在的问题避而不谈,例如厂商在宣传时说测试工具只需通过简单的录制、回放,就可以完成测试。实际上,在绝大多数情况下,直接录制完的脚本往往并不能被顺利地回放,而且缺乏足够的验证点。测试绝不是演示,需要随着软件的修改对脚本不断维护,所以直接录制的脚本只能作为脚本开发的起点,还需要进行大量重构、修改脚本的工作。

选择测试工具绝不能仅仅依据宣传和厂商自己事先准备好的演示来做出决定,需要亲自通过测试工具完成一个实际的软件测试任务,才能对工具的适用性做出正确的评估。

选择测试工具,不要求多,不要盲目地随大流,要有针对性,针对自己的软件产品,先解决实际测试工作中最突出的问题。如性能测试,必须依靠工具来实现。如果是特殊的客户端/服务器应用,可能需要自己开发这一类工具,不要奢求现成的测试工具。如果是Web应用,就比较容易找到合适的测试工具。有什么具体需求,就选择什么样的测试工具。

国内大多数软件公司是针对最终用户进行项目开发而不是产品开发,项目开发周期短,不同的用户需求不一样,而且在整个开发过程中需求、用户界面变动都较大,这种情况下就不适合引入功能测试工具。因为对于变化大的需求和界面,录制或开发、修改脚本的工作量远远大于手工测试的工作量,又不能通过今后大量重复的回归测试收回成本,这种情况下运用测试工具不但不能减轻工作量,反而加重了测试人员的负担。这时,可以考虑引入白盒测试工具,特别是针对代码进行直接检查、分析的工具,用以提升代码质量。

12.2.3 商业测试工具的选择

商业性软件测试工具在功能性、易用性、服务等方面有较大优势,功能强大,界面友好,而且有较广泛用户,积累了很好的应用经验。如果测试团队的开发能力较弱,经费比较充足,这时选择商业工具是明智的。

1. 功能测试工具

就功能测试工具而言,还要分为Windows客户端、Mac OS客户端、iOS和Android移动设备、Web、Flash等各类测试工具,不同的类型工具有不同的选择。

①Windows客户端功能测试工具:HP Unified Functional Testing(UFT)11.5(涵盖HP QuickTest Professional(QTP)、HP Service Test)和支持手工测试的HP Sprinter、MicroFocus Silk Test和TestPartner、IBM Rational Functional Tester、Oracle Functional Testing、SmartBear TestComplete。

②MacOS客户端功能测试工具:TestPlanteggPlant、SeaPine QA Wizard Pro、Froglogic Squish。

③iOS移动应用测试工具:Micro Focus Silk Mobile Test、Telerik Test Studio、Ranorex Studio、froglogic Squish。

④Android 移动应用测试工具:Micro Focus Silk Mobile Test、Telerik Test Studio、Ranorex Studio、froglogic Squish。

⑤Web 功能测试工具:Parasoft WebKing、Parasoft SOAPTest、Cogitek RIATest、SeaPine QA Wizard Pro、Tyto Software Sahi Pro、Froglogic Squish、QFS QF－Test、Netvantage FunctionalTester、Compuware Web Check。

⑥Flash 功能测试工具:Adobe Flash Builder、Ranorex Studio、Cogitek RIATest、Froglogic Squish、SeaPine QA Wizard Pro。

2. 性能测试工具

性能测试工具主要包括以下 10 种。

①HP LoadRunner。

②Micro Focus Silk Performer、QALoad。

③Micro Focus Silk WebMeter。

④IBM Rational Performance Tester。

⑤RadView WebLoad Professional。

⑥Compuware APM for test、Web Load Testing。

⑦Oracle Load Testing。

⑧Cloud Load Test:LoadStorm。

⑨Neotys NeoLoad。

⑩Trace TechnologiesLOADTRACER。

12.2.4 开源测试工具的选择

开源软件运动已获得很大成功,正在改变软件业的开发思想、模式和方法等,也自然改变着软件测试的方法及其应用。借助开源软件测试工具,从单元测试、功能测试到性能测试,从 Web 页面测试到数据库、多媒体、通信等应用领域的测试,直至软件测试的管理平台、缺陷跟踪系统,完全可以构造一个完整的自动化测试解决方案,在快速提高测试效率的同时,又能降低购买测试工具和获取相应售后服务的成本,而且最大的好处是有源代码,可以作为学习和研究的材料,能在其基础上进行修改,以适应自己业务产品测试的特殊需求。

1. 功能测试工具

①Web 测试:Selenium、WebTest、WatiR、WatiN、MaxQ、SOAPUI、Canoo WebTest、Solex 等,其中 Selenium 由 Selenium IDE、Core 和 Selenium Remote Control 等 3 部分组成,结合 WebDriver 可以支持不同的浏览器,与构建工具、单元测试工具集成起来,可以完成持续构建、持续测试。

②Java 平台测试:T-Plan Robot、Abbot、Jemmy、SWTBot、White。

③Flash/Flex 测试:Flex Monkey,Flash Selenium,FunFx。

④Android 移动应用测试:robotium、UIAutomator、MonkeyRunner、Robolectric、LessPainful、ATAF 等。

⑤iOS 移动应用测试:Instrument、FoneMonkey、Anteater、Frank/Cucumber、KIF、

TouchTest、UI Automation、Zucchini 等。

⑥验收测试:Fitnesse、Cucumber(BDD)。

⑦开源框架:STAF+STAX、JSystem 等。

⑧其他开源功能测试工具,如 Weblniect、页面链接测试 Link Sleuth,更多请参考:hffp://www.opensourcetesting.org/functional.php。

2. 性能测试工具

①Jmeter——针对静态资源和动态资源(Servlets、Perl 脚本、Java 对象、数据查询和 FTP 服务等)的性能测试工具。Jmeter 可结合 Badboy 来使用,它能自动录制测试脚本。

②OpenSTA,可以模拟大量的虚拟用户来完成性能测试,可精确度量负载测试的结果,包括响应时间、资源使用情况、数据库服务器的使用情况。详见 http://portaLopensta.org/index.php。

③DBMonster 是一个生成随机数据、用来测试 SQL 数据库的压力测试工具,详见 http://bmonster.kernelpanic.pl/。

④LoadSim——网络应用程序的负载模拟器。

⑤更多的性能测试工具,可以访问 http://www.opensourcetesting.org/performance.php。

3. 数据库测试工具

①DBMonster 是一个用生成随机数据来测试 SQL 数据库的压力测试工具,见 http://sourceforge.net/projects/dbmonster/。

②OSDL (Database Test Suite),是基于 Linux 开发的测试框架的数据库测试工具套件,具有很好的实用价值,详见:http://www.osdl.org/lab_activities/kernel_testing/osdl_database_test_suite/。

③其他的数据库测试工具,如 Dell Benchmark Factory for Databases,GS DataGenerator,DTM Data Generator/DB Stress 等,更多的数据库测试工具见:

http://www.testing_software.ro/index.php? option=com_content&view=article&id=18

4. 多媒体和网络测试工具

多媒体测试工具主要进行语音(VoIP)、视频(Vedio)和 IP 电话等应用系统的特殊测试,如多媒体数据交换、服务质量(QoS)等,主要有 AuthTool、SIPp、Seagull、Sofia、Asterisk 和X-Lite等等。

通信测试(包括多媒体通信)一般离不开网络监控工具,网络工具很多,这里介绍几个比较流行、简单而强大的网络监控工具。

①Nessus——主要的 UNIX/Linux 受攻击性的评估工具。

②Wireshark——前身是 Ethereal,网络协议检测程序,包括获取网络数据包的流向及其内容、监控 TCP session 动态,支持 UNIX、Windows。

③Snort——跨平台的网络信息探测工具,可以实施实时通信分析和信息包记录、数据包有效性检查、协议分析和内容查询匹配,并能探测缓冲溢出、秘密端口扫描、CGI 攻击、操作系统侵入尝试等,从而进行实时报警。

④Netcat——作为类似于 Telent 的客户端，可以监听某个端口、扫描特定主机的端口，传输文件等，被称为网络中的瑞士军刀。

12.2.5　测试工具的用途选择

测试工具依据各自的用途可以进行合适的选择。

①用于测试管理的工具。测试管理工具是指帮助完成测试计划，跟踪测试运行结果等的工具。这类工具是有助于需求、设计、编码测试及缺陷跟踪的工具。一般而言，测试管理工具用于对测试过程、测试计划、测试用例、测试实施进行管理，还包括对缺陷的跟踪管理。HP 公司的 Quality Center（QC）、Mercury Interactive 的 TestDirector、Rational 公司的 TestManager、Compuware公司的 TrackRecord 等都是较典型的测试管理工具软件。

②用于功能管理和性能管理的工具。前面已经介绍，在此不做赘述。

③安全测试工具。用于验证程序的安全等级，以及识别潜在安全性隐患的过程。代表工具是 AppScan。

④单元测试工具。典型代表是 Visual Studio 的 MStest 工具。其余的测试工具包括针对 C/C++语言的有 CppUnit、Parasoft C++Test、Panorama C++和 Mercury Numega 等；针对 Java语言的有 Parasoft Jtest、开源工具有 JUnit 等。

如果根据工具本身的功能特点进行分类，单元测试工具可分为以下几类：内存资源泄漏检查工具，如 Numega 中的 BounceChecker，Rational 的 Purify 等；代码覆盖率检查工具，如 Numega 的 TrueCoverage，Rational 的 PureCoverage，TeleLogic 公司的 Logiscope。

12.3　测试管理工具 QC

12.3.1　测试管理工具 QC 的简介

HP 公司的 QC(Quality Center)是目前主流的测试管理工具之一，其前身是 TD(Test Director)。QC 的标准测试管理流程如图 12-1 所示。

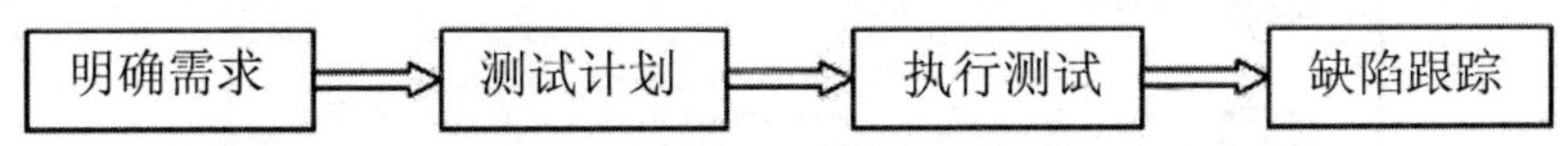

图 12-1　QC 的标准测试管理流程

QC 的标准测试管理流程中涵盖了测试需求、测试计划、测试执行和缺陷跟踪管理 4 个测试过程的主要方面。

①QC 支持的应用服务器包括 Jboss、WebLogic、WebSphere。

②QC 支持的数据库包括 Oracle、SQLServer。

③QC 支持的操作系统包括 Windows、Linux、Solaris。

由于 QC 支持群集(Cluster)，所以即使是大型的多项目的团队也可以使用 QC 满足日常测试工作的管理。

12.3.2 QC 的安装

下面以 QC 9.0 为例，介绍如何在 Windows 2003 服务器上进行安装。读者也可以参考 QC 的帮助文档《Mercury Quality Center 9.0 Installation Guide》来进行安装。

①首先安装 Windows Server 2003 Enterprise Edition 服务器操作系统，安装 IIS 邮件服务器，如图 12-2 所示。

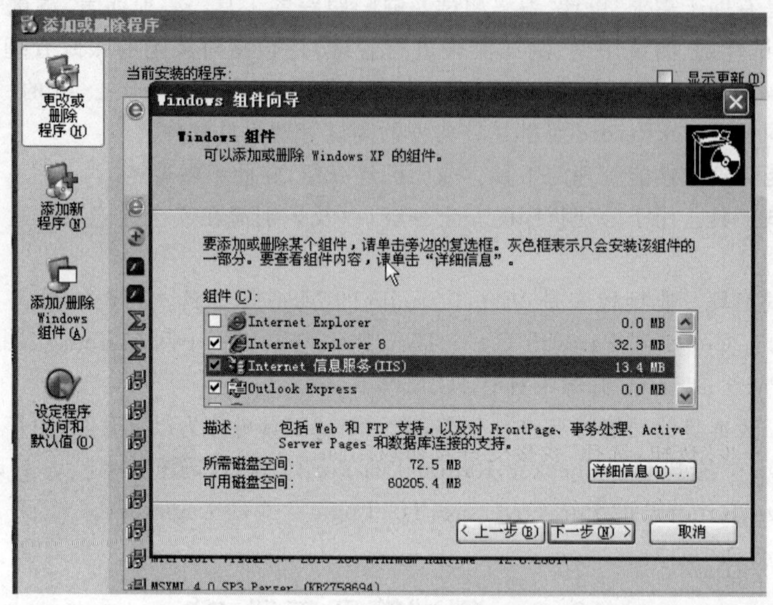

图 12-2 安装 IIS 邮件服务器

②安装 SQL Server 2000，打开 SQL 2000 企业管理器→查看服务器属性→看是否打了 SQL SP4 补丁，如图 12-3 所示。安装好 SQL Server 2000 后启动 SQL Server 2000 服务器。

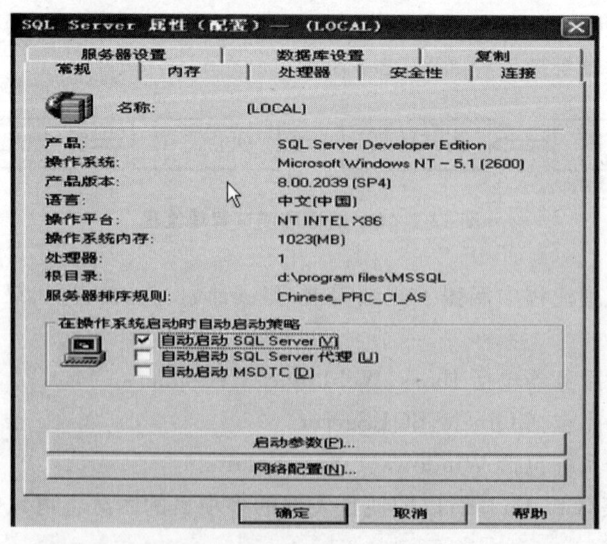

图 12-3 查看 SQL Server 2000 是否安装了 SP4 补丁

③完成前面的两个基础步骤之后，就可以进行 QC 9.0 的安装了，如图 12-4 所示。

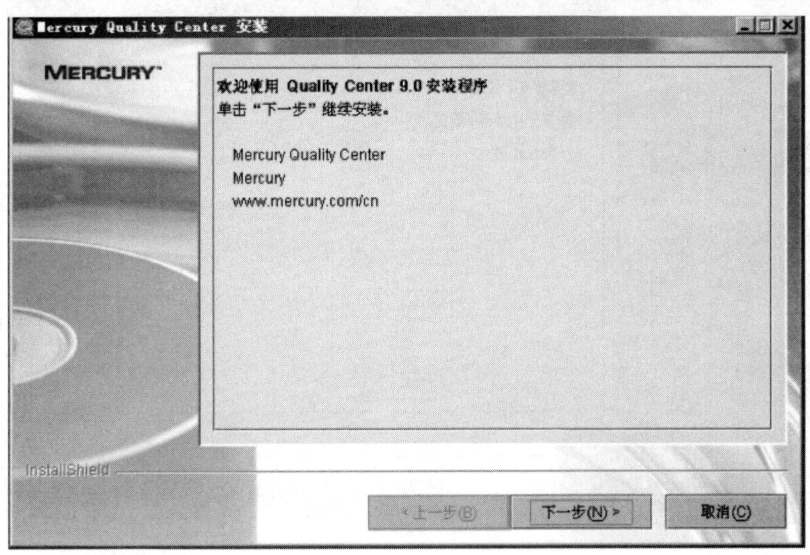

图 12-4　开始安装 QC

④单击“下一步”按钮，选择“我接受许可协议”，如图 12-5 所示。

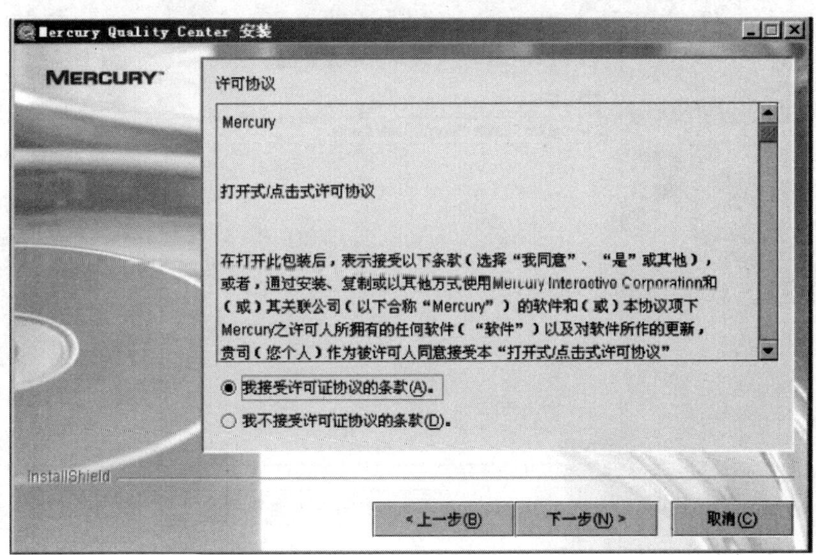

图 12-5　接受许可协议

⑤单击“下一步”。打开“群集配置”界面，选择“第一个节点/独立”选项，如图 12-6 所示。

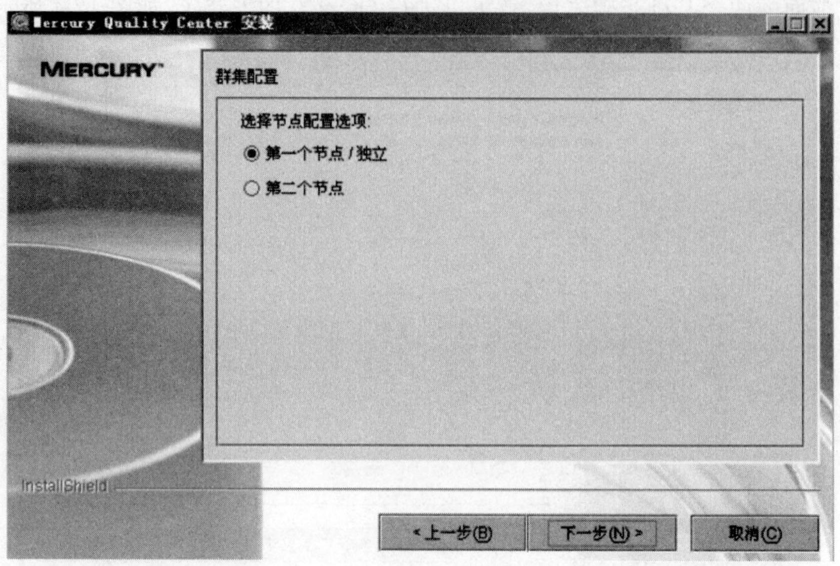

图 12-6　群集配置

⑥然后单击"下一步"按钮,选择用于安装 QC 的目录位置,如图 12-7 所示。

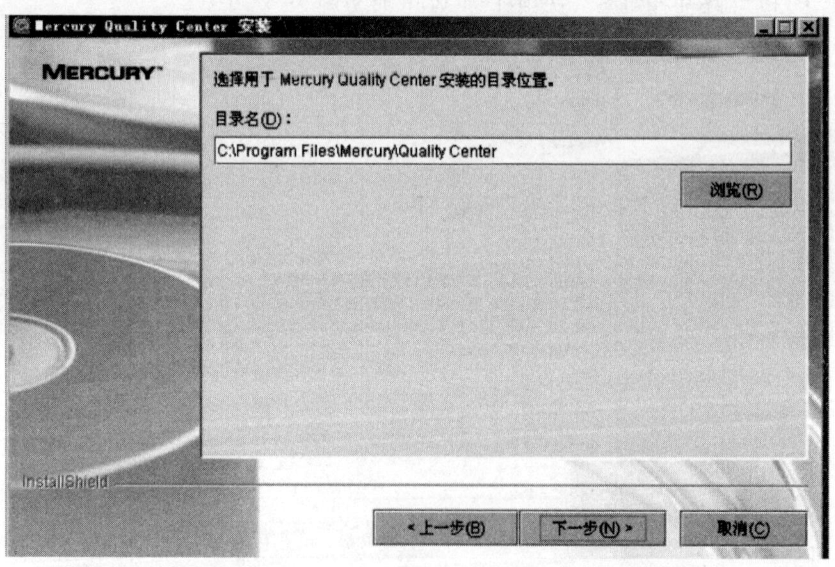

图 12-7　QC 安装目录的选择

⑦单击"下一步"按钮,打开"应用服务器配置"界面,选择"JBoss 应用服务器"选项,如图 12-8 所示。

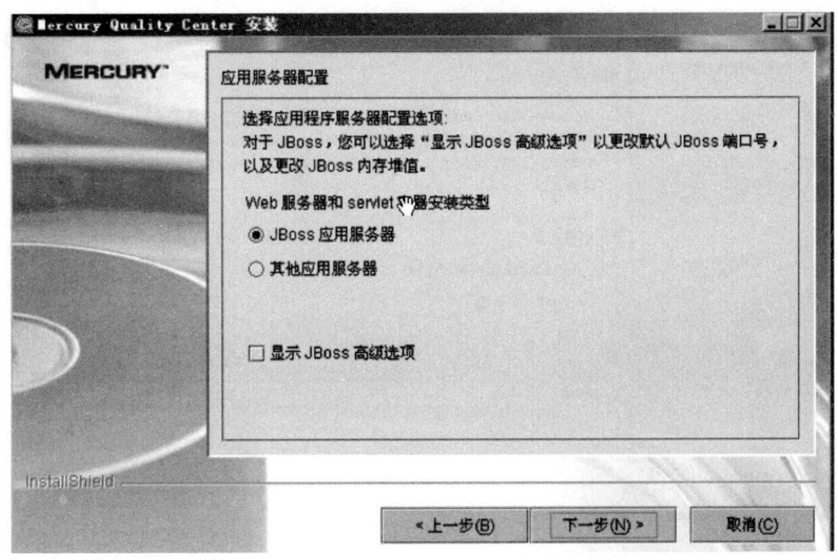

图 12-8　应用服务器的配置

⑧单击"下一步"按钮，打开"Web 服务器配置"界面，可选择"JBoos 内部 Web 服务器"选项，如图 12-9 所示，也可以选择"IIS"，选项作为 Web 服务器。

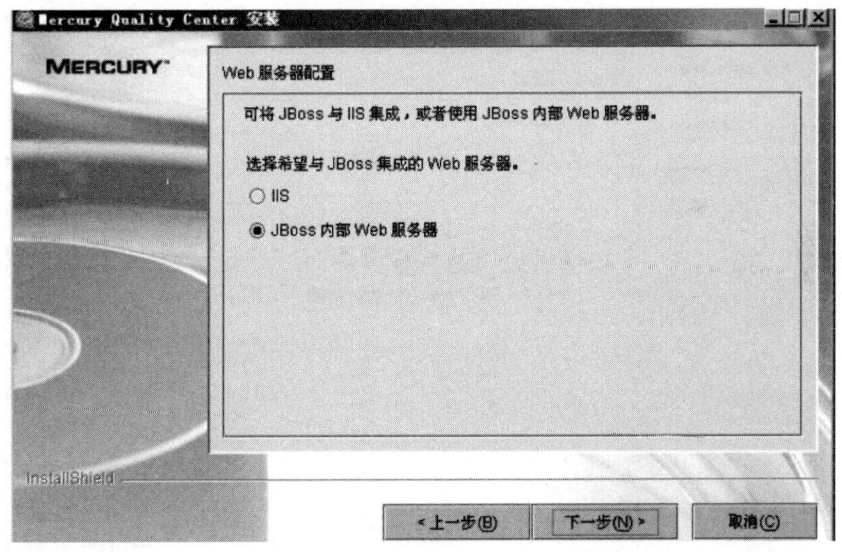

图 12-9　Web 服务器的配置

⑨单击"下一步"按钮，打开"邮件服务器属性"界面，可选择"Microsoft IIS SMTP 服务"，选项作为邮件发送服务器，如图 12-10 所示，也可以指定某个 SMTP 服务器。

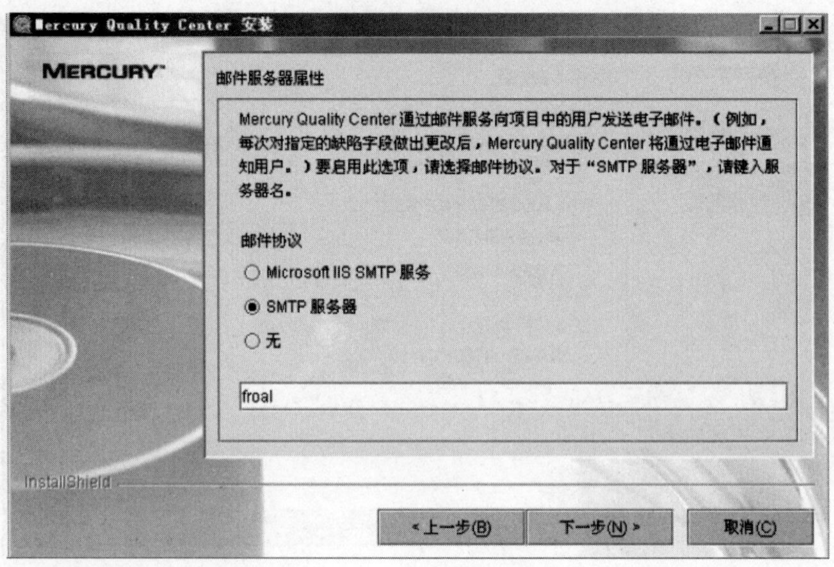

图 12-10　设置邮件服务器

⑩单击“下一步”按钮，打开“数据库类型属性”界面，选择“Microsoft SQL Server(SQL 验证)”选项，如图 12-11 所示。输入数据库信息，如图 12-12 所示。

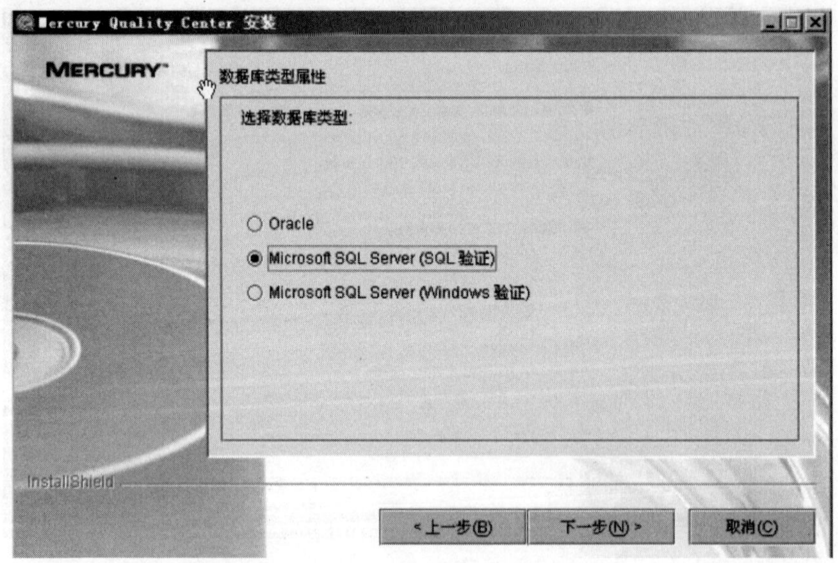

图 12-11　数据库验证类型选择

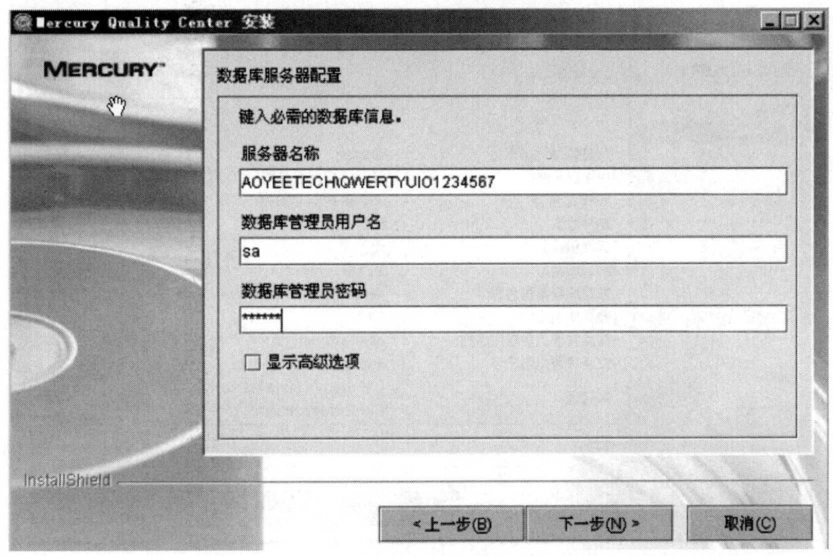

图 12-12　数据库信息的输入

⑪单击“下一步”按钮，打开“定义站点管理员”界面，创建管理站点的管理员用户名和密码，如图 12-13 所示，这是 QC 后台服务器管理员的账号。

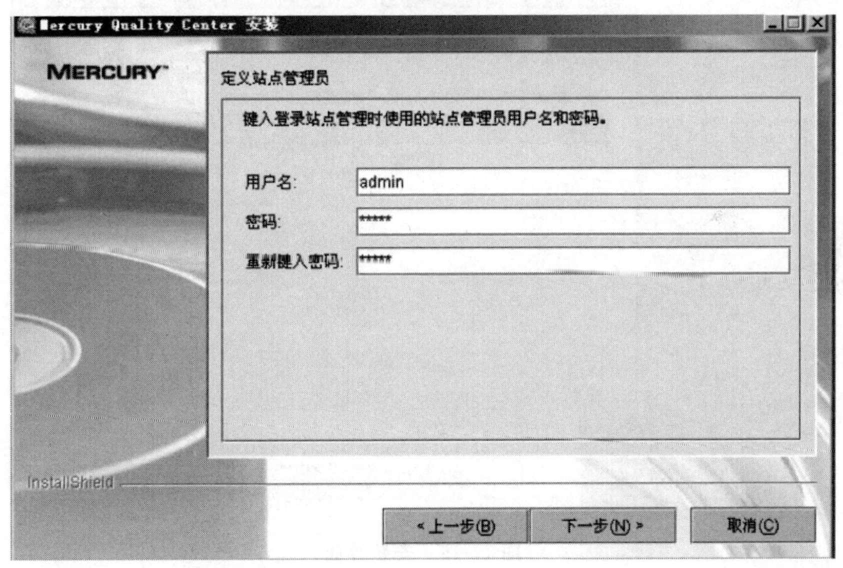

图 12-13　创建站点管理员

⑫单击“下一步”按钮，查看安装摘要，如图 12-14 所示。

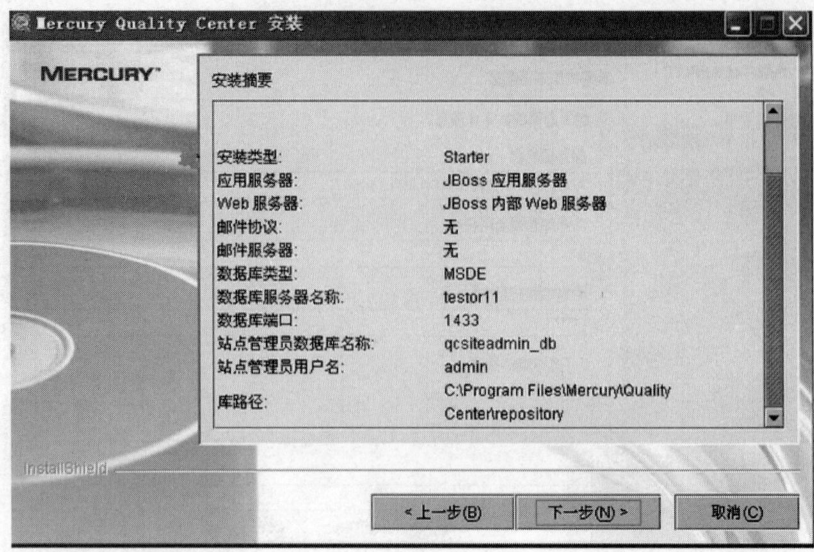

图 12-14　安装摘要

⑬单击"下一步"按钮，等待 QC 工具的安装，如图 12-15 所示。

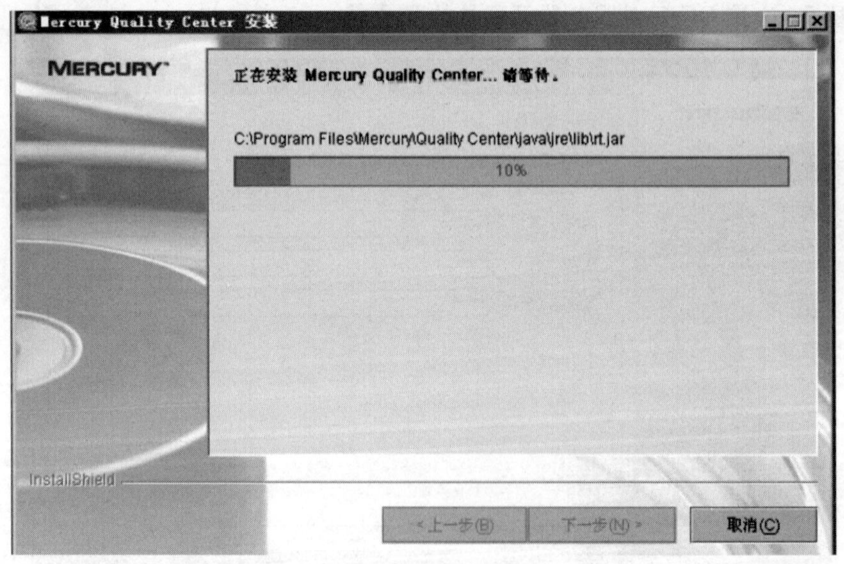

图 12-15　安装界面

⑭单击"下一步"按钮，选择立即启动 JBOSS 服务，单击"下一步"，出现 QC 启动界面，如图 12-16 所示。

图 12-16　QC 工具启动

12.3.3　QC 工具管理过程

1. 测试需求

在 QC 页面左侧单击“需求”进入需求测试页面，如图 12-17 所示。

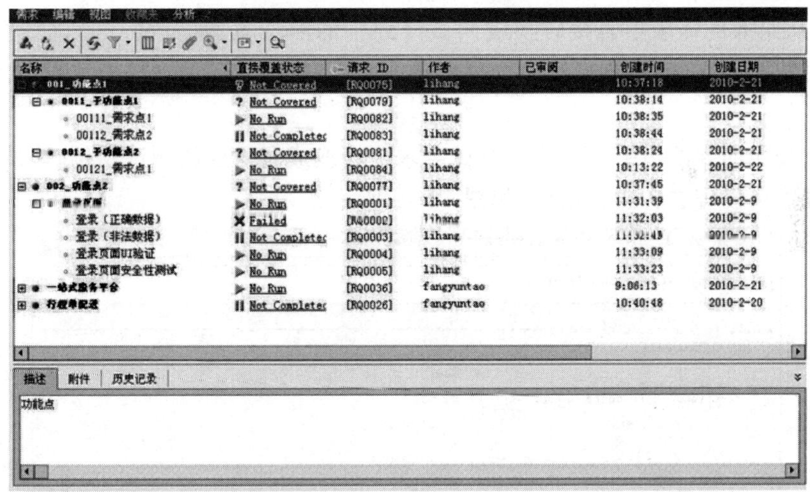

图 12-17　需求测试页面

(1)需求的建立

单击“新建需求”按钮，在弹出的“新建需求”窗口中输入需求名称，单击“确定”按钮完成需求的建立，如图 12 18 所示。

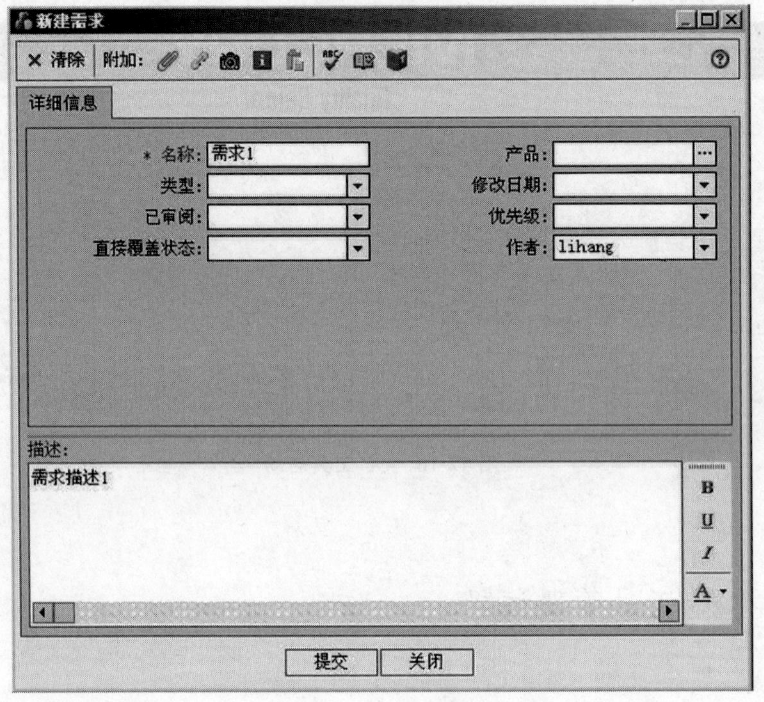

图 12-18　新建需求

(2)需求的转换

QC 支持从录入的需求项直接转换成测试计划中的测试主题(范围)、测试步骤。在需求模块中选中需要转换的测试需求项,然后选择菜单“需求→转换为测试→转换选定需求”选项,则出现向导界面。

接下来就按照向导的指引一步步将测试需求项转换成所需要的测试用例、测试步骤,转换后在测试计划模块可以查看转换的结果,如图 12-19 所示。

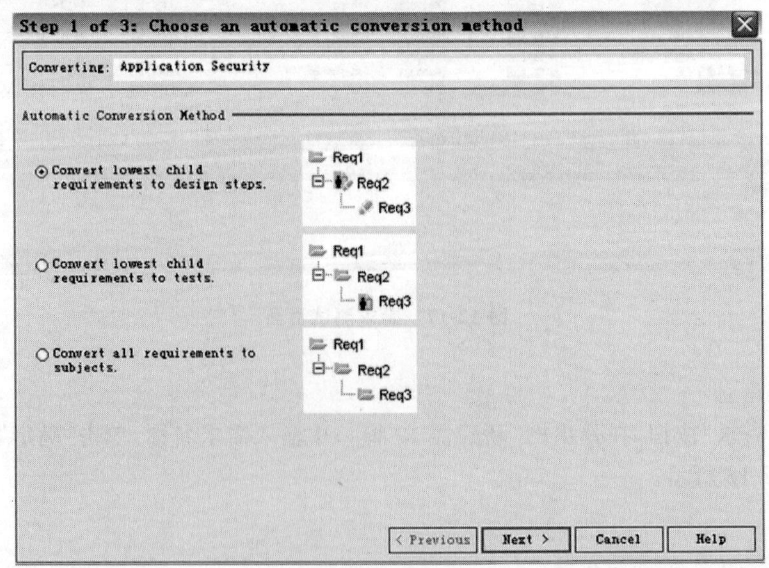

图 12-19　转换向导

(3)需求的导入

QC 支持从那些按一定格式编写的 Word 文档、Excel 文档导入需求项。读者可参考 QC 的帮助文档"QCMSWordAddin. pdf"和"QCMSExcelAddin. pdf"进行相关操作。可以使用 QC 的 Excel 插件工具来执行需求的批量导入,进行导入之前请先确认已经访问过 MQC 主页,并安装了 QCMSExcelAddin. exe 插件。插件下载地址如下:

http://updates. merc－int. com/qualittycenter_chs/qc90/msoffice/msexcel/index. html

在页面中选择最后一项"下载用于 Mercury Quality Center 9. 0 的插件"进行下载。下载完成后请按如下步骤进行需求导入。

①安装 QC 9. 0 需求案例 Excel 导入软件 QCMSExceiAddin. exe。执行安装前请先确保你的系统已经安装了 Office Excel 软件。

②安装成功后,打开编制好的文件,选中所有要导入的需求记录,注意只选数据。

③单击"工具"→"Export To Quality Center"选项即可。

④在打开的"Quality Center Export Wizard"窗口中输入 QC 的 URL 地址。

⑤输入项目管理员的名称和密码。

⑥选择要导入需求的域和项目。

⑦选择第一项,导入需求。请注意:此工具可以同时支持案例导入和缺陷导入,如果需要导入的是案例,应选择 Tests;如果需要导入的是缺陷,则选择 Defects。

⑧选择标准模板字段映射(一般默认选择)。

⑨把 QC 中的需求字段和需求模板的列名所对应的字母标号进行关联映射。

(4)需求与用例的关联

用例与需求相互对应,双击一个选定的需求,在弹出的需求详细信息窗口中选择"覆盖范围"选项卡,右侧计划树会出现用例列表(包括测试计划和测试实验室中的用例),选择所需用例,如图 12-20 所示。

(5)需求与缺陷的关联

QC 中增加了需求与缺陷的关联,使需求、用例和缺陷相互之间有了连接,使得每种角色的项目人员都能更容易的了解和掌控项目的质量情况。

在需求的详细信息窗口中,单击"链接的缺陷",在弹出的窗口中单击"添加和链接缺陷"按钮来新增一个缺陷(由需求产生的缺陷);也可以单击"链接现有缺陷"选项卡,如图 12-21 所示,选择缺陷 ID 建立关联模式或者选择缺陷 ID 手动模式。

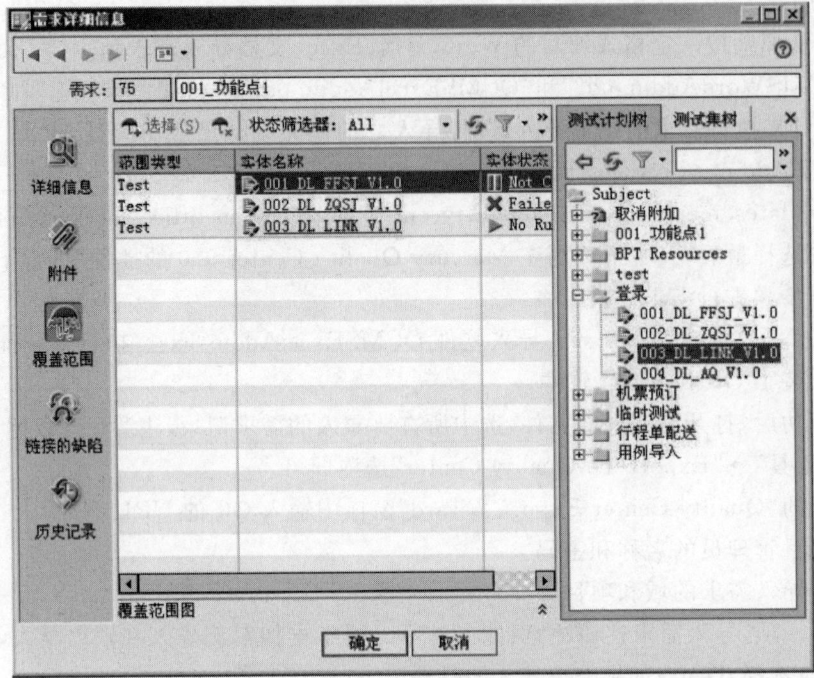

图 12-20　需求与用例的关联

图 12-21　需求与缺陷的关联

2. 测试计划

根据 QC 管理的流程，接下来是测试计划阶段，如图 12-22 所示。在测试计划模块中，可以用一个树形的结构来组织测试用例。

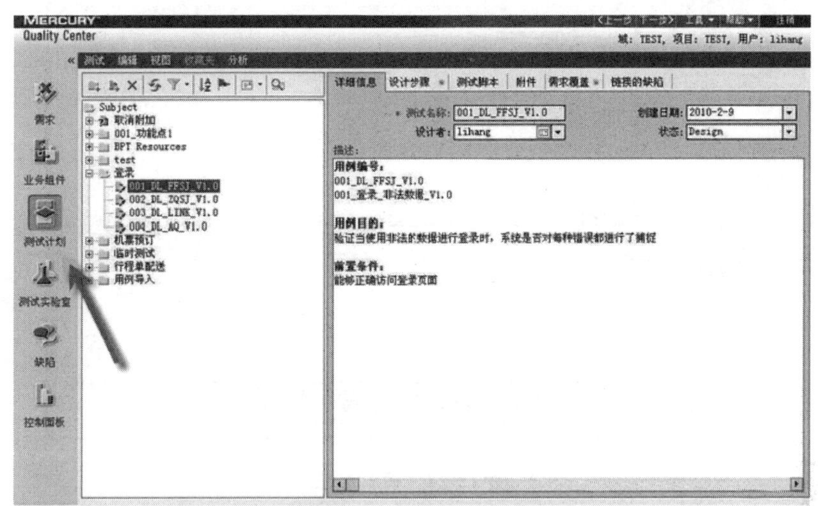

图 12-22　测试计划阶段

(1)测试用例的管理

对整个测试来说，测试计划中的测试用例与测试需求对应是基础。测试用例是测试计划的细化表现，测试用例告诉测试人员如何执行测试，覆盖测试需求，测试用例的设计和编写是测试过程管理的重点。QC 在测试计划模块提供了测试计划树，用于组织测试范围、主题和要点，测试用例则挂接在测试计划树中，QC 提供了完善的测试用例编辑和管理功能。

单击“新建测试”选项，在弹出的新建测试窗口中输入建立的用例名称和种类，单击“确定”后即新建了一个测试用例，如图 12-23 所示。

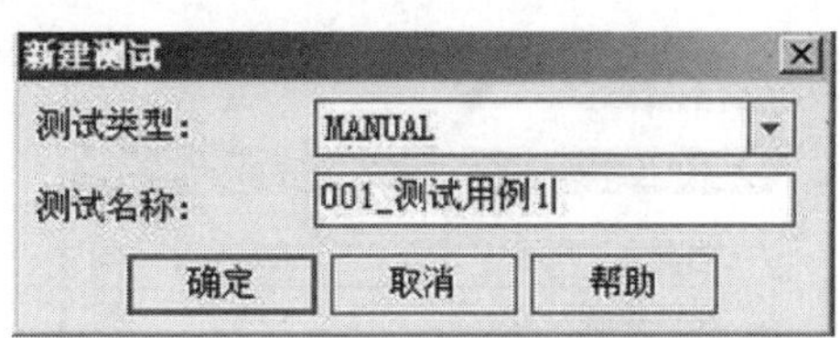

图 12-23　新建测试用例

(2)设计测试步骤

在 QC 中测试用例的核心步骤。

①在设计步骤界面，选择新建测试步骤，出现“设计步骤编辑器”界面。

②在“步骤名称”选项中填写测试步骤的名称，比如“步骤 1”。在“描述”中填写测试步骤的具体描述。在“预期结果”中填写执行测试步骤后的预期结果。如图 12-24 所示。

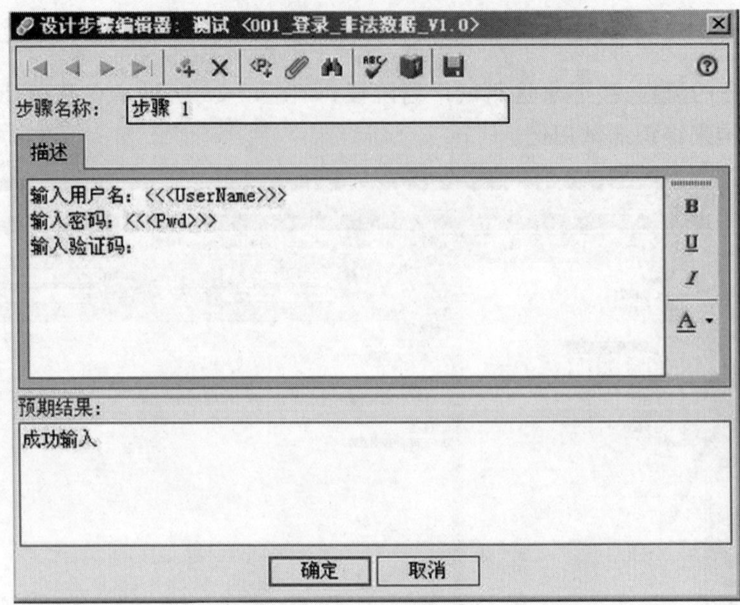

图 12-24 设计步骤

(3)测试数据的参数化

对于一些公共的测试用例来说，测试用例设计的参数化可以减少不必要的重复劳动，每次执行中可以使用不同的测试数据，来增加测试用例的重用性。

查找并选择需要调用的测试用例，在设计步骤编辑器界面中单击“插入参数”按钮，出现如图 12-25 所示的参数界面。

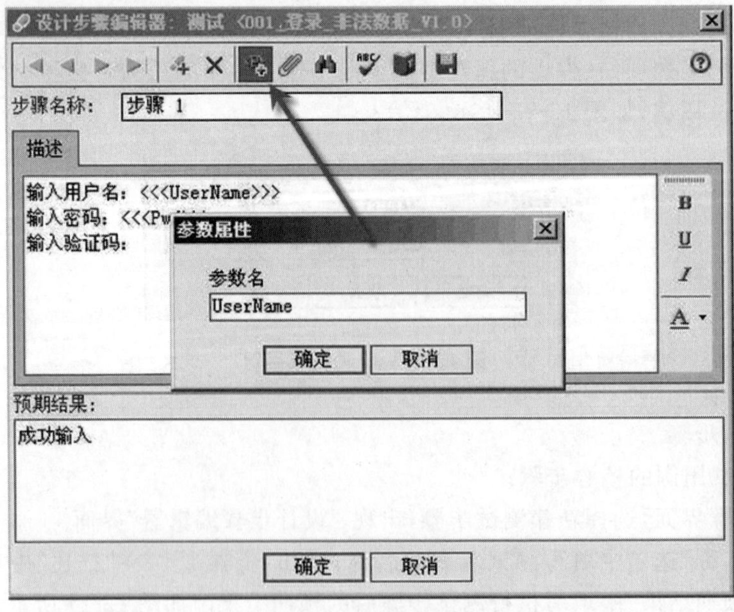

图 12-25 测试用例的参数化

(4)与需求的关联

在“设计步骤编辑器”页面直接单击“需求覆盖”选项卡,测试页面右侧会显示与该用例关联的测试需求,当需要新增关联需求时,单击“选择需求”按钮,在显示出来的需求树中选择需要增加的需求单击“添加”按钮或直接将需求拖拽进去即可。

(5)与缺陷的关联

在“设计步骤编辑器”页面直接单击“链接的缺陷”页卡,如图 12-26 所示,此处链接缺陷的操作和测试需求中的完全一样,就不再赘述。

图 12-26　链接的缺陷

3. 测试执行

在设计测试用例之后,如果被测试的程序也准备就绪了,就可以进行测试任务的定义以及测试任务的分配,由测试人员来执行测试用例。QC 在测试实验室(Test Lab)模块提供了测试集的建立、测试集的运行、登记测试执行情况等功能。

(1)测试集的建立

在“测试实验室页面”左侧的测试执行树中单击“新建测试集”按钮,添加一个测试集,测试集可以包含若干个用例,用例是由测试人员根据实际需要来分类。建立好测试集后,单击“选择测试”按钮,在页面右侧会显示出“测试计划树”和“需求树”,在其中选择要添加的用例名称,直接单击“添加”按钮或直接将用例拖拽进来即可,如图 12-27 所示。

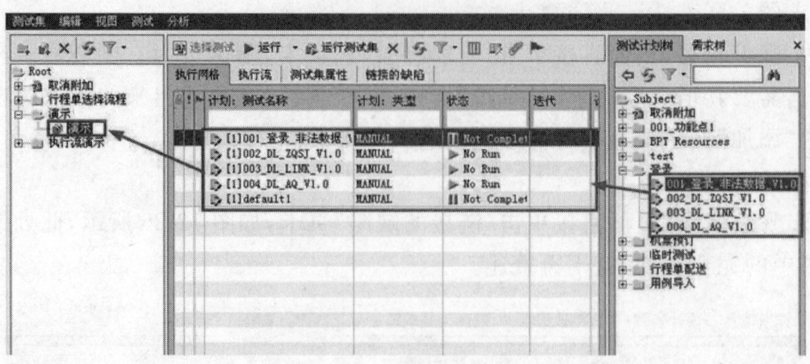

图 12-27 测试集的建立

(2)测试集的运行

创建了测试集并添加了相应的测试用例之后，就可以选择执行，选择“运行”按钮→“手工运行”，出现如图 12-28 所示的执行界面。

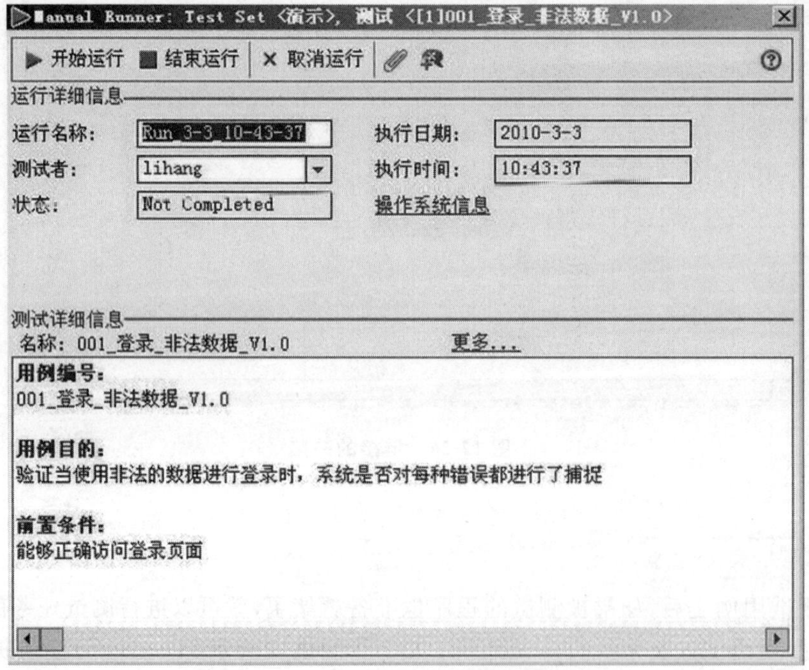

图 12-28 测试运行的界面

单击“开始运行”选项，如果运行的测试用例有设置参数，此时会弹出参数设置窗口，进行参数值的设置，如图 12-29 所示。

图 12-29　参数值的设置

输入参数。单击"确定"按钮进入步骤窗口，查看预期结果与实际结果是否相同，如图 12-30 所示，标记测试步骤是否通过。

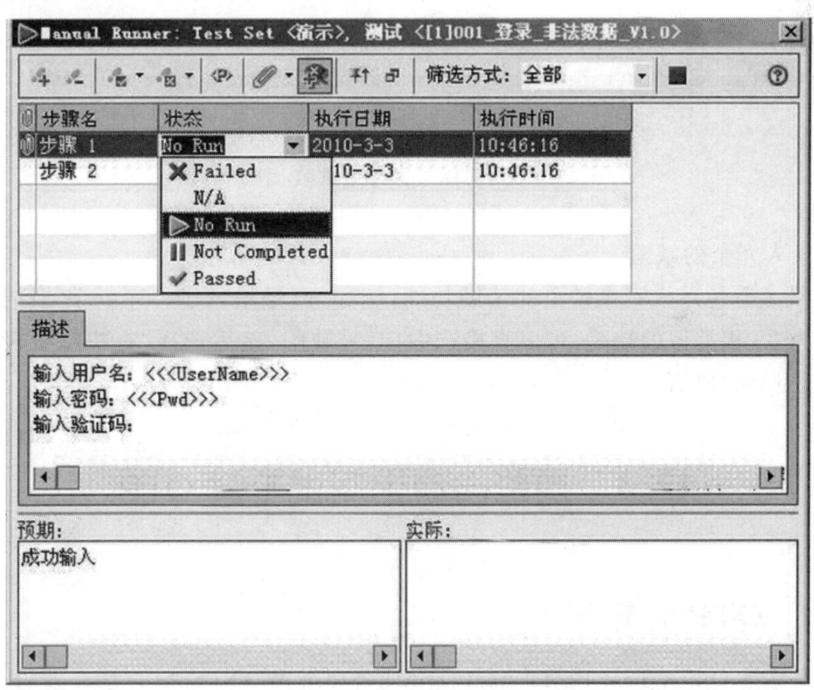

图 12-30　测试运行的结果

4. 缺陷跟踪

在测试运行过程中，如果发现了被测试程序的缺陷，则需要将 Bug 录入到 QC 中进行跟踪。

(1)添加缺陷

可以在测试实验室的测试运行过程中直接登记和录入缺陷，也可以切换到缺陷模块，在缺陷页面单击"新建缺陷"选项，如图 12-31 所示。

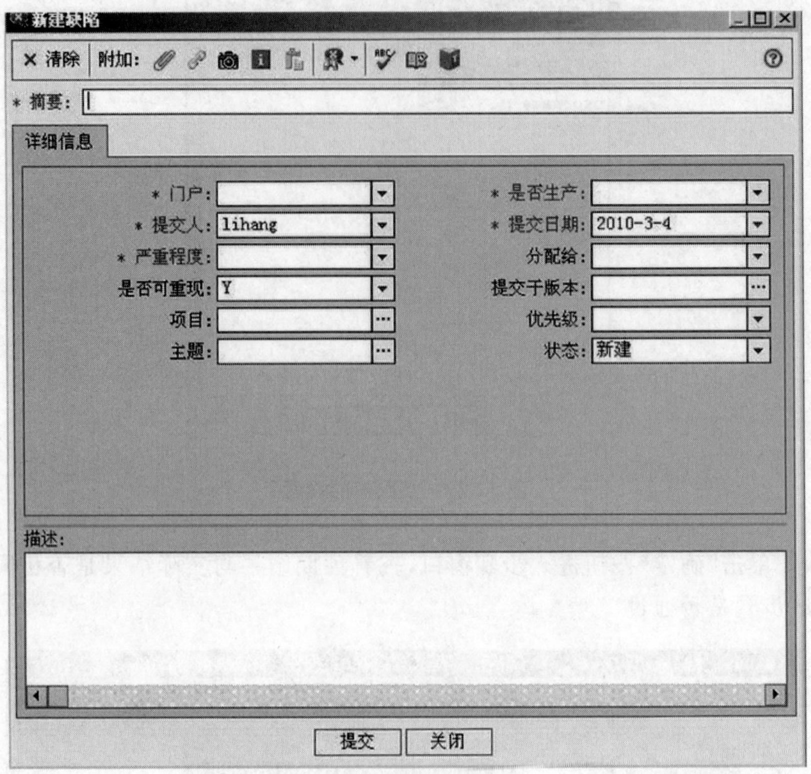

图 12-31 添加新缺陷

(2)避免录入冗余的缺陷

QC 中提供了避免录入冗余缺陷的辅助功能,例如,已经录入了一个缺陷,ID 号为 35,如果想查找与 ID 为 35 相类似的缺陷,可以直接选中 35 号缺陷,然后选择"查找类似缺陷"选择,QC 会直接刷选出相似的缺陷。

12.4 功能自动化测试工具 QTP

12.4.1 QTP 的简介

QTP 的全称是 Quick Test Professinal,是 MI 公司继 WinRunner 之后开发的一款功能测试工具。近两年,QTP 的市场占有率逐渐提高,大有取代 WinRunner 的趋势。

QTP 能够测试 Windows 标准应用程序、各种 Web 对象、ActiveX 控件、Visual Basic 应用程序等。如果安装了额外的 QuickTest 插件,还可以测试其他的应用程序或对象,比如 Java、Oracle、SAP 应用、NET 程序、Web 服务等。

QTP 会将应用程序的所有操作都记录下来,比如单击一个链接、选择一个复选框、提交一份表单等操作都会被 QTP 所捕获,并自动将窗体中的各种控件对象记录下来,存储在对象仓库中。录制完毕之后,还可以对脚本进行编辑整理使其功能更加的强大。

QTP 测试的流程为:准备录制→录制测试脚本→编辑测试脚本→运行测试脚本→结果分析→报告缺陷。

12.4.2　QTP 的安装

①选择 QTP 的安装程序,弹出安装界面,如图 12-32 所示。

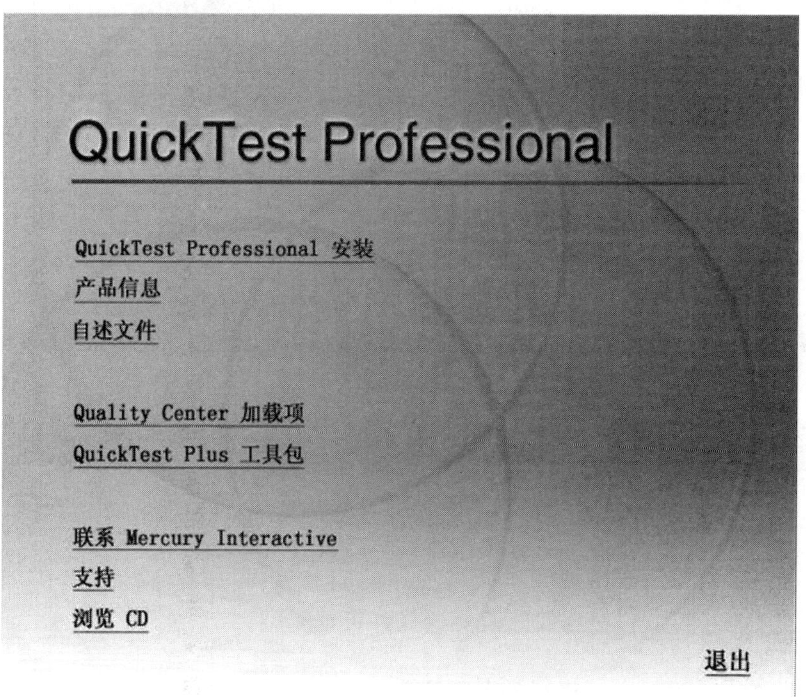

图 12-32　QTP 安装界面

②选择"我接受该许可证协议中的条款"接受协议,单击"是"按钮,如图 12-33 所示。

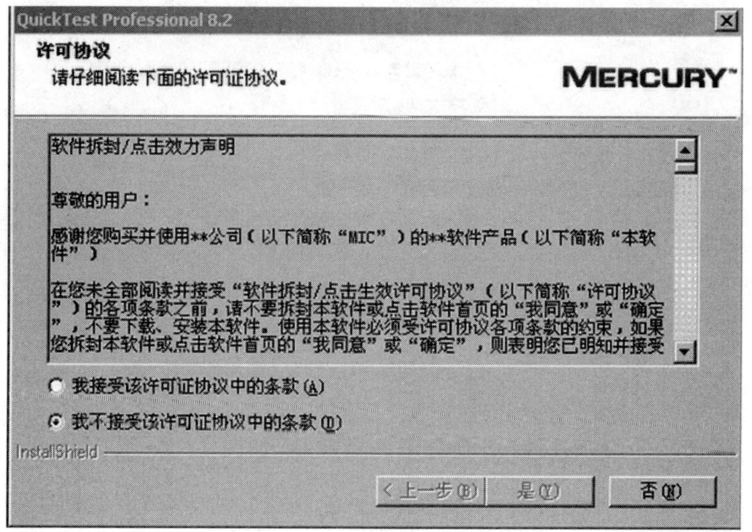

图 12-33　许可协议

③然后进入注册页面，填入注册信息，单击“下一步”按钮，然后出现确认注册的信息是否正确的窗口，单击“是”按钮，进入IE选项设置，如图12-34所示。可以选择“自动设置必需选项”，也可以选择手动设置，此处选手动设置，可以查看安装了哪些插件。

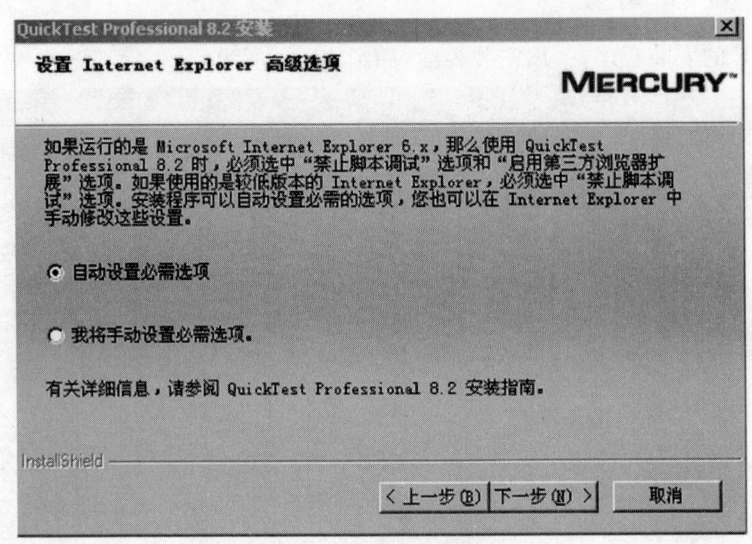

图 12-34　设置 IE 选项

④单击“下一步”按钮，会出现脚本调试程序的安装界面，如图12-35所示，选择“下载并安装”选项，单击“下一步”按钮，根据实际需要选择许可证类型。

图 12-35　安装脚本调试程序

⑤在安装功能选择界面，都所有功能全部选择安装，如图12-36所示。

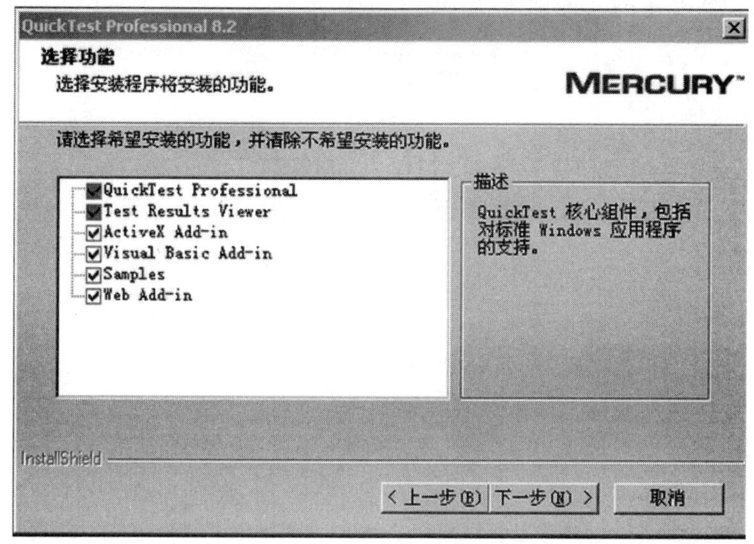

图 12-36　选择安装功能

后续步骤比较简单，不再赘述。安装后，启动 QTP，弹出选择插件对话框，默认有 ActiveX、Visual Basic、Web 三种插件，都选中即可。其余插件需购买使用。

成功启动 QTP 工具后，主界面主要由菜单栏、文件工具栏、测试工具栏、测试面板、数据表格和活动屏幕等组成，如图 12-37 所示。

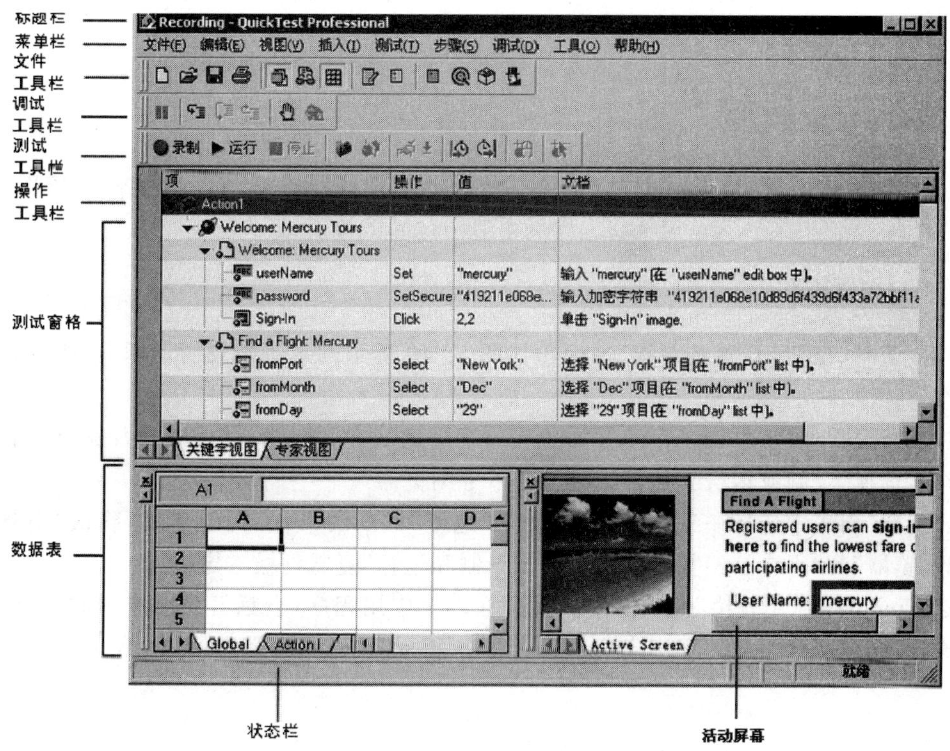

图 12-37　QTP 主界面

文件工具栏包含基本的文件操作，如图 12-38 所示。

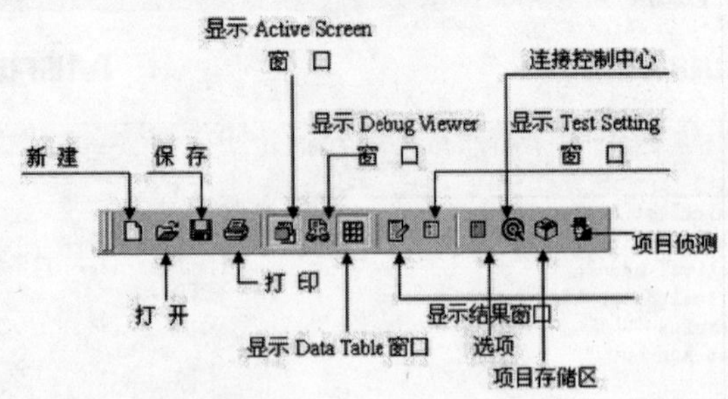

图 12-38 文件工具栏

测试工具栏包含跟测试脚本相关联的功能按钮，如图 12-39 所示。

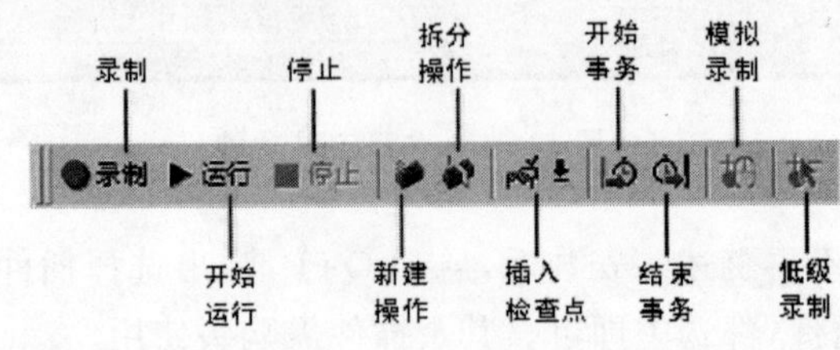

图 12-39 测试工具栏

12.4.3 QTP 自动化测试流程

1. 准备录制脚本

进行脚本录制之前，要先对 IE 以及录制的一些选项进行设置。IE 浏览器要依次单击"菜单"→"查看 "→"工具栏"，一定要将上网助手等插件卸载掉。

2. 录制测试脚本

单击"录制"按钮，开始录制脚本，弹出如图 12-40 所示的录制选项对话框，选择需要测试的系统。

在"加载项管理器"中，确认 Web 加载项处于选定状态，并清除所有其他加载项。在"Web"选项卡中，选择"录制或运行会话开始时打开以下浏览器"。

从"类型"列表中选择一种浏览器，并确认"地址"框中的 URL 是正确的，确认"当测试关闭时关闭浏览器"和"不在已经打开的浏览器上录制和运行"复选框被选定。

在"Windows 应用程序"选项卡中，确认"在以下应用程序(会话开始时打开的)上录制并运行"被选定，且未有任何应用程序出现，如图 12-41 所示，单击"确定"即可。

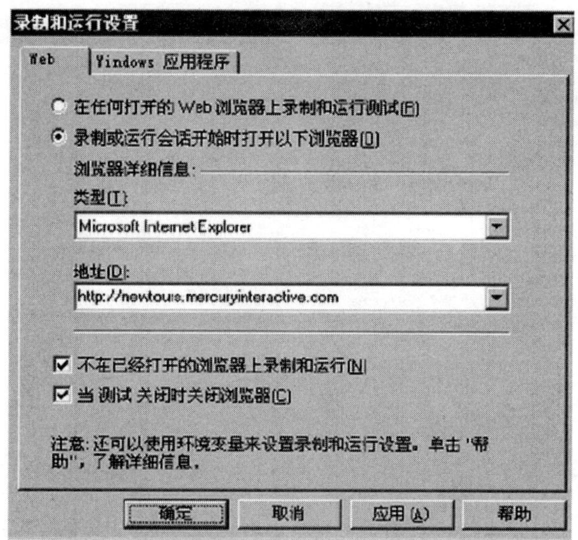

图 12-40　录制选项设置

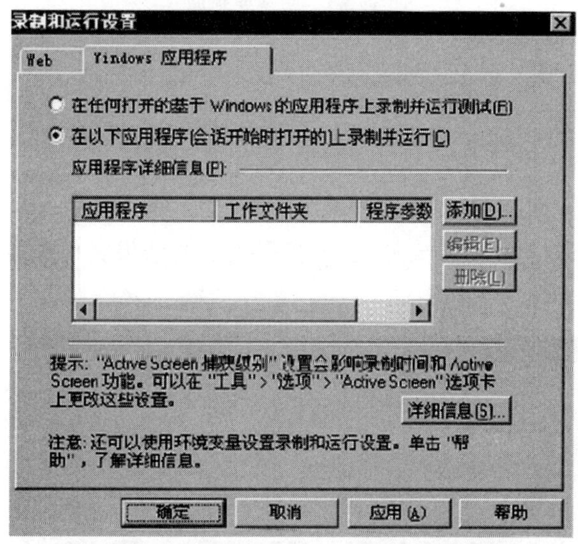

图 12-41　录制 Windows 选项设置

3. 编辑脚本

录制完脚本就可对脚本进行编辑,QuickTest 在关键字视图中生成了表示在 Web 浏览器中执行的每个操作的步骤。如图 12-42 所示为在关键字视图下的脚本。关键字视图中在对象上执行的每一步骤,都会显示图标和该步骤的详细信息。对于高级用户来说,还可以直接查看专家视图。

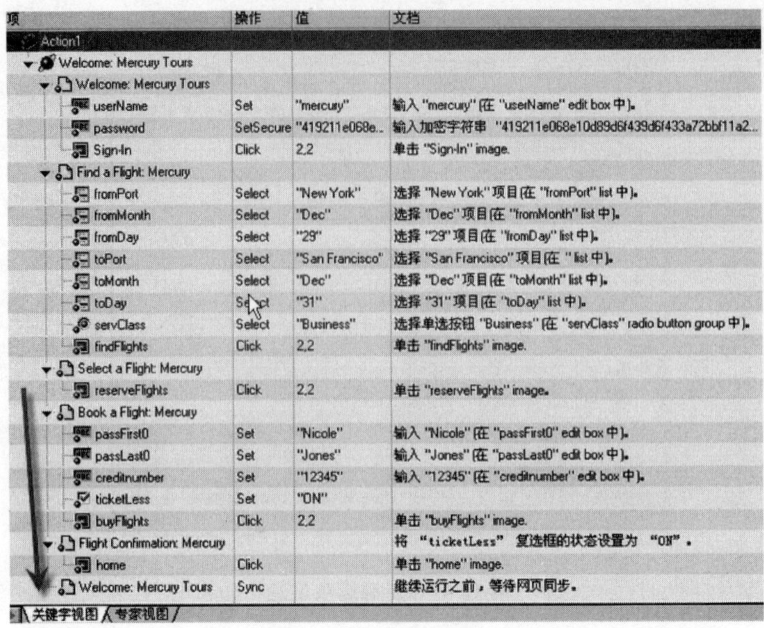

项	操作	值	文档
Action1			
Welcome: Mercury Tours			
Welcome: Mercury Tours			
userName	Set	"mercury"	输入 "mercury" 在 "userName" edit box 中。
password	SetSecure	"419211e068e..	输入加密字符串 "419211e068e10d89d6f439d6f433a72bbf11a2..
Sign-In	Click	2,2	单击 "Sign-In" image.
Find a Flight: Mercury			
fromPort	Select	"New York"	选择 "New York" 项目在 "fromPort" list 中。
fromMonth	Select	"Dec"	选择 "Dec" 项目在 "fromMonth" list 中。
fromDay	Select	"29"	选择 "29" 项目在 "fromDay" list 中。
toPort	Select	"San Francisco"	选择 "San Francisco" 项目在 " list 中。
toMonth	Select	"Dec"	选择 "Dec" 项目在 "toMonth" list 中。
toDay	Select	"31"	选择 "31" 项目在 "toDay" list 中。
servClass	Select	"Business"	选择单选按钮 "Business" 在 "servClass" radio button group 中。
findFlights	Click	2,2	单击 "findFlights" image.
Select a Flight: Mercury			
reserveFlights	Click	2,2	单击 "reserveFlights" image.
Book a Flight: Mercury			
passFirst0	Set	"Nicole"	输入 "Nicole" 在 "passFirst0" edit box 中。
passLast0	Set	"Jones"	输入 "Jones" 在 "passLast0" edit box 中。
creditnumber	Set	"12345"	输入 "12345" 在 "creditnumber" edit box 中。
ticketLess	Set	"ON"	
buyFlights	Click	2,2	单击 "buyFlights" image.
Flight Confirmation: Mercury			将 "ticketLess" 复选框的状态设置为 "ON"。
home	Click		单击 "home" image.
Welcome: Mercury Tours	Sync		继续运行之前，等待网页同步。

图 12-42　关键字视图

4. 运行测试脚本

脚本编辑之后就要运行，检查脚本是否可用。选择"工具"→"选项"→"运行"选项卡。打开"运行"对话框。选择"新建运行结果文件夹"。接受默认的结果文件夹名。单击"确定"关闭"运行"对话框，如图 12-43 所示。

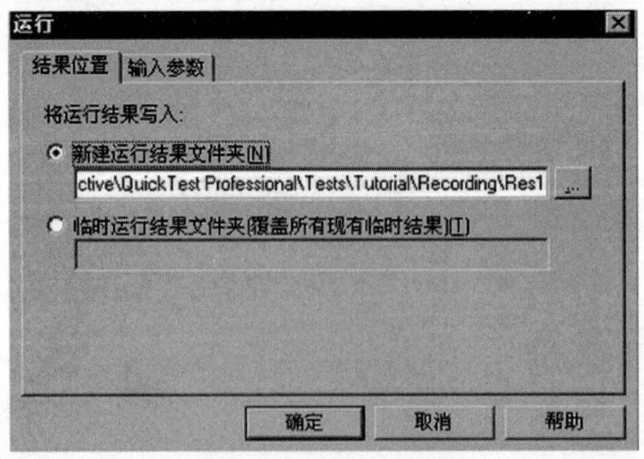

图 12-43　运行测试脚本

5. 分析测试结果

运行完毕后，会自动生成一个测试报告，如图 12-44 所示，如果所有事务的状态都为通过的话，表示运行通过，否则需要具体查看出错的原因或者重新录制。

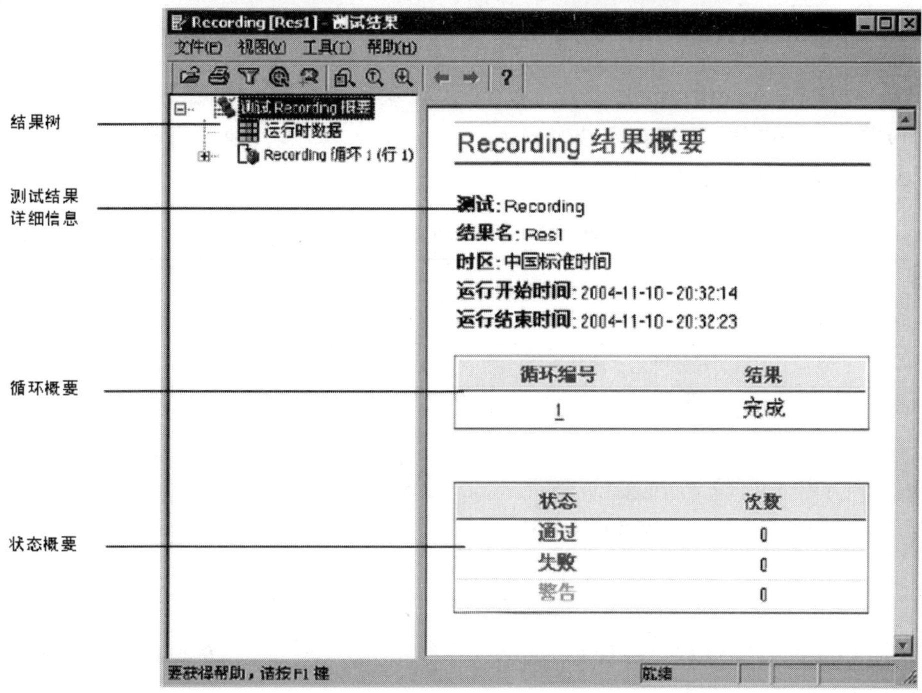

图 12-44　测试报告

12.5　性能测试工具 LoadRunner

12.5.1　性能测试工具 LoadRunner 的简介

LoadRunner 是一种预测系统行为和性能的负载测试工具。通过模拟成千上万名用户和实施实时性能监测来确认和查找问题。LoadRunner 能够对整个企业架构进行测试，通过使用 LoadRunner，企业能最大限度地缩短测试时间，优化性能和加速应用系统的发布周期。

目前的公司企业都必须支持成千上万名用户，各类应用环境和一个由不同供应商的元件组装起来的复杂成品，难以预知的用户负载和愈来愈复杂的应用程序，使公司时时担忧会发生投放性能差，用户遭受反应慢，系统失灵等问题。其结果就是导致公司收益的损失。LoadRunner 是一种具有较高规模适应性的自动负载测试工具，它能预测系统行为，优化性能。LoadRunner 主要针对整个企业的系统，通过模拟实际用户的操作行为和实行实时性能监测，来帮助用户更快地确认和查找问题。此外，LoadRunner 能支持最宽范的协议和技术，为系统的特殊环境，量身定做地提供解决方案。其主要功能如下。

①轻松创建虚拟用户。

②创建真实的负载。

③定位性能问题。

④分析结果,精确定位问题所在。

12.5.2 LoadRunner 的安装

在安装和使用 LoadRunner 之前,首先要明确所购买的是哪种类型的 License,除 Temporary类型不用购买,只需在安装时输入 Temporary 以外,其他所有类型都是和购买的 License Code 相关的,如表 12-1 所示。

表 12-1 LoadRunner 的 License 类型

类型	说明
Permanent	永不过期的 License
Time Limited	限定了使用的起始时间和使用周期
Temporary	从安装后开始计算,限定使用的天数
VUD－based	限定了虚拟用户数量,这种类型的 License 一般都限定 24h 内能够使用的用户数量。比如,购买一个 1000 个用户的 VUDbased 类型的 License,在系统安装后的 24h 之内,只能使用 300 个虚拟用户,其余的 700 个用户在 24h 之后才可以使用
Plugged	需要 dongle,也就是 hardware key。dongle 在中国被音译为"狗",主要防止软件被盗用

LoadRunner 的安装过程比较简单,这里仅作简单的说明。执行安装目录中下 Setup.exe 即可进入安装程序界面,如图 12-45 所示。

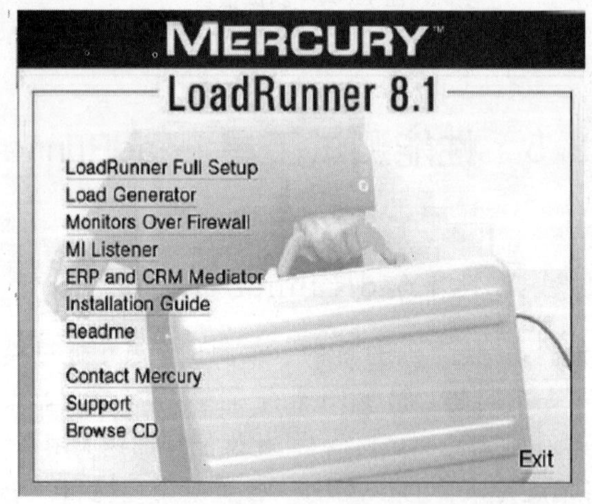

图 12-45 LoadRunner 的安装界面

选择界面的第一个选项即 LoadRunner Full Setup,完全安装,执行此命令后出现输入维护界面,可直接输入信息,单击 Next 按钮,在随后出现的界面中选择 Typical 典型安装,安装 LoadRunner的必备的组件,选择好 LoadRunner 的安装路径,等待安装即可完成操作。

12.5.3 LoadRunner 的性能测试流程

LoadRunner 8.0 主界面首先显示时会出现 LoadRunner 进行各种测试的入口,包括以下三个模块。

①Create/Edit Scripts。进入 Mercury Virtual User Generator 模块，用于创建和编辑测试脚本。

②Run Load Tests。进入 Mercury LoadRunner Controller 模块，用于创建运行监视场景。

③Analyze Load Tests。进入 Mercury LoadRunner Analysis 模块，用于分析测试结果。

性能测试流程：使用 LoadRunner，首先分析被测试应用程序的技术实现，选择合适的协议进行测试脚本录制，然后修改测试脚本，再进行场景设计，最后运行测试场景并分析测试结果。下面以 LoadRunner 安装时自带的样例程序 Web Tours 为例，降解 LoadRunner 进行性能测试的流程。

(1)选择协议

在录制脚本之前，LoadRunner 要求选择录制时需要截获的协议类型，如图 12-46 所示。确定后，进入主窗体。通过菜单来启动录制脚本的命令。

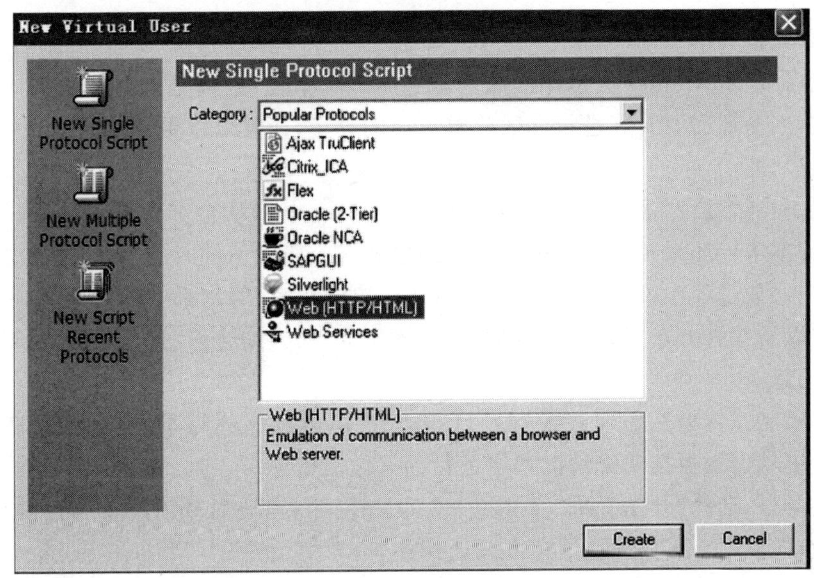

图 12-46　选择协议

(2)录制脚本

选择“Web(HTTP/HTML)”协议后，在录制脚本的设置界面，如图 12-47 所示中选择“Application type”为“InternetApplications”选项。“Program to record”选择“Microsoft Internet Explorer”浏览器。在“URLAddress”中输入“http://127.0.0.1:1080/Web Tours/”。

在单击“OK”按钮之前，先要确保 LoadRunner 自带的例子 Web Tours 的后台服务已经在运行。启动步骤如下。选择“开始”→“所有程序”→“LoadRunner”→“Samples”→“Web”→“Start Web Server”选项即可。LoadRunner 开始录制脚本。

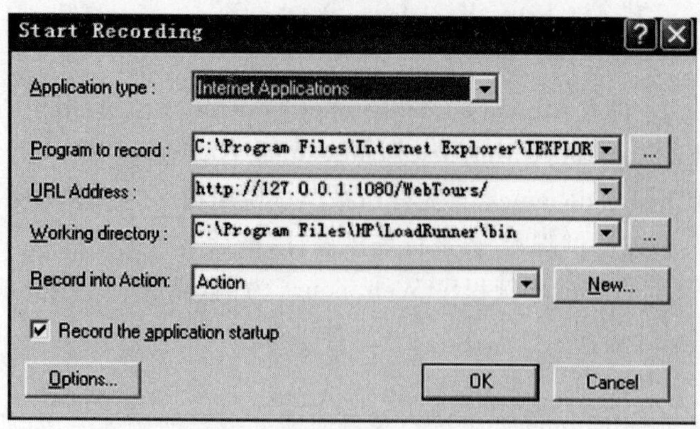

图 12-47 设置录制脚本参数

(3)修改和完善脚本

录制完成后,LoadRunner 会自动形成基本的测试脚本代码,但是这些测试脚本代码还不能马上用于测试,因为还需要对其进行参数化等方面的设置,让其可以更好地模拟现实用户使用软件系统时的情形。

录制过程中,通常会产生很多停顿的时间,LoadRunner 默认会如实地把停顿的时间也录制下来,加入到脚本中。如果录制过程中无意识地停顿了一段很长的时间,则可能需要进行这个值的修订,因为在回放过程中,以及场景执行过程中,这些"思考"时间都会如实地反映出来。

我们通过以下几种方法来完善测试脚本:插入事务、插入结合点、插入注解、参数化输入。

(4)运行场景

前面脚本录制完善以后需要在控制台(Controller)运行这些脚本,通过运行产生实际的负载。在控制台中就需要根据实际情况指定运行场景性能指标。

开始创建场景,选择"开始"→"程序"→"LoadRunner"→"Controller",打开控制台,显示"New Scenario"(新建方案)对话框,在方案选择中,有"手动方案"(Manual Scenario)或"面向目标的方案"(Goal-Oriented Scenario)两种类型供用户选择。

(5)性能测试报告

在这个界面中,会显示所有场景运行的当前状态,使用状态图动态展示各种性能指标,例如当前运行的虚拟用户个数、事务响应时间、每秒单击率等。

LoadRunner 提供了专门的性能测试报告和分析工具"Analysis",用于对测试过程中收集到的数据进行整理分析,汇总成测试报告,并用各种图表展现出来。

场景运行完毕后,LoadRunner 会自动收集运行过程的所有监控数据,并用图表的方式展现出来。

12.6 安全测试

安全性测试是用于验证应用程序的安全等级,以及识别潜在安全性缺陷的过程。应用程序级安全测试的主要目的是查找软件自身程序设计中存在的安全隐患,并检查应用程序对非法侵入的防范能力。

12.6.1　常见的安全漏洞分析

黑客往往都喜欢研究开锁技术，因为他们对很多技术的实现原理和里面的细节非常感兴趣，并且愿意深入研究。软件安全测试人员在某种程度上需要扮演黑客的角色对软件系统进行攻击，因此，也需要深入了解常见的安全漏洞。

1. 缓冲区溢出

缓冲区溢出是一种非常普遍、非常危险的漏洞，在各种操作系统、应用软件中广泛存在。利用缓冲区溢出攻击，可以导致程序运行失败、系统宕机、重新启动等后果。更为严重的是，可以利用它执行非授权指令，甚至可以取得系统特权，进而进行各种非法操作。缓冲区溢出攻击有多种英文名称：buffer overflow、buffer overrun、smash the stack、trash the stack、scribble the stack、mangle the stack、memory leak、overrun screw，它们指的都是同一种攻击手段。第一个缓冲区溢出攻击——Morris 蠕虫，发生在 20 年前，它曾造成了全世界 6000 多台网络服务器瘫痪。通过往程序的缓冲区写超出其长度的内容，造成缓冲区的溢出，从而破坏程序的堆栈，使程序转而执行其他指令，以达到攻击的目的。造成缓冲区溢出的原因是程序中没有仔细检查用户输入的参数。

2. 整数溢出

整数溢出是另外一种常见的由于忽略编码安全而造成的漏洞。数据类型整数存储的是一个固定长度的值，它能存储的最大值是固定的，当尝试去存储一个大于这个固定最大值的数据时，将会导致一个整数发生“溢出”现象。当一个整数值增长超过了其最大可能的值并循环到成为一个负数的时候，就会发生整数溢出。这种现象被称为整数的“回绕”现象，如图 12-48 所示。

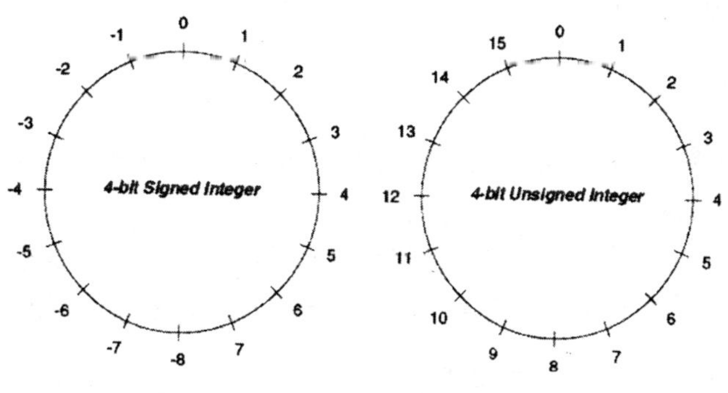

图 12-48　整数的“回绕”

当一个有符号的整数大于其最大值时，就会变成负数的最小值。整数溢出往往出现在数值运算过程中。

3. 命令注入

命令注入(Command Injection)攻击最初被称为 Shell 命令注入攻击，是由挪威一名程序员在 1997 年意外发现的。第一个命令注入攻击程序能随意地从一个网站删除网页，就像从磁盘或者硬盘移除文件一样简单。

命令注入的原理是被攻击的程序没有对用户输入参数进行分析和过滤，导致执行了用户输入参数中混入的命令、代码等，从而导致恶意的攻击。

4. SQL 注入

SQL 注入(SQL Injection)可以说是命令注入攻击的一种。SQL 注入攻击利用的是数据库以及 SQL 语言的漏洞。利用 SQL 注入方法的漏洞攻击是一种广泛的攻击类型，这种攻击方法可以穿过防火墙和入侵检测系统，破坏服务器后台数据，甚至控制服务器。SQL 注入可能发生在 C/S 结构或 B/S 结构的软件系统中。因此测试员需要特别注意这种类型的漏洞检测。

5. XSS 攻击

Cross-Site Scripting，跨站脚本攻击，原本缩写为 CSS，但是由于与层叠样式表单(Cascading Style Sheets)的缩写冲突了，所有将跨站脚本攻击缩写为 XSS。

XSS 是目前互联网应用中广泛存在的漏洞，据著名的白帽子黑客组织的调查，目前 67%的网站存在跨站脚本攻击的漏洞。

XSS 攻击的目的是盗走客户端 Cookies，或者任何可以用于在 Web 站点确定客户身份的其他敏感信息。手边有了合法用户的标记，黑客可以继续扮演用户与站点交互。

12.6.2 使用 AppScan 进行安全测试

IBM Rational AppScan 是一个面向 Web 应用安全检测的自动化工具，使用它可以自动化检测 Web 应用的安全漏洞，比如跨站点脚本攻击(Cross Site Scripting Flaws)、注入式攻击(Iniection Flaws)、失效的访问控制(BrokenAccess Control)、缓存溢出问题(Buffer Overflows)等。这些安全漏洞大多包括在 OWASP(Open Web Application Security Project，开放式 Web 应用程序安全项目)所公布的 Web 应用安全漏洞中。

1. AppScan 简介

AppScan 主要扫描的是最容易发生缺陷的 Web 应用和 Web 服务层面，并且对 Web 服务器层面也执行安全扫描的操作。

在扫描完成以后，AppScan 会针对找到的缺陷显示出一系列详细的信息，包括问题的描述、修复问题的建议，而这些信息可以为开发人员和管理员修复缺陷提供帮助。

2. 利用 AppScan 进行 Web 安全测试

Web 2.0、AjaX、RIA 这些技术给我们带来更好的用户体验，给我们的网络生活带来更多精彩的同时，也给黑客们更多攻击的机会。

作为软件测试人员和质量保证者，我们唯有及时补充自己的安全知识，才能有效保证应用程序的安全，适当借助合适的工具也许能助我们一臂之力。最近 IBM 发布的 AppScan 7.8 中就包含一个名为"Result Expert"的新特性，其中的 Advisory 和 Fix Recommendation 会详细解释漏洞的相关知识，可指导缺乏软件安全意识的开发人员，其中的修复建议可以详细到代码层。而测试人员则可以从 Request/Response 页中学习到安全测试的此技巧。

12.7　单元测试工具 MSTest

在 Visual Studio. NET 2005，微软把单元测试框架 MSTest 整合到了开发工具中，使得单元测试变得更加简单和方便。MSTest 利用反射机制可以访问 private 类型的属性和方法，并且可以自动创建基础的测试代码框架，节省了很多时间。

下面介绍如何利用 MSTest 进行 C＃代码的单元测试。首先准备一个简单的被测试项目，新建一个 Windows 项目，在 Form1 类中添加如下一个简单的加法运算方法：

```
Private int Add(int a,int b)
{
  return a+b;
}
```

1. 建立单元测试项目

下面逐步介绍如何建立一个简单的单元测试项目来对前面的被测试项目进行单元测试。

①可直接在需要测试的某个方法的代码行中，通过单击鼠标右键，选择“创建单元测试”选项的方式来建立一个新的单元测试项目，如图 12-49 所示。

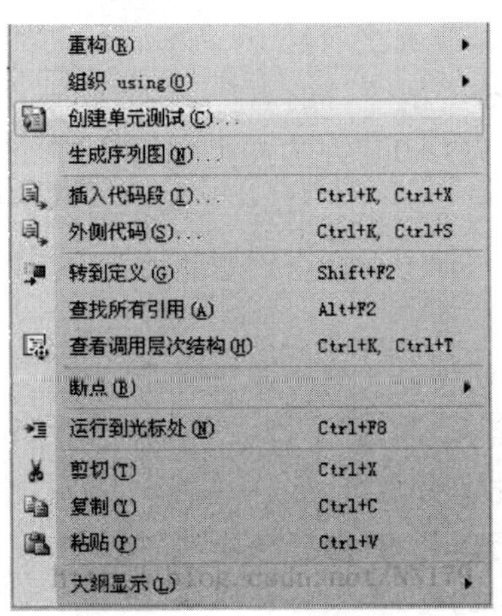

图 12-49　创建测试项目

②在如图 12-50 所示的界面中，可以选择为哪些类，哪些方法创建单元测试代码。

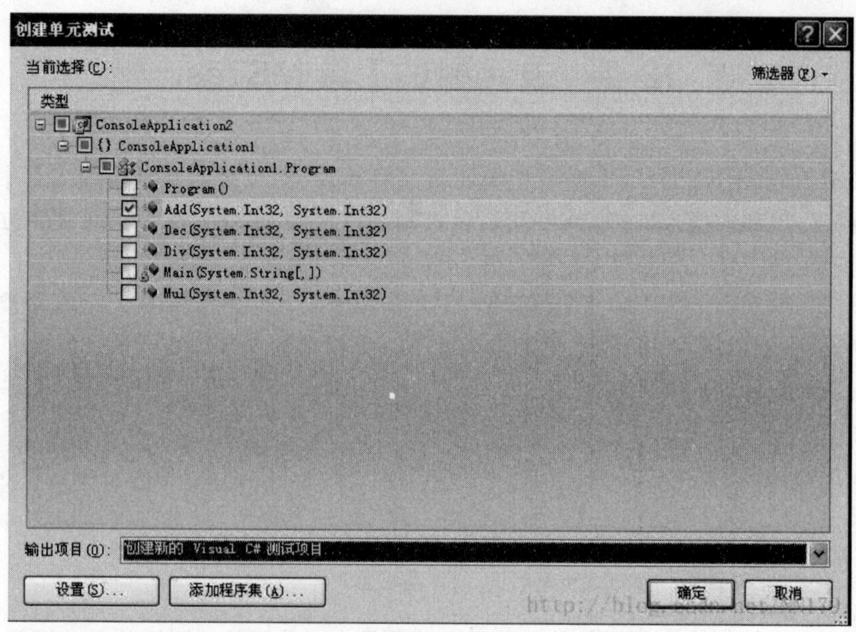

图 12-50 选择需要创建单元测试代码的类或方法

③在这里，选择刚才编写的“Add”方法，输出项目选择“创建新的 Visual C＃测试项目”选项，然后单击“确定”按钮，弹出“新建测试项目”对话框。

④在这个界面中输入新建的测试项目的名称，例如“TestProjectl”，然后单击“创建”按钮。则创建一个新的测试项目，并且为“Add”方法产生如名为“AddTest”的单元测试代码。还可将代码进行完善，使其能验证更加复杂的输入组合，实现更有效的测试用例。

2. 巧用 NMock 对象

单元测试过程中，有时会遇到很多无法测试的情况。

①实际对象的行为还不确定。

②实际的对象创建和初始化非常复杂。

③实际对象中存在很难执行的行为(如网络异常等)。

④实际的对象运行起来非常的慢。

⑤实际的对象是用户界面程序。

⑥实际的对象还没有编写，只有接口。

遇到这些异常情况等可以使用 NMock 对象进行测试。

3. 单元测试的执行

在 Visual Studio. NET 2005 中，提供了专门的测试管理器界面，用于管理单元测试的执行过程，包括选择参与测试的单元测试方法，运行或调试单元测试代码，查看测试结果，如图 12-51 所示。

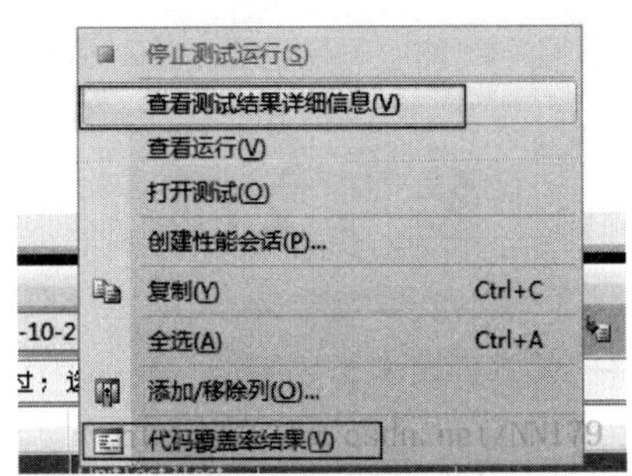

图 12-51　查看测试结果

4. 测试管理

在完成单元测试的代码设计和编写后，就可以运行单元测试代码来检查被测试代码的正确性。在 Visual Studio. NET 2005 的主界面选择“测试”菜单下的“窗口”子菜单，然后选择“测试管理器”选项，则出现界面。

在这个界面中，列出了所有测试项目的测试方法，包括之前创建的“AddTest”方法和“getNumTest”方法。

思考及作业题

1. 利用测试工具进行软件测试具备什么优势？
2. 测试工具是怎样实现软件测试的？
3. 测试工具有哪些分类？
4. 如何选择适合自己的测试工具？
5. QC 工具进行测试管理时分为哪几个阶段？各个阶段要做的工作是什么？
6. 在 QC 中，当被调用的测试用例有参数时，在哪一阶段可以指定参数的值？
7. QTP 录制脚本前需要设置哪些项目？
8. QTP 工具录制测试脚本时需要哪几个步骤？分别是怎样实现的？
9. 使用 LoadRunner 工具进行性能测试时的基本流程是什么？
10. 常见的安全漏洞有哪几种？
11. 利用 MStest 工具进行测试时有哪些流程？

参考文献

[1]胡铮．软件测试与质量保证技术[M]．北京:科学出版社,2011.

[2]陈能技．软件测试技术大全:测试基础流行工具项目实战[M].2版．北京:人民邮电出版社,2011.

[3]陈明．软件测试[M]．北京:机械工业出版社,2011.

[4]蔡建平．软件测试大学教程[M]．北京:清华大学出版社,2009.

[5]韩利凯．软件测试[M]．北京:清华大学出版社,2013.

[6]朱少明．全程软件测试[M].2版．北京:电子工业出版社,2014.

[7]朱少明．软件测试方法和技术[M]．北京:清华大学出版社,2005.

[8]崔启亮,胡一鸣．国际化软件测试[M]．北京:电子工业出版社,2006.

[9]柳纯录．软件评测师教程[M]．北京:清华大学出版社,2005.

[10]刘德宝．软件测试工程师培训教程[M]．北京:科学出版社,2009.

[11]任冬梅,陈汶宾,朱小梅．软件测试技术基础[M]．北京:清华大学出版社,2008.

[12]黎连业．软件测试与测试技术[M]．北京:清华大学出版社,2009.

[13]佟伟光．软件测试[M].2版．北京:人民邮电出版社,2015.

[14]赵斌．软件测试技术经典教程[M]．北京:科学出版社,2007.

[15]陈明．软件测试[M]．北京:机械工业出版社,2011.

[16]王磊,韩静等．Windows软件测试探秘[M]．北京:电子工业出版社,2013.

[17]肖利琼．软件测试之魂:核心测试设计精解[M].2版．北京:电子工业出版社,2013.

[18]史亮,高翔．探索式测试实践之路[M]．北京:电子工业出版社,2012.